KB160489

착한 바이러스

THE GOOD VIRUS

착한 바이러스

-잊혀졌던 아군, 파지 이야기

1판 1쇄 인쇄 │ 2024년 4월 22일
1판 1쇄 발행 │ 2024년 4월 30일

지 은 이 Tom Ireland
옮 긴 이 유진홍
발 행 인 장주연
출 판 기 획 김도성
출 판 편 집 이민지, 김형준
편집디자인 김영준
표지디자인 김재욱
일 러 스 트 김명곤
제 작 담 당 황인우
발 행 처 군자출판사(주)
　　　　　등록 제4-139호(1991. 6. 24)
　　　　　본사 (10881) 파주출판단지 경기도 파주시 회동길 338(서패동 474-1)
　　　　　전화 (031) 943-1888　　팩스 (031) 955-9545
　　　　　홈페이지 │ www.koonja.co.kr

* 파본은 교환하여 드립니다.
* 검인은 저자와의 합의하에 생략합니다.

ISBN 979-11-7068-120-5

징가 35,000원

착한 바이러스

옮긴이 **유진홍**

THE GOOD VIRUS

잊혀졌던 아군, 파지 이야기

THE AMAZING STORY
AND FORGOTTEN PROMISE
OF THE PHAGE

지은이

TOM IRELAND

한국 독자분들께

The Good Virus의 한국어판 '착한 바이러스'를 선택해 주셔서 감사드립니다. 지구상의 거의 모든 나라들처럼, 한국도 점점 더 커지는 항생제 내성의 위협과 씨름하고 있습니다: 이것이 의미하는 것은 점점 더 많은 사람들이 항생제에 반응하지 않는 위험한 세균 감염에 걸리고 있다는 것입니다. 이는 이미 매년 수백만 명의 인명을 앗아가고 있고 점점 더 악화될 것으로 보이는 위기상황입니다.

한국에서는 이에 도움을 줄 수 있는, 좀 낯설지만 백여 년의 역사를 가지고 있는 아이디어가 있다는 걸 아시는 분은 별로 없을 것입니다. 전 세계 어디에서도 이러한 놀라운 아이디어를 인지하고 있는 이들은 드물며, 가끔 이걸 의식하는 사람이라 해도 정신 나간 소리로 생각합니다. 왜냐하면 이는 환자를 바이러스로 치료한다는 개념을 포함하고 있으니까요.

박테리오파지, 간단히 줄여서 파지로 알려진 이 미생물은 박테리아를 감염시켜서 죽이는 바이러스입니다. 이들 바이러스는 어디에나 있으며 살아있는 상태로 환자들에게 주입하여 그들의 몸에 질병을 일으킨 박테리아를 퇴치하는데 도움을 줍니다. 소위 '파지 치료'로 알려진 이 아이디어는 한때 1920년대부터 1930년대 동아시아까지 포함한 세계 여러 곳에서 사용된 바 있습니다.

이 책 The Good Virus(착한 바이러스)는 이 놀랍고도 잠재적으로 도움이 될 수 있는 바이러스를 기리고자 쓰였습니다. 이는 참으로 희한한 이야기를 담고 있습니다. 19세기 초에 논란의 여지가 있는 발견으로 시작하여, 제2차 세

iv

계대전에 참전한 군인들을 치료하는 중요한 역할을 탐구했고, 파지 약제를 여전히 약국에서 살 수 있고 1차 의료 키트로 사용되는 구소련 지역으로 이동하여 정착하였지요. 왜 세계 대부분의 나라들이 이 아이디어를 버리고, 사실상 잊고 있는지, 그리고 어떻게 전 세계에 걸쳐서 이 아이디어가 다시 한 번 조심스럽게 탐색되고 있는지 저는 이 저서에서 설명하겠습니다. 한국은 국립 '박테리오파지 바이오뱅크'를 설립하여 수십 개의 다른 나라들과 함께 가능한 의료용 파지를 찾고 연구하고 저장하는 연구에 동참했고, 한국의 과학자들과 의사들은 생바이러스를 안전하게 의약품으로 사용하는 방법을 분주히 익히고 있습니다. 단순히 화학물질(항생제)들만으로 수십 년 동안 감염병과 싸웠지만 이는 쉬운 일이 아니지요.

사람들은 지난 100여 년 동안 파지의 놀라운 힘을 이용하려고 시행착오를 거듭해 왔지만, 지금은 파지에 대해 글을 쓰고 읽을 수 있는 진정으로 흥미 있는 시기입니다. 이 저서의 후반부에서 볼 수 있듯이, 최첨단 과학 발전과 기술은 이러한 바이러스를 세균 감염에만 국한하지 않고 다른 모든 건강 문제를 치료하는 데 도움이 될 수 있는 첨단 나노 의약품으로 바꾸고 있습니다. 한국은 전 세계에서 테크놀로지 면에서 가장 앞서가는 국가 중 하나이며, 코로나19 팬데믹과 같은 위협에 신속하게 대응하는 것으로 유명한 의료 시스템을 갖춘 나라입니다. 따라서 한국인들은 가까운 병원과 의원에서 사람의 생명을 구하는 이러한 스마트하고 새로운 형태의 의약품을 곧 만나게 될 것입니다.

저만큼이나 박테리오파지 이야기가 독자들께 재미있기를 바라며, 이 책을 읽음으로써 바이러스란 꼭 나쁜 놈이 아니고 어떤 선한 의도로 쓰일 수 있는지에 대한 독자분의 개념을 바꿀 수 있기를 바랍니다 - 코로나19처럼 모든 바이러스가 다 공포의 대상이자 싸워야 할 대상은 확실히 아니라고 말입니다. 전 세계는 내성 박테리아를 퇴치하기 위한 새로운 아이디어를 간절히 바라고 있으며, 이 놀랍지만 억울하게 오해받는 바이러스는 최고의 희망 중 하나입니다.

저자 **톰 아이얼런드**

Preface to the Korean Edition

Thanks for picking up the Korean edition of *The Good Virus*. Like virtually every country on Earth, Korea is grappling with the growing threat of antibacterial resistance: meaning more and more people are getting ill with dangerous bacterial infections which do not respond to antibiotic drugs. It is a crisis that is already killing millions of people each year and is set to get worse.

Few people in Korea will be aware that there is a strange, 100 year-old idea that could help. Few people anywhere in the world are aware of this amazing idea, and those that are often think it is mad. Because it involves treating patients with *viruses*.

Bacteriophages, often known simply as phages, are viruses that infect and kill bacteria. These viruses are found everywhere, and can be given injected live into patients to help kill off the bacteria causing problems in their body. The idea is known as 'phage therapy' and was once used in many parts of the world, including East Asia, in the 1920s and 1930s.

The Good Virus celebrates these remarkable and potentially helpful viruses. It's a strange story, starting with their controversial discovery at the start of the 19th century, exploring their important role treating soldiers in WW2, and moving on to the small pockets of the former Soviet Union where phage medicines can still be found in pharmacies and first aid kits.

I'll explain why most countries of the world abandoned and virtually forgot about the idea and how, across the world, it is being explored, cautiously, once again. Korea has joined dozens of other countries in setting up its own national 'bacteriophage biobank' - a laboratory to find, study and store phages for possible medical use - and Korean scientists and doctors are busy learning how to use these living viruses as medicines safely. It's not an easy task after fighting infectious disease for many decades with simple chemicals.

People have been trying and failing to harness the amazing power of phages for over 100 years, but this is a truly exciting time to be writing and reading about phages. As you will see later in this book, cutting-edge scientific advances and technology are turning these viruses into high-tech nanomedicines that could help treat all manner of other health problems, not just bacterial infections. Korea is one of the most technologically advanced countries in the world, with a healthcare system known for responding quickly to threats like the COVID-19 pandemic. And so Koreans may well see these smart new forms of medicine saving people's lives in hospitals and clinics near them soon.

I hope you find the story of bacteriophages as fascinating as I do, and that it changes your idea of what a virus can be – they are certainly not all things to fear and fight like COVID-19. The world is desperate for new ideas to combat drug-resistant bacteria, and these incredible but misunderstood viruses are one of our best hopes.

Tom Ireland

[목차]

저자 서문 - 보이지 않는 아군들　　　　　　　　01

제1부 첫 번째 파지

1. 물 속에 있는 그 무엇　　　　　　　　28

2. 미생물 잡는 미생물　　　　　　　　35

3. 파지를 둘러싼 큰 불화　　　　　　　　59

제2부 잊혀진 파지들

4. 스탈린의 의학　　　　　　　　82

5. 파지 대 나치　　　　　　　　101

6. 평행 우주들　　　　　　　　110

제3부 파지 열풍

7. 다시 주류로　　　　　　　　132

8. 신념 지키기　　　　　　　　151

9. 구조에 나선 파지　　　　　　　　166

10. 간절함은 자라나고　　　　　　　　188

11. 파지 제3 중흥기?　　　　　　　　205

제4부 기초 과학으로서의 파지

12. 생물학의 원자　　　　　　　　222

13. 지구의 파지　　　　　　　　　259

14. 고대의 기술　　　　　　　　　289

15. 네 고유의 파지를 찾아라　　　318

제5부 미래의 파지

16. 파지 치료법 버전 2.0　　　　　340

17. 회색 구(grey goo)　　　　　　363

에필로그

생명에 대한 새로운 시각　　　　　378

파지에 대한 현장 지침서　　　　　384

감사의 글　　　　　　　　　　　400

참고 문헌들　　　　　　　　　　402

저자의 당부　　　　　　　　　　426

역자 후기　　　　　　　　　　　427

인명, 지명, 그 밖의 명칭에 대해　　435

'역자 주'에 대해　　　　　　　　436

저자

톰 아이얼런드

Tom Ireland

『착한 바이러스』는 그의 첫 저서이다.

과학 작가이자 편집자. The Biologist 잡지를 편집하고 있으며 다양한 과학 출판물 분야에서 일했다. 카디프 대학교에서 생물학 학위를 취득한 후 런던의 Press Media Training(현 언론 협회)에서 저널리즘 대학원 학위를 취득했다. 월간지 BBC Science Focus에 정기적으로 기고하고 있으며, The Guardian/Observer, New Scientist, BBC News에도 글을 기고하고 있다. 2013년부터 왕립 생물학회의 잡지인 The Biologist의 편집자로서 전 세계 수백 명의 과학자와 그들의 연구에 대해 인터뷰했으며, 다양한 독자층이 자연의 경이로움과 과학의 힘을 이해할 수 있도록 돕고 있다. 이 잡지는 스코틀랜드 매거진 어워드에서 '최우수 편집자상', '최우수 전문 잡지상' 등을 수상하며 그 공로를 인정받았다. 2021년에는 작가로서 왕립문학회 자일스 세인트 오빈상 (the Royal Society of Literature's Giles St Aubyn Award)을 수상하였다.

이 저서 『착한 바이러스』는 2023년 뉴욕타임스 '편집자의 선택' 도서 및 워터스톤스(Waterstones) '2023년 최고의 과학서적'에 선정되었다.

현재 허트포드셔에 거주하며 집필과 출판 활동을 하고 있다.

옮긴이

유진홍

가톨릭대학교 의과대학 내과학 교실 감염내과 교수

Journal of Korean Medical Science 편집장

전 대한 감염학회 회장(2020~2022)

전 대한 의료관련감염학회 회장(2015~2017)

전 대한감염학회 교과서 편찬위원회 위원장

저서 『유진홍 교수의 이야기로 풀어보는 감염학』, 『항생제 열전』, 『열, 패혈증, 염증』, 『내 곁의 적 – 의료관련감염』, 『유진홍 교수의 감염강의 42강–총론』, 『유진홍 교수의 감염강의 42강 – 임상 각론』, 『감염학』(대표저자), 『항생제의 길잡이』(대표저자), 『성인예방접종』(공저자), 『한국전염병사Ⅱ』(공저자), 『의료관련감염관리』(공저자)

블로그 https://blog.naver.com/mogulkor

삽화 유여진

제 3, 9, 15장의 삽화를 그렸다. (나머지는 군자 출판사 Illustration 부)

생물학적으로 옮긴이가 가진 DNA의 50%를 물려받은 여류 동양화가이자 불자이기도 하다.

법명은 반야행

등장인물

펠릭스 드허렐르

이 책 전반부의 사실상의 주인공. 파지의 살균 현상을 발견하지만, 다음에 소개할 트워트보다 1년 늦게(논문 발표까지 따지면 2년 늦게) 발견해서 공식적으로 최초 발견자는 아니다. 그러나 파지라는 용어를 만들었고, 파지와 관련된 학문적 이론의 기반을 다졌으며, 파지 치료까지 큰 업적을 남긴 시조가 된다.

프레드릭 트워트

파지로 인해 박테리아가 죽는 현상을 드허렐르보다 1년 먼저 최초로 발견하였다. 단, 나중에 이 현상(당시로서는 정체를 알 수 없었던)이 미생물에 인한 것임을 부정하고 일종의 효소에 의한 것이라는 드허렐르 반대파의 주장에 동조한다.

조지 엘리아바

드허렐르의 수제자 격인 조지아의 학자로, 스탈린 치하 소련 소속이던 조지아로 돌아와 파지 연구와 치료를 본격적으로 시작하기 직전에 정치 음모에 휘말려 죽고 만다.

앨버트 칼메트

드허렐르의 상관으로 당시 파스퇴르 연구소 부소장. 이 책에 기술된 드허렐르의 생애에서 평생을 괴롭힌 빌런 역할로 나오지만, 사실 결핵 백신에 쓰인 BCG 생성의 공헌자로 의학사에서 큰 업적을 남긴 인물이니 너무 미워하진 말자.

파지를 분자 생물학 차원으로 끌어올린 이들

막스 델브뤼크

이 책 중반부의 주인공이라 할 수 있다. 원래 양자 물리학자였으나 생물학으로 전공을 바꾸면서 파지 연구에 뛰어든다. 루리아, 허쉬와 3인방을 이루며 파지를 분자 생물학 수준으로 한 단계 끌어올리는 데 결정적인 공헌을 하였고, 이 업적으로 다 함께 노벨 생리의학상을 수상한다. 의도한 건 아니었지만, 이들의 활약은 결국 왓슨과 크릭의 DNA 발견을 이끌어낸다.

살바도르 루리아

델브뤼크와 함께 파지 연구에 큰 업적을 남긴다. DNA를 규명하는 제임스 왓슨이 루리아의 제자이다.

알프레드 허쉬

델브뤼크, 루리아와 함께 파지 연구를 이끈 3인방 중 한 명.

에른스트 루스카

전자 현미경을 발명하여 파지의 '실존'을 증명하는 데 결정적인 기여를 했다.

왓슨과 크릭

DNA 발견자들이다. 무슨 설명이 더 필요한가?

프란시스코 모히카

고세균을 연구하다가 CRISPR를 발견한다. 이는 분자 생물학계에 엄청난 파장을 몰고 온다.

로돌프 바랑구

다니스코사 소속의 미생물학자로 CRISPR 분야에 큰 공헌을 한다.

제니퍼 다우드나 & 이매뉴얼 샤펜티어

CRISPR 연구로 노벨상을 수상한다.

실뱅 모이노

캐나다의 미생물학자. CRISPR 연구를 하고 있으며, 대규모의 파지 도서관을 보유하고 있다.

킴 시드

미 버클리의 파지 연구자. 파지 자체 내의 CRISPR를 발견했다.

파지 연구의 계승자들

지나이다 예르몰예바

이 책의 시작 부분을 장식한 구소련의 파지 과학자. 스탈린그라드 전투 당시 만연했던 콜레라 유행 문제를 파지로 해결하는 공을 세운다.

니나 차니쉬빌리

조지아의 엘리아바 연구소 연구개발 책임자로, 엘리아바 사후 파지 연구의 명맥을 이어가고 있는 이들 중 하나.

엘리자베스 베티 커터

에버그린 주립대학의 파지 연구가. 미국 내에서 파지의 대모로 불린다.

알렉산더 술라크벨리제

조지아 CDC 연구소장 출신의 파지 학자. 90년대에 미국 볼티모어로 옮겨 글렌 모리스 교수와 함께 파지 연구를 하다가 회사를 세워서 식품 가공 및 농업 환경을 위한 파지 제품을 개발한다.

마사 클로키

영국 레스터 대학의 교수로 파지 전문가.

칼 메릴

국립정신보건원에서 연구에 임하면서 파지에 대한 논문들을 발표하여 논란의 중심에 선다. 은퇴 이후에도 아들 그렉 메릴과 함께 파지 치료 관련 회사

APT를 차리고 여전히 파지 연구에 매진한다.

비스와짓 비스와스

칼 메릴 휘하의 연구원으로 같이 파지 연구를 하다가 메릴의 은퇴 후 미 해군으로 옮겨 파지 수집과 연구를 계속한다. 나중에 패터슨-스트라스디 부부의 파지 치료 프로젝트에 결정적 공헌을 한다.

라이 영

텍사스 A&M 대학의 교수로 파지 전문가이자 파지 치료의 지지자.

마이아 메라비슈빌리

엘리아바 연구소 출신의 파지 연구자로 벨기에 브뤼셀에서 연구를 계속하고 있다.

포레스트 로워

샌디에고 주립대의 파지 연구자. 해양 생태계, 특히 산호초와 파지 관계를 연구하고 있다.

제레미 바

호주 모나시 대학의 파지 연구가로, 로워의 제자. 파지를 주로 면역학적인 측면으로 해석하고 있다.

제스 새커

캐나다의 파지 연구가로, 파지 환자들과 파지 연구원들 및 실무자들을 연결하는 전용 네트워크인 파지 디렉토리를 만들어 운영하고 있다.

벤 템퍼턴

영국 엑세터 대학의 미생물학자. 일반인들을 대상으로 새로운 파지 찾아내기 운동 프로그램을 운영하고 있다. 이 책의 저자도 이 운동에 동참하였다.

그레이엄 햇풀

미 피츠버그 대학의 파지 전문가로, 전 세계 170여 개 대학 학생들로부터 각자 새로운 파지를 찾아내어 등록하는 SEA-PHAGES 프로그램을 운영한다.

에벨리엔 아드리아엔센스

벨기에의 바이러스 학자. 국제 바이러스 분류 위원회에서 파지들을 새로이 분류하고 있다.

한스 액커만

아드리아엔센스 이전에 파지 분류의 체계를 세운 선구자.

장 폴 피르네이

벨기에 퀸 아스트리드 군사 병원의 연구원. 파지의 DNA 염기서열 정보를 기반으로 인위적 파지 합성을 통한 파지 치료를 연구하고 있다.

롭 맥브라이드

합성 파지를 사용한 치료를 연구하는 펠릭스 바이오테크 설립자.

제이슨 클라크

스코틀랜드의 파지 관련 회사 Fixed Phage의 최고 과학 책임자. 나노 기술 접목을 시도하고 있다.

남윤성

한국 과학기술원의 교수로 나노-바이오 인터페이스 연구소에서 파지 기반 마이크로 배터리를 비롯한 나노 기반 파지 연구에 다양한 업적 성과를 거두었다.

파지를 환경에서 탐구하는 이들

외빈드 버그

노르웨이의 과학자로 해양 환경에 어마어마한 양의 바이러스가 서식함을 밝혀서, 환경에서의 바이러스(파지) 연구에 기폭제가 된다.

제니퍼 브럼

미 루이지애나 주립대학 해안 과학부 조교수. 해양 환경의 바이러스에 대한 연구를 하고 있다.

마이아 브릿바트

미 남플로리다 대학의 생물해양학 교수. 시아노박테리아와 파지의 관계에 대한 연구 업적이 대표적이다.

게리 트루블

NASA에서 우주 환경에서의 바이러스의 영향에 대해 연구하고 있다.

포리스트 로워 & 제레미 바

앞서 이미 설명한 바 있다.

실전에서 파지 치료와 관련된 주요 인물들

알프레드 거틀러

전직 재즈 베이시스트로, 하이킹하던 중 실족하여 입은 골절상에 합병된 감염으로 장기간 고생을 하다가 베티 커터의 주선하에 조지아에서 파지 치료를 받는다.

랜디 피쉬

미국의 족부 전문의사로, 베티 커터의 제자였으며, 파지 치료를 족부 감염 치료에 응용한다.

톰 패터슨

샌디에이고의 정신과 교수로, 이집트 관광 도중 다제 내성 감염에 걸려 사경을 헤맨다. 부인인 스트라스디의 노력과 각종 파지 과학자들의 도움으로 파지 치료를 받고 극적으로 회복된다.

스테파니 스트라스디

공중 보건 전문가로 톰 패터슨 교수의 아내다. 남편의 내성 감염을 치료하기 위해 백방으로 뛰면서 상술한 파지 과학자들이란 과학자들을 모두 모아 팀을 결성하여 파지 치료를 최후 수단으로서 행하여 결국 드라마틱하게 살려 낸다.

로버트 '칩' 술리

패터슨 부부의 친구이자 주치의.

맬로리 스미스

패터슨의 치료 사례에 고무되어 낭포성 섬유증에 합병된 감염 치료를 위해 파지를 투여받지만, 시기가 너무 늦어서 사망하고 만다. 사후 그녀의 부모는 파지 치료에 중점을 둔 항생제 내성 관련 연구를 지원하는 '맬로리의 유산 기금'을 설립한다.

수잔 드 괴이즈

네덜란드의 주부로 희귀질환인 한선염을 앓고 있으며, 조지아에서 파지 치료를 받는다.

프라나브 조흐리

전립선 만성 감염으로 엘리아바 연구소에 가서 파지 치료를 받은 첫 번째 인도 환자. 이후 인도 환자들이 조지아에서 파지 치료받는 걸 도와주는 회사를 설립한다.

트리스탄 페리

프랑스 라 크흐와 후쓰 병원의 뼈 및 관절 감염을 전담하는 전문의로 파지 치료를 응용하여 치료에 임하고 있다.

보이지 않는 아군들

1942년 여름, 독일군이 러시아의 스탈린그라드 시를 포위했을 때, 나치 사령관들은 독일 야전병원에서 시체들이 사라진다는 기이한 보고를 받기 시작했다. 한밤중에, 소련 정찰병들은 과감하게 최전선을 넘어 특정 독일군 시신들을 훔쳐다가 도시 지하 깊숙한 곳에 숨겨진 비밀 지하 실험실로 날랐다.

독일군은 스탈린그라드를 향해 동쪽으로 진격하던 몇 주 동안 콜레라에 시달리고 있었고, 소련군은 콜레라가 최전선을 통과해 넘어오는 것을 막기 위해 필사적이었다. 이 지독한 세균 질병은 적의 전력을 더욱 고갈시키는 데 도움이 되었지만 포위된 도시에 빽빽이 들어차 있는 소련 군인들과 민간인들 사이에서도 산불처럼 퍼질 수 있었다. 그렇다면 도대체 소련은 감염되었을 가능성이 있는 독일군 시체들을 자국 영토로 끌어들여 무엇을 하고 있었을까?

오늘날 개선된 위생 시설과 최신 항생제에도 불구하고 콜레라는 매년 100,000명 이상의 목숨을 앗아간다. 작은 탐폰 모양의 세균(bacteria; 이제부터는 박테리아로 통일하겠음. - 역자 주)인 비브리오 콜레라(*Vibrio cholerae*)에 오염된 물을 통해 퍼지며, 치료하지 않고 방치하면 경련, 설사, 탈수를 일으키고 쇠약해지던 끝에 결국 쇼크, 혼수상태 및 사망에 이른다. 모스크바 실험 의학 연구소의 지나이다 예르몰예바(Zinaida Yermolyeva)교수는 스탈린의 명령으로 콜레라 발생을 평가하고 대처 계획을 수립하기 위해 그 전선으로 파견되었다.

그녀는 효과적인 항생제가 없던 시대의 다른 의과학자들과 마찬가지로, 감염된 사람들을 죽이지 않으면서 비브리오 콜레라 같은 박테리아를 죽이는 방법을 찾으려고 노력하며 경력을 쌓아 왔다. 1942년, 과학자들에게 단 하나의 진짜배기 항생제 물질인 페니실린이 알려졌으나 여전히 환자를 치료할 만큼 충분한 양을 생산할 수 없었다. 당시 박테리아 질병에 대한 대부분의 치료법은 일관성이 없거나, 독성이 있거나, 쓸모가 없거나, 아니면 이 세 가지 모두였다. 그러나 박테리아 질병을 치료하는 어느 방법 하나가 특히 전쟁 상황에서 더 많은 가능성을 보여주었고, 예르몰예바는 전쟁터라는 조건에서 이 방법을 사용하는 전문가가 되었다. 이를 사용하려면 콜레라에 걸린 환자나 그 환자의 밀접 접촉자의 몸에서만 찾을 수 있는, 자연적이지만 눈에 보이지 않는 콜레라 균의 천적을 배양해야 했다. 그래서 그 질병과 관련된 그녀의 계획이 시작되었다. 그녀는 군인들의 목숨을 빼앗는 박테리아를 죽이기 위해 바이러스를 사용하려 하고 있었다.

대부분의 사람들은 바이러스에 대해 매우 나쁘게 보고 있다. 이는 이해가 가는 것이, 바이러스는 우리를 앓게 하고, 무력화시키고, 죽이기까지 하니까. 그들은 우리 농작물을 망치고 가축들을 죽인다. 컴퓨터 바이러스는 값비싼 기계를 망가뜨리고 우리를 우롱하는 이메일을 보낸다. 1985년 생물학자 피터 메다와(Peter Medawar) 경은 바이러스를 '단백질로 싸인 나쁜 뉴스'라 묘사한 것으로 유명하다.

코로나19 팬데믹은 이러한 작은 생명체가 오로지 역병, 질병, 경제적 재난 및 죽음을 퍼뜨리기 위해서만 존재한다는 생각을 더욱 공고히 해줬다.

아마도 지금이야말로 그 견해가 왜 틀렸는지를 설명하기에 그 어느 때보다 최적기일 것이다.

나는 2020년 초에 처음으로 '착한 바이러스'에 관한 책을 쓰겠다고 생각했다. 이 아이디어는, 흥미롭고 논란의 여지가 있는 역사를 가지고 있지만 특히 중요하되 간과되고 있는 바이러스 그룹을 긍정적으로 얘기해 주려는 것이다. 바이러스는 매혹적이게도 한때 인간의 생명을 구하는 데 사용되었지만 그 이후에는 거의 잊혀졌다. 내가 영국에 살고 있던 당시, 중국 우한에서 전 세계로 퍼지고 있는 신종 코로나바이러스에 대한 공중 보건 메시지는 이러했다: 원칙적으로 우리 모두가 손을 더 자주 씻으면 모든 것이 괜찮아져서 곧 다 지나갈 것이라는 것. 대부분의 사람들처럼 나도 이 극도로 못 되어 먹은 바이러스 하나가 이다지도 수많은 인명들을 유린하게 될 줄은 미처 몰랐다. 그리도 오랜 기간 동안 말이다. 그렇게 오래 가는 바람에, 우리가 기억하는 한 최고로 나쁜 이 바이러스 팬데믹이 아직도 전 세계를 휩쓸고 있는데, 막상 나는 바이러스에 대해 좋게 기술하는 책을 쓰시고 있더라는 것이었다. 실제로 이 책의 대부분은 나와 가족이 바이러스를 피해 칩거해 있는 동안 작성되었다.

나는 여전히 바이러스가 '착한' 놈일 수 있고, 또 그렇다고 믿는다. 따라서 이 책의 이러한 제목은 도발을 의도했거나, 바이러스가 우리와 우리가 사랑하는 사람들에게 야기한 엄청난 고통을 실제보다 축소시키려는 의도로 붙인 게 아니다. 바이러스는 매년 수백만 명의 목숨을 앗아가며 에볼라와 같이 심각하고 무서운 감염이건, 독감과 같이 익숙하고 지속적인 전 세계적 위협이 되는 병이건, 헤르페스와 같은 성병, 유행성 이하선염과 같은 소아 질병, 노로바이러스나 이질과 같은 바이러스 또는 코로나19와 같이 완전히 새로운 병원체로 인한 수백만 건의 질환과 설사 사례 등이건 모두 더 많은 사람들의 건강을 악화시킨다. 바이러스와의 싸움은 인류 역사를 형성해 왔으며 종종 비극으로 빚어지곤 했다. 그러나 진실은, 우리에게 그러한 고통을 야기하는 바이러스보다는 우리를 위해 특별한 일을 하는 바이러스가 수적으로 훨씬 많다는 것이다: 실제로 우리 생명을 구해줄 수 있는 바이러스는 수조 가지에 이른다.

'착한 바이러스'라 할 수 있는 걸로는 여러 유형의 바이러스가 있다. 예를 들어 많은 생명을 구하는 백신에 사용되는 무해한 바이러스가 있고, 과학자들이 개발한 종양 세포만 감염시켜 죽이는 바이러스가 있는데, 이는 종양 용해성 바이러스로 알려져 있으며, 암에 대한 새로운 치료법이라는 희망을 약속한다.

우리 조상의 유전체에 내장되어 오늘날의 우리를 만든 고대 바이러스가 있다. 모든 포유류가 가지고 있는 몇 가지 중요한 유전자는 어느 시점에서 우리 조상의 DNA에 동화된 바이러스 유전자에서 파생된다. 예를 들어, 태아의 세포가 태반에서 모체의 세포와 연결되도록 돕는 유전자는 바이러스가 세포와 융합하도록 돕는 유전자에서 파생된다(이 유전자가 없었으면 우리는 여전히 알을 낳는 동물이었을지도 모른다). 포유류 뇌 속에서 장기간 지속되는 정보 저장에 필수적인 또 다른 유전자는 바이러스에서 진화한 것으로, 유전 물질을 캡슐화하는 데 도움이 되도록 용도 변경된 유전자로 여겨지고 있다.

이러한 오래된 바이러스와 새로운 바이러스, 그리고 그 다양한 기능들이 매혹적이지만, 이 책에서 나는 박테리오파지(bacteriophage)라고 알려진 매우 특별한 바이러스 그룹에 초점을 맞추고 있다. 이것이 바로 예르몰예바 교수가 약 80년 전 스탈린그라드 주변의 얼음 토양에서 찾고 있던 바이러스였다.

간단히 줄여서 단순히 '파지(phages)'라고도 알려진 박테리오파지는 박테리아를 감염시켜 죽이는 바이러스다. 본질적으로 인간에게 무해하며, 박테리아 세포에 유전자를 주입하기 위해서만 존재하고, 이후 박테리아 세포 내에 무기한 숨어 있거나 미친듯이 복제 증식할 수 있다. 후자의 경우, 바이러스는 그들의 불행한 숙주인 박테리아의 신진대사를 엉망으로 만들어 박테리아가 스스로의 삶을 유지하는 데 필요한 물질 대신 바이러스의 복사본을 대량 생산하게 한다. 적절한 때가 되면, 새로운 바이러스는 물 폭탄 터지듯이 박테리아를 터뜨리고 쏟아져 나와 이 과정을 반복할 새로운 숙주를 찾는다.

이러한 바이러스의 대부분은 소위 '꼬리를 가진' 파지다. 캡시드(capsid)로 알려진 사악해 보이는 20면으로 된 머리와 함께 이 바이러스는 독특한 단백질 튜브 또는 꼬리를 가지고 있어, 어느 운 나쁜 숙주에게 DNA를 작은 주사기처럼 주입하는 데 사용된다. (캡시드 - 바이러스의 핵산을 싸는 단백질. - 역자 주) 훨씬 더 미세한 거미 모양의 다리가 파지 바닥에서 무릎을 굽힌 자세로 펼쳐져 있어서, 가늠할 수 없을 만큼 작은 달 착륙선처럼 박테리아 세포의 표면을 감지하고 결합하는 데 쓰인다.*

이 책에서 전쟁을 벌이는 두 가지 주요 미생물 유형인 박테리아와 바이러스는 흔히 혼란스럽게도 둘 다 그냥 '병원체'로 분류되지만 중요한 면에서 서로 다르다. 이들 사이의 가장 기본적인 차이점은 박테리아는 세포이고 바이러스는 세포가 아니라는 것이다. 세포는 생명의 생물학적 기본 단위다. 즉, 기름을 기반으로 한 막과 때로는 견고한 외벽 내에 생명과 복제에 필요한 모든 것이 들어있는 미세한 캡슐이다. 바이러스를 제외한 지구상의 모든 생명체는 서로 협력하여 작동하거나(예를 들어 인체에서 조직과 기관을 형성하기 위해 배열된 수조 개의 관련 세포 네트워크) 단지 단일 세포들로만 모여서 존재하여 구성된다.

이와는 반대로 바이러스는 훨씬 덜 복잡하다. 가장 간단하게 말하면, 보호 단백질 캡슐에 싸인 유전 물질(일반적으로 DNA, 디옥시리보핵산, 때로는 화학적 사촌인 RNA, 리보핵산)의 길이 정도에 불과하다. 숙주 밖에서는 아무 것도 못하고 우두커니 있으며, 심지어 활동하는 데 쓸 정보를 유전자 내에 포함하고 있음에도 불구하고 이를 써먹을 생화학적 구성분이 없어서 생명 활동도 없다.

바이러스는 복제하려면 세포 내부로 들어가야 한다. 바이러스는 '일종의 대여로 연명하는 생명'으로 묘사되어 왔으며, 숙주 세포 안에 있을 때만 세상에 영향을 미칠 수 있다. 이는 컴퓨터 바이러스가 USB 스틱에 담겨 있는 코드 조각인 것과 비슷하다. 즉, 서랍 속에 있을 때는 아무 것도 할 수 없으며, 컴퓨터에 일단 꽂혀야만 갑자기 컴퓨터 시스템으로 하여금 자신의 복사본을 전세계

★ 파지 커뮤니티의 일부 과학자들은 1968년 아폴로 달 착륙 모듈의 디자인이 실제로 파지에서 영감을 받았다고 의견을 제기했다. 착륙선의 땅딸막한 모양은 포도바이러스로 알려진 뭉툭한 꼬리를 가진 파지와 매우 유사하기 한다.

수 천개의 편지함으로 보내도록 지시할 수 있다. 다른 생명체에 대해 이렇게 의존한다는 것은 어떤 면으로 보면 바이러스가 '살아 있는 생명'인지 아닌지에 대한 논란이 항상 있어왔던 이유이기도 하다. 내게 있어서 그런 의문은 별로 쓸모가 없는 것이라고 보는데, 그런 식으로 의혹이 나온다는 것은 바이러스란 경이로운 우리 생명체의 세계에서 떳떳하게 세금을 내고 같이 지내는 동료는 아니라는 것을 시사한다.

우리가 결정한 기준을 바이러스가 충족하는지 여부를 따지는 것 자체가 결국 바이러스는 별도의 생명체라는 의미를 부여하며, 지구에서 발생한 생태계의 필수적인 생물학적 구성 요소라는 것이다. 바이러스는 생명체와 동일한 기본 구성 요소로 만들어졌으며, 생명체와 동일한 화학적 언어를 사용하고, 진화하고 복제하며, 생명체와 상호 작용하고 탈바꿈도 한다. 일부 과학자들은 모든 생명이 세포보다는 바이러스에 더 가까운 자가 복제 개체에서 진화했을 것 같다고 믿는다.[1] 그리고 복잡한 화학이 단순한 생물학이 되는 매혹적이고 빛나는 회색 지대에서 활동함으로써, 너무나 복잡하여 완전히 이해하기는 아마도 영원히 어려울 생명체들보다는 바이러스가 생명이 무엇인지에 대해 더 많은 것을 우리에게 거의 확실하게 알려줄 수 있다.

박테리아, 곰팡이, 동물, 식물, 그리고 각 경계들 어딘가에 있는 이상한 것들 등 지구상의 모든 유형의 세포 생명체마다 이들을 감염시키기 위해 진화한 바이러스가 있으며, 이 바이러스들을 다 합치면 지구상의 다른 모든 생명체보다 그 수가 많다. 우리는 일반적으로 바이러스를 질병 및 사망과 연관시키지만 극히 일부만이 우리에게 위험하며 대다수는 그렇지 않은 파지이다. 그리고 아주 최근에 들어서야 우리는 파지가 지구상 살아있는 구조의 필수적인 부분이자 혁신, 다양화 및 변화의 원동력이라는 것을 이해하기 시작했다.

박테리아 또한 지구상의 모든 생명체에 필수적인 생명체다. 과학 저술가인 에드 용(Ed Yong)이 말했듯이 우리는 '그들을 미워하고 두려워하는 법을 배웠지만'[2] 세상에 있는 수천 종의 박테리아 중 단지 100여 종만이 우리를 아프게 하거나 질병을 일으키는 방식으로 우리 몸에 서식하고 있다. 이들조차도 눈치채지 못하는 사이에 우리 주변에서 꽤 평온하게 살아가며, 면역체계가 취약하게 될 때만 건강을 악화시킨다. 나머지는 지구를 살기 좋은 곳으로 만드는 일련의 필수 환경 서비스를 수행한다. 박테리아는 화학적 에너지와 태양 에너지를 포착하여 지구상의 나머지 생명체를 지원하는 먹이 사슬의 기본 층을 형성한다. 무기물, 다른 생명체의 폐기물, 죽은 것들을 가져다가 다른 생명체가 사용할 수 있는 형태로 다시 재활용한다. 박테리아는 우리가 호흡하는 대기 산소의 20%를 생산한다. 우리가 음식을 소화하도록 돕고, 식물이 영양분을 흡수하도록 돕고, 다른 미생물로부터 우리를 보호하고, 우리가 좋아하는 음식을 발효시킨다. 박테리아는 바다 밑바닥의 끓어오르는 분출구부터 다른 생명체의 내부 장기와 조직까지, 전지 산 농도의 산성 호수부터 우리의 가장 중요한 작물의 뿌리에 있는 결절까지 지구상의 거의 모든 환경적 틈새에서 살기 위해 적응하고 공동 진화를 해왔다. (전지 산, battery acid란 주로 H_2SO_4, 황산을 말하며, 산업 활동에서 발생하는 황산화물 가스가 강우에 녹아 내려 산성비를 형성하고, 이 산성비가 호수에 흘러 들어 산성 호수가 발생할 수 있다. 보통 pH가 1미만까지도 떨어져서 생물이 살기 힘든 혹독한 환경이 된다. - 역자 주)

박테리아와 더불어 원핵 생물(prokaryotes)로 알려진 다른 유사한 단세포 생명체는 맨 첫 번째 생명이 우리의 뜨거운 원시 암석에서 처음 등장한 이래 거의 40억 년 동안 지구상에서 끊임없이 자라고 번식해 왔다. 지구상에서 가장 오래된 형태의 생명체 중 그들은 수천, 아마도 수백만의 다른 종으로 진화하여 가능한 거의 모든 환경을 착취하고 식민지화했다. 그들은 말 그대로 어디에나 있다. 독자의 집 부엌 싱크대에 있는 스펀지 위에는 아마도 지금까지 살았던 인간의 총 수보다 더 많은 박테리아가 있을 것이다.

그러나 이 모든 박테리아가 존재하는 한 파지는 박테리아를 감염시키고 파괴하는 기술을 완성해 왔다. 지구상에 있는 엄청난 수의 박테리아 세포 하나하나에는 적어도 10개의 파지가 있는 것으로 추정되지만, 아마도 그 이상일 수도 있다. 박테리아는 어디에서나, 그리고 모든 곳에서 생태적 틈새를 잘 써먹으면서 진화해 왔으며, 바로 그 박테리아를 이용해 먹기 위해 진화한 바이러스도 있을 것이다. 이로 인해 겉보기에는 모호해 보이는 바이러스가 지구상에서 가장 풍부한 생물학적 존재가 되었다.

바다 한가운데로 항해하여 물 한 컵을 퍼 올리면 수백만, 어쩌면 수억 개의 파지가 들어 있을 것이다. 염분이 많은 습지나 지역 하천, 부식성 알칼리성 호수 또는 뜨거운 열수 분출구에서 물을 조금 가져오면 역시 1밀리리터당 수백만 개의 파지를 찾을 수 있다. 육지에서는 심지어 더 높은 밀도로, 즉 비옥한 토양 1 g에 수십억 개의 파지가 있을 수 있다. 잘 익은 사막 흙이나 얼어붙은 북극 토탄(土炭) 1 g에도 숙주 박테리아와 끝없는 춤을 추며 활동하는 수백만 마리의 파지 공동체가 들어 있다.

이 행성에는 파지가 너무 많아서 허공에 떠다니는 것도 발견될 수 있다. 한 연구자 그룹이 스페인 시에라 네바다 산맥의 해발 약 3 km 높이에 있는 콘크리트 플랫폼에 수집 장치를 설치했을 때 매일 수억, 때로는 수십억 개의 바이

러스[3]가 장비에 쏟아지는 것을 발견했다고 한다.[*]

연구자들은 지구상에 최대 10^{31}개의 파지가 있을 수 있다고 추정하는데, 이는 10에 0이 30개 더 붙은 숫자로, 지구상의 모든 모래 알갱이에 약 1조 개의 파지가 있는 것과 같은 정말 터무니없는 숫자다. 생물학자 J. B. S. 할데인(J. B. S. Haldane)이 말한 유명한 재담이 있는데, 만약 신이 지구상의 모든 생명체를 만들었다면 그 창조자는 '딱정벌레를 지나치게 좋아'했을 것임에 틀림없다는 것이었다: 그런데 신은 심지어 박테리아에 기생하는 바이러스도 좋아하는 것 같다.

(딱정벌레는 지구상의 곤충 가운데 가장 종류가 많아서 약 500~800만 종일 것으로 추정된다. 이걸 신이 편애하는 걸로 비유한 것이다. 같은 논리로 파지 또한 그럴 것이라는 저자의 재치로 이해하면 될 것이다. - 역자 주)

물론, 이러한 바이러스는 우리 몸 곳곳에 존재하며, 여러분이 이 서문을 읽는 동안에도 수백만 번이나 치명적인 박테리아를 파괴하는 일을 하고 있다. 인체에는 인간 세포보다 박테리아 세포가 더 많다고 흔히 말한다.

음, 그런데 사실 파지 수는 훨씬 더 많다.

특히 우리 내장에는 수조 곱하기 수조 개가 있다. 이 파지는 당신 내부와 당신 주변의 모든 곳, 그리고 당신이 살아가는 모든 순간에 박테리아를 터뜨리고 있다.

그래서 수십년 전 지나이다 예르몰예바 교수가 스탈린그라드를 방어하는 군인들을 쓸어버리겠다고 위협하는 박테리아를 죽이기 위해 바이러스를 사용

[★] 아마도 바다 물보라나 강풍으로 인해 표토와 농작물에서 파지가 날아가면서 공중으로 높이 날릴 것이다.

하기로 결정했을 때, 문제는 그냥 바이러스를 찾는 것이 아니라 그 박테리아에 딱 맞는 바이러스를 찾는 것이었다.

오늘날, 구소련의 몇몇 외딴 지역에서는 작은 유리병에 담긴 수조 개의 파지가 들어 있는 걸쭉한 노란색 액체를 들이키는 것이 항생제 알약을 복용하는 것만큼이나 흔한 일이다. 조지아와 러시아 일부 지역에서는 위장 벌레(설사, 구토 등을 하는 장염을 뜻한다. - 역자 주), 감염된 상처 또는 반점을 치료하는 데 도움이 되는 파지 패킷을 약국 카운터에서 구입할 수 있다. 조지아의 수도인 트빌리시와 폴란드의 브로츨라프 시에서는 더 강력한 '파지 요법'을 제공하는 진료소가 있는데, 농축된 바이러스로 감염된 상처를 직접 세척하거나 심각한 감염일 경우엔 정맥 주사를 한다.

1990년대 소련이 붕괴된 이후, 서구 의학으로는 치료할 수 없는 박테리아 감염을 앓고 있는 전 세계의 점점 더 많은 환자들이 구 소련 영역의 이러한 이상하고 구식인 진료소를 찾아와 많은 비용을 들이며 장기간 머무르고 있다. 우리가 쓰는 가장 중요한 항생제들에 대해 내성을 발현한 박테리아는 점점 더 널리 퍼지고 있어서 한때 치료하기 쉬웠던 감염이 이제는 점점 더 난치성으로 변하는 환자들이 늘어나고 있다.

파지는 1917년경에 처음 발견되었으며*, 불과 2년 후인 1919년에 처음 의학적으로 사용되었다. 이는 최초의 진정한 항생제인 페니실린이 의사들에게 널리 보급되기 거의 25년 전이었다. 20세기 초 수십 년 동안 세계는 파지에 열광했고 파지 치료법은 영국의 약방부터 브라질 공립 병원에 이르기까지 어디

★ 누가 처음으로 파지를 발견했는지, 언제 발견했는지에 대한 논쟁은 오늘날에도 여전히 격렬하지만, 이는 이 책의 뒷부분에서 짚어 볼 것이다.

에서나 볼 수 있었다. 유럽과 미국의 대형 제약 회사는 다양한 세균성 질병을 치료하기 위해 서로 다른 파지 혼합물을 대량 생산했으며, 제2차 세계 대전 중 소련은 군인들을 괴저, 콜레라, 이질 및 기타 불쾌한 전쟁 질병으로부터 보호하기 위해 산업용 크기의 구리 통에서 바이러스를 양조했다.

그러나 문제가 있었다.

그 어떤 오래된 세균성 질병에 대해서도 오래된 불특정 파지 아무거나 골라서 치료 수단으로 사용할 수는 없다. 특정 파지는 특정 박테리아에만 감염되며 대부분은 각기 어떤 박테리아를 표적으로 삼을지 매우 가린다. 일부는 단지 하나 또는 두 개 정도 매우 유사한 박테리아 종만 감염시키고, 대부분은 심지어 더 까다로워서 특정 종의 특정 변종 하나만을 감염시킨다. 20세기 초 의사들에게는 이로 인해 파지로 작업하기가 극도로 어려웠다. 만약 파지가 질병을 일으키는 박테리아에 대해 제대로 작동한다면 그 결과는 놀라웠을 것이다. 환자는 며칠 내로 박테리아 침입자를 완전히 제거하여 죽음의 문턱에서 돌아와, 병상에서 일어나 걷기 시작했을 것이다. 그러나 파지가 박테리아와 정확히 일치하지 않으면 전혀 쓸모가 없었다.

독일군 전선에 퍼지는 콜레라로부터 스탈린그라드 주민들을 안전하게 지켜줄 수 있는 파지를 찾고 있던 예르몰예바는 현재 집단 발병을 일으키는 바로 그 비브리오 콜레라 종을 정확하게 잡아서 죽일 수 있는 파지를 찾아야 했다. 이러한 바이러스를 발견할 수 있는 가장 좋은 장소는 치명적인 박테리아 자체 내부와 그 주변이었다. 그리고 치명적인 박테리아를 발견할 수 있는 가장 좋은 곳은 박테리아로 인해 죽는 사람들의 몸이었다.

지하 은신처에서 시체를 처리하면서 그녀는 곧 질병을 일으키는 비브리오 콜레라 변종과 더불어 살고 있는 파지를 분리했다. 그녀는 그 파지들 중 어떤 것이 이 박테리아를 가장 효과적으로 죽일 수 있는지 테스트하고, 기본적인 장비만 사용하여 박테리아를 분리하였으며, 이를 농축하고 정제했다. 죽은 군인들에게서 나온 자연 상태의 파지는 확실히 그 군인들에겐 도움이 되지 않았다. 그러나 예르몰예바는 콜레라 감염으로 본격 진입하기 전에 이를 제압할 수 있는 가장 강력한 바이러스의 농축된 혼합물을 만드는 것을 목표로 했다. 곧 그녀는 도시의 군인과 민간인에게 매일 50,000명분의 예방용 용량이 제공될 만큼 충분한 항콜레라 파지 혼합물을 만들었다.[4, 5]

제2차 세계대전의 승패를 결정하게 될 전투와 독일군의 패배를 앞두고, 예르몰예바는 다름 아닌 소련 총사령관 스탈린으로부터 전화를 받았다고 한다.[★] '스탈린그라드에 백만 명 이상의 사람들을 놔두는 것이 안전할까? 콜레라 유행이 군사 계획을 방해할 수 있는가?'라고 그는 물었다. 예르몰예바는 그녀가 자신의 전선에서 승리하고 있다고 대답했다. 즉 그 도시 내에서 콜레라 대량 감염이 발생하지 않았던 것이다. 이제 붉은 군대가 승리할 차례였다.

바이러스와 박테리아 사이의 끝없는 미생물 전쟁이 우리 주변 세계에서 매일 매 순간 일어나고 있다는 사실은 우리들 대다수에게는 진정으로 이해하기 어려운 일이다. 우리의 두뇌가 극단적으로 크거나 극단적으로 작은 숫자에 얼마나 쉽게 당황하는지를 감안하면, 단일 박테리아 세포나 바이러스의 크기를 우

★ 그의 통치 기간 동안 스탈린에 대한, 소련 내부에 대한 진술은 약간의 소금을 쳐서 받아들여야 한다는 것은 두말할 필요도 없다.

리 마음의 눈에서 정확하게 인식하는 것은 까다로운 일이다. 박테리아는 일반적으로 마이크로미터, 즉 1밀리미터의 1,000분의 1로 알려진 단위로 측정된다. 그리고 훨씬 작은 바이러스는 나노미터(1마이크로미터의 1,000분의 1) 단위로 측정돼야 한다.

이것이 실제로 무엇을 의미하는지 모른다 해도 그대만 그런 게 아니다(분명히 이것은 손톱이 1초마다 자라는 길이와 비슷하다). 마이크로미터를 시각화하는 데 도움을 주자면, 평균 크기의 사람 털의 너비는 약 100마이크로미터다. 인간 세포의 가장 큰 유형 중 하나인 피부 세포는 머리카락 너비의 절반도 안 되는 크기로, 지름이 30마이크로미터에 불과하다. 우리의 눈은 이렇게 작은 물체를 볼 수 없다. 이들 세포와 다른 인간 세포는 여전히 박테리아 세포를 작아 보이게 만든다. 단일 막대 모양의 대장균 박테리아(*Escherichia coli*) 세포는 길이가 3마이크로미터, 너비가 1마이크로미터 미만으로, 피부 세포 내부에는 대장균 세포 10개가 세로로 들어갈 수 있고, 사람의 머리카락에는 수십 개가 들어갈 수 있다.

바이러스의 크기를 이해하려면 과학자들은 원자 사이의 거리를 측정하는 데 사용되는 일련의 단위인 나노 규모로 내려가야 한다. 나노미터는 1/1,000 마이크로미터다. 잘 연구된 대장균 바이러스인 T4 파지는 길이가 200나노미터, 너비가 70나노미터에 달하는 상당히 큰 바이러스다. 이제 비교해 보면 길이가 3,000나노미터인 대장균 세포는 털이 수북한 거대한 콩처럼 보인다.

빛 자체의 파장보다 작은, 극도로 작은 크기의 바이러스는 우리가 현미경으로 박테리아를 볼 수 있게 된 지 수백 년이 지난 20세기까지 수십 년 동안 과학계에 미스터리로 남아 있었다는 것을 의미한다. 빛 대신 전자 빔을 사용하는 현대 현미경을 사용하면 이제 부두 인형의 핀처럼 박테리아 숙주 세포에 붙어

있는 이 작은 포식자를 '볼' 수 있다.

　이 기술의 도움으로 우리는 파지가 비록 지구상의 다른 복제하는 생명체에 비해 작고 상대적으로 단순하지만 정교하고 아름답게 진화했다는 것을 알 수 있다. 모양과 크기는 다양하며 수염, 꼬리, 거미같은 다리, 숙주에 달라붙거나 침입할 수 있는 랜딩 기어도 있다.

　이 작은 단백질 구조(랜딩 기어)는 가장 중요한 파지 유전자가 세상에서 생존하기 적합한 숙주로 들어가는 데 도움이 된다. 일단 파지가 숙주와 화학적으로 결합하면 그 유전자는 박테리아의 방어를 방해하는 화학 물질 공세와 함께 엄청난 압력을 받으면서 세포 안으로 펌핑된다. 바이러스에게 탈취된 박테리아 세포가 새로운 바이러스의 구성 요소를 합성하기 시작하면, 그 부분은 스스로 조립하여 새로운 파지로 변신하는데, 이는 과학자들이 아직 완전히 이해하지 못하는 생명공학의 놀라운 위업이다. 최종적으로, 감염 주기의 가장 극적인 행위로서 파지 유전자는 숙주에게 일련의 효소를 합성시켜 내부에서 외부로 스스로 파열하도록 지시함으로써, 방출되는 바이러스의 수를 최대화하기 위해 세심하게 시간을 맞춰서 폭력적인 결말이 이루어진다.

　우리 주변 어디에나 있는 바이러스가 매우 복잡 정교하게 세포와 생명체의 구성 요소를 조작할 수 있는 분자 기계라는 걸 알게 되면, 놀라지 않을 도리가 있을까?

파지는 지구상에서 가장 중요하지만 아직 과소평가된 생명체 중 하나다. 이러한 바이러스가 우리를 위해 하고 있는 일과 할 수 있는 일의 총체는 엄청나지만 여전히 잘 알려져 있지 않고 우리는 이에 대해 탄복하지도 않는다. 이 작은 생물학적 포식자는 알려진 모든 생태계에서 박테리아의 성장을 억제하며, 감염된 박테리아에서 끊임없이 새로운 파지가 방출되면서 지구상에 엄청난 수의 파지가 생성된다. 이 작은 조각의 단백질과 DNA를 모두 합친다면 무게는 대략 7,500만 마리의 흰 긴 수염 고래와 맞먹을 것이다.[6] 또는 런던 버스를 가상의 단위로 사용하는 사람들에게는 8억 개가 넘는 루트마스터스(Routemasters)와 맞먹을 것이다(Routemasters는 영국 런던에서 운행하는 2층 버스다. - 역자 주).

환경에서 영양분과 에너지를 순환시키는 미생물을 끊임없이 탈취하고 파괴하는 파지는 지구 전체 탄소 회전율의 약 10%를 담당하는 것으로 여겨진다. 파지는 숙주와 서로 끊임없이 유전자를 교환함으로써 중요한 유전적 특성을 온 세상에 확산시키는 데 중심적인 역할을 해왔다. 그리고 박테리아는 이를 피하기 위해 끊임없이 변화하고 진화해야 하기 때문에 지구상 생명체의 다양성과 복잡성을 촉진하여 우리를 포함한 고등 유기체를 탄생시키는 데 도움을 주었다.

매일 우리의 일상에서 수십억 개의 나노 크기 살상 기계가 존재한다는 점을 고려하면 우리는 그들에 대해 꽤 많이 알아야 한다고 생각할 수도 있다. 그러나 여기에 놀라운 사실이 있다: 우리는 그들 중 어느 것에 대해서도 거의 아는 바가 없다. 파지는 지구상에서 유전적 다양성의 가장 큰 원천을 대표하며, 그 중 99% 정도는 과학계에 알려지지 않은 것으로 추정된다.

과학자들은 1600년대 후반부터 박테리아와 같은 미생물을 연구해 왔지만, 우리의 바다와 토양, 신체가 바이러스로 가득 차 있다는 사실을 깨닫게 된 것은 겨우 지난 30년에 불과하다. 현재 우리 내장을 집으로 삼아 우리의 건강과 복지에 중요한 것으로 알려진 미생물 군집을 조절하는 파지조차도 대부분 과학계에 알려지지 않았다. 대부분의 사람들에게 파지가 무엇인지 물어보면 그들은 멍하니 그대를 쳐다볼 것이다. 지구상에서 가장 풍부하고 다양한 형태의 생명체인 실제 파지보다 마블 코믹스의 캐릭터인 파지에 대해 들어본 사람이 더 많을 것이다(코믹스 캐릭터인 파지는 '스파이더 맨' 세계관의 외계 생명체 심비오트의 일종이다. 대중적으로 잘 알려진 안티 히어로로 '베놈'이 바로 심비오트+인간 숙주이다. - 역자 주).

파지를 더 많이 연구할수록 우리는 더 놀라운 것을 발견한다. 지난 10년 동안 생명공학과 의학의 가능성을 극적으로 변화시킨 혁신적인 유전자 편집 기술인 CRISPR(유전자 가위; clustered regularly interspaced short palindromic repeats의 약자다. 크리스퍼로 발음하면 된다. 이는 이 책의 14장에서 다시 한 번 자세히 다룬다. - 역자 주)는 파지의 공격으로부터 세포를 방어하기 위해 진화한 미생물 면역 체계를 핵심으로 사용한다. 대기 중 산소의 8분의 1까지는 해양 파지가 숙주 박테리아에 제공하는 유전자 덕분에 생산되는 것으로 생각된다. 그리고 소위 점보 파지(세포 생명체의 복잡성을 어느 정도 갖고 있는 것처럼 보이는 상대적으로 거대한 파지)는 지구상 최초의 세포가 어떻게 기원 했는지에 대한 큰 미스터리에 답하는 데 도움이 될 수도 있다. 우리 모두가 살고 있는 바이러스 수프가 어떻게 인류와 지구에 영향을 미치는지, 그리고 그 힘을 어떻게 착한 일에 사용할 수 있는지 우리는 이해하기 시작했다.

아마도 파지 자체만큼 주목할 만한 것은 우리와 파지와의 관계에 대한 괴상하면서도 종종 극적이었던 역사일 것이다. 앞서 살펴본 바와 같이, 파지는 거의 100년 전에 처음으로 의학에 사용되었고 한때 전 세계의 전염병을 치료하는 데 사용되었으며 제2차 세계 대전의 흐름을 바꾸는 데 도움이 되었다고 할 수 있다. 그렇다면 왜 이 중요한 아이디어가 버림 받았을까? 어떻게 그것이 전체

서구 의학계에서 사실상 잊혀질 수 있었을까? 그리고 이러한 어디에나 존재하는 중요한 바이러스에 대한 우리의 이해가 아직 유아기에 머무르고 있는 이유는 무엇인가?

대답은 과학에만 있는 게 아니다. 이 책은 인성, 권력, 정치, 그리고 바이러스에 대한 우리의 좁은 시각이 거듭 충돌함으로써, 파지란 무엇이고 파지의 살균 능력에서 무엇을 얻을지 이해하려는 일에 어떻게 훼방을 놓았는 지에 대해 다루는 책이다. 이것은 영리하고 대담하며 종종 괴짜 행적을 보이는 과학자들이 출연한 서사시적인 이야기다. 대부분의 사람들이 인간에게 해를 끼치는 바이러스에 관심을 집중한 반면, 이들 특별한 캐릭터들은 겉보기에 모호한 박테리오파지에 초점을 맞추었으며, 자신의 작업에 대한 무관심과 심지어 적대감에도 종종 직면했다. 그 이야기는 세계 미생물계를 이끌던 학자들이 이러한 바이러스의 존재를 부정하기 위해 수십 년에 걸쳐 애를 쓴 것에서부터 시작된다.

우리는 스탈린 치하의 소련이 광란적으로 학살을 하며, 세계 최고의 파지 기술을 거의 파괴하기 전까지 파지 치료가 왜 번창했는지 탐구할 것이다. 우리는 지난 세기 대부분 동안 세계의 나머지 다른 지역이 파지를 의학에 사용한다는 생각을 왜 기피했는지, 그리고 그 아이디어가 살아남게 하기 위해 싸운 영웅들과 아웃사이더들을 조사할 것이다.

우리는 지구상의 어지러울 정도로 다양한 파지를 얼어붙은 극지방부터 바다 밑바닥까지 찾고 분류하는 임무를 맡은 놀랍도록 작은 과학자 공동체와 함께 파지 사냥을 할 것이며, 파지가 지난 100년 동안 어떻게 가장 중요하고 흥미로운 과학적 혁신에 있어서 중심이 되었는지 배우게 될 것이다. 그 과정에서 우리는, 박테리아 숙주를 착취하는 고유 전략을 가지고 있으면서 잘 알려지지 않았지만 이례적으로 뛰어난 박테리오파지뿐 아니라 지구상에서 가장 단순한 복제 생명체부터 시작해서 '거대 파지(바이러스와 세포 생명체 사이의 경계를 모호하게 만드는)'에 이르기까지 매우 다양한 범위의 매우 특별한 파지를 만나게 될 것이다.

그리고 가장 중요한 것으로, 이전보다 파지가 더 필요한 이유, 즉 항생제 내성 박테리아에 의해 증가하고 있는 위협에 대하여 알게 될 것이다.

2022년 2월, 많은 국가에서 마침내 코로나19 팬데믹에서 벗어날 길을 보기 시작하면서, 의학 저널 랜싯(The Lancet)의 한 보고 논문은, 코로나19와 함께 옆에서 티 안 나게 조용히 진행되고 있었지만 아마도 더 우려스러운 끔찍한 규모의 공중 보건 문제를 드러냈다. 이는 한 종류에만 국한되지 않고 많은 종류의 병원체들로 이뤄진 또 다른 팬데믹이었다. 그 보고서는 더 이상 항생제로 치료할 수 없는 세균 감염으로 인해 매년 얼마나 많은 사람들이 사망하는지 파악하기 위해 사상 처음으로 전 세계의 데이터를 수집했다. 저자들은 2019년에만 거의 200만 명이 일선 항생제에 내성이 있는 박테리아 감염으로 사망했으며, 추가로 300만 명이 항생제 내성 감염과 관련된 원인으로 사망했다는 사실을 발견했다.[7] 이 보고를 계기로 세계 보건기구(WHO)가 선정한 전 세계 10대 사망 원인 목록 중 설사병 및 치매와 같은 죽음에 이르는 질환들과 더불어 내성 감염이 들어간다.[8]

항생제는 20세기 중반 의료에 혁명을 일으켰지만 우리가 한때 생각했던 만병통치약은 아니다. 어떤 박테리아는 자연적으로 특정 항생제에 저항성이 있거나 영향을 받지 않는 반면, 다른 박테리아는 우리 몸의 표면에 서식하면서 바이오필름이라 알려진 두껍고 끈적한 점액으로 자신을 둘러싸고 있다. 이는 성장하는 박테리아 군집체를 제자리에 단단히 고정하는 데 도움이 될 뿐만 아니라 항생제를 차단하는 견고한 물리적 장벽도 만든다. 항생제는 또한 우리의 건강을 유지하는 데 필요한 많은 박테리아를 파괴하여 일시적이고 때로는 장기적인 부작용을 유발하는데, 이는 빈대 잡으려다 초가삼간을 태워버리는 것과 같은 의학적 부작용이다.

더 중요한 것은 우리가 의학과 농업 모두에서 이러한 특수 화학물질(항생제)을 과도하게 사용하여, 공장에서 대량 생성되듯이 대량으로 세상에 유출되도록 했다는 것이다. 이로 인해 병원과 수로 모두에서 이러한 화학 물질에 어느 정도 내성을 지닌 박테리아 세력이 우세해지고 약물에 대한 내성이 점점 더 강해지는 환경이 조성되었다. 박테리아는 빠르게 살고 빠르게 죽기 때문에 빠르게 진화하는데, 그들은 유용한 유전자를 서로 교환하는 성가신 습성을 가지고 있으며, 이는 항생제에 대한 내성이 빠르고 반복적으로 나타나고 확산된다는 것을 의미한다.

20세기 후반 대부분의 기간 동안 내성 박테리아가 출현하고 확산됨에 따라, 박테리아 입장에서 요 다음에 상대할 항생제는 도대체 무엇일까 계속 고민하도록, 과학자들은 줄기차게 새로운 유형의 항생제를 개발했다. 그러나 그 공급 파이프는 말라버렸다. 지난 30년 동안 새로운 주요 항생제가 개발되지 않았다. 최근 수십 년 동안, 치명적인 응급 상황을 위해 남겨두었던 '최후의 수단' 항생제조차 놀랍게도 실패하기 시작했다. 의학과 농업에서 항생제의 지속적인 남용으로 인해 이제 몇 가지 흔히 쓰이는 항생제들뿐만 아니라 '슈퍼버그' 또는 다제 내성(MDR; multidrug-resistant) 박테리아로 알려진, 우리 무기고에 있는 대다수 종류의 항생제들에 저항성을 갖는 박테리아 균주의 수가 급증하고 있다. 박테리아가 여전히 어떤 약점이 있을 수 있다 해도, 어떤 항생제가 여전히 효과가 있는지 확인하는 데는 비용과 시간이 많이 소요된다. 그러나 생명을 위협하는 급성 감염으로 고통받는 사람들에게는 그럴 여유가 없다. MDR 박테리아 외에도 XDR (eXtensively drug-resistant; 광범위한 약물 내성) 박테리아와 PDR (pan-drug resistant; 범 약물 내성) 박테리아가 있다. 이런 박테리아는 사실상 막을 수 없다.

2050년이 되면 전 세계적으로 매년 최대 천만 명이 이러한 감염으로 사망할 수 있다고 자주 인용되는데, 이러한 예측과 함께 공식적으로 항생제 내성으로 알려진 이 위기에 대해 수십 년 동안 많은 이들이 경고해 왔다. 그러나 위기가 이미 너무 심각하다는 것을 깨닫는 사람은 거의 없었다. 이 위기는 우리를 과거 일반적인 질병, 식중독, 기본적인 수술 절차 따위가, 그리고 심지어 감염된 작은 상처 정도 갖고도 삶을 망가뜨리는 위중한 감염이나 만성 질환, 기형 및 사망으로까지 발전할 수 있었던 항생제가 없던 시대로 돌아가도록 위협하고 있다.

이것은 코로나19와 에이즈 같은 바이러스 위협이 있기 오래 전에 시작된 조용한 팬데믹이었다. 이는 저녁 뉴스거리가 되거나 학교를 폐쇄하지 않으면서 지금 매년 수백만 명의 사람들을 죽이고 있다. 이에 대한 새로운 해결책이 없다면, 부러진 치아의 갈라짐이나 위경련의 고통이 다시 한번 막을 수 없는 감염의 조짐이 될 때, 우리는 세균성 질병으로 겁에 질리는 공포스러운 세상으로 되돌아가게 된다.

이 위기에 대한 완벽한 해결책을 디자인할 수 있다면 어떤 모습일까?

그 모습은 아마도 박테리아를 효율적이고 빠르게 죽이는 것이 될 것이다. 풍부한 천연 자원으로 생산하는 것이 비용이 적게 들고 쉬울 것이다. 부작용이나 세포와의 상호 작용이 거의 없이 쉽게 저장, 운송 및 관리될 수 있을 것이다. 우리에게 질병을 일으키는 박테리아만을 표적으로 삼고 우리 몸에 있는 유용한 박테리아에는 해를 끼치지 않을 것 같다. 새로운 저항이 출현함에 따라 적응하거나 변경하거나 진화하는 것은 쉬울 것이다. 그리고 이는 기존 항생제를 보완하여 우리가 이미 가지고 있는 항생제의 사용을 확장할 것이다.

박테리오파지는 이 모든 장점들을 담고 있다.

2010년에 남아프리카 대학생 릴리 홀스트(Lilli Holst)는 학생들이 지역 환경에서 자신의 파지를 찾아 분리할 수 있도록 하는 흥미로운 국제 프로젝트에 참여하고 있었다.★ 부모님의 퇴비 더미에 관심을 보인 홀스트는 반쯤 묻혀 있으면서 분해되고 있는 가지가 검체를 긁어서 채취하기에 완벽한 곳이라고 결론을 내렸다.

거의 10년 후, 홀스트가 '머디(Muddy)'라고 명명한 썩은 야채 조각에서 분리된 이 파지가 런던의 그레이트 오몬드 가 병원(Great Ormond Street Hospital)에 있는 17세 이사벨 카넬-홀더웨이(Isabelle Carnell-Holdaway)의 팔에 주입되었다. 이사벨은 이중 폐 이식 후 몸을 뒤덮은 공격적인 약물 내성 마이코박테리움 감염과 싸우고 있었다. 그녀에게 주어진 생존 확률은 고작 1%에 불과했다. 다양한 항생제를 사용한 공격적인 치료도 감염의 진행을 막는 데 실패했고, 곧 감염이 너무 진행되어 곪아 터진 보라색 주머니의 박테리아가 그녀의 팔과 다리 피부를 뚫고 올라갔다. 잃을 것이 전혀 없었기 때문에 머디를 포함한

★ SEA-PHAGES (Science Education Alliance-Phage Hunters Advancing Genomics and Evolutionary Science)로 알려진 이 프로젝트는 지금까지 20,000개 이상의 새로운 파지를 식별하는 데 도움을 주었다. 이에 대한 자세한 내용은 이 책의 후반부에서 접할 수 있다.

세 가지 유형의 파지가 하루에 두 번씩 이사벨의 혈류에 주입되고, 피부 병변에도 직접 도포 되었다. 며칠 만에 그녀의 상태는 안정되었다. 몇 주 안에 피부 병변이 사라지고 몇 달 동안 열려 있던 상처가 아물기 시작했다. 수 개월 후, 이사벨은 퇴원할 수 있었다.

머디는 이후 12개 이상의 유사한 사례에 사용되었으며 썩은 가지의 바이러스는 이러한 특정 유형의 감염에 가장 유용한 파지 중 하나임이 입증되었다. 안타깝게도 이사벨은 여러 가지 건강 문제로 인한 합병증으로 2022년에 사망했다. 그러나 무작위 장소에서 발견된 이 무작위 바이러스 덕분에 그녀는 몇 년을 살 수 있었고, 사망하기 전에 운전을 배우고, 해외 여행을 떠나며, 그 밖의 버킷 리스트 항목 몇 가지를 더 할 수 있었다.

이 책에서 보게 되겠지만, 파지 치료법은 생명을 구하기 위해 사용될 수 있으나 결코 간단하지는 않다. 이 놀라운 바이러스로부터 혜택을 받을 수 있는 사람들의 수는 여전히 극소수이며, 파지 치료를 받는 사람들 중 많은 사람들이 병에 걸렸을 때 최후의 수단으로 너무나 늦게 이 치료법을 받는다. 이러한 특이한 치료법이 전통적인 임상 시험에서 효과가 있다는 것을 투자자와 규제 기관에 최종적으로 입증하는 것은 어려운 것으로 밝혀졌다. 반복적인 시도에도 불구하고 현대 서구 의학은 박테리오파지로 사람들을 호전시킨다는 아이디어에 대해 수긍하며 몰려들지는 않는 것 같다.

이를 실현시키고 싶은 사람들은, 수십 년에 걸쳐 구축된 규제 시스템은 의약품 수준의 화학 물질에 대한 안전성을 평가하기 위한 것이지 퇴비 더미에서 퍼내거나 인간 배설물에서 찾아내는 그런 바이러스를 평가하기 위한 게 아니라는 사실 만이 아니라, 거칠고 엉뚱하며 스탈린에 의해 더럽혀진 역사를 가진 이 100년 묵은 아이디어 때문에 생긴 회의론과 편견으로 인해 어려움을 겪고 있다. 특허를 받을 수 없고 종종 각 환자에게 특별히 맞춤화되어야 하는 이 복합 치료법을 운이 좋은 소수만이 아닌 모든 사람에게 대규모로 실행 가능하고 저렴하게 만들려고 도전하는 부담은 아마도 훨씬 더 클 것이다.

박테리아를 죽이는 능력에 대한 인식이 높아지면서 파지는 이제 탈취제부터 펭귄용 프로바이오틱스까지 모든 분야에서 활용되고 있다. 그들은 농작물을 보호하고, 꽃가루를 묻히는 벌과 귀중한 누에를 박테리아 감염으로부터 보호하고, 박테리아 오염을 감지하는 작은 센서로 사용된다. 그러나 여전히 주류 인간 의학에서 이를 사용하기 위한 싸움은 계속되고 있다. 따라서 만성적이거나 치명적일 수 있는 약물 내성 감염을 앓고 있는 수백 명의 사람들은 여전히 시설이 열악한 진료소에서 파지를 사용하는 치료를 받기 위해 어렵게 조지아로 떠나야 한다. 더 많은, 아마도 수백만 명이 그런 기회조차 얻지 못한다. 그들이나 그들의 의사가 파지 치료법에 대해 들어봤더라도 확실히 그 치료법에 접근하는 방법을 알지 못할 것이다.

그러나 상황은 비록 느리지만 변화하고 있다. 항생제 내성 위기가 닥치면서 자연 유래 항생제는 다시 한번 엄청난 관심과 투자의 초점이 되고 있다. 한때 규제 당국과 자금 제공자들은 의학에 파지를 사용한다는 아이디어에 반대했지만 이제는 특별히 조정된 규제 시스템과 임상 시험에 열린 자세를 보인다. '파지 권(phage 圈; phageosphere)'의 방대한 미지의 목록을 작성하고 분류하기 위한 연구가 마침내 본격적으로 시작되었으며, 우리의 전반적인 건강에 파지가 중요한 역할을 한다는 것을 더 많은 과학자들이 인식하기 시작했다. 필자와 같은 과학 저널리스트들은 숨가쁘게 그들에 관한 책을 쓰고 있다.

파지를 연구하는 사람들은 자신들이 주목을 받기 시작할 때까지의 기간

이 너무 길었다는 것을 알고 있다. 이 책에서 나는 그들이 마땅한 관심을 받는다면 파지가 단 한 세기 동안 우리를 위해 해온 모든 일들과 더불어 향후 100년 안에 우리를 위해 무엇을 할 수 있는지에 대해 긍정적으로 기술하고 싶다. 우리는 그것들이 무엇인지, 즉 이 행성의 삶에 필수적이고 필요한 부분인지 보아야 한다. 파지는 지구상 생명체의 '암흑 물질'로, 더 복잡한 생명체의 진화와 지구상의 모든 생태계의 지속에 핵심이지만 대체로 분류되지 않고 연구되지도 않고 있다. 그들은 박테리아 오염 및 감염에 맞서 전 세계적으로 중요한 전투를 벌이는 우리의 잠재적인 동맹자다. 그리고 그들은 우리 시대의 가장 흥미롭고 중요한 과학과 기술의 선두이자 중심이다.

아직도, 파지에 대해 혹은 수년에 걸쳐 파지의 중요성을 우리에게 일깨워주려고 노력한 괴짜스럽고 놀라운 사람들에 대해 들어본 이는 너무나 없다. 이 책이 그런 생각을 바꾸는 데 조금이나마 도움이 되기를 바란다. 이것은 우리의 놀라운 파지 세계에 대한 이야기이며, 세상이 그것을 볼 수 있도록 하기 위한 한 세기의 투쟁에 대한 이야기이다.

제1부

첫 번째 파지

01

물 속에
있는
그 무엇

히말라야 서부의 상쾌하고 고요한 공기에서 시작하여 방글라데시의 뜨겁고 호랑이가 득실대는 맹그로브 늪에 흘러드는 갠지스 강은 세계에서 인구밀도가 가장 높은 지역 중 하나인 인도 북서부의 마을과 도시들을 통과하며 굽이치는 잔물결을 일으키고 있다. 강은 생명과 죽음 그리고 그 사이의 모든 것들로 가득하다. 2,500 km에 달하는 이 강은 돌고래, 수달, 거북이, 물고기와 악어의 고향일 뿐만 아니라, 세계 인구의 11%라는 엄청난 수의 사람들에게 공급된다고 한다. 12년마다 수천만 명의 순례자들이 알라하바드와 하리드와르 마을에 모여 세계에서 가장 큰 종교 축제이자 아마도 세계에서 가장 큰 규모로 사람들이 모이는 쿰브 멜라(*Kumbh Mela*)를 치르며 함께 목욕을 한다.

갠지스 강은 또한 지구상에서 가장 위험한 박테리아 생명체들로 북적거리고 있다. 그곳의 물은 인도 당국 기준의 '안전한 한계치'보다 10배나 많은 분변 박테리아를 포함하고 있고 항생제 내성 병원균의 수치가 무섭도록 높다.[9] 그럼에도 불구하고, 그 강은 장기간 병을 앓는 사람들을 치료할 수 있고 심지어 어떻게든 자정 작용을 할 수 있다고 현지인들은 믿어 왔다. 힌두교에서 일컫는 마 강가(Ma Ganga), 즉 어머니 갠지스 강은 은하수로부터 형성된 신성한 존재로 인류의 죄를 씻어주기 위해 하늘에서 내려왔다고 한다.

버려진 우상들, 꽃, 음식 쓰레기, 그리고 모든 현대 인류 주변 어디에나 나타나는 플라스틱 쓰레기뿐만 아니라, 그 주위의 광활한 지역으로부터 모든 폐기물들을 담고 강물과 함께 쏟아져 나오는 백랍 색깔의 쓰레기들, 수백만 톤의 하수와 폐수, 태닝 공장과 의류 공장의 염료와 용제, 인근 농장의 비료, 동물 배설물, 동물의 폐사체, 끝없는 건설과 철거로 인한 잔해들; 그리고 사람의 유해.

신성한 도시 바라나시에서는 하루 24시간 동안 타오르는 연기 속에 장례식 화덕에서 나오는 잿더미가 강둑을 덮는다. 코로나19 팬데믹이 최고조에 달했던 2020년에는 수백 구의 부분적으로 화장된 시체들이 갠지스 강으로 흘러내려가는 것을 목격할 수 있었고, 더 많은 시체들이 모래 둑으로 가라앉아 버렸다. 확실히, 신성한 강일지라도 정화할 수 있는 것에는 한계가 있지 않을까?

하지만 어찌된 일인지 갠지스 강은 정화 및 치유와 관련된 연관성이 남아 있다. 많은 사람들이 갠지스 강에서 목욕을 하는 것이 전염병을 일으키는 것이 아니라 치료에 도움이 된다고 맹세하며 우긴다. 19세기에는 콜레라와 같은 전염병이 갠지스 강 주변에서 발생했을 때 폐수와 오수가 정기적으로 유입되는 장소라서 예상되었던 우려와는 달리, 콜레라는 하류로 퍼지지 않았다. 왜일까? 이 유명한 강물 속에 무엇이 있을까? 매일 수조 마리의 무시무시한 병균들이 강으로 유입되는 걸 막을 수 있는 무언가가 있는 걸까?

1892년 어니스트 핸버리 행킨(Ernest Hanbury Hankin)이라 불리는 영국의 과학자가 인도를 향해 출항했다. 한쪽 귀에서 반대쪽 귀로 넓게 휘어진 콧수염 끝을 과시하며, 이 캠브리지 미생물학자는 콜레라와 그 나라의 다른 전염병들을 연구하고자 하였다. 그 시대는 그러한 병들이 아직도 많은 사람들에 의해 '미아스마 (miasmas)' 또는 부패한 공기에 의해 전파된다고 믿었던 시대였고, 병을 예방하는데 도움을 주기 위해 더러운 식수를 끓이자는 행킨의 제안은 차라리 신선한 아이디어로 여겨졌다.

갠지스 강에서 나온 물에 대해 일련의 실험을 실시한 후, 행킨은 평범하지 않은 것을 발견했다. 그 강에서 나온 물은 콜레라를 일으키는 수인성 박테리아인 비브리오 콜레라의 배양균을 죽이는 항생제 효과가 있는 것처럼 보였다. 행킨은 다음과 같이 언급했다. '갠지스 강의 끓이지 않은 물은 콜레라균을 3시간 이내에 죽인다. 같은 물을 끓이면 이런 효과가 없다.'[10] 갠지스 강의 탁한 물에는 그 지역에서 콜레라가 퍼지는 것을 막는 데 도움을 주는 듯한 보이지 않는 어떤 정수가 있었다.

1896년에 유명한 파스퇴르 연구소의 연보에 출판된 행킨의 관찰 소견은 아마도 파지의 살균 작용에 대한 최초의 기술로 여겨진다.

그 이후로 갠지스강의 박테리아가 대단히 풍부하기에 그들을 잡아먹는 바이러스도 그와 비슷하게 엄청나게 풍부하게 되고, 콜레라 전염병이 박테리오파지 수와 밀접하게 연관되어 있다는 것이 밝혀졌다.[11] 파지의 수가 적으면 비브리오 콜레라균이 증식하기 시작하여 질병이 동시에 대규모로 발생한다. 복

제할 수 있는 많은 숙주가 있으므로 그 파지들도 수적으로 폭발하여 박테리아를 없애기 시작하면서 전염병 대유행은 종결된다. 그런 다음, 숙주가 모두 사라지면 파지의 수가 다시 감소하여 그 주기를 다시 시작한다.

2016년 인도 과학자들은 히말라야 산맥 높은 곳에 있는 인간의 활동과는 거리가 먼 갠지스 강 발원지에서도 인간의 병원균을 파괴할 수 있는 파지가 있다는 것을 발견했다.[12] 이 곳 고무크(Gomukh)라고 알려진 특별한 지역에서 영구 동토 층이 녹아 졸졸 흐르는 물줄기에서 급류로 모여들어, 갠지스 강을 지나 바다를 향해 서사적인 여행을 시작한다. 이 연구의 저자들은 이 고대 퇴적물에서 방출된 바이러스가 갠지스 강에 특히 높은 농도의 파지와 추앙 받는 치유 특성을 부여하는 '씨앗'이 될 수 있다고 제안한다. 수천 년 동안 매일 이 강으로 흘러 들어온, 그리고 파지로 가득 찬 바로 그 방대한 양의 탁한 폐수와 하수. 갠지스 강의 신성함은, 학자 리줄 코흐하르 (Rijul Kochhar)의 표현에 따르면, '신앙, 오물, 파지'가 놀라운 결합을 이룬 결과이다.[13]

인도에서 행킨이 주목할 만한 발견을 한 후, 다양한 과학자들이 다른 곳에서도 비슷한 현상을 목격했다. 파지 과학의 '선사(先史)'라고 불리는 분야에서, 학자들은 19세기부터 20세기 초까지 파지가 박테리아를 죽이는 것을 자신도 모르게 기술하고 있었을 수도 있는 30개의 과학적 관측 보고를 찾아냈다.[14] 예를 들어, 행킨이 죽은 지 몇 년 후, 니콜라이 가말레야(Nikolay Gamaleya)라는 우크라이나 세균학자는 탄저균 박테리아(Bacillus anthracis)가 죽어 있는 배양물에서 생성된 미지의 물질에 대해 기술하는 논문을 출판했는데, 이 물질은 다른 탄저균 박테리아 배양물들도 파괴할 수 있는 것으로 보였다.[15]

역사를 통틀어 셀 수 없이 많은 미생물학자들이 박테리아 배양균이 갑자기 죽거나, 연구를 하는 동안 엉성하게 자라나는 현상을 관찰했을 수도 있는

데, 많은 이들은 자신들이 하던 실험 테크닉의 잘못 때문이거나, 단순히 미생물을 다루는 데 있어서 생길 수 있는 예상치 못했던 일들 때문이라고 생각했을 것이지 (그리고 어쩌면 치즈 제조업자들이나, 역사를 통틀어 미생물을 다루는 일을 했던 사람들이라면 누구나 마찬가지일지도 모른다.), 박테리오파지가 원인이라고 생각했을 사람은 거의 없었을 것이다. 행킨이 활동하던 시대에는, 바이러스가 무엇인지 또는 어떻게 질병을 일으켰는지에 대해서는 사실상 알려진 것이 없었고, 물론 너무나 작아서 이 시대의 가장 강력한 현미경으로도 관찰할 수 없었다.

'바이러스'라는 용어는 '독', '식물의 수액', '끈적거리는 액체', '유독할 소지가 있는 즙' 등을 포함하는 의미를 지닌 다소 모호한 라틴어 용어에서 비롯되었으며, 로마인들은 뱀의 독에서부터 정액에 이르기까지 모든 것에 이 용어를 사용하였다. 중세 영어에서 이 단어는 점점 더 질병을 퍼뜨릴 수 있는 썩은 물질을 의미하게 되었다. 1770년 사전에는 '궤양에서 나오는 일종의 악취 나는 물질, 먹는 것과 악성 자질로 부여된다'는 다소 재미있는 정의가 나와있다.[16]

19세기에 백신 접종의 선구자인 에드워드 제너(Edward Jenner)와 루이 파스퇴르(Louis Pasteur)는 박테리아가 원인이 아닌 전염병의 경우, 발견하기에는 너무 작은 병원체가 존재할 수도 있다는 것을 깨달았다. 그들은 바이러스 감염에 대한 백신을 개발했지만 여전히 감염원 자체의 본질에 대해서는 정말로 이해하지 못했다.

1890년대 가서는, 러시아인 드미트리 이바노프스키(Dmitri Ivanovsky)와 네덜란드인 마르티누스 베이제린크(Martinus Beijerinck)가 담배 모자이크 질병으로 알려진 식물의 질병이 박테리아보다 더 작은 감염원에 의해 발생한다는 것을 서로 제각각 밝혀냈다. 그들은 그 질병에 감염된 식물로부터 물을 받아 챔벌레인 여과 장치 (Chamberlain Filter)라 불리는 곳에 넣었는데, 이 곳에서는 유리를 바르지 않은 도자기의 극세공을 통해 압력을 받아 물이 강제로 통과하게 된다. 이 여과기는 액체에서 가장 작은 박테리아도 제거할 수 있다. 이바노프스키와 베이제린크는 여과되고 난 후 겉보기에는 미생물이 없는 물이 식물에 뿌려졌을 때도 여전히 담배 모자이크 질병을 일으킬 수 있음을 보여주었다. 베이제린크는 이를 *Contagium vivum fluidum* (living fluid contagion 즉 물 속에 있는 살아 있는 전염체라는 뜻의 라틴어. - 역자 주)이라 부르며, 본질적으로 '액체의 성질을 가진 전염성 생명체'로 분류하였다. 이 작업을 제외하고는 아무도 바이러스가 무엇인지 알지 못했다. 20세기가 밝았음에도 '바이러스'라는 용어는 일반적으로 볼 수도 설명할 수도 없는 원인을 가진 전염병을 설명하는 데 사용되었다.

그리고 나서, 1910년대 중반에, 바이러스에 대한 우리의 이해는 극적인 전환을 맞이했다. 인류 역사 전체에서 볼 수 없었던 파지들이 갑자기 두 개의 다른 나라에 있는 두 명의 다른 과학자들에게 눈에 보이는 형태로, 마치 소인국들의 세계에서 피워 올린 봉화 연기처럼 박테리아의 몸뚱이에 완벽하게 불타오르는 작은 구멍들로서 거의 정확히 동시에 나타났다. 그로 인해 수십 년 동안 지속될 거의 전례 없는 과학적 논쟁의 시대가 시작된다.

02

미생물
잡는
미생물

프레드릭 트워트(Frederick Twort)는 1877년 영국 남부의 나뭇잎 무성한 서리 주에서 태어났다. 엄격한 시골 의사의 아들이었던[17] 트워트는 겨우 16세에 런던의 세인트 토마스 병원에서 의학을 공부하기 시작했고, 뛰어난 학업 성적을 거둔 후, 첫 유급 연구직을 제안 받고 이를 받아들였다. "최소한 월세와 식대를 지불할 수 있을 만큼의 돈을 버는 것이 필수적이었습니다"라고 냉정하고 완벽해 보이는 트워트가 그의 초기 경력에 대해 기술했다.[18]

이후에 트워트는 과학 교육에 대해 좀 다른 접근법을 가졌던 펠릭스 드허렐르(Felix d'Herelle)라는 이름의 괴짜 프랑스계 캐나다 미생물학자의 모습으로 등장한 위대한 과학 라이벌을 얻게 된다. 트워트보다 네 살 위인 드허렐르도 16세에 학교를 떠났지만, 유럽과 남미를 여행하고, 마음에 드는 대담과 강연에 참석하고, 책을 읽고, 인맥이 좋은 자기 가족에게 용돈을 받아 쓰며 십 대 후반을 보냈다.[19]

두 사람은 '미생물 사냥'이 세계의 주목을 받은 화려한 직업이었던 시대에 자랐다. 루이 파스퇴르, 로베르트 코흐(Robert Koch), 폴 에를리히(Paul Ehrlich)와 같은 세균학자들은 그들의 연구가 전염병의 원인과 예방에 대한 이해를 증진 시켰기에 누구나 다 아는 유명인이 되었고, 대중과 정치인들 모두 가스 불길 속 악취가 나는 배양액이 담긴 플라스크에서 만들어질 따끈따끈한 새 발견을 간절히 기다렸다. 프랑스에서 파스퇴르는 거의 성인이었다. 그는 질병을 예방할 수 있는 다양한 백신과 혈청을 개발했을 뿐만 아니라, 사람들이 음식, 우유, 물 그리고 와인과 같은 일상적인 물품들의 세균 오염을 마침내 방지할 수 있게 해준 '저온 살균(pasteurization)'이라는 기적적인 방법도 개발했다. 이는 오늘날에도 여전히 식품 생산에 널리 사용된다. 그러나 진정한 항생제가 없던 세상, 즉 부작용 없이 몸 안의 박테리아를 확실하게 죽이는 약이 없던 세상에서 감염병은 부자든 가난한 사람이든, 나이가 많든 모든 사람들의 삶에서 여전히 비중이 큰 것이었다. 20세기가 바뀔 때까지 유럽에서 평균 기대 수명은 40세가 조금 넘었는데, 가난한 나라들에서는 심지어 더 낮았다.

드허렐르는 파스퇴르를 숭배했고, 나중에 회고록에서 어렸을 때부터 그의 모든 인생 계획은 위대한 프랑스 과학자가 걸은 길을 본받는 것이었다고 했다.[20] 파스퇴르가 프랑스에서 가장 명망 있는 대학 중 하나를 다녔고, 드허렐르는 정식 자격증이 거의 없이 학교를 떠났다는 것을 고려하면, 그는 자기 경력을 다소 특이하게 시작했다.

그럼에도 불구하고, 드허렐르는 자신이 미래에 스타급 미생물 사냥꾼이 될 잠재력이 있다고 생각했다. 프랑스 시골과 벨기에를 자전거를 타고 돌아다니며 왕성하게 놀던 10대를 보내던 중, 그는 현지인들이 광견병에 걸린 개에게 물린 한 소년에 대해 이야기하며, 인근 수도원의 수도승들이 그 무시무시한 질병을 확실히 치료할 수 있다는 생각으로 그 소년을 거기로 급히 보낼 거라는 것을 우연히 들었다. 그 날 달리 할 일도 없어서, 조숙한 16세의 이 소년은 수도승들과 그들이 하겠다는 치료에 대해 더 알아 보고 싶어 수도원까지 60 킬로미터를 자전거를 타고 이동했다. 그 치료법이란 주로 환자에게 성가를 많이 불러주는 것과 8세기 주교의 옷에서 나온 약간의 오래된 실로 구성된 것이었다. 드허렐르는 강한 흥미를 가졌고, 수도승들이 주장하는 성공률을 파리에서 파스퇴르가 시험하고 있는 광견병 백신의 성공률과 신중하게 비교했다. 그는 그의 생에서 첫 번째로 일종의 과학적 검토를 한 것이었다.

그는 나중에 질병으로 죽는 사례를 한 번 더 목격한 이후, '아마도 나는 태어날 때부터 이미 훌륭한 미생물 사냥꾼이 되기 위해 우선적으로 요구되는 소질을 가지고 있는 것이 틀림없었다.'라고 기술하게 된다.[21] 남미에서의 휴가를 마치고 그가 리우데자네이루에서 귀국선을 탔는데, 거기에서 황열이 발생한다. '어느 날 아침, 아주 이른 시간에, 일곱 구의 시신이 한 구, 한 구씩 바다로 미끄러져 들어갔다. (중략) 승객들 대부분은 괴로워했다: 나는 완전히 침착 했고, 나는 그 무엇도 나를 굴복 시키지 못 할 것이라 생각했다.'

그는 수년간 여행을 계속했고 영국, 그리스, 그리고 튀르키예에서 머물며, 거기서 겨우 15세에 막 접어든 미래의 아내 마리 카이르(Marie Caire)를 만났다.[22] 드허렐르의 전기 작가 윌리엄 섬머스(William Summers)에 따르면, 그 커플은 빠르게 결혼했고 '느긋하고 여유로운 삶'을 즐겼다. 24세에, 드허렐르는 마침내 한 직업에 정착하기로 결정했고 캐나다로 이주했는데, 그 나라는 미생물학자가 너무 드물었기에 그는 자신을 미생물학자라 간단히 선언하고 자신만의 실험실을 자택에 차려 놓았다. 그의 첫 번째 과학 논문에서, 그는 무를 가지고 실험을 한 후, 탄소는 '원소가 아님'을 발견했다고 주장했다 - 18세기와 19세기의 위대한 화학자들의 업적을 일축한 것이다.[23]

한편, 영국으로 다시 돌아와서 보자면, 트워트의 과학 경력은 좀 더 정규 과정으로 진행되었다. 의학 학위를 받은 후, 그는 저명한 세균학자 윌리엄 벌럭 (William Bulloch) 교수 밑에서 공부하여 28세에 첫 논문을 발표했고, 몇 년 후 템스 강 바로 남쪽 복설 (Vauxhall)에 있는 수의과 병원인 브라운 연구소 (Brown Institute)에서 영구 연구직 및 연구 교수직을 얻었다.[24]

동년배의 나이에 방황하던 그의 프랑스계 캐나다인 라이벌은 이제 막 자신을 뭐라고 불러야 할지 결정을 내린 상태였다. 휴버트 오거스틴 펠릭스 해렌스 (Hubert Augustin Félix Haerens)로 태어난 그는 여러 방면에서 펠릭스 해렌스와 휴버트 펠릭스 헤렌스 드허렐르로 알려져 있다가 1901년경 마침내 펠릭스 드허렐르라는 이름으로 정착했다. 그가 실제로 어디서 태어났는지에 대해서도 약간의 논쟁이 있다. 캐나다에서 태어났다고 주장하는 드허렐르의 주장은 2000년대 초 발굴된 파리 출생증명서와 상충되는 것 같다.[25] 어떤 역사학자들은 그가 벨기에 사람이었을 지도 모른다고 믿고 있다.[26] 그가 여러 모습으로 변화무쌍하게 변신 했었다는 것은 그가 20대 초반에 파산한 초콜릿 공장을 맡았던 적이 있었다거나, 프랑스 육군에서 '제적'되었다고 명단에 올라와 있는 경력들을 보면 아마 알 수도 있을 것이다.[27]

젊은 드허렐르의 사진들을 보면, 거친 서부의 독한 술을 마시는 술집 주인처럼 나쁜 남자 유형의 미남으로, 심지어 약간은 빌런 같은 외모를 가진 남성의 모습이다. 그의 검은 머리는 짧고 무성했고, 레닌 스타일의 염소 수염은 때때로 현란하게 빙글빙글 도는 콧수염으로서 올라가 있었다. 그러나 진짜배기는 그의 두 눈이었다 - 당신이 그 눈을 보면 오늘 산 것들을 양 눈 아래에 있는 처진 다크 서클 살 속에 넣고 다닐 수 있을 정도였다(이 비유적인 표현이 이해가 안 가시면 지금 당장 구글 이미지로 Felix d'Herelle를 검색해 보시라. 그의 눈 밑 다크 써클이 워낙 크고 두툼해서 마치 검은 가방처럼 보이는 걸 확인하시면 이 비유적인 문장의 뜻을 즉각 이해하실 것이다. 사실, 가방을 뜻하는 영어 단어 bag은 다크 서클을 의미하기도 한다. - 역자 주).

그가 카메라 렌즈를 정면으로 응시 하는 몇 안 되는 사진들을 보면, 피곤하고

Felix d'Herelle

39

죄책감이 깃든 듯한 눈으로 바라보고 있다. 이 줄담배를 피우는 미생물학자는 나중에 어두운 머리는 이마부터 점점 후퇴하며 빠져서 대머리가 되며 회색으로 변했고, 염소 수염은 부스스해졌으며, 불룩한 실험복에서 말쑥한 정장과 가느다란 넥타이를 맨 모습으로 바뀌었지만, 어둡고 슬픈 눈은 그대로였다.

트워트는 조심스럽게 가르마를 탄 머리와 종종 영국 육군 장교의 제복을 입고 부드러운 미소를 보이는 사진이 찍히곤 했는데, 야생의 눈을 가진 드허렐르가 나서기 좋아하는 양지 지향이라면 그는 조용히 일하는 음지 성향이었다. 바쁜 런던과 사우스 웨스턴 철도 옆, 냄새 나는 소고기 엽차 공장 곁에 꽉 들어찬 브라운 연구소 내 연구실에서, 그는 미생물의 미세한 구조를 드러내기 위한 새로운 종류의 염색법을 발명했고 가축에게 소모성 질병을 일으키는 박테리아에 초점을 맞춘 연구에서 중요한 진전을 이루었다.

그는 혼자 일하는 것을 좋아했다.[28]

한편, 바다 건너에서, 그 프랑스인, 캐나다인, 또는 아마도 벨기에인 모험가는 인맥이 좋은 아버지의 도움으로 마침내 반쯤 공식적인 첫 과학 직업을 확보했다. 이 캐나다인 인생의 급격한 전환기에, 퀘벡 정부는 잉여 생산된 메이플 시럽을 위스키로 바꾸는 것이 가능한지 알아보기 위해 그를 고용했다. 그는 모든 걸 손수 다 하던(Do-it-yourself) 실험실에서, 끈적거리는 수액을 미국에 팔 수 있는 수준의 술로 바꾸려 독학으로 익힌 미생물학 기술을 사용하였다.
효과가 없었다.

당황하지 않은 그는 새로 독립한 라틴 아메리카 주 과테말라에서 정부 과학자 모집 공고를 보고 더 많은 외국 여행 경험을 갈망한다고 지원했다. 스스로도 임용을 기대하지 않았으나 놀랍게도 그 자리를 얻게 되어, 그는 미생물학자로서의 경력을 시작했다. 그 나라는 그의 부족한 자격에 대해 거의 따지지 않는 나라였다.[29]

트워트가 런던에서 부지런히 연구 경력을 쌓고 있을 때, 드허렐르는 아메리카 대륙의 변두리에서 살고 있었다. 1800년대 후반 과테말라는 야생의 무법천지였기에, 그는 곧 야생의 무법적인 과학을 실행하고 있었다. 아무런 정식 교육도 받지 않은 채, 드허렐르는 과테말라 시의 종합병원에서 환자들의 세균 검사를 책임지고 있으며, 심지어 학생들의 검사관 역할까지 했다. 황열 발생에 대처하는 임무를 맡은 그는 격리 명령이 지켜지지 않자 일렬로 늘어선 가정집을 불태우기도 한 것으로 보인다. 그는 도착하자마자 도시 밖에 나올 때는 리볼버 권총을 휴대하라는 권고를 받았고, 그래서 어느 날 술에 취한 한 남자가 비틀거리며 자기에게 칼을 휘두르며 다가오자 그의 가슴에 권총을 발사하여 총알이 심장을 관통해서 죽인 일도 있었다.

그는 이 사건에 대해 '내 상처를 그럭저럭 소독한 후(나는 여전히 흉터를 가지고 있다), 여행을 계속했다'고 썼다. '당시에 이런 경우는 당국과 거래하지 않는 것이 더 나았다; 나는 분명히 걱정할 것이 없었지만, 조사를 핑계로, 내 일이 한동안 지체되길 원치 않았다.'[30]

그의 아내 마리와 태어난 지 겨우 18개월밖에 되지 않은 어린 두 딸은 그곳의 광적인 기운으로부터 벗어날 수 없었다. 더위와 습기, 새롭고 낯선 독성 식물과 짐승들에 시달리던 세 사람 모두 황열뿐만 아니라 반복적으로 말라리아에 걸렸다. 1907년이 되자, 드허렐르는 인접국 멕시코 정부에 고용되었고(그가 나중에 썼듯이, '누구나 의사가 될 수 있는 곳에서는 학위가 필요 없었다'고 썼다), 그의 가족은 설사와 간헐적으로 단수되는 상수도 공급 상태에 너무 심하게 영향을 받아 한때는 피골이 상접한 것처럼 보였다. '우리는 모두 매우 우울합니다.'라고 오랫동안 시달리고 있던 그의 아내 마리가 회고하며 썼다.[31]

트워트와 드허렐르는 커리어와 성격 면에서 이보다 더 다를 수 없었다. 하지만 이들이 서로 다른 세계에서 서로 다른 문제에 대해, 서로 다른 각자의 박테리아 배양을 하다 보니, 둘의 커리어를 규정 지음과 동시에 그들 각자 밟아온 두 길이 서로 충돌하게 되는 희한한 현상이 생김을 두 사람 다 나중에 인지하게 된다.

트워트의 경우, 영국에 있는 그의 병원 연구실의 어두운 나무, 놋쇠, 체크무늬 타일들 속에서 일하며, 인간과 동물의 바이러스를 박테리아처럼 관찰하고 연구할 수 있으려면 실험실에서 어떻게 기를 수 있는지를 알아내려 꾸준히 시도했지만 성공하지 못 하고 있었다. 당시 바이러스에 대해 알려진 것이 거의 없었으므로, 트워트는 바이러스가 복제하는 데에는 살아있는 세포가 가진 장비들이 필요하다는 것을 확실히 몰랐을 것이고, 따라서 다양한 화학 추출물, 박테리아 혼합물, 그리고 영양소 배양액에 두창 바이러스를 배양하려던 그의 시도는 실패할 수밖에 없었다.

그는 수 백 개의 다양한 혼합물들을 시험해 보았는데, 그 혼합물들 중 어떤 것도 그가 연구하고자 했던 바이러스, 즉 두창의 성장 매체로 작용하지 않았다. 하지만 그는 그의 배양 접시들 중 하나에서 바이러스 대신 박테리아가 자라나기 시작했던 데서 무언가 이상한 현상이 일어 났음을 알아차렸다. 주의력이 덜 한 과학자들이라면 배양 접시들이 또 오염됐네 하고 욕을 하면서 세척하러 보냈을 지도 모르지만, 트워트는 그것들을 주의 깊게 관찰했다: 한 박테리아 군집 그 자체가 어떤 종류의 질병에 시달리고 있는 것처럼 보였다. 균일한 박테리아 세포 필름 위에, 박테리아가 그냥 사라진, 작은 '유리와 같은' 구멍들, 즉 플라크들(plaques)이 있었다. 그 구멍들은, 그가 나중에 기술 했듯이, '미세한 과립들' 외에는 현미경으로 볼 수 있는 그 어떤 박테리아도 남기지 않고 몰살시키며 빠르게 증가했다.[32]

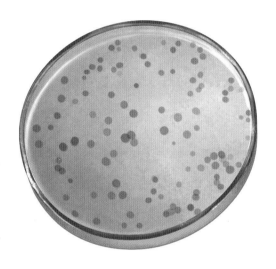

이거 재미있는데 하며 트워트는 이러한 구멍들과 플라크들을 야기하는 것이 무엇인지 조사하는 것으로 연구의 초점을 바꾸었다. 그는 플라크의 가운데에서 검체를 채취하여 희석시키고, 액체로부터 미생물의 모든 흔적을 제거하기 위해 이바노프스키와 베이제린크에 의해 사용되었던 것과 같은 극 미세 도자기 필터로 통과시켰다. 여과된 물질을 다른 박테리아 배양 접시에 첨가한 후, 그는 건강한 박테리아 세포들이 동일한 '유리 같은 모양으로 변환'되어 텅 비어버리는 현상을 보았다. 그가 그 물질을 박테리아에 닿게 한 지점은 곧 투명해졌고, 점차적으로 전체 군집을 투명하게 만들었다. 그 변형된 영역들을 조사하니, '미세한 과립'만 남아 있고 불과 몇 시간 전만해도 견고하게 집결해 있던 박테리아 군은 흔적도 없이 사라졌음을 발견하였다.

이 과정, 즉 그가 그걸, 그것도 수 백만 분의 일로 희석해 놓은 걸로도 신선한 접시에 한 번씩 콕 찍어서 옮길 때마다 똑같은 유리 모양의 변형이 퍼져나가는 것을 사실상 거의 무한정 반복할 수 있었다. 그 점들을 야기하는 것이 무엇이든 간에 그것은 마치 액체인 것처럼 도자기 미생물 필터를 통과했다. 그러나 그것은 또한 미생물처럼 가장 극미량으로 오염시켜도 끝없이 자라나곤 했다.

1914년 유럽에서의 전쟁 발발은 트워트가 하던 이 기묘한 현상에 대한 연구를 사실상 종식시켰다. 다른 많은 사람들과 마찬가지로, 그의 연구비는 삭감되었고 그는 그리스에서 전시 의학 연구소를 운영하기 위해 1915년 말 왕립 육군 의무대에 입대했다.[33] 그는 그 해 두창 바이러스를 키우려다 실패한 건 중도 폐기하고, 이 괴상한 점들에 대한 관측결과를 유명한 의학전문지 '랜싯(The Lancet)'에 발표했다. 좀 장황하게 기술된 그 논문에서 그는 이 '용해 물질'이 '별개의 독립적 생명체'가 아닌가 하는 의문을 표명했다. 하지만 결정적으로, 그는 박테리아의 군집 판에 구멍이 뚫린 원인이 무엇인지에 대해서 그 어떤 확고한 설명은 채 하지 못하고 논문을 종결했다.[34]

그는 그 논문에 다음과 같이 조심스럽게 결론을 내렸다:

이 결과들로부터 결론을 끌어내기는 어렵다. (중략) 이것은 개체를 형성하지 않는 살아있는 원형질일 수도 있고, 혹은 성장의 힘을 가진 효소일 수도 있다. (중략) 어쨌든, 어떤 설명이 받아들여지든 간에, 우리는 그러한 바이러스의 본질에 대해 확실하게 알지 못하기 때문에 그것이 초소형 바이러스일 가능성이 결정적으로 반증된 것은 아니다. 나는 재정적인 고려로 인해 이러한 연구들을 확실한 결론에 이르게 되지 못 한 것이 유감스럽지만, 나는 더 운이 좋을 다른 연구자들이 진행할 수 있는 선까지는 제시했다.

다른 말로 표현하자면: 내가 기른 이 이상한 것은 바이러스일 수도 있다. 하지만 우리는 바이러스가 무엇인지 정말 모르기 때문에 확실히 말할 수는 없다. 그리고 지금 나는 돈이 바닥났다.

트워트가 그의 논문을 발표하기 몇 년 전, 드허렐르는 멕시코에서 과학자로서 처음으로 중대한 돌파구를 열었다. 거대한 메뚜기 떼가 남동부 반도인 유카탄 지역을 강타했을 때, 이에 대해 줄곧 호기심을 보이던 드허렐르는 농부들이 메뚜기 떼를 일소하는 것을 돕기 위해 그 메뚜기 떼의 질병을 이용하는 아이디어를 생각해 냈다. 광견병에 걸린 아이를 보러 자전거를 타고 수도원으로 따라 갔던 당시와 조금도 달라지지 않은 그 괴짜는 죽은 벌레를 찾아 그 나라를 돌아다녔고, 사람들에게 죽은 벌레들을 보내달라고 부추겼다. 그는 결국 메뚜기에게 지독한 흑색 설사를 유발하는 박테리아를 분리하여, 대량으로 길렀고, 살충 용도로 바꾸어 농작물에 뿌려서, 먹이를 찾아 도착하는 모든 메뚜기 무리에게 질병 대유행을 일으켰다. 그 시대의 훌륭한 미생물학자들이 그랬듯이, 그도 개와 양에게 처음 먹여보고, 그 자신이 직접 그것을 먹어 봄으로써 그의 생물학적 살충제의 안전성을 실험했다. 곧 이어 아르헨티나가 그를 초청해서 그 나라의 농작물에 그의 아이디어를 실험하도록 했다. 거기서 그 메뚜기들은 말로 표현할 수 없는 피해를 입히고 있었다. 그의 방법은 효과가 있었고, 며칠 후에 메뚜기들이 하늘에서 떨어졌으며, 죽은 메뚜기들은 감염된 들판에서 20마일 떨어진 곳에서까지 발견되었다.

1912년 뉴욕 타임즈는 '프랑스 의사의 메뚜기 떼 몰살 캠페인은 완전히 성공했다'고 보도했다.[35] 물론, 그는 실제로 의사는 아니었지만, 프랑스인도 아니었을 수도 있었고, 후에 몇몇 사람들은 그의 방법이 그가 주장했던 것처럼 성공적이지 않았다고 주장할 수도 있다. 자연 자체를 자연과 싸우기 위한 수단으로 사용한다는 - 전염병으로 전염병을 퇴치한다는 아이디어는 정말로 선구적이었고, 드허렐르 연구의 특징이 된다. 그의 경력이 탄력을 받게 된 것은 바로 이 즈음, 프랑스로 자주 들락 날락 하던 동안이었는데, 그 기간 동안 그는 어린 시절 영웅의 정신적 고향인 세계적으로 유명한 파리의 파스퇴르 연구소에서 무급 조수의 자리를 힘겹게 얻어 내고야 말았던 것이었다. 1914년 세계 1차 대전이 발발했을 때, 그는 전쟁을 위한 백신 생산을 도왔고, 연구실 수석으로 승진되었다.[36]

전쟁의 발발은 트워트가 그의 연구를 더 이상 진행하는 것을 막은 반면, 드허렐르에게 있어서 전쟁은 그에게 최고의 순간을 제공하였다. 1915년에 그는 파리 외곽의 메종 라피트(Maisons-Laffitte)에 주둔했던 프랑스 군대에서 발생한 심각한 이질의 대유행을 조사하기 위해 파스퇴르 연구소로부터 파견되었다. 이질은 장 감염과 염증의 포괄적인 용어로, 전세계 군대에 말할 수 없는 피해를 입히는 소위 많은 '전쟁 질병들' 중 하나였다. 그것은 종종 시겔라(Shigella) 박테리아에 의해 발생했고 비위생적인 환경에서 사는 누구에게나 왕성하게 퍼져 나갈 수 있었다. 궁극적인 급성 위장 질환은 심한 위경련, 설사, 그러다가 피가 나는 설사를 유발하고, 극심한 탈수, 수척함, 그리고 결국 고통스럽고 품위 없는 죽음을 초래한다.

물 설사가 낯설지 않은 드허렐르는, 자신의 일에 몰두하여, 아픈 군인들의 배설물을 수집하였으며, 이 특정한 집단 발병 상황의 원흉인 유난히 못되어 먹은 이 박테리아는 그의 이름을 따서 명명 되어야 한다고 표명했다. 그가 병영에서 가져온 배설물에서 얻은 미생물들을 그의 주된 일과 외에도 남는 시간을 써가며 그 다음 해가 되어서도 계속 조사했다. 그리고 이때 그는 자신의 경력에 결정적인 성공을 안겨다 줄 수 있는 절묘한 아이디어를 떠올렸다: 미생물 자체가 미생물을 공격하는 '초 미생물'로 저 고약한 시겔라 미생물을 파괴하는 것이 가능할지도 모른다는 것이었다.

이질에 상응하는 곤충 피해로 고통을 받고 있던 멕시코의 메뚜기 떼와 작업을 하던 당시, 드허렐르는 뭔가 이상한 점을 포착했었다. 메뚜기를 죽이는 박테리아를 접시 위에서 배양하던 중, 그는 마치 자신의 박테리아 검체 위에 일종의 소독 물질이 자라고 있는 것처럼, 트워트가 발견한 것과 같은 불가사의하고 유리 같은 점들을 보았다. 다시 트워트와 똑같이 그는 얼룩이 있는 부분의 아주 작은 샘플이 다른 박테리아 배양 접시 위에서도 그 박테리아를 지울 수 있다는 것을 발견했다. 그리고, 심지어 그 물질이 여러 번 희석되었음에도, 단지 몇 시간 후에 더 많은 점들이 그 접시 위에 나타난다는 것을 발견했다.

나중에, 드허렐르는 1915년 트워트가 출판하기 훨씬 전인 1910년에 이 점들을 보았다고 주장했다. 그러나 결정적으로, 그는 그 당시에 관찰한 것들을 전혀 발표하지 않았었다. 그럼에도 불구하고, 두 사람이 본 것은 세균 군집 내에서 집단으로 죽음이 퍼져나가게 하는 파지들이었다. 오랫동안 보이지 않던 파지들이 갑자기 거의 동시에 두 명의 다른 과학자들에 의해 포착된 것이었다.

트워트의 입장에선 이 작은 둥근 점들이 그에게 무엇을 말해주고 있는지 즉시 알 수 없었고, 전쟁 상황 때문에 연구를 계속할 수 없었다. 그러나 1916

년에, 드허렐르는 이질과 싸우는 데에다가 이 불가사의한 박테리아를 죽이는 현상들의 힘을 이용해 보자는 착상이 떠올랐다. 그리고 트워트와 달리, 그는 그의 배양 접시에서 무슨 일이 일어나고 있는지에 대한 이론을 제시하는 것에 대해 뒤로 물러서지 않았다 - 그는 우리가 박테리아 질병을 퇴치하는데 도움을 줄 수 있는 새로운 종류의 미생물을 찾았다고 믿었던 것이다.

이제 40대가 된 그는 아마도 큰 아이디어를 생각해 내야 한다는 압박감을 느꼈을 것이다 - 아마도 그의 '삶의 계획'을 궤도에 올려놓기 위해서 혹은 단지 자기의 정체성이 무엇인지 꾸준히 자문해 보고, 파스퇴르 연구소에서 과학자로 일할 권리를 지키기 위해서 말이다. 그는 낮에는 파스퇴르 연구소에서의 그의 본업을 도와주도록 아내와 어린 딸들을 설득했고, 그리하여 저녁에는 박테리아를 죽이는 이 불가사의한 물질에 대해 더 오랜 시간 연구하는데 시간을 보낼 수 있게 됐다. 그가 연구해왔던 가설을 증명하기 위해, 드허렐르는 그의 전기 작가인 윌리엄 섬머스에 의해 '불가해한 방법'이라고 묘사된 것을 고안했다.[37] 그는 군인들의 배설물을 초미세 도자기 필터를 통과시켜 미생물을 제거한 다음, 이 고도로 여과된 액체를 다시 이질균이 가득한 플라스크에 넣었다. 그는 또한 유리판 위에 납작하게 자라는 이질균 집락에 소량의 여과된 배설물을 추가했다. 그는 그것들을 인큐베이터에 넣고서야 마침내 침대로 가서 잠을 청했다.

텔레비전이나 신문에서 볼 수 있는 총천연색의 바이러스들 덕분에, 여러분은 바이러스를 어쩌면 어떤 것을 감염시키기를 기다리며 떠다니는 비열해 보이는 어떤 벌레로 생각할지도 모른다 - 여러분은 어쩌면 코로나바이러스처럼 뾰족한 빨간 공이나, 각진 머리와 길고 뾰족한 다리를 가진 놀라운 T4 파지를 상상하고 있을지도 모른다. 하지만 이것들은 진짜 바이러스가 아니다. 이것들은 그저 바이러스의 운송장치, 즉 '비리온(virion)'일 뿐이며, 매우 중요하지만 휴면 상태에 있는 화학 코드를 지니고 다니고, 이 암호가 새로운 숙주에게 도달할 수 있을 만큼 오랫동안 세상에서 살아남을 수 있도록 도와주는 장치일 뿐이다. 이것은 때로는 머리와 꼬리 그리고 팔과 같은 구조를 가진, 뚜렷한 형태와 형태를 가지고 있을지도 모르지만, 실제 의미에서는 살아있지 않다.

그렇다.

그것은 잠재적인 숙주세포를 인식하고 결합할 준비가 되어 있지만, 그렇지 않으면 완전히 가만히 있고 생명 활동 없이 씨앗이나 포자처럼 세상을 떠돌고 있다.

비리온이 적합한 숙주 세포에 달라붙어, 잠자고 있던 바이러스의 유전자 코드가 그의 희생자에게 주입되면 바이러스는 비로소 진정으로 '살아나게' 된다. 비리온의 껍질은 마치 폐기된 로켓처럼 밖에 버려져 있다. 그제서야 그 바이러스는 세상에 모종의 영향을 미치기 시작할 수 있다. 만일 그 바이러스가 숙주 세포의 방어를 피할 수 있다면, 박테리아 세포가 자신의 유전자에 있는 정보를 읽고 작용하기 위해 사용하는 복잡한 분자 기계는 바이러스의 유전자도 읽기 시작할 것이다. 그 박테리아 세포는 장악 되었으며, 곧 자신의 건강을 희생시키면서 새로운 비리온을 만드는데 필요한 단백질들과 다른 생물학적 분자들을 제조하고 있다. 이제 박테리아는 비리온 공장이 되었다: 그 박테리아의 신진대사는 파지 머리 단백질, 파지 꼬리 단백질, 파지가 잠재적인 숙주에 달라붙도록 돕는 수용 분자들과 파지의 유전자 코드 수백 개의 복사본들을 만드는 것에 집중하고 있다.

이제 정말 깔끔한 부분은, 부품들이 자발적으로 스스로 조립되고, 밀어내고, 당겨지는 구성 분자들의 아주 작은 인력들에 의해 밀리기도 하고 끌리기도 하면서 모양을 갖추는 한편, 파지의 유전자에 암호화되어 있는 다른 특수한 단백질들은 지지 뼈대로 작용하거나 다양한 부품들을 제자리로 유도한다는 것이다. 꼬리 꼭대기에 있는 분자 모터가 길이가 긴 DNA를 파지의 머리 속에 꽉 채워 넣는데, 이것은 팽팽한 공간으로 자연스럽게 감겨지거나 접히려 하지 않기 때문에 과학자들은 그 안의 압력을 자동차 타이어의 30배 정도로 추정한다.[38] 이것은 인형의 부품들로 가득 찬 커다란 통이 갑자기 하나의 완전한 모형으로 완성되는 것과 같이, 꼼꼼하고 기적적인 과정이다.

일단 그 세포가 새로운 비리온들로 가득 차서 터지기 직전이 되면, 원래의 바이러스는 장악된 세포에게 마지막 파괴적인 유전적 명령을 내린다: 즉, '자살 분자' 효소를 대사 시켜 세포를 내부로부터 밖으로 터트림으로써 새로운 숙주를 찾고 이 과정을 반복하기 위해 새로운 비리온들을 모두 세상에 방출하는 것이다. 박테리아가 주변 환경에 비해 상대적으로 높은 내부 압력을 유지하기 때문에, 그 세포의 마지막 순간은 폭발적일 수 있다. 이 폭발을 일으키는 화학적 카운트다운은 매우 정교하게 조정되어 있어서 과학자들은 감염된 세포가 언제 '펑'하고 터지는지 거의 초 단위까지 추측할 수 있으며, 강력한 원형 혹은 막대 모양의 세포들이 단 한번의 폭발 순간에 출현하고, 그 다음에는 터져버린 세포막들과 흩뿌려진 내용물들로 엉망이 될 것이라고 예측할 수 있다.* 감염된 세포 하나가 생산하는 자손의 수는 바이러스에 따라 수십에서 수만 개에 이를

★ 파지가 이를 수행할 수 있게 하는 특별한 단백질(숙주가 무심코 생성)은 현재 미래의 잠재적 항생제로 연구되고 있다.

수 있다. 그러나 그 가계가 계속 유지되기 위해서는 단 한 개만 성공하면 된다.

기억하라: 이것은 우리 주변에서, 우리 몸 표면에서 그리고 우리 내부에서, 그리고 우리 삶의 매 일초 마다 일어나고 있다. 우리의 몸은 수조 개의 박테리아 세포의 본거지이며, 따라서 심지어 더 많은 박테리오파지 비리온의 본거지이기도 하다. 우리가 살고 있는 환경도 그렇다. 생물권 전체가 박테리아 세포에서 터져 나오는 바이러스들로 북적거리고 있다. 다행히도, 이 모든 미생물 포식자들은 우리에게 해를 거의 끼치지 않는다. 그리고 사실, 드허렐르가 곧 발견할 것과 같이, 파지의 치명적인 효율성은 오히려 유용할 수 있다.

드허렐르가 자고 있는 동안, 생명의 역사 자체만큼이나 오래 되었던 전통의 전투가 그의 인큐베이터 안 플라스크와 접시에서 펼쳐지기 시작했다. 그가 아픈 병사들로부터 모아온 배설물 칵테일에는 원래 이질의 끔찍한 증상의 원인이 되는 박테리아들을 포함하여 여러 종류의 다른 박테리아도 들어 있었다. 하지만 그것들은 미세한 박테리아 필터에 의해 모두 제거되었다. 그러나 박테리아보다 훨씬, 훨씬 더 작은 비리온들은 필터를 통과해서 그대로 남아 있었다. 이 혼합물은 이제 육안으로는 깨끗해 보였지만, 사실은 전장에서 전염병이 돌 당시 어느 군인의 내장 속에 어쩌다 잠복하고 있던 다소 지독한 비리온 칵테일이 여전히 포함되어 있었다. 만약 이 칵테일이 시겔라 박테리아를 특별히 담당하여 공격하는 파지를 포함하고 있다면, 시겔라 박테리아의 순수한 배양물에 이 칵테일을 다시 넣는 순간 본격적으로 미생물 전쟁이 점화가 될 것이다. 그러나 드허렐르의 칵테일에 들어있는 모든 비리온이 시겔라 박테리아만을 표적으로 하는 것은 아니었다; 아마도 다른 많은 동물, 식물, 인간 바이러스, 그리고 다른 박테리아를 표적으로 하는 파지들이 있었을 것이다.* 시겔라 배양물에 추가될 때, 이것들은 그들이 필요한 숙주 세포가 무엇이든 그 숙주와의 만남을 절망적으로 기다리며 아무런 해를 주지 않으면서 여기 저기 왔다 갔다 한다. 하지만 시겔라를 표적으로 하는 파지들은 갑자기 푸짐한 먹이들에 둘러싸여 신나게 포식하는 소풍을 즐기게 된다.

드허렐르가 취침용 모자를 쓰며 자고 있을 때쯤, 몇몇 시겔라 박테리아 세포들은 아마 시겔라를 좋아하는 파지에 침해되었을 것이라고 봐도 무리가 아닐 것이다. 파지 비리온들은 박테리아 숙주의 표면에 결합하여 막에 구멍을 내고 자신들의 유전체를 내부에 주입한다. 30분 이내에 세포는 폭발하여 수백 개의 동일한 파지들이 혼합물 속으로 쏟아져 나온다. 주변의 나머지 시겔라 세포들도 빠르게 시겔라를 좋아하는 파지들에 감염되어, 곧이어 수백 개의 파지들이 추가로 터져 나오면서 더 많은 포식자들의 물결이 촉발된다.

한때 떠다니는 시겔라 세포들로 불투명했던 플라스크는 이제 부서진 박테리아 몸체들의 질척이는 투명한 덩어리와 더불어 빛을 반사하거나 흡수하지 못할 정도로 작은 수 조 마리의 보이지 않는 시겔라 파지 복제물들로 투명해진다. 건강한 시겔라 박테리아가 잔디밭처럼 빽빽하게 밀집해 있던 그 접시들은, 작은 전염병이 퍼지고 있는 구멍들로 뒤덮인 미생물 살처분장처럼 변한다. 드허렐르가 행한 명쾌한 실험 덕분에, 파지와 박테리아 사이의 오래된 싸움은 가장 관찰하기 좋게 티 하나 없이 투명한 형태로 펼쳐졌다: 즉, 인간 내장의 블랙

★ 와윅(Warwick) 대학의 엘리 제임슨(Ellie Jameson) 박사의 최근 연구에서 인구의 식단에 따라, 인간의 내장에 가장 풍부한 유형의 바이러스가 후추 바이러스일 수 있다는 것을 발견했다.

박스나 탁한 강 바닥이 아니라 유리 플라스크 속 바이러스의 공격을 받은 탁한 박테리아 군락 단 하나에서 말이다. 그저 한 두 개의 파지가 이 거대한 박테리아 세포 집단 속으로 투하되었을 뿐인데, 하룻밤 사이에 1,000조가 될 수도 있었다. 드허렐르가 다음날 아침 발견한 것을 회고하는 바, 그가 하룻밤 사이에 일어난 일을 완벽하게 이해했을 것임을 시사할 뿐만 아니라, 그가 목격한 것이 그의 삶을 바꿀지도 모른다는 요지도 다음과 같이 서술했다:

배양기를 열었을 때, 나는 아주 드문 격한 감정의 순간들 중 하나를 경험했다. (중략) 나는 전날 밤 매우 혼탁했던 배양액이 완벽하게 깨끗해졌음을 보았다. 모든 박테리아가 사라지고, 물 속에 넣은 설탕처럼 녹아 없어졌다는 것이다. 한천이 퍼지는 것에 대해 말하자면, 거기엔 자라는 것이 전혀 없었다. (중략) 순식간에, 나는 이해했다: 내 실험에서 선명한 점들을 야기한 것은 사실 보이지 않는 미생물, 즉 여과가 가능한 바이러스이지만, 박테리아에 기생하는 바이러스였다는 것을.[39]

이보다 1년 전에 발표된 트워트의 신중한 관찰 결과를 알지 못했던 게 분명했던 드허렐르는, 자기가 과학계에서 완전히 새로운 무언가를 발견했다고 믿었던 것이다. 트워트처럼, 그도 한 지점에서 아주 작은 표본 하나를 발견했는데, 이 표본을 여러 번 희석한 다음, 더 많은 순수한 박테리아에 추가할 수 있었고, 그렇게 했을 때 똑같은 효과가 반복해서 발생하곤 했다. 만약, 단순히 일종의 살균액이었다면, 희석될 때마다 그 효과가 줄어들게 되었을 것이다. 그러는 대신, 존재했던 것들이 무엇이건 담배 식물이나 사람들을 감염시켰던 '필터링 가능 바이러스'와 마찬가지로, 겉보기에도 박테리아의 몰살을 동반하며 재생산되고 있었다. 박테리아를 죽이는 바이러스가 인간의 건강에 도움이 될 수도 있다는 가능성은, 드허렐르가 보기에 즉각적으로 명백한 것이었다. 그는 파지가 박테리아 질병을 예방하고 해결하는 데 도움을 주는 역할을 매번 하고 있는지 궁금해지기 시작했다:

나는 다른 생각도 들었다. 이것이 사실이라면 아마 환자에게도 같은 일이 일어났을 것이다. 나의 시험관에서처럼 환자의 장에서 이질균은 자기에게 붙은 기생체의 작용으로 녹아 없어졌을 지도 모른다. 그렇다면 이제 환자는 병이 나아야 한다.

그의 번뜩이는 영감 이후, 드허렐르는 오랫동안 고생한 그의 가족들에게 이 소식을 전했고, 가족들은 그가 가장 중요한 다음 단계를 결정하는데 조언을 주었다: 그가 새로 발견한 생명체에 이름을 붙이는 것.

저녁이 되자, 집 안에 불을 켜고 나는 사랑하는 가족들에게 내가 본 것, 즉 '미생물 잡는 미생물'에 잡아 먹히는 이질균에 대해 말하고 있었다. 아내는 내게 '그들을 뭐라고 부를 거야?'라고 물었고, 우리 가족 네 사람은 머리를 맞댔다. 이름과 이름이 계속 제시되고 폐기되었다. 마침내 (중략) 우리는 '박테리오파지(bacteriophage)'라는 단어를 생각해 냈는데, 이 단어는 '세균(bacterium)'과 그리스어로 '먹다(phagein)' 를 뜻하는 단어에서 형성된 용어였다.

드허렐르가 이 흥미로운 이름을 붙임으로써, 박테리아를 잡는 모든 바이러스는 오늘날까지 '파지 (phages)'로 알려져 있다. 기억하기 쉬운 이름에 대한 드허렐르의 열망으로 인해 박테리오파지는 식물, 동물, 곰팡이, 또는 인간에게 영향을 미치는 다른 모든 바이러스들과 차별화된다. 파지 이외의 다른 바이러스들은 모두 단순히 '바이러스'로 남아있다. 1917년 프랑스 과학 아카데미에 제출된 '이질균에 대한 보이지 않는 미생물에 대하여'라는 보고[40]에 드허렐르는 이전에 발간된 트워트의 정중한 논문 내용을 전혀 담고 있지 않았다. 단 두 페이지 만에, 그는 자신이 새로운 형태의 생명체를 발견했다고 대담하게 설명했다.

1918년에 가서 그는 그가 발견한 물질이 성장의 힘을 가진 액체가 아니라 작은 입자들 또는 미생물들이라는 것을 증명하는 우아하고 간단한 실험 결과를 발표했다. 만약 그것이 액체였다면, 심하게 희석된 물질의 용액이 박테리아 평판 배지 전체를 죽 훑으며 씻었을 때, 그것의 효과는 박테리아 세포의 전체 영역에 걸쳐 분명히 균일 했을 것이다.

그렇지 않았다 - 무작위로 여기저기 점들이 나타났다.

드허렐르는 이것이 개별 세포들에게 개별 바이러스들이 상륙하여, 박테리아 잔디 속 파괴와 죽음의 분화구라 할 동그란 점이 마침내 육안으로 보일 때까지, 점점 더 많은 세포들이 증식하고 감염된다는 증거임에 틀림없다고 말했다. 이 기술은 심지어 드허렐르가 다루고 있는 바이러스 입자들의 수를 정량화하는 것도 가능하게 했다; 점들을 세고 용액의 희석액들을 사용하며 거꾸로 유추 계산함으로써, 그는 그의 원래 샘플에 개별 파지들이 몇 개 있는지를 알아낼 수 있었다. 그가 파지들을 탐지하고 세기 위해 개발한 우아하고 간단한 기술들은 오늘날까지 박테리오파지들을 찾아내고 분리하는 표준적인 방법으로 남아 있다.

드허렐르는 프랑스 과학 아카데미에 제출한 노트를 통해 자신의 발견을 계속해서 발표했다. 그러나 주목할 만한 것은, 반응이 대체로 무관심했다는 점이다. 과학 역사학자이자 파지 전문가인 알랭 뒤블랑세에 따르면, '드허렐르에 대한 의견은 선견지명이라는 것에서부터 바보 같다는 평에 이르기까지 다양했다.' 그리고 드허렐르의 동료들 중 또 다른 한 명은 다음과 같이 진술했다: '만약 이 박테리오파지가 정말로 존재한다면, 내가 세균학자로 지냈던 모든 세월 동안, 나도 틀림없이 그것을 관찰 했었을 것이다.'[41]

과학계는 그들이 그렇게 중요한 새로운 미생물을 놓쳤다는 사실에 마냥 발끈하지는 않았다. 왜냐하면 드허렐르가 과학자로 알려진 기간 동안 그의 이름에는 먹구름이 드리워져 있었으니까. 그가 남미에서 거둔 성공은 과장됐고, 프랑스에서 거둔 성과는 조작됐다는 소문이 나돌았다. 그의 성격과 신뢰성에 대해서는 의심의 눈초리가 있었다. 그는 어떤 동료에게는 '짜증나는' 사람이었고, 또 어떤 동료에게는 '지나치게 민감한' 사람이었다고 묘사되었다.[42, 43] 1910년대 후반, 파스퇴르 연구소의 동료들은 그가 의학 학위를 필요로 하는 역할에 필수인 바로 그 의학 학위를 갖고 있지 않다는 것을 발견했을 것이고, 그가 하는 파지 실험 시범을 본 한 과학자는 그를 '모략적인 속임수'라고 비난했다.[44] 확실히 이 못 배우고 건방진 놈은 역대급으로 가장 위대한 세기적 미생물학적 발견을 할 자격이 없다는 것이었을까?

아마도 꽤나, 드허렐르는 단순히 그의 이론이 그보다 훨씬 더 나이가 많은 과학자들을 열등하게 보이게 만들었다는 이유만으로 따돌림을 당하고 있다고 느꼈다. 하지만 파스퇴르 연구소의 직속 상관까지 포함하여 그보다 선배이거나 감히 그에게 질문을 던진 사람들에게 그가 아무리 호전적으로 글을 써서 비난해 봐야 그에겐 아무런 보탬이 되지 않았다. 드허렐르의 거칠고 거슬리는 스타일은 동료 심사자들로 하여금 그가 틀렸다는 것을 증명하도록 부추겼을 뿐이었다. 드허렐르가 세상에 공개했던 스스로 증식하는 살균 물질을 설명하기 위해 다양한 이론들이 만들어졌고, 우아한 플라크 실험에도 불구하고, 그것이 진정으로 '미생물 잡는 미생물'이라고 믿는 과학자들은 현저히 드물었다. 주된 대안 설명은 박테리오파지가 '성장의 힘'을 가진 효소의 일종 (또는 당대로 표현하면 '발효'), 아마도 박테리아 자체에서 분비된다는 것이었다. 1922년에 눈물과 달걀흰자 둘 다에서 그러한 효소들을 발견한 스코틀랜드의 의사이자 미생물학자인 알렉산더 플레밍(Alexander Fleming) 경을 포함하여, 다른 과학자들이 최근에 박테리아 세포벽을 파괴할 수 있는 효소들을 발견했기 때문이었을 지도 모른다.[45]

(이 대목을 오해하면 안 되는 게, 이건 항생제 페니실린을 말하는 게 아니다. 플레밍은 페니실린을 발견하기 몇 년 앞서서 세균을 녹이는 효소, 즉 라이소자임, lysozyme을 발견한 바 있다. 그래서 몇 년 후에 페니실린을 발견했다고 처음 학회에서 보고했을 때, 이전 연구 결과를 자가 복제해서 발표한다고 거세게 비난 받았었다. 물론, 나중에 이는 라이소자임이 아니고 항생제인 걸로 밝혀진 건 다들 잘 아는 사실이지만. - 역자 주)

다른 사람들은 그것이 유전적 물질(크게 틀린 건 아니네)이라고 추정했고, 제3의 집단은 그것이 사실은 박테리아의 자기 파괴적인 단계(굉장히 많이 틀렸음)라고 주장했다. 한 때는 그 누구도 아닌 무려 아인슈타인을 논쟁에 끌어들여, 파지가 액체가 아닌 개별 입자라는 것을 보여주는 수학 실험을 몸소 검토해 달라고 드허렐르는 요청했다. 아인슈타인은 드허렐르의 편을 들었다.[46] 그러나 세계에서 가장 유명한 물리학자의 후원조차도 파스퇴르 연구소의 선임 관리자들을 설득하지 못했고, 그들은 드허렐르의 결과물들이 틀렸음을 증명하기 위한 연구 캠페인을 계속하였다.

드허렐르는 자신을 보수적인 기득권층 집단의 사상에 맞서 싸우면서 점점 더 고결한 약자이자 억압받는 외부인으로 여기기 시작했다. 그는 회고록에 '이론은 그것이 무엇이건 나에게 전혀 영향을 미치지 않는다'고 적었는데, 이는 출간되지 않은 채로 오늘날까지 파스퇴르 연구소의 기록 보관소에 남아 있다. '만약 내 결과물들이 저들이 주장하는 이론들과 일치한다면, 그건 환상적이겠다. 그렇다면 나는 그 이론들을 받아들이겠다. 그렇지 않다면, 어떤 권위가 그것들을 옹호하든 간에, 나는 그 이론들을 버릴 것이다. (중략) 바로 그것이 모든 나라의 '공식 학자님들'에게 내가 적개심을 일으키게 된 이유다.'[47] 그는 파리의 무식한 무리들이 자신의 발견에 주목하게 하려면 파지가 무엇을 할 수 있는지 훨씬 더 극적으로 보여줘야 할 것이라는 것을 숙지하고 있었다.

03

파지를
둘러싼
큰 불화

1919년 8월, 심하게 앓는 11살 소년이 파리의 앙팡스-말레이드 병원에 도착했다. 그는 몹시 심한 설사로 고통 받아 탈수 상태로 탈진 되었으며, 피똥 곱똥만 볼 뿐이었다. 의사들은 이런 증상이 안타깝게도 그들에게 익숙한 세균성 이질의 징후들임을 인지했다. 하지만 당시 무슨 상황인지 아무 것도 모르던 이 소년 - 이름이 로버트 K로만 기록된 - 은 인간 기니피그(실험동물이란 비유. - 역자주)가 되려던 참이었다.

이틀 전, 드허렐르가 갑자기 병원으로 불쑥 찾아왔고, 소아과 과장 빅토르 앙리 후티넬에게, 무시무시한 이질을 치료할 수 있는 방법을 찾았다고 말했었다. 후티넬은 더 나은 대안이 전혀 없는 상태에서 드허렐르가 안전하다고 증명할 수 있는 한, 이질 환자가 생기면 이 실험적 치료법을 시험해보기로 합의했다. 이는 유럽의약품청(the European Medicines Agency; EMA)이나 연방의약품청(the Federal Drug Administration; FDA)과 같은 의료규제기관이 설립되기 전이라, 수 년에 걸친 안전성 연구와 임상 실험을 위한 요구 조건이 나오기 훨씬 전의 일이었다. 드허렐르가 하려던 임상 실험이란, 병원의 의사들 앞에서 정량의 100배나 되는 양을 마시는 것이었다.[48] '나는 이미 이러한 종류의 용액들을 다량 복용하고 있었고, 우리 가족들도 모두 이 치료법을 사용해 보았다.'고 그가 밝혔다.[49] 남들 다 하는데 혼자 빠지기 싫었거나, 아니면 겁쟁이가 아니고 남자답다고 약간 삐딱하게 과시하고 싶어서라도, 이 병원에 있는 20명의 의사들은 모두 한 병씩 꿀꺽 다 마셨다. 아무도 탈 났다는 보고는 없었다. 그래서 이 치료법이 시행될 준비가 되었다. 그들에게는 단지 바로 이 치료를 시행할 수 있는 그런 환자만 오면 됐다.

그리고 로버트가 그날 저녁 입원했다. 그 다음날 아침, 의사들은 전날부터 부작용이 없었다고 보고한 가운데, 드허렐르가 병영에서 병든 병사들로부터 채취하여 계속 키워온 박테리오파지 2 밀리리터를 로버트에게 주는 것이 허락되었다. 드허렐르는 귀가했고, 그 파지들이 소년의 내장 속에서 하룻밤 사이에 그의 시겔라 플라스크에서 했던 것을 재현해주기를 바라고 있었다. 그 다음날, 소년은 무른 변을 보고 있었지만 혈변을 보지는 않았고, 곧 호전이 되었다. 얼마 지나지 않아, 의사들은 소년의 변에서 시겔라 박테리아를 더 이상 검출할 수 없었다. 며칠 후, 그 소년은 퇴원하여 파리의 빈민가로 돌아갔고, 자신이 장차 '파지 치료'로 알려지게 될 논란이 많은 치료를 받은 최초의 환자라는 건 까맣게 모르고 지냈다.

이질은 자연 치유될 수도 있음을 잘 알고 있었기에, 드허렐르는 또 다른 환자들에게도 파지를 시험할 기회가 있을 때까지 섣부른 흥분을 가라앉혔다. 결국, 파리 교외에서 어느 네 남매가 이질에 걸렸는데, 그 중 여동생이 사망했고 남은 세 형제가 병원에 이송되었다. 곧 이어서 혈연 관계가 없는 생판 남인 네 번째 환자도 함께 병원에 데려왔다. 같은 양의 파지는 같은 결과로 이어졌다: 네 명 모두 일주일 안에 집에 돌아갈 만큼 충분히 나았다.

그 당시는 아직도 초기(단 다섯 명의 환자)였지만, 이 결과가 굉장히 중요했다는 건 절대 과장된 말이 아니다. 그 당시 세계의 어떤 의원이나 병원도 급성 세균성 질환에 확실히 신뢰할 수 있는 치료법을 접할 수 없었다. 이는 알렉산더 플레밍의 저 유명한 최초의 진정한 화학 항생제인 페니실린 발견 8년 전의 일이었고, 그 항생제가 의학에 널리 사용되기 20년 이상 전의 일이었다. 두창(천연두)과 같은 몇몇 감염병에 사용 가능한 백신들이 있었지만, 그 외에는 환자들에게 세균 감염이 발병했을 때, 환자가 죽기 전에 그 박테리아가 먼저 죽기를 바라며 수은, 브롬, 비소 유도체와 같은 독성 물질로 원인을 제거하려 애쓰는 것 외에는 할 수 있는 일이 없었다.

아마도 그의 초기 연구에 대한 비판에 지쳤던 듯, 드허렐르는 성급히 나아가지 않았다. 그는 이 즉흥적인 실험에 참여한 환자들의 숫자로는 이 방법이 치료법으로 사용될 수 있다는 결정적인 증거를 제시하지 못한다는 것을 알고 있었다. 그의 연구 결과는 즉시 발표되지 않았지만, 그럼에도 불구하고 그의 성과들에 대한 소문이 퍼졌고, 다른 과학자들이 파지 의학의 가능성을 조사하도록 끌어들였다. 결과적으로, 파지 치료에 대해 최초로 발표된 연구는 일부 그의 동료 연구자들에 의한 것이었는데, 리차드 브라이노(Richard Bruynoghe)와 조지프 메이신(Joseph Maisin)[50]은 의도적으로 절개한 피부 병변에서 포도알균 피부 질환을 줄이는데 박테리오파지가 사용될 수 있다는 것을 발견했다.

1919년 어린이 병원에서 성공을 거둔 뒤, 드허렐르는 프랑스 시골로 낙향했다. 한 동료가 이례적으로 강력한 조류 살모넬라균의 발병이 프랑스 시골의 닭 떼를 몰살하고 있다고 알려주었고, 그래서 그는 박테리오파지가 비록 동물의 경우이지만 박테리아 질병에 어떤 영향을 미치는지 상세하게 연구할 기회를 잡았다. 그는 살모넬라균이 닭 안에 퍼져 있는지, 그리고 그것을 죽일 수 있는 파지의 출현과 확산 여부를 닭의 배설물과 닭장 내의 깃털에서 꼼꼼하게 관찰할 수 있었다. 치유된 암탉들이 파지가 함유된 변을 보자, 그 배설물을 다른 암탉들이 쪼아 대면서, 살모넬라균에 대항하는 파지가 효과적으로 예방 접종되었다.

그의 두 위대한 업적인 메뚜기에 질병을 심는 것과 박테리오파지를 발견하는 것을 결합하여, 그는 2차 전염병(바이러스 그 자체가 닭을 감염시킨 박테리아를 통해 퍼지는 것)이 어떻게 그 꼬꼬댁 대는 것들 사이에서 퍼지는지 주의 깊게 관찰했다. 그럼에도 불구하고, 그의 동료들과 많은 미생물학계 주요 인사들은 박테리오파지 현상이 박테리아 자체에 의해 분비되는 효소의 일종이라고 계속해서 주장했다.

바이러스로 박테리아를 소멸시킨다는 아이디어에 남들이 만족하지 못하자, 드허렐르는 훨씬 더 큰 아이디어를 생각해 내기 시작했다. 군인들의 막사 병동과 닭들 사이에서 그가 관찰한 바에 따르면, 이질을 죽이는 파지들이 나타나는 것은 사람들이나 동물들이 질병으로부터 저절로 회복하기 시작하는 시기와 일치한다고 한다. 그는 의과학계의 거물들과 유능한 사람들 사이에 훨씬 더 큰 혼란을 야기할 수 있는 이론을 연구하기 시작했다: 파지들은 우리 면역 체계의 자연적인 부분일 수도 있고, 사람들이 때때로 감염으로부터 어떻게 자발적으로 회복 되었는지를 설명할 수 있는 유용한 식객들일 수도 있다는 것이다.[51] 그는 파지 요법이란 인체가 감염을 대처하고 극복하기 위해 기존에 존재하던 체내 파지 수를 증대시키는 방법이라 생각하기 시작했다.

이 이론은 인체의 면역 체계가 어떻게 작동하는지에 대해 알려진 모든 것을 뒤엎을 위협적인 아이디어였는데, 나중에 과학 역사가들은 항체가 감염과 싸우는 데 도움을 준다는 새로운 이론과 충돌했기 때문에 '이단적'이라고 설명했다.[52] 불과 100년이 지난 최근, 과학자들은 파지가, 특히 해로운 박테리아와 딱 매칭되는 파지가 적극적으로 동원되어 내장의 여러 곳으로 운반되며 특히 장 안에서 인체를 보호하는 역할을 한다는 것을 보여주었다. 이 떠오르는 분야의 선도적인 전문가 중 한 명인 호주 파지 연구가 제레미 바(Jeremy Barr)는 파지를 이제 인체의 '제3의 면역 체계'라 부르며, 우리의 기존 선천 및 적응 면역 체계에 추가적인 지원을 제공하고 우리의 소화관에서 무해한 박테리아 종 선택을 유지하도록 돕는다고 하였다.

1920년 3월 "아빠는 사이공으로 떠난다"라고 드허렐르의 장녀 마르셀은 일기에 썼다.[53] 그녀의 아버지가 묘사한 일들을 보면, 그는 무수한 치명적인 전염병들이 맹위를 떨치고 있는, 지금은 베트남인 당시의 인도차이나에 위치한 파스퇴르 연구소 지점에서 베트남을 '내 꿈의 땅'으로 묘사하며, 자기에게 부여된 흥미롭고 새로운 역할에 대한 유혹을 뿌리칠 수 없었다고 한다. 그러나 이 연구소의 과학자들 간에 오간 편지 내용을 보면 그는 파리에 있는 동료들과 충돌한 후 좌천의 형태로 그곳으로 보내졌을 수도 있음을 시사하고 있다.[54]

드허렐르는 동료들의 적대감에 시달리던 프랑스와는 멀리 떨어진 극동, 그리고 대량 질병 발생을 막기 위해 고군분투하는 이집트와 인도 같은 이역 만리 외국으로부터 파지 치료법을 개발하기 위한 도움과 자금을 받았다.

그는 전 세계 열대 질병 호발 지역들을 여행하면서, 파지 이론에 대한 자신감도 커졌고, 거침없는 말발 또한 늘어났다. 그가 쓴 편지들과 과학 간행물들에서 과학이 어떻게 이루어져야 하는지에 대한 오만한 선언들을 하면서, 자기처럼 자연적이고 섬뜩한 환경에서 전염병을 연구하는 사람들만이 자연의 수수께끼에 대한 해답을 찾을 수 있을 것이라고 주장했다. '당신이 자연에 순응하는 법을 배울 때만이 자연을 마스터할 수 있을 것이다'라고 그는 자기보다 한참 선배이거나 원로 예우받는 이들에게 이렇게 내뱉곤 했다. 그는 실험실에서 질병 발생 모델로 실험하거나 동물들에게 인간의 질병을 실험하는 사람들을 '게으른 겁쟁이들'로 치부했다. 자연과 싸우는 자연의 힘에 대한 그의 믿음은 독단적이 되어 갔고, 과테말라와 멕시코의 야생 현장이란 자신을 과학적으로 양육시켜준 '역경 속에서 나를 수련시켜 준 학교'라 칭했으며 이는 자기를 다른 사람들보다 더 대담하고 두려움 없게 만들었다고 믿었다. 그는 이곳 현장이 터무니없이 지저분 할수록, 벽을 기어올라 환자용 변기로 스며드는 '자연'을 더 많이 발견하게 될 것이라고 생각했다. 인도에서 콜레라를 연구할 때, 그는 영국과 인도 장교들을 위해 설립된 무균 환경이 잘 된 병원들에서 일하기 보다는 빈민 병원의 무시무시한 병동들의 현장에서 일하자고 주장해 왔다.[55]

사이공에서 일하는 동안, 드허렐르는 파지가 인간 면역 반응의 중요한 요소라는 이상한 이론을 계속 발전시켰다. 그 결과, 그는 현존하는 모든 백신과 치료용 혈청이 건전하지 않은 면역력 이론에 기초하고 있다고 보기 시작했고, 따라서 단지 효과가 없을 뿐만 아니라 위험하다고 보았다. 결코 대인관계 능력이 좋은 사람이 아니었기에, 그는 주류 과학과 의학, 의료를 통한 영리 획

득과 그 '범죄'를 비난하기 시작했다. 그는 특히 BCG (Bacillus Calmette-Guérin) 결핵 백신에 대해 비하하는 발언을 했는데, BCG 결핵 백신의 'C'는 파스퇴르 연구소의 부소장이자 사실상 자신의 상관인 앨버트 칼메트(Albert Calmette)의 이름을 따서 명명되어 있었다.

드허렐르와 그의 동료들 사이의 논쟁은 이제 박테리오파지가 바이러스인지 아닌지에 관한 것을 넘어서는 차원이었다. 파스퇴르 연구소는 단순한 연구 기관이 아니었다; 파리와 전 세계 프랑스 식민지에 있는 파리의 다양한 전초기지로부터 수백만 병의 백신과 혈청을 제조하고 판매했다. 이 독불장군은 이제 그 기관의 주요 수입원들 중 하나를 적극적으로 훼손하고 있었다. 그보다도, 감염 관리와 면역 체계에 있어서 박테리오파지의 역할에 관한 드허렐르의 이론들이 사실이라면, 질병 관리와 면역 체계에 있어서 자신들이 다음 노벨상을 수상할 것이라고 생각했던 연구소의 많은 걸출한 인물들을 이 다혈질 독학자가 훌쩍 뛰어넘을 것이 분명했다. 드허렐르와 그의 보이지 않는 미생물들은 연구소의 신뢰성과 사업에 대한 위협이 되었고, 세계에서 가장 저명한 과학자들 중 몇몇의 입신양명에 대한 열망에 위협이 되었다. 파스퇴르의 선임 과학자 에밀 루(Émile Roux)에게 보내는 편지에서, 드허렐르는 자기 생각의 급진성과 파스퇴르 연구소의 우려를 '아주 확실하게 인식'한다고 분명하게 말했다. 그러나 그는 자기가 관찰한 것은 분명했으며, '어떤 권위도 진실을 방해할 수 없다'고 썼다.[56]

드허렐르는 1920년에 인도차이나 반도에서 파리로 돌아와 자신의 연구실 전체가 다른 누군가에게 배정되었다는 사실을 알게 되었다. 그의 파지 연구는 비용 지원을 받지 못했고, 그의 이전 직원들 중 몇몇은 박테리오파지가 바이러스라는 그의 이론을 반증하고자 하는 연구 프로젝트에 재배치되었다.[57] 새로운 세기의 세균학에서 아마도 가장 큰 발견을 한 그는 그나마 좋은 관계를 유지

했던 몇 안 되는 동료 중 한 명인 프랑스 과학자이자 음식 평론가인 에두아르드 포미앙의 연구실에서 흔들거리는 의자 하나에 앉아 일하는 것으로 입지가 축소되었다.[58]

그의 가장 큰 적 두 명은 BCG 백신에 대한 드허렐르의 추잡한 비판에 여전히 민감한 칼메트와 면역체계에 대한 연구로 노벨상을 수상한 브뤼셀의 파스퇴르 연구소 소장 쥘 보데였다.[59] 드허렐르는 나중에 칼메트에 대해 다음과 같이 썼다. '그에 대해서 난 아무런 말도 하지 않겠다; 그는 공인된 나의 적이었고, 그는 그의 여생 동안 적대감으로 나를 따라다니며 괴롭혔다.'

보데는 드허렐르의 연구결과에 대해 읽은 적이 있었고, 실험실에서 마치 머슴처럼 많이 쓰이는 대장균을 죽일 수 있는 파지들을 찾아내기로 결정했다. 드허렐르의 실험들을 재현하면서, 보데는 처음엔 대장균 한 묶음을 죽일 수 있는 여과된 물질을 생산하기 시작했다. 하지만 그 후 추가적인 실험들에서, 그는 그 물질이 추출된 박테리아 중 어느 종류를 정확하게 집어서 죽일 수는 없다는 것을 알아냈다. 보데는 드허렐르가 '박테리오파지'라고 부르는 것은 실제로 박테리아가 다른 박테리아를 죽이기 위해 방출하는 독성 단백질이지, 그 자체가 아니라고 결론지었다.

파지가 인간의 면역 반응의 일부라는 아이디어는 1921년에 드허렐르가 발간한 "박테리오파지와 면역에서의 역할"이라는 제목의 책에서 기술했듯이, 항체가 신체 면역 체계의 핵심 요소라고 주장했던 보데의 평생 연구에 대해 직접적으로 도전한 것이기도 했다.

'벨기에 그룹'으로 알려지게 되는 보데와 관련된 한 연구자 그룹은 드허렐르와 그의 생각들과 싸우는데 10년을 고스란히 바쳤다. 드허렐르는 한때 심지어 그 자신의 기관을 고소해야만 했던 적도 있었는데, 이는 벨기에 그룹의 연구들 중 하나에 대한 그의 반론을 발표할 수 있도록 법적으로 강제하기 위함이었다. 연구소로부터의 적대감에도 불구하고, 드허렐르는 그가 어디를 가든지 그의 연구에 대해 큰 열광을 끌어내는 재주를 가졌다. 그의 아이디어에 대한 상업적인 관심 덕분에 그는 파리에 개인 연구소(Laboratoire du Bacterio-phage)를 설립할 수 있었는데, 그 연구소는 여러 종류의 감염에 대한 최소한 다섯 가지 파지 기반의 약을 제조했다. 이는 Bacté-coliphage, Bacté-rhi-no-phage, Bacté-intesti-phage, Bacté-pyo-phage 그리고 Bacté-staphy-phage였다. 거기서 얻은 수익으로 그는 추가 연구에 자금을 댈 수 있었다. (그 연구소는 나중에 프랑스 회사인 로레알에 의해 인수되었다.)

그는 끊임없이 여행을 다녔고, 지역마다 거둔 성공은 계속해서 지역 의사들, 의료 관계자들, 언론인들을 감탄하게 했다. 그 어떤 의약품에도 규제가 거의 없고, 세균성 질환을 다룰 수 있는 다른 선택권이 거의 없는 상황에서, 파지 치료의 가능성에 대한 소문이 퍼지면서, 드허렐르의 명성은 더 커졌다. 리우데자네이루에 있는 오스왈도 크루즈 연구소(Oswaldo Cruz Institute)는 1924년에 브라질 전역과 여러 라틴 아메리카 국가들에 걸쳐 병원에서 사용할 항 이질 파지를 생산하기 시작했고, 다른 브라질 의약품 제조업자들이 그들만의 파지 제품을 만들도록 하였다. 1925년까지 파지의 치료적 사용에 대한 논문은 150편 이상 발표된 것으로 추정된다.[60] 1926년이 되자, 감염되기 쉬운 박테리아에 파지 입자가 부착되고, 박테리아 세포 내 파지의 증식, 그리고 세포를 터뜨려서 자손 바이러스 입자를 방출시키는 것을 포함한 박테리오파지의 생활사를 드허렐르는 정확히 추론해 냈다.

이는 기술의 발달로 이 생활사를 실제로 *보여주는* 게 가능해지기 10여년 전의

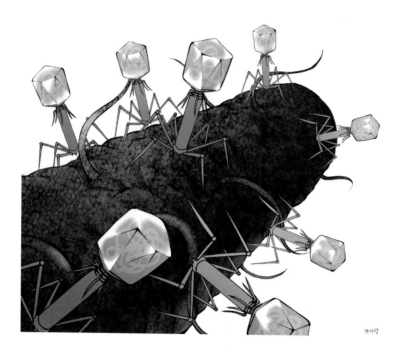

일이었다. 그럼에도 불구하고 적의를 품은 그의 경쟁자들은 이 모든 것이 박테리아가 낸 일종의 효소에 의해 야기되었다는 대안 의견을 계속해서 밀어붙였다.

많은 과학자들이 파지의 정체에 대한 대안적인 설명을 지지한 데에는 단지 드 허렐르에 대한 적개심 만이 아닌 그 이상의 정당한 이유가 있었다. 파지에 감염되었다는 명백한 증거 없이 박테리아가 갑자기 파지 생산을 시작할 수 있음을 많은 이들이 관찰하였는데, 이는 몇몇 과학자들에게는 파지가 감염 때문이 아니라 박테리아 자체에 의해 자발적으로 생산된 것임을 시사하는 것이었다. 게다가 보데는 파지가 틀림없이 죽이도록 되어 있던 바로 그 변종에 갑자기 아무런 효과도 안 보이는 것을 목격하였다.

　파지들은 박테리아 세포 내에서 여러 세대 동안 조용히 지속될 수 있으며, 그들의 DNA는 박테리아가 스스로 복제할 때마다 조용히 잠복하며 같이 복제되고 있는 것으로 이제는 잘 알려져 있다. 프로파지(prophage; 파지 전 단계)라고 알려진 잠복해 있는 파지 DNA는 숙주에게 해를 끼칠 수 있는 유전자를 차단하고 심지어 때때로 그들 숙주의 장기적인 번성에 도움을 주는 유전자를 켜기도 한다. 예를 들어, 다른 파지들이 세포로 들어가는 것을 막거나 그 세포의 신진대사를 촉진시킬 수 있는 유전자를 제공하는 것과 같이 말이다. 이러한 덜 폭력적인 생활 방식은 세포가 수백 개의 새로운 바이러스를 만들도록 강요하고 그것을 터트리게 하는 것만큼이나 효과적으로 자신을 복제하는 방법일 수 있다. 하지만 잠복해 있는 파지 DNA는 변덕스러운 손님이다 - 예를 들어 숙주가 많은 바이러스를 만들 수 있는 충분한 자원이 있다는 것을 감지했을 때, 또는 숙주가 힘든 악전고투 상황에 있어서 파지가 세상 밖으로 탈출하여 복제할 다른 장소를 찾고 싶어할 때 등, 그것은 원할 때마다 항상 더 폭력적인 바이러스 생산 방식으로 돌변할 가능성이 있다.

어느 한 박테리아를 감염시킬 경우 파지들이 서로 완전히 다른 경로들(죽이느냐, 안 죽이고 잠복하느냐) 중에서 어느 것을 취사선택할지 1950년대까지는 자세한 기전이 완전히 규명되지는 않았었다. 그리고 수십 년 동안 과학자들은 파지들이 박테리아를 감염시키지만 새 바이러스를 생산하길 중지하거나, 겉으로 보기엔 감염되지 않은 것처럼 보이던 박테리아가 갑자기 파지를 생산하는 걸 발견했다. 그러니 사람들이 파지의 특성 때문에 혼란스러워하는 것도 당연하고, 파지 치료법이 항상 효과가 없었던 것도 당연했다.

드허렐르의 출세를 이제는 저지할 수 없을 것처럼 보였던 바로 그때, 보데와 벨기에 그룹은 랜싯에서 그의 향후 과학 경력 동안 논란에 휩싸이게 될 오래된 논문을 우연히 발견했다.

세부사항들은 친숙했다: 극도로 미세하고 여과가 가능한 물질; 배양 접시 위의 박테리아 죽음을 나타내는 플라크; 성장과 복제의 이상한 힘.

그러나 저자는 영국인이었다: 프레드릭 트워트.

그리고 이는 드허렐르가 그의 논문을 학회에 내기 2년 전인 1915년에 발표되었다.

벨기에 그룹에게, 그것은 큰 호재였다: 비열하고 불신받는 드허렐르는 틀렸을 뿐만 아니라 - 그는 표절자였다!

이제 장갑은 정말 벗겨졌다(결투가 시작되었다. - 역자 주). 드허렐르가 필사적으로 그와 트워트의 관측이 다르다는 것을 증명하려고 시도하면서, 길고 지루한 논쟁이 뒤따라 이어졌다. 보데의 제자 중 하나인 안드레 그라티아는 두 현상이 동일하다는 것을 증명하는 것이 경력의 주요 초점이 되었다.[61] 대부분 인지하지 못하고 지나간 트워트의 랜싯 논문을 순전히 요행으로 발견한 사람이 바로 그라티아였다: 그는 1915년부터 이 학술지의 한 권에 실린 어느 논문 한 편을 찾도록 추천 받았으나 명확한 참고 자료 정보가 주어지지 않아서 1년을 거의 다 허비하며 그 논문을 찾아 다니던 와중에 다른 논문, 즉 트워트가 파지처럼 생긴 물질에 대해 기술한 논문을 우연히 발견했다.[62]

벨기에 그룹은 적극적으로 드허렐르의 반론을 방해하면서, 파지가 바이러스라는 생각에 반대하는 과학자들의 연구를 계속 홍보했다. 파스퇴르 연구소의 고위 인사들과 그라티아 사이에 오간 많은 편지들은 그들의 동료에 대한 이기심과 배신의 충격적인 연결망을 드러낸다.[63] 루와 칼메트, 보데와 같은 고위 인사들은 드허렐르의 신뢰성을 손상시킬 수 있는 가장 효과적인 방법에 대해 전략을 세웠고, 더 젊고 덜 알려진 그라티아는 과학적으로 더러운 일을 하고 그들에게 다시 보고했다. 수년간 이 주제에 대해 연구하지 않았던 트워트는 자신의 연구에 대한 갑작스러운 관심을 받아들였고, 그가 본 것의 본질에 대한 대체 이론들을 숙고한 끝에 박테리오파지가 효소라고 확정한 이론 쪽을 지지했다.

트워트와 그라티아는 좋은 친구가 되었고, 그라티아는 트워트가 박테리오파지 현상을 발견한 것만이 아니라 파지 치료법을 발명한 것도 그의 공이라 주장했다 – 사실 치료 부문은 트워트가 전혀 하지 않았던 분야였다. 그라티아는 드허렐르가 단순히 트워트가 힘들여 얻은 성과를 가져다가 기억하기 쉬운 이름으로 그것을 대중화시켰다고 주장했다. (100년 후, 혹자는 '박테리오파지'라는 이름이 실제로 박테리아 잡는 바이러스 정체성을 모호하게 만들었다고 주장할지도 모른다, 다른 모든 바이러스들에 비해, 그러니까 단지, 음… 바이러스라 불리는 것들 말이다.)

드허렐르의 이론에 반대하는 과학자들은 이 주제를 '트워트-드허렐르 현상'이라고 부르기로 하였는데, 그렇게 하면, 드허렐르가 처음으로 이를 관측한 것이 아님도 강조되고, 아마도 박테리오파지라는 '기억하기 쉬운' 용어 사용을 다들 기피할 것이라는 생각에서였다. 드허렐르를 매도하는데 전념하는 네트워크는 권위 있는 저널에 출판되는 것부터 연구 기회에 이르기까지 자기들끼리 짬짜미 편의를 봐주고 서로 교류하면서 유대가 강화되었다. 한 편지에서 그라티아는 칼메트에게 노벨상 위원회가 그 해 수상자 결정을 내리기 전에 자기들이 트워트의 관찰 결과에 대해 쓴 최신 논문을 발표하는 것이 중요하다고 역설했다.[64] 그는 파지와 면역에 관한 드허렐르의 연구로 인해 칼메트가 BCG 백신으로 노벨상을 받을 가능성을 무산시킬 수도 있다는 루머를 들었다.

드허렐르는 적어도 28번 혹은 그 이상 노벨상 후보 명단에 올랐다고 추정된다.[65] 그러나 그의 연구 업적에 대한 혼란과 불신을 심어주기 위한 조직적인 공작으로 인해 그는 결코 수상하지 못하게 되었다. (칼메트도 1907년부터 1934년까지 17차례에 걸쳐 노벨상 후보에 올랐으나 끝내 수상하지 못했다. - 역자 주)

분쟁은 계속해서 들끓고 있었으며, 아직도 풀리지 않고 있다. 유명한 20세기 중반의 파지 과학자 건터 스텐트(Gunther Stent)는 드허렐르가 트워트의 연구에 대해 알고 있었으며, 이에 대해 거짓말을 했다고 믿었고, 2007년에 프랑스의 과학사학자 알랭 뒤블랑셰(Alain Dublanchet)는 아마도 드허렐르가 트워트의 연구에 대해 알고 있었다는 것을 증명해주는 것으로 추정되는 드허렐르가 트워트에게 보낸 편지 한 통이 위조일 수도 있다고 의견을 낸 바 있다.[66] 오늘날, 트워트는 일반적으로, 파지가 박테리아에 미치는 작용을 관찰하는데 있어서 '우선 순위'를 가지고 있는 것으로 인식되고 있는데, 우선 순위란 '누가 먼저 그것을 발견했는가'라는 중요한 과학용어이다. 하지만 드허렐르는 파지 과학과 파지 치료의 창시자로 인정되고 있다.

박테리오파지에 대한 첫 번째 발표로부터 10년이 지난 1927년 여름, 박테리아 질병에 파지가 효과가 있다는 드허렐르의 주장은 박테리오파지 탐구(the Bacteriophage Inquiry)라고 알려진 지금까지 가장 큰 규모의 가장 돈이 많이 드는 파지 치료 현장 시험으로 시험대에 올랐다. 여기에는 인도 시골 마을에 있는 지역 자선 진료실 의사들에게 수천 개의 파지 앰풀을 배포하는 것이 포함되었으며, 의사들은 콜레라가 처음 나타났을 때 그것들을 나누어 주도록 명령을 받았다. 펀자브 지역에 두 개의 산업 규모 제조 센터가 설립되어 항 콜레라 파지 혼합물을 제조했으며,[67] 결국 이 연구에는 백만 명 이상의 사람들이 참여했다.

드허렐르는 현장 실험을 유고슬라비아 미생물학자 이고르 아쇼프(Igor Asheshov)의 '믿을 수 있는 사람들'에게 넘겼고, 그들은 파지들을 단순히 우물에 풀어 놓았다. 이 우물들은 마을 사람들이 물을 길어 오는 곳일 뿐만 아니라 여름 순례 동안 수천 명의 순례자들을 위한 물 공급원이기도 했다. 그 해 여름 그 지역에서 콜레라의 발병률은 확실히 평소보다 훨씬 낮았는데, 더 넓은 다른 지역의 사람들에 비해 순례자들 사이에 약 1/8 밖에 안 되게 발생했다. 드허렐르는 나중에 주장하길, 지역 보건 당국의 수치에 의하면 파지 치료비가 1인당 25루피에 그친 반면, 대량 백신 접종과 상수도 소독을 포함한 이전의 캠페인의 경우는 1인당 3,000루피를 넘었다고 했다.

하지만 그냥 보기에 긍정적인 결과들과 현지 보건 공무원들로부터의 열광적 지지들은, 드허렐르와 아쇼프 그리고 그들의 후원자들이 사용했던 너무 의욕적으로 설정한 과도한 규모와 되는대로 급조한 과학적 방법들로 인해 훼손되었다. 게다가, 이 임상 시험들은 인도에서 정치적 혼란과 소요가 증가하는 시기에 이루어졌다. 마하트마 간디는, 영국 당국에 대한 불복종과 시민 불복종을 장려하고 있었고, 많은 현지 '병원장'들이나 현지 진료소 의사들은, 방대한 임상 시험의 규정들을 따르지 않거나, 그들이 요청받은 기록들을 보관하지 않았다. 이는, 파지 배포의 규모와 마찬가지로, 누가 정량을 받았는지, 또는 콜레라 진단을 정확하게 받은 사람들인지 여부가 항상 명확했던 것도 아니었다.

아이러니하게도, 인도에서 있었던 드허렐르의 거대한 실험들의 신뢰성에 치명적인 것은 파지 요법 자체에 대한 인기였다. 이 흥미로운 새로운 치료법은 파지 용액들이 전 지역으로 거래되고 운송되는 등 수요가 매우 많았기 때문에, 많은 용액들이 현장 실험에서 대조군이 되어야 할 마을들로도 공급되었다.

1920년대 후반까지 파리에 있는 드허렐르의 박테리오파지 연구소는 대량 실험을 위해 설립된 대규모 제조 센터들 중에 가장 많이 생산하는 곳으로서 연간 10만 회분 이상의 콜레라 파지를 생산하고 있었는데, 이 중 대다수가 인도로 운송되고 있었다.

1934년에 가서는 연간 80만 회분 이상으로 증가했다.[68] 드허렐르의 개인 연구소뿐만 아니라 영국과 독일의 다른 제약 회사들도 박테리오파지 제품 라인을 생산하고 있었다.

박테리오파지 연구소의 과학 위원회는 다음과 같이 말했다:

(중략) 이 조치는 최근에 매우 인기가 많아져서 콜레라 시즌 동안에 아쌈(인도 북동부)의 모든 지역에서 매우 많은 양이 사용된다. 이것은 실험의 관점에서 볼 때 재앙적이라고 묘사될 수밖에 없다.[69]

다시 말해, 드허렐르의 파지가 모든 곳에서 사용되고 있었기 때문에 파지가 없는 곳과 비교하여 파지 치료가 얼마나 잘 이루어지는지 비교할 길이 없었다. 그 전염병이 파지를 접할 수 없는 콜레라 환자의 약 60%를 죽이면서, 단지 실험을 정상적으로 진행하기 위해 수천 명의 사람들이 이 치료법에 접근하는 것을 막는 것은 비윤리적이라는 것이 점점 더 분명해졌다.★

★ 이 흥미로운 윤리적 딜레마는 싱클레어 루이스가 쓴 퓰리처상을 수상한 소설 '애로우스미스'에서 다뤄졌다. 드허렐르를 기반으로 한다고 하는 주인공은 아내가 페스트로 사망한 후 연구에서 많은 대조 환자군에게 파지를 줘야 할지 여부에 대한 생각을 바꾼다. (결국 대조군으로 설정한 환자군에도 파지를 투여함으로써 임상 시험을 파기하고 만다. - 역자 주)

결국 모든 것이 취소되었다.

여기에 혼란을 더 가중시킨 것이 있는데, 인도 전역에 걸친 광범위한 개혁으로 위생이 개선됨으로 인해 연구 과정 동안 많은 지역에서 콜레라의 전반적인 위험이 감소되었다는 것이다. 인도에서 광범위하게 사용하기 위해 파지가 권장되어야 하는지에 대한 위원회의 발언은 다음과 같이 까칠하다:

현장 상황 하에서 치료된 경우와 치료되지 않은 경우의 비교 가능한 수치를 얻는 것은 현실적으로 불가능하다. (중략) 모든 것 중 가장 중요한 문제, 즉 검증된 소독 및 백신 접종 방법이 아닌 박테리오파지에 의해 콜레라가 치료되어야 하는지에 대한 아쌈이나 다른 곳으로부터 결정적인 증거는 지금까지 사실상 안 나와있다.

드허렐르의 '기적의 치료'라는 박테리오파지에 대한 첫 번째 대규모 실험은 재앙이었다. 이 연구는 20세기 내내 파지 요법에 대한 연구들의 고질적 문제인 신뢰할 만한 혹은 비교할 만한 자료 없이 끝났고, 그것은 오늘날까지 이슈로 남아 있다. 파지가 무엇인지에 대한 끝없는 다툼과 혼란은 파지를 의학적 치료로 보는 과학자들의 인식에도 영향을 미치고 있었다. 저명한 학술지 사이언스는 1929년에 파지 요법이 '그것을 사용해야만 했던 사람들이 그것을 충분히 이해하지 못했기 때문에 이 약속을 이행하는 데 실패했다'고 말했다.[70]

거의 한 세기가 지난 지금, 우리는 드허렐르가 바랄 수 있었던 것보다 훨씬 더 정확한 수준의 세부 사항으로 파지들을 연구할 수 있다. 우리는 강력한 현미경으로 그것들이 움직이는 것을 실시간 관찰할 수 있고, 그것들의 행동을 주도하는 개별 단백질들과 그 안의 유전자들을 연구할 수 있으며, 심지어 완전히 새로운 특성과 특징들을 갖도록 조작할 수도 있다. 우리는 헤아릴 수 없을 정도로 많은 양의 데이터를 정밀 분석하고, 파지들과 박테리아 종들의 가상적인 조합들이 어떻게 상호 작용할 것인지 예측하기 위해 인공지능을 사용할 수 있다. 아직 알려지지 않은 것들이 많이 있지만, 우리는 파지들의 물리적 본성에 대해 너무나 많은 혼란을 야기한 복잡성들 중 일부를 이해하고 있으며, 왜 한 환자에게는 그것들을 의학적으로 사용하는 것이 거의 기적에 가깝고 다음 환자에게는 완전히 절망적일 수 있는지 이해한다.

드허렐르는 관심 있는 세균들이 발견되는 곳, 즉 그가 치료하던 환자들의 배설물에서 바로 그 천적인 파지들이 발견된다는 사실을 이해했던 반면, 특정 박테리아를 감염시킬 수 있는 파지는 어떤 파지인지를 결정하는 규칙은 그리 잘 이해하지 못했다. 우리는 이제 일부 파지들은 약하게 나마 광범위한 종의 박테리아를 감염시키는 다방면 파지인 반면, 어떤 파지는 어느 박테리아 딱 한 종에 한해서만 섬세하게 조정하면서 극단적인 효율로 감염시킨다는 걸 알고 있다. 많은 파지들은 사실 특정한 종의 박테리아만을 대상으로 하는 초 특이적인 바이러스다. 즉 다른 동료들과는 약간 다른 특성을 가진 아주 특정 박테리아 아종(subspecies) 수준을 대상으로 한다.

분자생물학의 발전 덕분에, 우리는 파지의 꼬리 섬유에 매우 특이한 수용체 분자가 있다는 것을 안다(혹은, 꼬리 없는 파지의 경우 겉 껍질에서 튀어나온 스파이크 단백질의 끝 단에). 이 수용체는 박테리아의 외부 표면에 있는 특정 분자에 자물쇠와 열쇠처럼 들어맞는다. 일부 박테리아 종은 거대한 범위의 다른 단백질, 당류 및 기타 분자로 덮여 있고, 다른 일부 박테리아 종은 편모(flagella; 주변으로 추진 이동시키는 데 도움을 주는 채찍 같은 꼬리), 핌브리아(fimbriae; 표면에 부착하는 데 도움을 주는 털 같은 돌출부) 또는 필리 (pili; 다른 박테리아와 연결하는 데 도움을 주는 미세한 튜브 같은 구조)와 같은 부속물을 가지고 있다. 파지가 자기에게 딱 맞는 숙주에 침입하려면 반드시 인식해야 하는 것이 바로 이 표면 분자들과 구조들이다. ('카우보이'라는 별명을 가진 살모넬라균 파지는 길고 유연한 꼬리를 이용하여 숙주의 편모에 올가미를 씌워 옭아맨 후 스스로를 박테리아를 향해 끌어내려서 세포 자체를 감염시킨다.) 박테리아가 파지의 공격을 피하도록 계속해서 진화함에 따라, 이러한 잠재적인 결합 부위의 미세한 구조도 변화한다. 그러므로 파지는 이에 반응하여 그들의 수용체 부위를 지속적으로 적응시킨다. 이로 인해 조금씩 변이된 대량의 박테리아와 파지 둘 다, 그들 주위에서 돌아다니는 다른 미생물들과 함께 끝없는 춤을 추며 수십억 년에 걸쳐 갇히게 되었다.

어떤 종류의 파지들은 꼬리의 섬유에 있는 수용체를 구성하는 분자들을 섞을 수 있어서, 그렇게 만든 새로운 구조가 궁합이 맞는 박테리아를 찾는데 도움이 되는지 알아보기 위해 효과적으로 주사위를 던져본다. 그리고 어떤 박테리아는 파지들이 달라붙는 것을 막기 위해 표면의 막 전체를 제거하거나 꼬리와 머리카락 같은 부속물을 버릴 수 있다. 다시 말해서, 박테리아는 자신을 공격하는 파지들에 대해 빠르게 저항력을 갖게 될 수 있고, 파지들은 그에 반응하여 박테리아를 공격하는 방식을 바꿀 수 있다.

이런 작은 전쟁 게임들은 짧은 기간에 걸쳐 심지어 미생물의 작은 개체군에서도 끊임없이 발생한다. 박테리아 방어의 지속적인 조정과 파지의 후속적인 적응은 그 어떤 박테리아 품종도 절대적으로 우세해질 수 없으며, 그 어떤 파지도 전체 박테리아 개체군을 쓸어버릴 수 없다는 것을 의미한다. 이것은 다양성뿐만 아니라 일종의 안정성을 미생물 생태계에 조성한다.

초기 수십 년 동안의 파지 치료는, 파지의 생활사와 숙주 범위, 그리고 이들을 회피하기 위해 박테리아가 적응하는 방법에 대한 이해가 부족한 상태에서 진행되었다. 1940년대에 이르러, 유럽과 미국의 실험실과 제약회사들은 '독일 박테리오파지 협회'와 같은 소규모 기업에서부터 '애버트'나 '일라이 릴리'나 '스퀴브 앤 선즈'(현재 '브리스톨-마이어스 스퀴브'로 알려진)와 같은 거대 제약회사들에 이르기까지 의심스러운 파지 제품들을 판매하기 시작했다. 이들 중 상당수는 드허렐르가 그렇게나 열심히 이해하려 애쓰고 있었던 파지 생물학의 복잡한 원리들을 잘못 이해했거나 의도적으로 무시하고 있었다.

특정 지역 내에서 국소적으로 돌고 있는 특정 질병을 치료할 수 있는 혼합된 파지를 찾는 것은 드허렐르가 여러 번 경험했듯이 파지를 사용하는 데 있어 가장 큰 어려움 중 하나였다. 그가 예르시니아 페스티스(*Yersinia pestis*)에 의해 발생하는 선 페스트의 발병을 치료하기 위해 이집트로 갔을 때, 그는 극동지역에서 페스트를 물리치기 위해 사용했던 파지들이 카이로에 있는 같은 박테리아의 지역 변종들에 대해 완전히 효과가 없다는 것을 발견했다.

다양한 박테리아에 대해 효과가 있을지도 모르는 파지들의 혼합물을 정제하고 농축하는 방법을 이해한 사람이 혹시 한두 명 정도는 있었을지도 모르겠지만, 실제로는 거의 없었다. 그런데 독일에서 생산된 '엔테로파고스'라는 건조 파지 제품의 광고 중 하나는, 이 제품이 '장티푸스, 파라티푸스, 이질, 대장염 등 모든 종류의 설사'를 치료할 수 있다고 주장했다. 런던에서 판매되고 있는 또 다른 같은 이름의 제품은 한 술 더 떠서, 이 제품이 두드러기(알레르기 반응), 습진(알레르기 및 유전적 소인), 그리고 헤르페스(박테리아가 아닌 바이러스에 의해 야기된 것)까지 치료할 수 있다고 주장했다.[71] 1920년대 말과 1930년대 초, 오래된 감염을 치료하기 위해 오래된 파지를 분별없이 사용한 것은 -

예상대로 별로 좋지 않은 결과를 낳았다 - 대부분의 국가에서 놀라운 약으로서의 명성이 퇴색되기 시작했다는 것을 의미했다.

하지만 다 그랬던 건 아니었다.

제 2 부

잊혀진 파지들

THE GOOD

VIRUS

THE AMAZING STORY AND FORGOTTEN PROMISE OF THE PHAGE

04

스탈린의
의학

현재 전 세계 몇 안 되는 나라에서는 약국에서 맵시 있게 상표를 붙인 의료용 박테리오파지 한 통을 살 수 있다. 약사와 잠깐 이야기를 나눈 후에, 작은 유리 앰풀에 든 몇 밀리리터의 노란 액체를 꿀꺽꿀꺽 마시거나, 파지가 주입된 연고를 당신의 반점이나 종기, 상처에 바른다. 방금 섭취했거나 흡수된 수조 개의 바이러스들이 자신을 괴롭히는 어떤 세균성 질병에도 맞서 싸워줄 수 있기를 바라면서.

이런 곳들 중 하나가 조지아인데, 러시아 최남단 끝 자락과 튀르키예 사이에 끼어 있는 구 소련 소속이었던 산악국가이다. 조지아의 수도 트빌리시에서는, 소련 시절에 지어진 무너져가는 고층 건물들이 앞면이 나무로 장식된 웅장한 아파트들, 고대 교회들, 회교 사원들 그리고 요새들 사이로 솟아 있다. 콘크리트 색깔의 므트크바리(Mtkvari) 강은, 조지아와 유럽, 소련과 중동 풍 건축물들이 어딘지 안 어울리게 뒤섞여 있는 이 도시의 틈을 지나 높은 수위로 빠르게 흐른다(콘크리트 색깔이란 일종의 균일한 진흙 색깔을 말한다. 므트크바리 강은 이런 색깔을 띠고 있다. 궁금하면 구글 이미지를 찾아 보시라. 금방 이해가 될 것이다. - 역자 주). 도로 표지판들과 상점 앞 및 광고판들은 세계 그 어느 나라와도 달리 모두 독특하고 오래된 고리 모양의 조지아 문자들로 장식되어 있다.

매년 수백 명의 외국인 환자들이 다른 나라에선 오래 전에 버려졌던 치료법을 찾아 힘들게 트빌리시로 여행을 온다. 이들은 요로 감염에서부터 화농성 수술 상처, 만성 호흡기 질환, 감염된 화상에 이르기까지, 오랜 시일이 걸리고도 성공적이지 못 했던 항생제 치료 과정을 견뎌내다 비참한 상태가 되어 오는 경우가 흔하다. 므트크바리 강 서쪽 가파른 둑에 있는 번잡하고 구불구불한 길에서 떨어져 있는 엘리아바 연구소(the Eliava Institute)는, 세계 최초이자 여전히 전 세계에서 유일하게 파지 연구, 생산 및 치료를 전담하는 센터다. 과학자들과 의사들은 거의 백 년 전부터 이곳에서 처음 파지들을 연구하기 시작했지만, 다른 나라들과는 달리 그들은 결코 중단하지 않았다.

이곳에서 제조되고 상업적으로 판매되는 6개의 파지 제품들 중 고름-박테리오파지(Pyo-bacteriophage)와 장-박테리오파지(Intesti-bacteriophage)는 1920년대 펠릭스 드허렐르의 박테리오파지 연구소가 생산한 것과 근본적으로 동일한 제제이다.[1] 비록 오늘날 주로 돌고 있는 일반적인 박테리아 품종과 더 관련된, 정기적으로 업데이트되는 파지 혼합물이기는 하지만 말이다. 1920년대에 지어진 이 연구소의 본관은 화려하고 우뚝 솟은 도리아 양식 기둥 위에 조지아, 그리고 수년간 이 곳의 연구 자금을 지원해 온 미국, 유럽연합의 깃발이 게양되어 있다. 하지만 이 안에는 가구가 드문드문 몇 개 안 놓여 있고, 내가 방문할 당시엔 섬뜩할 정도로 조용했다.

크고 약간 우거진 땅에는 약국, 진단 센터, 외래 등 새로운 건물들이 있다. 또한 치료 센터에서는 보통 보기 힘든 것들도 있는데, 나무들 사이에 녹과 초목으로 뒤덮인 버려진 판잣집 같은 것들이다. 병원이 전성기를 맞았을 때, 길 건너편에 있는 큰 호스텔이 수백 명의 직원들을 수용하는 데 도움을 주었지만, 이제는 발코니에 세탁물이 널려 있고 농구장이 있는 주거용 아파트로 바뀌었다. 그리고 한때 파지 치료의 왕 펠릭스 드허렐르와 그의 가족이 살던 큰 통나무 집은 1990년대 KGB에 의해 장악된 이후 지금은 다수의 CCTV 카메라와 마이크로 꾸며진, 상단에 못들이 줄줄이 박힌 거대한 담벼락 안에 있다. 지금은 훨씬 더 알 수 없는 수수께끼의 인물 혹은 조직이 소유하고 있다.

이 연구소의 연구개발 책임자인 니나 차니쉬빌리(Nina Chanishvili) 박사가 나를 안내했는데, 이 연구소의 으리으리한 돌계단을 올라가, 황량한 복도로 미로처럼 얽혀있는 본관 건물을 지나서, 나무로 된 작은 계단들을 올라가, 사무실과 연구실들이 즐비한 공간과 집처럼 아담한 부엌으로 가면 전 세계 환자들과 기자들이 주고 간 술 선물들로 가득 차 있다. 차와 빵, 가지 스프레드와, 소금에 절인 고기와 치즈와 케이크, 조지아식 패스트리로 푸짐하게 점심을 먹는 동안, 차니쉬빌리는 이 곳의 놀랍고도 때로는 당혹스러운 역사와 파지 치료라는 개념이 다른 곳과는 어떻게 다르게 지속되어 왔는지에 대해 얘기해 준다.

그녀는 내게 예전 직원들이 펠릭스 드허렐르와 그 가족들과 찍은 멋진 흑백 사진 모음을 보여주는데, 여기에는 이 위대한 인물이 이곳 조지아와 러시아에서 휴가를 보내면서 찍은 사진들도 포함되어 있다. 내가 추측하기에 예스러운 나무 찬장은 사실 1920년대에 파리에서 조지아로 들여온 따뜻한 박테리아 배양용 전기 인큐베이터다. 그것은 여전히 작동하고 있었다.

원래 이 곳에 들어설 계획은, 환자들을 치료할 수 있는 600병상 규모의 병원과, 파지 약제 생산 산업, 그리고 물론, 드허렐르를 위한 현장 숙소까지 갖춘 17헥타르 규모의 캠퍼스에 세계적인 파지 연구 센터를 건설하는 것이었다. 이 건물의 설계도 청사진에 있는 두 가지 작은 사소한 자국들은, 이 장소를 계속 운영했던 영웅들과 파지 치료법을 살려서 존속시킨 아이디어뿐만 아니라 이 장소를 거의 파괴할 뻔했던 격동의 역사를 넌지시 말해주고 있다. 그 두 자국이 무엇이냐 하면, 일단 첫 페이지에 이 연구소의 설립자이자 첫 번째 소장의 이름이 잉크로 지워져 있다. 하지만 같은 페이지에서, 아주 작은 글씨로 그리고 연필로 누군가가 조지 엘리아바(George Eliava)라는 이름을 다시 추가해 놓았다.

두텁고 정교하게 짜인 테두리의 안경을 쓴 작고 무표정한 얼굴의 교수 차니 쉬빌리는 "누군가가 그의 이름이 잊혀지지 않도록 하고 싶어했습니다. 하지만 알다시피 그 독재 집권 기간이 끝났을 때 조차도 그들은 여전히 두려워했습니다. 이 메모는 작고 연필로 쓰여져 있어서 필요하다면 금방 지울 수 있습니다." 라 말했다.

펠릭스 드허렐르가 프랑스 과학계의 공격을 상대하며 악전고투하고 있을 때, 그는 세계 최고의 미생물학자들에게 배우기 위해 파리로 온 젊은 조지아 과학자인 조지 엘리아바가 뜻밖의 동지임을 알게 되었다. 그들은 괴짜 콤비가 되었다 - 엘리아바는 거의 스무 살이 어렸으며 카리스마가 있었고, 스포티한 사교성으로 남들과 어울리길 좋아했으며, 매력 있고 재미있는 농담도 잘하는 이로 알려졌다. 그의 아내는 유명한 소프라노이자 독창가였고, 엘리아바는 조지 아에서 가장 유명한 시인, 예술가, 음악가, 그리고 공학자들로 이루어진 거대한 모임과 어울렸다. 그는 호화로운 파티를 열고 경마를 즐겼다.

그의 경력 초기에 엘리아바는 어느 집담회에 참석했다가 트빌리시의 므트 크바리 강에서 분리되어 배양된 콜레라균이 가득한 플라스크를 보았는데, 집 담회가 진행되는 동안에 그 균이 겉보기에도 다 사라지는 걸 목격했던 적이 있 다. 이 현상은 그가 나중에 드허렐르의 연구를 접하기 전까지는 설명할 수 없 었던 현상이었다. 제네바와 모스크바에서 공부한 후, 엘리아바는 세균학에 관 심을 갖게 되었다(그가 혁명 시위에 가담했다는 이유로 정부에 의해 대학에 다니는 것이 금지된 후, 강력한 권력을 가진 귀족 이모가 영향력을 발휘하여

George Eliava

그를 구해 주었다).[2] 놀라울 정도로 가파르게 승승장구하던 경력의 20대 초반, 엘리아바는 현재는 튀르키예의 영토인 러시아 제국의 전초기지였던 트라브존에 있는 세균학 실험실의 책임자였다. 그리고 1917년 드허렐르가 파지를 발견했다는 악명 높은 논문을 출간했을 때, 25세의 엘리아바는 트빌리시에 있는 세균학 실험실의 책임자였다.

같은 해 러시아 혁명의 혼란 속에서, 조지아는 러시아로부터 독립을 주장했고, 많은 조지아 인들은 그들의 새로운 독립 국가로 새로운 지식과 아이디어를 가져오려는 희망으로 유럽으로 향했다. 1919년, 엘리아바는 미생물학과 백신학의 최신 기술들을 배우기 위해 파스퇴르 연구소로 갔고, 곧 파지의 바이러스성에 대한 드허렐르의 아이디어를 뒷받침하는 실험들을 수행하고 있었으며, 이로 인해 그는 그 악명 높게 까칠한 생물학자의 마음에 쏙 들었다.

엘리아바의 손녀에 따르면, 궁지에 몰렸던 드허렐르가 어느 날 엘리아바의 연구 결과를 접한 후 매우 만족해가지고 프랑스 시골에서 급히 파리로 돌아왔다. 그리고 파스퇴르 연구소 입구에 불쑥 들어와서는 '이 엘리아바라는 친구 어디에 있나? 그를 내게 데려와!'라고 요구했다. 동그랗고 거만한 얼굴의 엘리아바가 나타났을 때, 그 이상한 커플은 분명히 껴안고, 키스했고, 그때부터 '아빠와 아들 같았다'고 한다.[3] 드허렐르가 뭔가 대단한 것에 꽂혀 있음을 분명히 확신한 엘리아바는 1920년대와 1930년대에 걸쳐 계속해서 파스퇴르 연구소를 방문하여 파지를 연구했으며 초기 파지 과학에 몇 가지 중요한 공헌을 했다.★

★ 엘리아바의 업적 중에는 파지가 박테리아 숙주를 내부에서 파열시키는 데 사용하는 특수 효소인 리신(lysin)의 발견이 포함되어 있으며, 현재 완전히 새로운 종류의 항생제 약물의 기초로 탐구되고 있다.

조지아로 돌아온 엘리아바는 트빌리시 대학의 미생물학 학과장의 자리에 올랐고, 1920년대 후반에는 박테리오파지의 연구와 사용을 위한 전담 연구소에 대해 원대한 계획을 세우기 시작했다. 물론, 그러한 연구소는 수장인 자신과 펠릭스 드허렐르 없이는 완성되지 않을 것이기에, 엘리비아는 그의 친구 드허렐르에게 명예로운 자리를 약속하며, 그가 원하는 어떤 파지 연구도 할 수 있는 재량, 거기에 더해 연구소 부지 내에 그의 가족들이 살 아름다운 오두막 저택을 마련할 것을 약속하며 그곳을 운영할 것을 제안했다. 파지와 파지 치료가 마침내 그들이 마땅히 받아야 할 과학적 관심을 받을 수 있도록 무대가 마련되었다.

단 한 가지 문제가 있었는데, 바로 이 시점에서 조지아가 러시아에 의해 잔인하게 다시 탈취 되었다는 것이다. 그리고 막 재 건립된 강대국 러시아의 국가원수는 또 다른 조지아인, '이오시프 스탈린'이란 이름으로 서방세계에서 더 잘 알려진 이오시프 베사리오니제 주가슈빌리였다.

드허렐르를 따라다니는 논란과 파리 동료들과의 언쟁에도 불구하고, 파지 과학의 창시자는 만나 본 이들은 물론, 그를 한 번도 만나 본 적이 없는 사람들로부터도 전 세계적으로 관심과 존경을 계속 받았다. 그의 이론과 파지 치료법에 대한 인식은 다양했지만, 그는 여행 중에 언론인, 보건 당국, 외국 고위 인사들의 관심을 끄는 능숙한 처신과 높은 인지도를 유지했다.

암스테르담 왕립과학아카데미는 박테리오파지를 발견한 공로로 드허렐르에게 레벤후크 메달을 수여했는데, 이 상은 미생물학에 탁월한 공헌을 한 사

람들에게 딱 10년에 한 번씩만 주어지는 상이다.★

이전에 그런 영예를 안았던 유일한 프랑스 과학자는 드허렐르의 영웅인 위대한 루이 파스퇴르였다.★

뉴욕 타임즈는 1925년에 다시 드허렐르의 연구 업적을 '작고 치명적인 세균에겐 여전히 더 작은 몸집의 적이 있다'라는 멋진 헤드라인으로 다뤘고, 드허렐르의 이야기는 퓰리처상을 수상한 소설인 싱클레어 루이스의 1926년 작 '애로우스미스'에 영감을 주기도 했는데, 이 소설은 무대와 라디오 그리고 영화로 각색돼 큰 히트를 쳤다.

1928년에 그는 예일대학교의 세균학 석좌라는 명망 있는 자리를 제안받았다. 그 대학 보도자료는 '유명한 과학자가 예일대학교 의과대학 교수진에 임명되었다'라고 자랑스럽게 발표했고,⁴ 전체 의과대학의 예산은 새로운 슈퍼스타의 요구를 충족시키기 위해 조정되었다. 하지만 드허렐르에게 최악의 적은 항상 그 자신이었다. 그는 곧 그의 새로운 동료들을 짜증나게 했다. 그는 장기간의 수익성이 좋은 미국 내 강의 순회 여행을 계속하기 위해 도착한 지 불과 며칠 후에 그 대학의 성지를 떠났고, 파리에 있는 그의 파지 연구소에서 치료제 생산을 감독하기 위해 정기적으로 프랑스에 갔다 왔다.

그의 부재에 대한 나쁜 평판에 더해서, 그의 몇몇 동료들은 그를 게으른 정

★ 이 상의 이름은 네덜란드의 렌즈 제작자이자 독학한 과학자인 안토니 반 레벤후크(Antonie van Leeuwenhoek)의 이름을 따서 명명되었다. 그는 1670년대에 처음으로 세상에 작은 살아있는 미생물(또는 그가 말하는 식으로 하면 '작은 동물')이 넘쳐난다는 것을 밝힐 만큼 강력한 렌즈를 만들었다.

★ 드허렐르와 마찬가지로 파스퇴르도 발효 분야에서 경력을 시작한 다음 해충 방제 분야로 옮겼다가 질병 퇴치 분야로 옮겨 갔다. 따라서 이 과학적 아이콘의 경력을 모방하려는 드허렐르의 아마도 '평생 계획'은 결국 웃어 넘길 일이 아니었다.

신병 환자로 보기 시작했다.[5]

　드허렐르가 그의 일생 내내 미생물 사냥꾼으로 일하면서 아메바증(2회), 말라리아(수차례), 이집트에서 알 수 없는 열병, 파상풍을 일으키는 박테리아인 클로스티리디움 테타니(*Clostridium tetani*)를 자신에게 접종하는 뻘짓으로 인해 겪은 호흡 곤란 문제 등 - 왜 그가 결과적으로 일생 대부분을 감염병에 시달리며 보냈는지 아마도 설명이 될 - 불쾌한 병원체들을 다양하게 발굴해 왔다는 점을 고려하면 이는 다소 가혹한 평판일 수 있다. 드허렐르는 또한 연간 10,000달러의 급여를 달라는 협상을 했는데, 이는 오늘날 수십만 달러에 해당하며 당시로서는 솔직히 터무니없는 금액이었다. 그러나 그는 자신이 공정한 대우를 받지 못하고 있다고 불평하기 시작했고 일년 내내 예일에 머물기 원한다면 더 많은 급여를 달라고 요구했다. 그의 요청은 대공황에 빠진 국가에서는 말할 것도 없고, 호황 때에도 부적절해 보였을 수 있다. 그는 또 다시 돌아오지 못할 다리를 건너서 그걸 불태우고 있었다.

　파리에 있는 세계에서 가장 권위 있는 과학 기관 중 하나였던 곳에서 괴롭힘을 당하고 예일 대학의 고용주와 끊임없는 논쟁을 벌이다 보니 드허렐르의 시각으로는 1930년대 서구 과학과 의료계를 이익에 집착하여 부패한 집단으로 간주하며 환멸을 느끼게 되었다. 마침 소련 정권은 세력을 확장하면서 서방에서 고급 경력의 망명자들을 간절히 원하며 모집하고 있었는데, 그는 트빌리시의 엘리아바로부터 초청을 받았을 뿐 아니라 모스크바에 있는 박테리오파지 연구기관이 출범하는 걸 맡아달라는 제안도 받았다. 드허렐르가 소련 전역을 여행하는 동안, 아름다운 풍경과 음식, 친절한 사람들, 호흡기 질환을 완화시켜주는 온화한 기후로 유명한 조지아를 가장 좋아했다. 그리고 물론 그런 이유엔 그의 좋은 친구 지오르지(=조지 엘리아바)의 지원도 있을 것이다.

그가 아내와 함께 소련 전역을 여행하면서 이적을 시도했을 때, 당시 공산당의 공식 기관지였던 유명한 신문인 프라우다(Pravda)는 그를 '서유럽에서 가장 뛰어난 미생물학자 중 한 사람'이라고 기술했다.[6]

예일대에서 힘들게 보내던 시절에 드허렐르는 대공황이 미국에 가한 빈곤, 즉 국가가 불과 몇 년 전만해도 '부의 정점'에 도달했음에도 불구하고 이제는 사람들이 '기본적인 생활'조차 할 수 없는 빈곤에 대해 절망적이라고 기술했다. 거기에 더해, 그는 복잡한 관리와 인프라가 필요하지만 반드시 수익성 있는 제품을 생성하지는 않는 파지 치료법이 영리를 추구하는 회사와 빠른 해결책을 찾는 의사들에게는 적합하지 않다는 것을 알아차렸다. 제조업체들은 의학에서 파지를 사용하는 방법에 대해 그가 세심하게 정립한 규칙을 무시하며, 대중에게 질리도록 우려먹을 수 있는 서투른 혼합물을 만들어 내었다.

이와는 대조적으로, 소련은 새롭고 확고한 반자본주의 유형의 사회를 실험하고 있었다. 스탈린 치하의 소련이 유토피아가 아니라는 많은 징후에도 불구하고, 공산주의자 같은 외양과 사상을 과시하는 것은 세계 여러 지역의 급진주의자들과 지식인들 사이에서 여전히 큰 유행이었다. 게다가, 감염병과 싸우기 위해 스탈린주의 정부는 제국의 여러 지역에 있는 미생물 감시 실험실 네트워크를 포함하는 방대한 국가 자금 지원 의료 시스템을 구축하고 있었다. 드허렐르의 가족은 그가 어떠한 정치적 이데올로기에 전념하지도 않았고 스탈린 동조자도 확실히 아니었다고 주장하지만, 드허렐르는 소련이 파지 환자 치료의 복잡성을 처리하는 데 필요한 인프라를 개발하고 있다고 분명히 믿고 있었다. 1935년에 출판된 박테리오파지에 관한 세 번째 저서에서[7] 드허렐르는 러시아어 번역을 스탈린에게 헌정했다. 이는 당시 소련에서 출판되는 모든 출판물의 표준 요구 사항이었다. 그러나 그는 자신만의 독특한 스타일로 서부 유럽의 과

학 업적 전체를 후려쳐서 비판하며 소련의 실험에 대한 그의 희망을 다음과 같이 전달했다:

저는 역사상 처음으로 비합리적인 신비주의가 아닌 냉정한 과학을 지침으로 삼은 이 멋진 나라 소련의 과학자들을 위해 [이 책]을 썼습니다.[8]

그렇게 한 계기는 프랑스 동료들의 끊임없는 공격이었을 수도 있고, 파지 치료에 비난 일색인 주요 저널의 논평이었을 수도 있고, 아니면 단순히 그가 받는 게 마땅하다고 느꼈던 명성과 영광에 대한 거부할 수 없는 끌림이었을 수도 있다. 그것이 무엇이든 드허렐르는 파리와 예일대, 유럽과 미국에 등을 돌리기로 결정하고 박테리오파지에 대한 그의 독특한 이해를 바탕으로 역사상 가장 잔인하고 편집증적이며 살인적인 정권 중 하나가 될 정권에 자신을 바치기로 결정했다.

1930년대 조지아에서는 사람들이 '구' 공산주의자이거나 '신' 공산주의자로 나뉘었다. 대략적으로 말하면, 오래된 공산주의자들은 레닌과 트로츠키의 원래 혁명적 이상에 충실했고, 종종 지식인이거나 유명 엘리트의 일원이었으며, 새롭고 숨막히는 소련 관료제에 비판적이었다. 점점 더 폭압적인 스탈린에게 충성하는 '신' 공산주의자에는 질서 있고 생산적인 대중을 추구하기 위해 개인주의를 억압하는 지역 관료, 밀고자, 스파이가 포함되어 있었다. 그들은 정치 비평가, 비(非) 소련 국민, 부르주아지, 심지어 토지를 소유한 농민까지 공산주의와 스탈린 정권의 성공에 대한 위협으로 여겼다.

교육을 잘 받았고 여행을 많이 했으며 귀족적인 배경을 갖고 있어 현란할 정도로 화려한 엘리아바는 확실히 구세대 출신이었다. 거의 모든 퇴폐적 표현이나 외국 사상에 대한 찬사가 스파르타식 정권 이념에 대한 적대감으로 보일 수 있었던 당시에 경마와 호화로운 파티 주최를 하던 엘리아바의 유명세로 인해 그는 상당히 튀는 인물로 보였을 것이다. 그것은 그가 스탈린의 가장 강력하고 가학적인 동맹자 중 하나인 악명 높은 라브렌티 베리야(Lavrentiy Beria)와 싸움을 시작하기 전이었다.

신 공산주의자인 베리야는 조지아 지역 정치인이 되기 전에 '국가 안보' 분야에서 경력을 시작했다. 그는 소련 체제의 대열에 올라 조지아 공산당 서기, 소련 내무부 장관, 그리고 결국 스탈린 자신의 부관이 되었다. 베리야의 다양하고 거창한 직함들은 스탈린의 살인적인 소련 행정부에서 그의 진정한 역할을 위장하는 용도다: 그는 1952년 스탈린이 사망하기 전까지 수십 년 동안 수백만 명의 소련 시민을 탄압, 박해, 숙청 및 처형한 비밀경찰 조직을 이끌고 있었다. 단신에 둥근 안경을 쓴 이 대머리 사이코패스는 인종 청소와 정치적 숙청부터 늦은 밤 리무진을 이용한 타락한 성폭력에 이르기까지 조직적인 살인을 저질렀다.

엘리아바는 그런 인물에게 주눅이 들 사람이 아니었다. 사교장에서 보이는 반항적 말장난 트릭의 일환으로 그는 자신의 개에게 'take'라는 단어에 머리를 흔들고 간식을 거부하도록 훈련시켰는데, 이 단어를 러시아어로 반복하면 '베리야'와 비슷하게 들린다.[9] 조지아 사회에서, 엘리아바와 그의 친구들은 스탈린의 측근, 특히 사악한 베리야를 무시하고 조롱하는 것을 좋아했다는 것은 이미 모두가 다 아는 비밀이었다. 엘리아바의 증손자인 디미트리 데브다리아니(Dimitri Devdariani)는 "그는 정부를 공개적으로 비판하면서 자신이 생각한 것을 그대로 말하곤 했습니다."라고 했다. '1930년대 소련 사람들은 그러는 이가 없었죠. 하지만 그는 천성적으로 자유로운 영혼이었고 그 어떤 것도 그 자유를 구속할 수 없었습니다.'

엘리아바의 삶을 광범위하게 연구하고 그와 함께 일한 마지막 사람 중 한 명과 인터뷰를 한 차니쉬빌리는 이러한 명백한 배짱에 대해 다른 견해를 가지고 있다. '그의 주변 사람들이 모두 그렇게 행동했기 때문에 그도 그렇게 행동했지요.'

1936년이 되자 엘리아바는 자신의 매력과 인맥을 활용하여 파지 과학에 전념하는 특별한 연구소에 대한 승인과 자금을 확보했다. 그것은 그가 수십 년 전에 콜레라를 제거하는 파지를 우연히 발견했던 므트크바리 강 서쪽의 광대한 경사지에 건설될 예정이었다. 건물의 웅장한 입구는 인상적인 거대한 기둥 세트로 둘러싸여 있으며 건물의 낮고 넓은 날개는 현대적이고 비대칭적인 레이아웃으로 펼쳐질 것이었다. 1,300만 루블의 예산으로 이 거대한 단지에는 파지 치료를 위한 클리닉과 교육 병원, 기본 파지 연구를 위한 연구실, 직원을 위한 호스텔, 심지어 실험실에서 필요한 혈액 기반 혈청을 제공하기 위한 말의 마구간까지 갖추게 되었다. 객실에는 최신 과학 장비가 갖추어져 있었고 드 허렐르와 그의 가족은 매력적인 현장 숙박 시설에 더해서 전담 운전사도 약속받았다.

하지만 소련의 이 아름다운 지역의 상황은 결코 장밋빛이 아니었다. 스탈린은 이제 제국의 광대한 영토에 걸쳐 강제 노동을 실시하고 있었고 공적 생활에서 정치적, 문화적 정적들을 제거하기 시작했다. 독재자를 기리는 동상과 초상화는 그를 거역하는 정치적 반대자들이 어둠 속으로 사라지며, 일상 생활에서 더욱 눈에 띄는 특징이 되었다. 엘리아바 자신은 이미 조지아의 정상적인 사법

체계를 벗어나서 폭주하는 당의 광신도들이 과학 및 농업 분야의 주요 인물을 괴롭히는 활동의 일환으로 체포되었다.[10]

소련은 또한 많은 과학자, 특히 생물학자의 경력과 생명을 위협하는 '리센코주의(Lysenkoism)'로 알려진 자멸적인 이데올로기가 만든 막다른 골목으로 학자들을 밀어 넣었다. 트로핌 리센코(Trofim Lysenko)는 당시 서구의 유전학 이론과 상충되는 작물 육종 가능성에 대해 일련의 주장을 펼치며, 엄청난 기근에 맞서 싸우는 소련 정권에 자기 이론을 피력했던 러시아 생물학자였다. 그의 생각은 유기체의 유전자가 그들의 경험과 환경에 따라 일생 동안 변할 수 있으며, 이러한 변화가 미래 세대에 전달될 수 있다는 검증되지 않은 이론에 기초하고 있었다. 말하자면 어느 마른 사람이 어디에서나 자전거를 타고 다녀서 우람한 허벅지를 가지면, 나중에 태어날 그의 아들이나 딸은 자전거를 타나 안 타나 우람한 허벅지를 가질 것이라는 말과 별로 다르지 않은 주장인 셈이다.★

이것은 가장 성공적인 유전자 조합이 살아남아서 번식함에 따라 유기체의 유전적 구성이 시간이 지남에 따라 점진적으로 변한다는 다윈의 핵심 이론과는 현저히 달랐다. 그의 이론이 작물 수확량을 향상시킬 수 있다는 리센코의 확신은 소련 정권에 매우 중요했기 때문에 그의 아이디어가 서구에서 대체로

★ 최근 몇 년 동안 '후생유전학(epigenetics)'으로 알려진 과학 분야에서는 유기체의 서로 다른 세포에 있는 서로 다른 유전자가 서로 다른 시기에 어떻게 다르게 발현될 수 있는지 탐구해 왔다. 우리 유전체에 대한 이러한 변형은 환경과 삶의 경험에 달려 있으며 심지어 이러한 변화 중 일부는 때때로 다른 세대에 전달되는 것으로 보인다는 증거도 있긴 하다. 그러나 그 효과는 미묘하며 유기체는 확실히 일생 동안 어떤 유전자를 가지고 있건 이를 변경할 수 없다.

무시되었음에도 불구하고 그들은 그를 소련 농업을 구할 수 있는 천재로 칭송하며 띄워줬다. 그러자 리센코는 자신의 이론을 위태롭게 하는 서구 유전학자들을 '날파리를 좋아하고 인민을 싫어하는 사람'이라고 부르며 비난하는 데에 자신의 입지를 이용했다. 소련의 선전 기관은 계속해서 그의 연구를 두둔하고, 그를 비판하는 이들을 비난하였으며, 그의 실패를 너무 오랫동안 은폐했기 때문에 결국 사람들이 그 이론이 모두 쓰레기임을 밝혀내는 것을 막기 위해 소련 전역에서 전통적인 유전학 연구를 금지해야 했다. 실제로 스탈린 정권은 리센코가 소련의 천재라는 생각을 유지하는 데 너무 열중하여 농작물 수확량이 감소했음에도 불구하고 이후 수십 년 동안 수천 명의 생물학자가 해고되거나 노동 수용소로 보내지거나 처형되었다.

이러한 억압적인 상황에도 불구하고 엘리아바는 계속해서 숨이 막힐 정도로 아슬아슬하게 살았으며 혹자는 그가 두려움 없이 사실상의 자살 행위를 했을 수도 있다고 말한다. 어느 날, 베리야가 원인 모를 병에 걸렸을 때, 조지아 최고의 감염병 전문가인 엘리아바가 그에게서 혈액 샘플을 채취하기 위해 소환되었다고 한다. 이야기는 이렇게 진행된다: 베리야가 엘리아바에게 피를 너무 많이 흘리지 않게 해달라고 가벼운 농담을 했을 때, 엘리아바는 베리야가 민족의 피를 빨아들이고 있다고 날카롭게 대답했다고 한다. 베리야의 경쟁 의식에 관한 많은 이야기들 중 또 다른 버전은 1936년에는 조지아에서 소련의 지도자가 된 혐오스럽게 못 생긴 베리야가 어린 시절부터 알고 있던 엘리아바를 극도로 질투했다는 것이다. 베리야는 엘리아바의 친구와 결혼한 아름다운 여성에게 정신 못 차릴 정도로 푹 빠진 것으로 보이며, 그녀의 남편이 비밀 경찰에 의해 '실종'된 후 엘리아바와 함께 거리를 걷고 있는 그녀를 보고 대경실색하였다.

일부에 따르면 그녀는 정서 불안에다 잔인한 이 관리가 잡으려던 마지막 지푸라기였다고 한다.* 다른 기록에 따르면 엘리아바는 베리야를 우회해서 스탈린과 보건부에 트빌리시에 있는 거대한 파지 연구소에 대한 자금 지원을 직접 요청함으로써 베리야를 화나게 했다고 한다.

분명한 것은 1937년, 엘리아바의 거대한 연구소의 주요 건물이 완공될 무렵, 그는 만찬을 주최하던 중 가족들 앞에서 갑자기 체포되었다는 것이다. 그는 자신의 아내도 곧 사라질 것이라는 사실을 모르고 의붓딸인 한나에게 '네 어머니를 잘 돌봐라'하고 말한 것 같다. 심지어 한나도 결국 체포되어 강제 노동 수용소로 보내지게 되었다.

그가 실종되기 불과 2주 전에 찍은 사진에서, 엘리아바는 생일을 축하하는 즐거운 여성 동료들이 포옹하는 가운데 웃지 않고 앉아 있다. 이렇게 잊을 수 없을 만큼 인상적인 이 사진은 현재 엘리아바 연구소의 작은 박물관 벽에 걸려 있으며, 감상적이거나 풍자적인 사람이 아닌 차리쉬빌리조차도 그의 눈에서 불길한 느낌을 받는다고 말한다. 방 반대편에는 1937년 연구소 직원들의 사진이 있는데, 사진에서 누군가 투박하게 지워진 유령 같은 실루엣이 있다.

조지아의 주요 신문인 콤뮤니스티(Kommunisti)는 엘리아바가 소련의 적들의 명령에 따라 '소련 인민들을 죽이기 위해' 위험한 박테리아를 준비하고 우물에 독을 주입했다는 조지아의 주장을 보도했다. '이 짐승은 마땅한 벌을 받았다'라고 광적인 기사는 계속되었으며 그의 투옥이나 재판에 대한 세부 정보는 제공하지 않았다. 대부분의 잘못된 정보와 마찬가지로 이 기사는 진실의

★ 좀 더 자극적인 이야기에서는 엘리아바가 최근에 사별한 친구를 보호하는 것이 아니라 자신이 결혼했음에도 불구하고 그녀와 데이트하고 있었다고 암시하고 있다.

핵심에서 왜곡되었다. 물론 엘리아바는 위험한 박테리아를 다루었으며 아마도 식수 우물에 파지를 추가하는 것의 공중 보건적인 혜택을 연구하고 있었을 것이다.

결국 그의 유명한 지식인 친구들 거의 모두와* 수십만 명의 다른 사람들은, 테러 또는 대 숙청으로 알려지게 된 편집증적인 폭력의 발작 속에서 그 해에 엘리아바가 처했던 것과 똑같은 운명을 만나게 된다.

엘리아바의 증손자 데브다리아니는 "추정할 수는 있겠지만 우리는 그들이 정확히 언제 어떻게 죽었는지 알지 못합니다."라고 말했다. "KGB와 비밀 기관은 그의 흔적을 지우기 위해 최선을 다했습니다. 그의 아내를 처형하고 그의 의붓딸인 할머니도 체포하기까지 했습니다. 그들의 사진은 압수되었고 문서는 모두 파괴되었습니다. 그가 체포된 날 그는 모스크바에서 열리는 주요 회의에서 연구 성과를 발표할 예정이었습니다. 그의 논문은 폐기되었고, 아직 빛을 보지 못한 다른 연구 성과들도 있었을 거라 확신합니다."

파지 요법을 신뢰성 있는 치료법으로 발전시키려던 드허렐르의 바람은 이제 지난 수십 년 동안 주된 문제였던 사소한 학문적 논쟁들에 비해 훨씬 더 암울한 문제에 직면하게 되었다. 다행스럽게도 드허렐르는 엘리아바와 그의 아내가 체

★ 차니쉬빌리는 엘리아바와 그의 친구들이 참석한 파티와 관련된 사건에서 반대편에 살고 있던 베리야를 짜증나게 한 자세한 사연을 발견했다. 베리야가 그들을 자신의 아파트로 부르기 위해 어느 부하를 보냈을 때 그들 거의 모두가 비웃으며 그 요청에 욕설을 퍼 부었지만, 간편한 옷으로 갈아 입으러 왔던 한 사람만 그러지 않고 따라 갔다. 베리야의 명령에 복종한 그 한 사람을 제외하고 파티에 있던 모든 사람은 결국 체포되어 처형되었다.

포되었을 당시 파리에 있었고 조지아로 이주하기 위한 비자를 기다리고 있었다. 그는 트빌리시에 영구적으로 정착할 계획이었기에, 한동안 무슨 일이 일어났는지 전혀 알지 못한 채 친구에게 계속해서 편지를 썼다.

친구의 죽음으로 억장이 무너졌고, 새로운 과학적 유토피아에 대한 그의 희망이 너무나 순진했다는 사실에 절망한 드허렐르는 그 이후로 소련이나 조지아에서 보낸 시간에 대해 어떤 글도 쓰지 않았다. 그의 전기 작가인 윌리엄 섬머스에 따르면, 그의 박테리오파지 실험실이 파리에서 계속해서 파지를 대량 생산하는 동안 '파지 치료를 전도하려는 그의 선교적 열정'은 약해지기 시작했다.

그는 자신이 동의하지 않는 일부 광고를 놓고 자신의 연구실 투자자들과 분쟁에 휘말리게 되었다. 결국 그 분쟁은 프랑스 대법원으로 올라 갔고, 드허렐르는 프랑스가 독일에 함락되고 도시가 비시 협력 정부의 소재지가 되기 직전에 타이밍 나쁘게도 파리에서 비시로 이주하기로 결정했다. 캐나다 시민권을 갖고 있던 그는 사실상 가택연금을 당했고, 강제로 활동 중지 당하면서 연구 경력★이 사실상 종료되고 건강 문제가 악화되었다. 그는 백혈구와 항체의 복잡한 시스템이 관련되어 있음을 보여주는 연구 결과가 점점 늘어나고 있음에도 불구하고 파지가 박테리아에 대한 인체의 주요 방어 수단이라는 믿음을 남은 생애 동안 굳게 고수했다. 그는 1949년 췌장암으로 사망했다.

바이러스의 본질에 대한 드허렐르의 놀라운 혁신에도 불구하고 그의 이름은 곧 잊혀졌으며 그의 연구는 바이러스학 커뮤니티 바깥의 세계에서는 거의

★ 그는 유급 연구직은 없었지만 속이 부글대는 것을 예방하기 위한 파지를 찾는 등 계속해서 아이디어와 실험을 생각해 냈다. 그는 자신이 쓴 짧은 노트에 '양배추 먹고 테스트'라고 적었다.

알려지지 않았고 기리는 일도 없었다. (프레드릭 트워트는 1년 후인 1950년에 사망했다.)

한편 소련에 파지 과학을 가져온 엘리아바는 총알과 삽, 관료의 펜 한 획으로 제국의 역사에서 사라졌다. 그의 가족조차도 최근까지 그의 과학적 업적에 대해 대부분 알지 못했다. 그러나 이 피비린내 나는 사건으로 조지아에서 파지 치료가 끝장났다는 것은 아니었다. 파지가 자기에게 딱 맞는 숙주가 있는 플라스크에 떨어진 것처럼, 이 특이한 아이디어의 본질은 성장하고, 성장하고, 성장하기 시작했다.

05

파지
대
나치

스탈린이 집권하기 전에 박테리아를 잡는 바이러스의 발견 소식은 러시아와 더불어 새로 건국된 소비에트 연방 전역에서 광범위한 관심을 끌었다. 이 광대한 제국 내 여러 지역의 국민들은 대규모 질병 발생에 시달리고 있었다. 이 질병은, 내전에 지쳐 영양 실조에 빠지고 때때로 비누와 청소 제품이 부족하여 위생도 더욱 악화된 상태의 인구 집단이라는, 질병 입장에선 활개치기 아주 좋은 기반을 찾아내었다.[11]

1917년 혁명 이후 정부 수반으로 취임한 레닌은 감염병 퇴치를 최우선 과제로 삼았다. 인구 전체로 확산되는 발병 규모는 너무나 놀라워서 국가를 재건하려는 그의 원대한 계획을 위협했다. 젊은 볼셰비키 정부는 고질적인 전염병인 이질, 콜레라와 함께 국내에 만연한 발진티푸스와 천연두 전염병을 1918년 인플루엔자 팬데믹의 위 순위로 놓았다.

혁명 이후의 혼란으로 인해 질병 사례가 과소평가되었을 가능성이 있는 공식적인 추정치임에도 불구하고, 1919년에는 전체 러시아인의 4분의 1이 발진티푸스를 앓았다. 이는 3천만 명 정도에 해당한다. 이로 인해 300만 명이 사망했고,[12] 러시아 인구는 이후 9년 동안 매년 감소했다.[13]

1919년 레닌은 선언하길, 국가는 내전에 투입했던 모든 결의와 자원을 전염병과 싸우는 쪽으로 돌려서 효율적인 집중 투입을 해야 한다고 하였다. 그는 리켓치아 프로봐제키(*Rickettsia prowazekii*)라는 박테리아에 의해 발생하고 이(虱)에 의해 퍼지는 발진티푸스를 언급하면서 이렇게 말했다. '이가 사회주의를 물리치거나 사회주의가 이를 물리치거나 둘 중 하나다.'[14]

1920년대에 들어, 소련은 국가가 운영하는 사회주의화된 의료 시스템을 시작했으며 광범위한 영토에서 질병을 추적하기 위해 세균 감시 실험실 네트워크가 구축되었다. 다른 나라들과 마찬가지로 세균성 질병에 대한 신뢰할 수 있는 치료법은 거의 없었다. 이질, 장티푸스, 페스트 및 콜레라에 대한 드허렐르의 치료법 개발에 영감을 받아 세균성 질병을 치료하고 예방하기 위해 파지를 사용하는 실험은 1929년 당시엔 소련 영토이던 우크라이나에서 시작되었다.[15]

질병 발병과 해결에서 파지의 역할에 관한 드허렐르의 매혹적인 이론은 사람들에게 반감을 사기 보다는, 생물학자들이 세균, 사람 및 환경 사이의 상호작용과 공생에 주로 관심이 있었던 소련 과학의 문화 및 경향과 코드가 잘 맞았다.[16]

20세기 초 러시아 과학계의 거물인 일리야 메치니코프(Ilya Mechnikov)는 포유동물의 면역 세포가 한때 독립 생활을 하는 단세포 유기체였을 수도 있고, 어느 시점에서 우리가 감염을 막는 데 도움을 주기 위해 조상 동물에게 포섭되었을 수도 있다는 이론을 세웠다. 드허렐르가 세균성 질병을 방어하기 위해서 인간의 면역 체계에 의해 파지가 모집되었을 수도 있다고 제기했으니, 이는 러시아를 비롯한 소련 소속 국가들에서 큰 관심을 불러일으켰다.[17]

엘리아바의 실종과 그의 연구 작업이 치명적인 반역이라는 스탈린의 주장에도 불구하고 트빌리시에 설립된 대규모 연구소는 비록 미생물학, 역학 및 박테리오파지 연구소라는 이름이었지만, 1930년대와 1940년대에 계속 운영되었다. 엘리아바의 이름과 소련 과학에 대한 그의 공헌은 공식 문서에서 삭제되었으며 드허렐르는 한때 그에게 구애했던 제국에 다시는 발을 들여 놓지 않았다. 그러나 두 사람은 조지아와 모스크바의 돈줄을 쥐고 있는 사람들과 함께 파지치료와 연구에 대한 아이디어를 대중화하는 데 상당한 진전을 가져왔었다.[18] 세력을 넓히며 야심에 차 있던 제국은 파지에 대해 끝없이 논쟁을 벌이기 보다는, 이 새로운 감염 치료가 제대로 실현되도록 하기 위한 실용적인 방면들에 투자하기 시작했다.

소련 전역에 만연한 전염병은 문제로 남아 있었고 핀란드 침공이 계획된 상황에서 파지는 전쟁으로 인한 사망자 수와 사상자 수를 줄이는 데 도움이 되는 유망한 방법으로 여겨졌다.

소련은 콜레라와 이질과 같은 전형적인 전쟁 질병뿐만 아니라 열린 상처에 서식하는 클로스트리디움 퍼프린젠스(Clostridium perfringens) 박테리아에 의해 발생하는 무서운 연조직 감염인 가스 괴저에 대한 파지 기반 치료법을 탐구하기 시작했다. 가스 괴저라는 이름은 감염된 상처 주변의 변색된 피부에 쌓이는 독성 가스에서 유래되었다. 이 가스는 달착지근하면서 썩은 냄새를 풍길 뿐만 아니라 살을 눌렀을 때 끔찍하게 꿀럭꿀럭하는 소리를 만들어낸다. 항생제가 사용되기 전 시대엔 총알이나 파편으로 불구가 된 군인들은 며칠 후 팔다리가 눈앞에서 오래된 과일처럼 썩기 시작하여 절단이 시급하다는 신호를 보내는 것을 지켜볼 수밖에 없었다.

1939년 핀란드와의 겨울 전쟁 중에 이동 의료진은 트빌리시와 모스크바에서 항 클로스트리디움 파지 칵테일을 테스트하여 최전선에 있는 수만 명의 병력에게 보냈다. 군인들이 포병에 의해 총에 맞거나 부상을 입었을 때 의료진은 당시 사용 가능한 국소 마취제, 일반 마취제 또는 술 기반 마취제와 함께 항 클로스트리디움 파지 용액을 상처에 직접 부었다. 이미 괴저를 앓고 있는 사람들은 상처를 요오드와 알코올로 씻은 후 파지를 뿌렸다. 감염이 심하면 파지를 엉덩이나 어깨의 혈류에 주사한 후 상처 부위를 파지에 적신 붕대로 감곤 했다.

이러한 개발로 괴저 사망자 수가 3분의 1로 줄었다고 하지만 당시 소련의 많은 연구와 마찬가지로 이 치료법은 비교할 대조군이 없었다.[19] 게다가, 당시에 이용 가능한 기술로 파지를 정화하는 건 우리가 생각하는 오늘날의 의약품 등급 기준과는 한참 거리가 멀었고 파지 주사액에는 제거 되었어야 하는 박테리아의 파편이 거의 확실히 포함되어 있을 것이었다. 이는 심각한 알레르기 반응을 일으킬 수 있으며, 더 나쁜 경우에는 환자를 앓게 했던 것과 동일한 박테리아 독소가 투여될 수도 있었다.

서구의 파지 치료에 대한 과학적 검토에서는 이 요법이 일관성이 없고 예측할 수 없는 것으로 간주되기 시작했지만, 소련은 군사 의료 절차를 정교하게 다듬고 조기 치료가 중요하다는 사실을 깨닫고 있었다. 상처가 생길 당시 조직에서 발견되는 상대적으로 적은 양의 박테리아는 박테리아가 피부 표면에 아직 남아 있는 첫 시간 동안 적절한 박테리오파지를 투여하면 쉽게 파괴할 수 있었다. 이러한 조기 치료는 진물을 흘리는 상처의 형성을 예방하고 더 빠른 치유로 이어지는 것으로 보였다. 타이밍이 늦으면서 더 침습적인 개입을 한 경우 결과가 더 안 좋았다.

1930년대와 40년대에 걸쳐 우크라이나, 벨로루시, 투르크메니스탄, 아제르바이잔은 물론 모스크바에서 극동 지역, 조지아까지 러시아 전역의 도시에서 파지 치료법에 대한 추가 대규모 실험이 이루어졌다.[20, 21] 그러나 이러한 연구는 광범위한 독자를 보유한 서구 저널에 발표되지 않았고 복용량과 부작용에 대한 핵심 정보는 기록되지 않았으며, 다시 한번 말하지만 긍정적인 효과가 실제로 파지에 의해 발생했음을 입증하는 데 도움이 되는 대조군이 없는 경우가 많았다.

결과가 항상 장밋빛인 것은 아니었고, 파지 치료의 효과에 대한 의견은 소련에서도 다양했다. 의사들은 종종 효과가 없는 파지 제품을 받았고, 다름 아닌 붉은 군대의 외과의사 니콜라이 부르덴코(Nikolay Burdenko)는 포도알균 감염을 치료하기 위해 파지를 사용해 보니 좋지 않은 결과를 얻었다고 보고했다.[22] 1억 5천만 명이 넘는 인구가 거의 900만 평방 마일에 걸쳐 퍼져 있는 제국에서 파지의 좁은 숙주 범위는 큰 문제를 일으켰다. 예를 들어 모스크바나 트빌리시와 같은 소련의 한 지역에서 특정 유형의 박테리아를 치료하기 위해 생산된 파지 제품은 시베리아 북부나 중앙아시아 대초원, 또는 러시아의 극동에서 수천 마일 떨어진 곳에서 순환하는 동일한 박테리아 계통에 작동할 가능성이 거의 없었다. 상대적으로 가까운 두 도시에 순환하는 계통도 서로 다르고 끊임없이 변이했다. 따라서 파지 의약품의 생산은 서로 다른 시기에 서로 다른 지역과 관련된 새로운 파지 혼합물을 만들기 위한 끝없는 싸움이었다.

그러나 다른 사람들은 파지가 플라스크 안의 박테리아에 어떤 영향을 미치는지 보고 아이디어를 개선하면 소련 의학에 혁명을 일으킬 수 있다고 낙관했다. 붉은 군대 위생국 부국장 페트르 주라블레프(Pëtr Zhuravlëv)는 소련의 과학자들과 외과 의사들이 더욱 일관된 파지를 만들 수 있다면 '다음 전쟁이 우리에게 닥칠 때쯤에는 우리가 모든 감염된 상처에 대해 승리할 수 있는 강력한 약을 갖게 될 것'이라고 선언했다.[23] 주라블레프는 앞으로 무슨 일이 일어날지 분명히 알고 있었다. 1941년 나치가 러시아를 침공했을 때 붉은 군대는 제2차 세계대전에 참전하게 되었고, 이전에는 볼 수 없었던 규모의 충돌이 발생했다.

비좁은 막사와 참호에는 전염병이 너무 만연했기 때문에 형편없고 논쟁의 여지가 있는 치료라도 아예 없는 것보다는 나았다. 전쟁이 장기화되고 돈이 바닥나니 군인들에게 지급할 총도 군복도 부족했다. 그래도 결정적으로 파지는 생산 비용이 매우 저렴했다. 많은 수의 파지 개체군이 해당 박테리아 배양액이 담긴 거대한 통에서 대량 자라나게 할 수 있었고, 그만큼 더 많은 수의 파지가 폭발적으로 만들어 질 수 있었다. 트빌리시에서 생산량이 증가함에 따라 파지 과학자들은 군의관들에게 바이러스 칵테일 사용법을 설명하기 위해 최전선으로 위험한 여행을 떠났다.

군인과 민간인 모두에게 갑자기 파지 공급이 넘쳐났을 당시, 러시아 SF 작가 보리스 스트루가츠키(Boris Strugatsky)는 나중에 레닌그라드 포위 공격 중에 어떻게 파지가 자신의 생명을 구할 수 있었는지를 회상했다.

그러다가 3월에 저는 소위 혈변을 누는 설사병에 걸렸는데, 이는 건장한 성인 남성에게도 위험한 전염병이었습니다. 저는 여덟 살이었고 이영양증을 앓았습니다. 누군가는 죽음이 틀림없다고 생각했을 것입니다. 그런데 우리 이웃(역시 기적적으로 살아남았음)이 우연히 박테리오파지 한 병을 가지고 있어서 저는 살았습니다.[24]

나중에 스탈린그라드에서의 연구로 영광을 얻게 될 파지 과학자 지나이다 예르몰예바(Zinaida Yermolyeva)는 트빌리시에서 엘리아바의 선구적인 노력을 이어받아 근본적인 파지 생물학과 의학에서의 사용에 대한 추가 연구를 주도했다. 파지 조제물은 드허렐르의 원칙을 엄격히 준수해서 만드는 것이 중요하다고 그녀는 강조했다.

소련의 또 다른 선구적인 여성 파지 과학자인 막달리나 포크로프스카야(Magdalina Pokrovskaya)는 드허렐르와 함께 연구했으며 파지가 미생물 잡는 미생물, 또는 적어도 그녀가 표현한 대로 '생명이 있는 존재의 특징을 가진' 물질이라고 확신했다. 포크로브스카야는 파지를 살아 있고 진화하는 생명체처럼 취급함으로써 유용한 특성을 지닌 특정 파지 계통을 '훈련'시키고 반복적으로 박테리아에 감염시키는 과정을 통해 병독성과 효능을 향상시키는 방법을 개발했다.[25]

한편, 서구에서는 1941년 파지 치료에 대한 또 다른 주요 과학 종설을 통해 의학에서 파지 사용의 종말이 시작되었음을 알렸다.[26] 1930년대의 영어만으로 쓰여진 연구들의 주요 검토 종설들과 마찬가지로, 그 분석 종설 - 영어로 쓰여진 연구만을 기반으로 한 - 에서도 효과가 있다는 증거엔 한계가 있다는 결론을 내렸다. 때때로 이러한 바이러스로 달성할 수 있는 놀라운 결과에도 불구하고 공식적인 연구는 체계 없이 계획된 상태로 남아 있었고 파지 자체에 대한 이해가 부족하여, 엄청난 양의 문헌을 섭렵해도 해석하거나 믿기 어렵게 될 뿐이었다. 오로지 영어로 쓰여진 것만 다루는 걸로 악명 높은 과학계에서는 조지아어, 러시아어, 심지어 프랑스어로 출판된 것보다 설득력 있는 연구 논문이 없었을 수도 있었다.

대형 제약회사가 판매하는 파지 제품도 실패하고 있었다. 드허렐르의 박테리오파지 연구소에서 세심하게 제작한 제품과는 달리, 이들 제품은 파지와 그 숙주의 복잡성에 대한 이해가 거의 없이 만들어졌다. 그들이 특정 환자를 위해 작동하는지 여부는 완전한 로또였다. 사실, 당시 미국 내 판매용 파지 제품의 모호하고 신뢰할 수 없는 특성은 이에 분노한 일단의 의사들로 하여금 의약품들을 검증하기 위한 그룹을 만들게 하고 이것이 성장하여 오늘날 미국 식품의약청(FDA)의 전신이 된 계기를 마련하였으며, FDA는 오늘날 미국 내 유통되는 약들을 승인하고 규제한다.[27] 드허렐르는 자신을 파지 치료 '방법의 정통성 수호자'로 여겼다: 그는 시중에 판매되는 제제 중 어느 것도 '감염병 회복에 효과가 있는' 것이 없다고 썼다.*

게다가, 설폰아마이드(sulfonamide)라는 화학 물질을 기반으로 하는 '설파 약물'로 알려진 새로운 화학 물질이 이제 많은 제약 회사에서 질병 통제의 차세대 제품으로 판매되고 있었다. 그러나 대장균, 살모넬라, 시겔라 등 대규모 박테리아 집단에는 효과가 없었으며 심각한 부작용과 알레르기 반응을 일으킬 수 있었다. 설파 약물은 포도알균과 연쇄알균을 포함한 다른 대규모 박테리아 집단의 감염은 억제할 수 있었고 곧 수천 명의 독일군과 연합군 병사들에게 보내졌다.

전쟁 중에 독일군은 이질 치료용 파지를 꾸준히 공급했으며 전쟁 포로에

★ 아마도 그의 박테리오파지 연구소에서 생산한 제품은 제외하고 말이다.

게 테스트한 후 초기 성공을 거두었다. 한 임상 시험에서 이 질병은 운 나쁜 대조군인 수감자들만 휩쓸었으나, 파지를 투여받은 경비원이나 주방에서 일하는 수감자들은 그렇지 않았다.[28] 그러나 수요가 증가함에 따라 독일인들은 국소적으로 순환하는 변종에 대해 정기적 업데이트를 통한 보강을 하지 않은 채로 대규모 묶음의 파지를 만들었다. 독일군 의무 참모총장들은 이런 들쑥날쑥한 결과에 만족하지 않았다.[29] 연합군은 독일군의 파지를 대량 압수했을 때, 독일군 포로에게 실험을 했으나 별 특기할 만 한 성과를 얻지 못했다. 나치가 파리를 점령하면서 드허렐르에 대한 그들의 관심에 대해 상충되는 보고가 있다: 일부는 말하길 드허렐르는 나치가 병사들을 위한 파지 생산을 돕는 것을 거부하는 영웅적 태도를 보였다고 했고, 또 다른 이들은 독일인이 그의 개인 실험실에 있는 파지를 가져갈 가치가 없는 걸로 생각했다고 말했다.

그러는 동안 유럽과 미국 전역의 실험실에서는 파지 치료에 대한 세계적 열정을 더욱 약화시킬 중요한 과학적 혁신이 시작되고 있었다. 바로 세계 최초의 '기적의 약물'을 발견하고 개발하는 것이었다. 이것은 정말 효과적이고 신뢰할 수 있으며 대량 생산이 가능하고 광범위하게 작용하는, 다름아닌 항생제라고 불리게 되는 약물이었다.

06

평행
우주들

1944년 라이프(Life) 지에 실린 애국 전시 광고는 머나먼 이국 땅에서 쓰러진 동료에게 신약을 투여하는 군 의무병의 그림 위에 '페니실린 덕분에 그는 집으로 돌아올 것입니다!'라 외치고 있었다. '평범한 곰팡이로부터 - 이 전쟁의 가장 위대한 치료제를!'

그 해 여름, 과학자와 제약 회사 네트워크는 노르망디 상륙 디-데이에 맞춰 전쟁 수행을 위해 수백만 용량의 이 새로운 항생제를 준비했다. 페니실린을 발견한 공로로 1945년 노벨상을 공동 수상한 스코틀랜드의 미생물학자 알렉산더 플레밍 경은 '사람들은 때때로 자신이 찾던 것이 아닌 걸 본의 아니게 발견하기도 합니다'라 말했다. '저는 세계 최초의 항생제, 혹은 박테리아 킬러를 발

Thanks to PENICILLIN
...He Will Come Home!

★ **FROM ORDINARY MOLD—** ★

the Greatest Healing Agent of this War!

On the gaudy, green-and-yellow mold above, called *Penicillium notatum* in the laboratory, grows the miraculous substance first discovered by Professor Alexander Fleming in 1928. Named penicillin by its discoverer, it is the most potent weapon ever developed against many of the deadliest infections known to man. Because research on molds was already a part of Schenley enterprise, Schenley Laboratories were well able to meet the problem of large-scale production of penicillin, when the great need for it arose.

When the thunderous battles of this war have subsided to pages of silent print in a history book, the greatest news event of World War II may well be the discovery and development — not of some vicious secret weapon that *destroys* — but of a weapon that *saves* lives. That weapon, of course, is penicillin.

Every day, penicillin is performing some unbelievable act of healing on some far battlefront. Thousands of men will return home who otherwise would not have had a chance. Better still, more and more of this precious drug is now available for civilian use ... to save the lives of patients of every age.

A year ago, production of penicillin was difficult, costly. Today, due to specially-devised methods of mass-production, in use by Schenley Laboratories, Inc. and the 20 other firms designated by the government to make penicillin, it is available in ever-increasing quantity, at progressively lower cost.

Listen to "THE DOCTOR FIGHTS" starring RAYMOND MASSEY, Tuesday evenings, C.B.S. See your paper for time and station.

SCHENLEY LABORATORIES, INC.
Lawrenceburg, Indiana

Producers of PENICILLIN-*Schenley*

Credit: Research and Development Division,
Schenley Laboratories Inc., Lawrenceburg, Indiana, USA.

견하여 모든 의학에 혁명을 일으킬 계획은 전혀 없었습니다. 하지만 바로 그것이 제가 한 일인 것 같네요.'* 1928년까지 되돌아가 보면, 플레밍은 페니실리움 루벤스(*Penicillium rubens*)* 라고 불리는 곰팡이 진균의 농축 추출물이 다양한 박테리아의 성장을 죽이거나 억제하는 것으로 보인다는 사실을 발견했다. 트워트와 드허렐르의 영향으로 플레밍은 일반적인 감염성 박테리아인 포도알균의 배양을 연구하던 중 자신의 접시 중 하나가 오염되었음을 알았다. 그중 하나에서 곰팡이가 자라고 있었다. 그 침습성 곰팡이를 바싹 둘러싸고 있던 박테리아가 파괴된 것이었다.

나중에 페니실린으로 명명된 이 추출물은 현재 우리가 항생제라고 부르는 필수 특성을 갖고 있었다. 이 화합물은 박테리아 세포에는 독성이 있지만 인간 세포에는 독성이 없었다. 박테리아에 독성이 있어도, 섭취하거나 인체 내에 흡수되면 인간에게도 해를 끼치는 방부제나 소독제와 달리, 항생제는 우리 몸에 사용되거나 체내에서 사용되어도 인체에 심각한 부작용 없이, 질병을 일으키는 미생물의 성장을 없애거나 억제할 수 있다.

이제 페니실린은 박테리아 세포를 둘러싸고 있는 단단한 벽의 적절한 성장을 억제하여 작용하는 것으로 알려져 있다. 이는 새로운 박테리아가 형성될 수 없고 기존 박테리아는 죽는다는 것을 의미한다. 인간 세포에는 세포 벽 구조

★ 드허렐르는 수십 년 전에 문자 그대로 '박테리아 킬러'를 발견했다. 비록 이 인용문은 플레밍에 관한 많은 기사에 등장하지만 그 출처가 불분명하다는 점을 고려하면 아닐 수도 있다.

★ 페니실리움(*Penicillium*)은 1800년대 초부터 과학계에 알려진 다양한 진균류의 큰 그룹으로, 유기물을 섭취할 때 균류에서 뻗어 나오는 가는 필라멘트와 관련하여 '화가의 붓'을 의미하는 라틴어에서 이름을 얻었다.

가 없으므로 이 화합물은 우리 인체 시스템에 해를 주지 않고 통과한다(알레르기가 있는 소수의 사람들을 제외하고). 플레밍의 발견은 놀라웠다. 심각한 부작용 없이 강력하게 작용하는 최초의 진정한 항생제였다.★ 그리고 결정적으로, 파지 치료법과 비교할 때 이 약물은 다양한 유형의 박테리아에 일관되게 효과가 있었다.

오랫동안 페니실린은 과학적 호기심의 대상 정도로만 여겨졌다. 플레밍과 이 화합물을 연구하는 다른 사람들은 의학에서 사용을 고려할 만큼 충분한 페니실린을 추출할 수 없었기 때문이었다. 플레밍과 함께 노벨상을 공동 수상한 병리학자인 하워드 플로리(Howard Florey)와 화학자 에른스트 체인 (Ernst Chain)이 페니실린을 점진적으로 더 많은 양으로 추출할 수 있는 공정을 개발한 1940년대에 와서야 상황이 바뀌기 시작했다. 그것은 힘든 일이었다. 그들의 첫 번째 환자는 장미 가시에 긁힌 상처가 감염된 후 끔찍한 안면 농양을 앓고 있는 영국 순경이었다. 그의 증상은 페니실린을 받은 직후 거의 즉시 호전되었지만 연구원들은 그 후 그것을 다 써버렸다. 그 순경은 끔찍한 증상이 다시 나타났고 몇 주 후에 사망했다. 그 이후로 생산된 작은 묶음의 페니실린은 더 적은 용량이 필요한 어린이를 위해 비축되었다. 재사용을 위해 환자의 소변에서 미량의 약물을 회수하기도 했다.

대서양 양쪽의 전시 정부(영국과 미국)가 수백 명의 과학자들을 이 문제에 관한 연구에 차근차근 배정하면서 플로리와 체인이 개발한 산업적 제조 조건

★ 기술적으로, 세균성 질병 치료를 위해 널리 이용 가능한 최초의 약물은 1930년대에 판매된 설폰아마이드 또는 '설파 약물'이었지만, 이러한 합성 화학물질의 효능은 일관성이 없었고, 페니실린만큼은 듣는 박테리아의 범위가 넓진 않았다. 그리고 발진, 발열, 정신적 혼란 등 상당한 부작용을 일으킬 수 있었다.

에서 더 많은 양의 약물을 분비하는 새 페니실리움 계통들이 발견되었다. (일리노이주의 한 시장에서 유통기한이 지난 칸탈루프 멜론으로부터 특히 중요한 페니실리움 균주 하나가 자라고 있는 것이 발견되었다.) 이러한 공동 노력으로 과학자들이 생산할 수 있는 페니실린의 양을 제2차 세계 대전의 중요한 마지막 단계에 맞춰 대폭 늘리게 되었다. (멜론에서 발견한 균주는 *Penicillium chrysogeum*으로, 플레밍이 발견한 기존의 페니실리움 균주보다 무려 200배나 되는 양의 penicillin을 생성해 낸다. - 역자 주) 그리하여 본격적으로 '항생제 시대'가 시작되었고, 적어도 서유럽에서는 파지가 변방으로 밀려났다.

1943년 시어도어 루즈벨트와 윈스턴 처칠은 이오시프 스탈린을 만나 1944년 노르망디 침공 계획을 세웠고, 최신 서구 발전 기술을 소련과 공유하기로 합의했다. 플로리와 페니실린 생산 전문가인 고든 샌더스(Gordon Sanders)는 전문 지식을 공유하기 위해 모스크바로 파견된 과학자 대표단의 일원이었다. 샌더스는 곰팡이 샘플과 '우리가 가장 잘 정제한 페니실린 추출물 중 일부'를 채취하여 이 기적의 약을 소련에 효과적으로 선물했다고 회상했다. 그러나 영국인들은 대량 생산을 위한 정확한 프로토콜 지원에 대해서는 덜 적극적으로 임했다. 소련은 크루스토진(krustozin)이라는 고유한 버전을 개발하기 시작했고, 플레밍이 겪었던 것처럼 처음에는 충분히 많은 양을 생산하는 데 어려움을 겪었다.[30]

그래서 파지는 전쟁 내내 소련의 주요 치료약으로 남아 있었다. 서방 정부가 페니실린 생산에 투자하는 동안, 트빌리시의 훌륭한 파지 연구 센터에서는 수백 명의 직원이 숙주 박테리아로 가득 찬, 바닥에서 천장까지 닿는 구리 통에서 엄청난 양의 파지를 제조하고 있었다. 24시간 내내 운영되면서 생산량은 전쟁 전 수준에 비해 500% 증가했다. 붉은 군대는 이제 파지를 병단과 시민들에게 약병과 알약으로 나눠주는 것뿐만 아니라 감염을 예방하기 위해 파지를 음식, 하수, 심지어 군대 대대 주변의 토양에 뿌리고 있었다. 전쟁 기간 동안 소련군을 위한 상처 감염용 박테리오파지가 20만 리터 이상 생산된 것으로 추산된다.[31]

제2차 세계대전 중에 조지아 인구의 10분의 1이 사망했지만, 나치는 트빌리시와 붉은 군대를 위한 대규모 약 조제실에는 결코 발을 들여 놓지도 못했다. 소련이 경이롭게 즉석 파지 칵테일을 사용한 것은 스탈린그라드 전투에서 지치고 굶주린 붉은 군대가 역시 힘이 다 빠지고 굶주리고 질병으로 황폐화된 독일군을 물리치는 데 중요한 역할을 한 것으로 보인다. 평평한 도시 아래 벙커에서 포위 공격을 받는 상황에 항 콜레라 파지를 제조하는 지나이다 예르몰예바의 영웅적인 노고로 스탈린그라드와 방어군이 독일군을 휩쓸고 있던 콜레라로부터 보호받게 되었다. 참혹한 전투는 1943년 1월 마침내 끝났고, 전쟁의 전환점이 되었으며, 예르몰예바는 소련에서 보다 전통적인 항생제 개발을 도운 노력으로 '마담 페니실린'으로 알려지게 되었다. 소련의 파지와 연합군의 항생제가 함께 나치를 물리치는 데 도움이 되었다.

종전 후 동구와 서구가 이념적으로 분리되고 베를린을 관통하는 선에 의해 물리적으로 분리되면서 공산주의와 자본주의 사이의 편집증적인 경쟁 시대가 시작되었다. 파지 치료에 대한 인식이 이미 갈라지기 시작하면서 각 지역의 과학자들은 점점 더 서로 단절되었고 새로 분리된 박테리아 배양처럼 곧 극단적으로 다른 각자의 길로 진화하기 시작했다.

새로운 소련이 통제하는 동 유럽에서는 서 유럽 과학자들과 갖는 모든 종류의 국제 협력이 서구에 대한 찬사(nizkopoklonstvo)로 간주되어 사실상 불법이 되었다. 소련의 항생제 생산 책임자인 빌 자이프만(Vil Zeifman)은 1949년 실패한 크루스토진 대신 서구산 페니실린에 대한 권리를 확보하려다 체포되어 시베리아로 추방된 후 심문을 받다가 심장마비로 사망했다.[32] 같은 해 소련 보건부는 트빌리시 연구소의 성과를 칭찬했지만, 연구자들은 과거 서구 과학자들이 해당 분야에 기여한 바를 인정하는 등 '이념적 실수'를 범했다는 이유로 비난을 받았다.[33] 터무니없게도 펠릭스 드허렐르의 역할 비중조차 줄어들었고 보건부 대표는 '이제 우리 나라 과학자 가말레야(Gamaleya)가 박테리오파지 현상을 발견했다는 사실을 모두가 알고 있습니다'라고 선언했다.[34] 니콜라이 가말레야(Nikolay Gamaleya)는 추앙 받던 우크라이나 의사로, 1890년대에 보이지 않는 신비한 물질에 의해 탄저병 박테리아가 용해되는 것을 목격했지만 나중에 파지가 바이러스라는 생각에 이의를 제기하였었다.

서방에서 항생제 개발의 '황금기'가 시작되어 최소 40종의 다양한 항생제가 개발될 때, 소련은 계속해서 자체 항생제를 공급하거나 생산하는 데 어려움을 겪었다. 약국에서는 한두 가지 유형만 판매할 수 있으며, 일부는 일주일 동안만 판매되고 다음 주에는 판매되지 않을 수도 있었다. 미국에서 새로운 항생제를 대량 생산하는 제약 회사는 막대한 이익을 내서 제조 공정의 추가 연구와 개선에 재투자하였던 반면, 소련 사회주의 모델은 고군분투하는 국가가 시민의 건강 관리와 약물 개발에 점점 더 많은 돈을 써 버린다는 것을 의미했다.

불안정한 스탈린주의 정권은 그런 중요한 의약품을 제공하지 못한 것을 인정할 수 없었고 이런 추악한 서구 화학물질에 대한 불신을 심기 위한 선전 활동을 시작했다. 한 캠페인은 시민들에게 더 나은 파지와 모든 종류의 의심스러운 약초 치료법을 포함하여 국내에서 재배한 '천연' 소련 제품을 사용하도록 장려했다, 왜냐하면 '신토불이'를 의미하는 나시(nashi)이기 때문에.[35]

당연히 소련에서 파지 치료의 사용은 전후 수십 년 동안 계속해서 확대되었다. 소련 치하 폴란드의 히르쯔펠트 면역 및 실험 치료 기구(Hirszfeld Institute of Immunology and Experimental Therapy)는 면역 체계에 대한 파지 치료의 효과를 구체적으로 조사하기 시작했으며 수백 개의 의학적으로 유용한 파지 수집을 시작했다. 보다 신뢰할 수 있는 건조 또는 정제 형태의 상업용 파지 제품이 개발되었으며, 수년 동안 소련 전역의 유치원과 학교에 다니는 수백만 명의 어린이에게 위장병 사례가 급증하는 여름부터 가을까지의 '설사 시즌' 동안 파지가 제공되었다. 파지는 아픈 신생아에게 투여되었는데, 좋은 박테리아와 나쁜 박테리아 모두를 제거하는 항생제에 비해 이 치료법은 신생아의 미숙한 장내 박테리아를 교란시킬 가능성이 더 낮은 것으로 나타났다. 그리고 이 기간 동안 조지아 파지 과학의 위대한 업적 중 하나는 발열과 같은 면역 반응을 일으키지 않고 정맥 주사할 수 있을 만큼 순수한 파지 의약품이 개발된 것이었다.[36]

1960년대에 소련은 파지를 우주로 보냈다. 두 마리의 개, 벨카(Belka)와 스트렐카(Strelka), 생쥐 40마리, 쥐 두 마리, 초파리, 씨앗, 곰팡이, 다양한 박테리아 계통 및 인간 세포와 함께 두 종류의 박테리오파지(*Escherichia coli* T2 및 *E. coli* aerogenes 1321)가 코라블-스푸트닉(Korabl-Sputnik) 2호를 타고 궤도로 발사되었다. 프라우다의 특집 기사에서는 실험을 요약하면서 파지를 '박테리아에 기생하고 그들과 복잡한 유전적 관계를 맺는 초 미세 생물'로 설명했다. 이보다 3년 전 저궤도에서 사망한 소련의 우주 순교자 강아지 라이카와는 달리, 탑승한 모든 생명체는 지구로 무사히 돌아왔고, 박테리오파지는 아마도 손상되지 않은 것으로 보였으며 우주 여행에서 돌아온 후에도 여전히 박테리아를 감염시킬 수 있었다.

서방 세계에서 페니실린과 같은 항생제의 개발은 약물의 효과와 안전성을 결정하기 위한 새롭고 보다 철저한 접근 방식에서 유래되었다. 의료 단체들은 페니실린만큼 효과가 있으면서도 다른 질병에 대해서도 효과 있는 더 많은 화합물을 생산하기 위해 유사한 표준화 방식으로 모든 약물을 개발하고 평가할 것을 요구하기 시작했다.

우리가 지금 '임상 시험'이라고 부르는 반복 실험 연구의 초기 형태가 탄생했던 것이다. 이는 끊임 없이 규모가 늘어나기만 하는 환자 그룹에 대한 엄격한 안전성 및 효능 평가 과정이다. 이 모든 것의 핵심은 '맹검(눈가림)' 위약 대조 시험의 개념이었다. 즉, 진짜 약물을 투여받지 않은 대조군과 함께 치료를 평가했으며 환자는 시험이 끝날 때까지 누가 무엇을 투여받는지 알지 못했다. (현재 표준인 '이중 맹검' 시험에서는 데이터가 '맹검 해제'되고 나중에 종료 후 평가될 때까지 의사도 알 수 없다.)

파지 치료에는 그러한 유형의 연구는 없으며 대신 상충되는 보고와 종설의 바다가 넘실대서, 갑자기 어둡고 구시대적인 과거의 의학 유물 같아 보였다.★

★ 소련 시대의 파지 치료법에 대한 드문 대규모 테스트 중 하나에서 대조군과 치료법을 비교하기 위해 여러 조지아 지역의 30,000명의 어린이를 두 그룹으로 나누었고, 거리 한쪽에 있는 어린이들은 파지 치료법을 받았고, 파지 치료군 거리 반대편에 있는 아이들은 위약을 받았다. 그 결과, 파지 처리로 이질 발병률이 3.8배 감소한 것으로 나타났다. 그러나 이러한 결과가 서구인의 눈에 나타나기까지는 수십 년이 걸렸으며, 그때에도 다른 주요 핵심 정보가 기록되지 않았기 때문에 그 결과는 무시되었다.

항생제를 쓸 수 있는 곳이라면, 항생제가 파지를 대체해버렸다는 건 완전히 맞는 말은 아니다. 한동안 동구권과 서방권의 의사들은 파지와 항생제가 모두 사용 가능하면 두 가지를 함께 처방했다. 심지어 알렉산더 플레밍의 연구실에서도 파지와 항생제를 함께 사용하는 방법을 연구한 결과 이것이 유망한 조합이라는 사실을 발견했다. (현재 이 병용 요법은 미래에 세균 감염과 싸울 수 있는 가장 유망한 방법 중 하나로 간주된다.) 그러나 페니실린 및 기타 유사한 약물의 편리성과 효과가 더욱 분명해지고, 가성비가 낮은 파지에 대한 열광은 서구에서 급격히 곤두박질쳤다.

1940년대 말 경에는 파지 제품을 판매하려는 대부분의 시도가 중단되면서 파지의 사용이 급격히 감소했다. 유럽, 미국, 브라질(한때 세계에서 가장 열정적인 파지 생산국 중 하나였음)에서 파지 치료 사용에 대해 출판된 글은 1949년에 이르러서는 사실상 0으로 줄어들었다.[37]

파지 치료에 대한 관심이 줄어들면서 서구 과학자들은 파지를 생물학의 가장 기본적인 분자 과정을 이해하는 데 유용한 도구로 점점 더 인식하게 되었다. 이 새로운 초점은 20세기 생물학의 가장 큰 과학적 혁신으로 이어져 분자생물학과 유전공학의 새로운 시대를 향한 돌파구를 열었다. 그러나 수십 년이 지나면서 파지를 의학에 사용하려는 아이디어는 서구 세계에서 완전히 버려진 것은 아니었다. 거의 잊혀졌을 뿐이었다. 소련 이외의 지역으로는 프랑스에서 소수의 의사만이 '가내 수공업 장인 규모'로 파지를 계속 처방하고 생산했다.

가끔 파지 치료가 화제가 되어 표면 위로 반짝 부상할 때도 있었지만, 그때마다 신뢰할 수 없고 비과학적이며 경제적으로 터무니없는 것으로 상기되면서 다시금 가라앉았다. 현재 파지 치료의 지지자이자 텍사스의 파지 전문가인 라이 영(Ry Young)은 1970년대 교육이 파지 치료가 '폐지되어야 할 의학사의 기괴한 대목이며 (중략) 그걸 임상에 적용하는 것은 거의 돌팔이 의료 행위에 해당한다'는 믿음을 어떻게 그의 머리 속에 주입시켰는지 기술하고 있다.[38] 게다가 페니실린과 같은 기적의 약이 있는데 감염병을 치료하기 위해 왜 굳이 바이러스를 사용하겠는가?

한동안 항생제는 진정한 기적의 약이었으며 의학에 혁명을 일으키고 매년 수백만 명의 생명을 구했다. 그러나 생명은 진화하지만 화학물질은 진화하지 않는다. 다름 아닌 알렉산더 플레밍 경이 다음과 같이 썼다. '누구나 상점에서 페니실린을 구입할 수 있는 때가 올 것이다. 그러면 항생제를 잘 알지 못하는 사람이 자신의 복용량을 원래 정량보다 낮게 잡아서 감염된 미생물이 죽지 않을 만큼의 적은 양만 섭취하게 되어, 내성을 갖게 할 위험이 있다.'

대량으로 판매되기 전인 1940년 초, 페니실린이 포도알균에 미치는 영향에 대한 연구를 통해 실험실에서 이 약물에 대한 내성을 보이는 균주가 발견되었다.[39] 페니실린 발견으로 1945년 노벨상을 받은 플레밍은 '페니실린에 내성을 갖는 미생물을 만드는 것은 어렵지 않다'고 경고했다.[40] 취약한 환자들이 들락거리는 병원이나 진료소는 감염률이 높고 항생제를 많이 사용하는 환경이라 내성 균주가 출현하는 중심지가 되었다.

메티실린 내성 황색 포도알균(methicillin-resistant *Staphylococcus aureus*; MRSA)의 첫 번째 변종(메티실린은 페니실린 내성 황색 포도알균과 싸우기 위해 발명됨)은 '기적의 약'이 처음으로 널리 보급된 지 불과 10년 정도 후인 1950년대에 병원에 나타나기 시작했다. 20세기 내내 각각의 새로운 '기적의' 항생제가 시장에 출시되면서, 이에 대한 높은 수준의 내성을 지닌 박테

리아 종들이 곧 나타나게 되었는데, 평균적으로 시장에 출시되고 불과 6년 만이었다.[*]

처음에는 특정 약물에 내성을 갖는 박테리아 균주의 출현이 세균학자들에게는 학문적 관심 거리였지만 의료 전문가들에게는 특별히 긴급한 임상 문제로 간주되지 않았다. 어떤 항생제 하나에 내성을 가진 미생물에 감염되거나 치료 과정에서 내성이 나타난 경우, 거의 항상 다른 대안 항생제를 사용할 수 있으며 완전히 다른 부분을 표적으로 하는 새로운 작용 방식을 가진 새로운 항생제가 정기적으로 개발되고 있었던 것이다. 1940년에서 1970년 사이에는 40가지가 넘는 다양한 항생제가 개발되어 사용이 승인되었다.

이러한 새로운 항생제의 발견은 서구 과학과 기술이 항생제 내성 박테리아에 대해 항상 답을 갖고 있을 것이라는 그릇된 확신을 갖게 했다. 새로운 약이 시장에 넘쳐나면서 항생제 처방이 급증했다. 환자가 항생제를 요청하고 의사가 기꺼이 제공하면서 종종 박테리아가 질병의 실제 원인인지조차 알지 못한 채 항생제 처방이 급증했다. 그들은 또한 세균성 질병을 예방하기 위해 항생제를 들판에 뿌리거나 양어장에 투척하는 등 농업과 양식업에서의 용도도 발견했다. 농부들이 항생제가 질병을 통제하는 데 도움이 될 뿐만 아니라 동물의 성장도 촉진한다는 사실을 깨달았을 때 축산 분야에서도 항생제 사용이 폭발적으로 증가했다. 한동안, 항생제 내성 감염은 병원이나 치료 환경에만 관련된 문제였다. 그러나 머지않아 항생제 사용이 더욱 무절제하고 극심해짐에 따라

---

[*] 6년이란 항생제가 시장에 출시된 후 임상의가 내성 균주를 발견하고 그 관찰 결과가 논문으로 출간되기까지의 평균 시간이다. 실제로, 내성 균주는 아마도 훨씬 더 빨리 나타날 것이다. 특히 그 항생제가 널리 사용되는 경우에는 더욱 그렇다.

환경 문제가 발생했다. 약물 내성 박테리아가 발생하여 수로, 동물 및 지역 사회를 통해 확산되고 있었다.

항생제 대사 과정을 통해 투여량의 30%에서 90% 사이는 신체에서 곧바로 배설물을 통해 배출되므로 수십 년 동안 항생제는 변기, 싱크대, 폐수 처리장을 통해 환경으로 스며들거나 농장 동물의 엉덩이에서 흙으로 철푸덕 떨어져서 우리 주변 강으로 흘러 들어 갔다. 우리가 소비하는 알약에 들어 있는 항생제 화합물의 복용량은 마이크로그램 단위로 측정될 수 있지만, 매년 환경으로 침출되는 이러한 약물의 양은 현재 톤 단위로 측정된다. 통계 기관인 The World Counts의 추세 그래프는 매년 전 세계적으로 가축에 사용되는 항생제의 추정량을 실시간으로 보여준다. 1년의 3분의 1만 지나면 그 수치는 이미 51,642톤에 달하며 그 수치는 몇 초마다 바뀌고 있다. 항균제 내성을 주제로 다루는 다양한 웹사이트에 추세 그래프가 삽입되어 있는데, 그 수치가 불길하게 계속 증가하는 것을 볼 수 있다. 2022년 여름에는 그 수치가 60,000톤에 이르렀다. 처방 제한, 농업에서 불필요한 항생제 사료 사용 금지, 의사와 환자에 대한 내성 위험 교육 등을 통해 항생제 사용을 억제하려고 시도하였으나, 이러한 수치와 기타 불길한 통계 수치가 매년 증가하는 것을 막는 데 거의 실패했다.

박테리아가 항생제에 대한 내성을 발달시킬 수 있는 방법은 여러 가지가 있다. 박테리아는 항생제를 화학적으로 변형시켜 비활성으로 만드는 새로운 대사 경로를 진화시킬 수 있다. 애초에 화학물질이 세포로 들어오는 것을 방지하기 위해 적응을 시키거나 작은 단백질 펌프를 사용하여 독성 화학물질을 쫓아낸다. 과학자들이 내성의 '출현'에 관해 이야기할 때면, 때로는 박테리아가 이러한 항생제에 대응하는 영리하고 새로운 방법을 끊임없이 발전시키고 있는 것처럼 들릴 수 있다. 때때로 그들은 그렇게 하긴 한다. 그러나 많은 유형의 박테리아는 페니실리움 곰팡이가 분비하는 것과 같은 자연에서 발견되는 항생제 화합물에 저항하도록 수백만 년에 걸쳐 진화한 전략을 이미 가지고 있었다. 영국에서 채취 및 보관된 가장 오래된 생물 의학 박테리아 샘플 중 하나는 최근 페니실린에 내성이 있는 것으로 밝혀졌지만 이는 플레밍이 이 화합물을 처음 확인하기 10여 년 전인 제1차 세계 대전 중 이질로 사망한 군인에게서 채취 되었던 것이었다.[41] 13,000년 된 얼음 속 깊이 갇혀 있던 박테리아가 다양한 항생제 내성을 지닌 것이 발견된 경우도 있었다.[42]

이렇게 내성으로 적응을 하게 되면 일반적으로 그 박테리아에게 대가를 치르게 만들어서 그들을 덜 효율적으로 만들게 된다. 따라서 그 박테리아 종은 다른 종에 비해 경쟁력이 떨어지게 된다. 그러나 환경에 투여되는 항생제의 양을 증가시키면, 이러한 내성 기전이 더욱 가치 있는 걸로 변모해서 내성 유전자가 박테리아의 유전자 풀에서 주류가 되어 버린다. 즉 항생제로부터 자신을 보호할 수단이 없는 박테리아는 도태되면서, 항생제로부터 무사할 수 있는 내성 박테리아로 점차적인 대체가 이뤄진다.

여기서 좀 더 다룰 게 있다: 박테리아 세포는 정기적으로 이웃 박테리아와 유전자를 교환한다. 이 과정을 수평적 유전자 전달(horizontal gene transfer)이라고 한다. 이것이 의미하는 것은 특히 유용한 내성 유전자가 특정 환경에서 전면에 나타날 때 동일한 박테리아의 자손 세대에 걸쳐 전달되는 것뿐 아니라 기존 개체군 전체에, 때로는 전혀 남인 이웃 박테리아 종들에게도 퍼지는 것을 의미한다.

다음으로는 바이오필름 문제가 있다. 많은 종의 박테리아는 신체 부위에 정착하자마자 두껍고 끈적끈적한 물질을 배설하기 시작한다. 이 물질은 자신과 이웃 세포를 서로 결합시키고, 부착하려는 표면에 달라붙는다. 박테리아가 복제되고 군집이 성장함에 따라 이것은 현미경으로 보면 일종의 미생물 도시처럼 보이는 복잡한 3D 구조가 된다. 여기에는 수백만 개의 세포가 파도처럼 올라갔다 내려갔다 하는 모양의 구조에 집결되어 있으며 결합 섬유의 고속도로와 세포들끼리 연결되는 구멍이 교차되고 있다. 이러한 미생물 축적이 얼마나 강인한 지 이해 시켜주기 위해 전형적인 예로 드는 것이 바로 우리 모두에게 익숙한 다중 바이오필름인 치태(tooth plaque)이다. 이 끈적끈적하고 산을 생성하는 막은 석회화 물질인 치석을 빠르게 형성할 수 있으며 너무 단단해서 치과 의사가 특별한 도구를 사용하여 떼어내야 한다. 항생제는 이렇게 견고한 물리적 장벽을 통과할 수 없다. 특히 폐나 요로의 내벽과 같이 접근하기 어려운 부위에 바이오필름이 형성되는 경우 더욱 그렇다. 이러한 요지부동의 감염은 장기간의 항생제 사용이 불가피함을 의미하며, 이는 결국 바이오필름 내에서 항생제 내성의 출현을 더욱 촉진한다.

박테리아가 영겁의 세월 동안 보유하며 이어진 생존 능력과 인간의 엄청난 항생제 사용이 합쳐져 오늘날의 다제 내성(multidrug-resistant; MDR), 광범위 약물 내성(extensively drug-resistant; XDR), 완전 범 약물 내성(pan-drug-resistant; PDR) 박테리아 병원체 집단이 탄생했다. 그들 모두는 우리를 '항생제 이후 시대'로 데려가겠다고 위협하고 있다. 즉, 항생제가 없는 세상, 옛날처럼 단순한 벌레 물림이나 심지어 까진 상처조차 생사의 문제가 될 수 있는 그런 세상 말이다. 장기 이식에서 화학 요법에 이르기까지 우리의 가장 중요한 수술 절차 중 상당수가 갑자기 치명적인 감염을 얻는 확실한 경로가 된다. 이 위기는 단일 박테리아나 바이러스로 인한 팬데믹의 영향이 대수롭지 않게 보일 정도로 위험하며, 그동안 써 오던 항생제들의 효과적 대안을 찾기 위한 서구 세계의 안간힘은 점점 더 절실해지고 있다.

물론, 20세기 내내 소련은 항생제가 존재하지 않거나 공급이 부족한 세계에서 일하고 있었다. 그래서 그들은 고도의 내성균인 슈퍼버그를 만났을 때 이미 대처할 해결책을 갖고 있긴 했다. 러시아계 미국인 과학자이자 작가인 데이비드 슈레이어-페트로프(David Shrayer-Petrov)는 1970년대에 여러 항생제에 대한 내성을 지닌 포도알균이 발생하여 동부 시베리아와 러시아 극동 지역을 잇는 광대한 철도를 건설하는 근로자들에게 어떻게 피해를 입혔는지 설명해 준다. 슈레이어는 즉시 전문 철도 의료팀과 동행해 그 지역으로 파견 가서 파지를 사용하기 시작했다.

러시아의 특히 암울한 마을인 니즈네안가르스크(Nizhneangarsk)의 주민들은 배관이나 수돗물도 없는 나무 오두막에서 살았고, 유목민 철도 노동자들은 그들 사이에 밀집된 텐트에서 살았다. 슈레이어에 따르면, 눈이 내리고 쥐가 득실거리는 거리의 녹은 물이 주민들의 오두막에서 나오는 배설물과 기타 폐기물과 함께 노동자의 텐트로 흘러 들어 마을 전체를 '병원성 오물 웅덩이'로 만들었다고 한다. 샘플링된 박테리아 분리 균주들은 최대 80%가 다양한 항생제에 내성을 보였다.[43]

팀은 작업자의 농포성 농양과 상처에 '뭉텅이로 주거나, 분사하거나, 세척제 및 로션으로 바르는' 트빌리시 파지 칵테일을 사용했고, 더 심각한 감염에는 정맥 및 근육 주사를 사용했으며, 심지어 호흡기 질환이 있는 사람들에게는 파지를 직접 흡입하게도 했다. 슈레이어는 그들의 치료가 대체로 성공적이었으며 많은 사람들이 일주일 동안 매일 파지를 정맥 주사한 사람들에서조차도 부작용이나 합병증 없이 회복했다고 보고했다.

그러나 다시 한 번 말하지만: 서구의 그 누구라도 그러한 보고서를 접하면 이는 대조군을 갖고 행한 임상 연구가 아니라 투박하고 종잡을 수 없게 이랬다 저랬다 하는 의학으로 보일 뿐이었다.

1970년대 후반에 이르러 트빌리시의 사업 규모는 더욱 커졌다. 이 연구소는 하루 24시간 작동하는 거대한 금속 통에서 수천 리터의 파지 의약품을 생산하기 위해 무려 800명이나 되는 인력을 고용했다. 추가로 고용된 200명은 소련 보건부가 모니터 하는 진료소와 병원의 환자들로부터 지속적으로 쏟아져 들어오는 수천 개의 박테리아 샘플을 분석하기 위해 끊임없이 일했다. 추가 파지 제조 시설은 소련 도시인 우파(Ufa), 알마 아타(Alma Ata) 및 니즈니 노브고로드(Nizhny Novgorod)에서 찾을 수 있었다.[44] 트빌리시의 전문가들은 소련 전역을 다니면서 멀리 떨어진 도시와 자체 병원이 있을 만큼 거대한 국영 공장을 방문하고 샘플을 채취했으며, 현지 의료진에게 파지 치료법을 알려주었다.

연구소의 과학자들은 마침내 심각한 알레르기 반응과 부작용을 일으키는 박테리아 독소 없이 환자의 혈류에 직접 주입될 수 있을 만큼 순수한 파지 칵테일을 만드는 방법을 알아냈다. 예를 들어 화상이나 개방 창상 같이 감염에 취약한 상황을 틈타 신체에 서식하며 항생제에 완강하게 저항하는 박테리아인 녹농균(*Pseudomonas aeruginosa*) 감염에 대한 새로운 정맥 주사 치료법이 개발되었는데, 이 소식은 바로 그 감염 질환으로 고통받던 어느 소련 고위 관리의 관심을 끌었다.

그는 자신이 가장 먼저 바이러스를 주입 받을 것이라고 선언했다. 당시 후

배 과학자였던 차니쉬빌리는 이렇게 회상한다. '우리는 거절할 수 없었습니다.' 그녀의 삼촌인 테이무라즈 차니쉬빌리(Teimuraz Chanishvili)는 당시 연구소의 원장이었고, 그녀는 그 장관이 치료를 받은 후 삼촌이 영화관에 갔다가 어떻게 됐는지 회상한다. 영화 중간에 정부 관리들이 들어와서 그에게 함께 가자고 요청했다. 차니쉬빌리는 이렇게 회상한다. '그는 정부 장관을 독살한 혐의로 체포되는 줄 알았죠. 사실 그는 축하를 받기 위해 끌려 나온 것이었어요. 권력자인 그의 환자는 회복되기 시작했습니다. 그는 유쾌한 어조로 이 이야기를 하곤 했지만, 엘리아바의 이야기를 알고 있었기에 당시 그는 너무 겁을 먹었지요.'라고 그녀는 말한다. 그 시술이 성공하지 못했다면 차니쉬빌리의 삼촌과 연구소의 평판은 전혀 다른 이야기가 되었을 수도 있었다.

다음 10년 동안 미하일 고르바초프가 제정한 대대적인 개혁은 소련 체제가 덜 비밀스러워지고 최근의 유혈 역사를 인정하도록 장려했다. 이는 점차 조지아인들이 두려움 없이 조지 엘리아바의 삶과 죽음, 유산에 대해 논의할 수 있게 되었다는 것을 의미한다. 그가 세운 건물은 1988년 트빌리시에서 파지 생산이 다시 최고조에 달하자 마침내 그의 이름을 따서 이름이 바뀌었다.

붉은 군대는 이번에는 아프가니스탄에서 다시 전쟁을 벌였다. 내성 사례는 항생제 사용이 더욱 제한된 소련에서조차 증가하고 있었다. 며칠 만에 스스로 복제하여 수조 개의 클론을 생성할 수 있는 바이러스를 생산하는 것은 정교한 항생제 화학 물질을 산업적 규모로 대량 생산하는 것보다 훨씬 저렴했다.

한편, 서구에서는 답토마이신(daptomycin)이라는 항생제가 시판되었다. 신약 개발된 것으로서는 사실상 마지막 약물이 될 것이었다: 기존 약물의 변형들이 만들어졌지만 그 이후로 다른 새로운 종류의 항생제는 생산되지 않았다. 서구 과학자들은 박테리아를 죽이는 새로운 방법을 찾기 위해 오늘날까지 탐색을 계속했으나 별 성과를 얻지 못했다. 곧 쓸모 없게 되거나 사용되지 않을 수도 있는 - 최악의 시나리오일 경우에만 해당하지만 - 신약을 개발하기 위해 수십억 달러를 지출한다는 생각에 겁을 먹은 제약 업계는 항생제에서 다른 약물과 다른 치료법으로 투자 대상을 바꾸기 시작했다.

항생제 내성의 위협이 전 세계적으로 더욱 심각해지고 있을 때 서구에서는 트빌리시에서의 대규모 파지 운영과 대체 항생제에 대해 아는 사람이 거의 없었다. 특히 미국에서는 파지가 분자생물학과 유전공학에 초점을 맞춘 급증하는 실험실의 핵심 도구가 되었지만 파지가 의학에 사용될 수 있다는 아이디어는 그 어떤 의대 강의 계획서에도 없었다.

서구의 모든 사람이 파지 치료법을 잊어버린 것은 아니었다. 20세기 내내 많은 나라의 과학자들 몇몇이 의학적 견해에 반하여 이 아이디어를 때때로 재탐구하거나 재평가했으며, 프랑스의 소수 의사들은 1990년대까지 여전히 파지 치료법을 사용하고 있었다. 그러나 소위 '빨갱이에게 물든다(red taint)'- 즉 파지 요법과 사악한 소련 정권의 연관성 - 때문에 과학자들은 이러한 형태의 약이 유용할 수 있다고 제안하면 별나거나 괴짜로 매도되어 거부되었으며, 냉전이 고조되면서 '불그스름한 얼치기 공산주의자들(pinko commies)'로 비난을 받았다.

공산주의 폴란드에서 축적된 의학적으로 유용한 파지의 전문 지식과 성장하는 파지 은행은 조지아에서의 운영과 마찬가지로 세계에 알려져 있지 않았다. 세계적인 항생제 내성 위기가 다가오고 있었고 이에 맞서 싸우는 최선의 방법을 아는 사람들이 알고 보니 세계에서 가장 비밀스러운 장소 중 한 곳에서 일하고 있었던 것이다.

그러다가 1991년에 연방 공화국 구성국들 사이의 수년간에 걸친 내부 갈등과 불안정 끝에 소련이 붕괴되었다. 소련 최고 소비에트 상임위원회가 소비에트 연방은 더 이상 존재하지 않는다고 공식적으로 선언하며, 미하일 고르바초프 대통령이 사임했다. 제국과 철의 장막이 무너지고, 서구 정부와 소련 체제의 냉전 관계가 해빙되면서, 자유로운 지식 교환과 협력이 다시 한 번 가능해졌다. 그러나 소련 붕괴의 즉각적인 여파 속에서 트빌리시의 조지아 과학자들은 더 시급한 문제를 마음 속에 두고 있었다: 살아남기!

THE GOOD

제3부

파지 열풍

VIRUS

THE AMAZING STORY AND FORGOTTEN PROMISE OF THE PHAGE

07

다시
주류로

전기가 안 들어 온다.

난방도 없다.

깨진 창문.

밖에는 무성하게 자라는 잡초.

1990년대 초반의 엘리아바 연구소는 박테리오파지 치료의 멋진 가능성을 보여줄 전형적 모범 기관이 거의 될 수도 있었으나 현실은 그러지 못했다. 1991년 소련이 붕괴하자 조지아는 아르메니아에서 우즈베키스탄에 이르는 다른 구소련 국가들과 함께 붕괴한 소련 중앙 정부로부터 독립을 선언했다. 오랜 세월 동안 소련 연방 국가들을 옭아매고 있었고 중앙 통제식 경제를 운영하던 러시아는 갑자기 자금, 보안 및 사업을 철회하여 조지아로의 지원을 중단했다. 트빌리시에서는 경제적, 정치적 공백 속에서 오래된 민족 간의 긴장이 고조되었으며 밤에는 거리가 어두워지고 위험해졌다. 도시의 총격전으로 인해 벽에 총 구멍이 나고 유리가 깨졌다. 한때 화려했던 이 도시의 밝은 불빛은 촛불이 켜진 창문의 불길한 어둠과, 음식을 데우고 몸을 따뜻하게 유지하기 위해 무엇이든 태우는 매캐한 냄새로 대체되었다.

엘리아바 연구소에서는 한때 중앙 계단을 덮었던 레드 카펫이 사라진 지 오래였고, 벽의 회 반죽도 바스러지기 시작했다. 붉은 군대의 연간 2~3톤에 달하는 파지 의약품 주문이 하룻밤 사이에 취소되었고 가장 귀중한 장비도 매각되었다. 직원들은 출근하기 위해 도시를 가로질러 걸어갔지만 실험실에 전기가 안 들어온다는 것을 알게 되었고, 어떤 때는 확실한 담수 공급원을 만들겠다고 연구소 정원에 우물 파기를 시도하기도 했다.[1]

이런 고난에도 불구하고 바이러스에 대한 지역적 수요는 여전히 있었다. 조지아와 분리된 압하지야 지역에서 내전에 참여한 군인들에게 파편과 총상 등 5가지 일반적인 감염을 치료할 수 있는 파지 스프레이를 보냈고[2] 형편이 되는 대부분의 조지아인들은 식중독 및 기타 위장병에 대한 가정 구급 상비약 상자에 파지 꾸러미를 마련하고 있었다.[3] 엘리아바 연구소의 과학자들은 이러한 제품과 더불어, 양조해서 키운 파지를 작은 유리 바이알에 넣고 화염으로 밀봉하여, 파지를 처방하는 몇 안 남은 의사들에게 팔면서 근근이 연명하였다.

1993년에 이르러 연구소는 완전히 황폐화되었다. 한때 수백 리터의 농축된 파지를 양조했던 구리 발효 탱크는 이제 창문이 깨져 있는 방에 모인 쓰레기, 나뭇잎, 전단지 등의 잔해물 사이에서 부식되어 가고 있었다. 과학자들은 연구실 장비들을 엉망이 된 연구소 내에서도 그나마 가장 따뜻하고 안전한 방으로 옮겼으며, 한 테이블에서 여러 가지 위험한 병원균을 처리했고, 파지 과학 연구를 수행하던 조지 엘리아바 연구소의 나머지 장비들은 비바람을 맞도록 방치되었다. 한동안 자원이 부족해서 과학자들은 오래된 보드카 병을 사용하여 시약을 보관하고 오래된 네스카페 통을 열판에 올려 박테리아를 키우는 데 사용되는 한천 젤리를 녹였다.[4]

조지아의 길고 무더웠던 여름 동안, 과학자들은 보관하고 있던 연구소 고유의 바이러스들이 안정성을 유지하는 데 필요한 시원한 온도인 4 ℃로 유지하기 위해 고군분투했다. 동료들은 안정적인 전기 공급이 가능한 몇 안 되는 건물 중 하나인 인근 주유소 직원을 설득하여 주유소 앞 마당에서 도로를 가로질러 과학자들이 일하는 방까지 전선을 연결해야 했다. 이렇게 전원을 공급받은 것에 더해서, 직원들이 집 냉장고에 바이러스를 번갈아 보관하였기에 중요한 파지들이 많이 보존되었다. 그럼에도 불구하고 연구소 컬렉션의 최대 절반 (일부는 드허렐르와 엘리아바 시대 이후 수집 및 연구된)이 손실되었을 수도 있었다. 조지아의 추운 겨울 동안 파지 자체는 안전 했지만, 파지와 함께 연구한 과학자들은 추위로 인해 병에 걸렸다. 80년간의 파지 전문 지식의 보고이자 세계에서 파지 치료를 수행하는 몇 안 남은 장소들 중 하나인 이 유명한 연구소는 그 파란만장한 역사 중에서 가장 최악의 상태에 있었다.

"제가 잘난 체 뻐기는 게 아닙니다, 서유럽인들이 조지아에서 파지 치료법을 배우는 데 제가 주요 역할을 했다고 말하는 거 말이죠."라고 엘리자베스 '베티' 커터(Elizabeth 'Betty' Kutter) 교수는 전화로 나직하게 말했다. 파지 커뮤니티에서는 현재 80대인 이 놀라운 여성을 어떻게 부르는 게 가장 좋은지에 대해 약간의 논쟁이 있다. 파지의 대모? 파지의 영부인? 아니면 단순히 파지의 여왕?

커터는 지구에서 보낸 82년 중 60년 이상 동안 파지를 연구해 왔다. 그녀는 팬데믹 기간 동안 멕시코, 이란, 베냉, 나이지리아, 카자흐스탄 등 멀리 떨어진 곳의 파지 과학자들을 대상으로 워싱턴 주 올림피아에 있는 그녀의 집에 있는 큰 가죽 의자에서 방송한다. 모든 호호 할머니들처럼 그녀의 웹캠은 초점을 잘 못 맞춰서 대부분 천장과 머리 꼭대기를 잡아준다. 아마 이미 은퇴하셨겠지만, 그래도 커터는 비공식적이고 끈끈한 파지 커뮤니티, 특히 경력을 막 시작한 신규 여성 과학자를 지원하고 영감을 주는 여성 우두머리로서 파지 과학의 핵심 인물이다.

그녀는 T4 파지가 대장균 세포의 내부 기기를 완전히 탈취하여 균 스스로 터지도록 지시하기 전까지 그 박테리아를 파지 생산 공장으로 바꾸는 방법에 매혹되었기에 이것이 연구의 주요 주제가 되었다. 남편과 함께 지은 집은 위에서 보면 독특한 파지 머리 모양의 정20면체 모양처럼 보이도록 디자인된 것 같다. '이 미친 파지는 내 인생의 사랑 중 하나입니다'라고 그녀는 말한다.

경쟁이 치열한 학술 연구의 쳇바퀴에서 어린 아이들을 키우며 그와 동시에 학문적으로도 성장한다는 것은 지금도 여전히 어려운 일이지만 1970년대 여성에게는 사실상 전대미문의 일이었다. 커터는 맏아들이 태어난 지 열흘 만에 그녀의 첫 세미나에 참석했고, 생애 첫 3개월을 그녀의 연구실 출입구 사이에 있는 아기용 그네에서 보냈다고 농담한다. 어린 자녀를 둔 여성이 영구 연구 교수직에 지원하는 것에 대해 연구 자금을 제공하는 이들과 선임 남성 과학자들이 '격분'했고, 심지어 어떤 이는 그녀에게 지급될 보조금 지원을 중단하겠다고 위협하기도 했다고 그녀는 회상한다.[5]

미국의 대형 대학 연구소들의 성차별로 인해 그녀는 워싱턴 주 올림피아에 있는 작지만 진보적인 에버그린 주립 대학에 자리를 잡았는데, 당시 그 대학은 1971년에 설립된 지 불과 몇 년 안 되었었다. 커터는 그곳에 남아 잘 알려지지 않은 이 대학을 세계 최고의 파지 연구 센터 중 하나로 변모시켰다. 자체 유기농 농장과 해변을 갖춘 수천 에이커의 상록수 숲에 자리잡은 이 대학은 실험적인 접근 방식으로 정기적으로 헤드라인을 장식하는 자유주의적 유토피아다. 특히 인종 차별 문제를 강조하기 위해 2017년에 모든 백인 학생들을 하루 동안 집으로 보내는 아이디어가 가장 두드러진다. (에버그린 주립대에서는 1960년대부터 이어져 온 "Day of Absence"라는 전통 행사가 매년 열렸는데, 하루 동안 유색인종 학생들이 학교를 떠나 백인 학생들이 유색인종 학생들의 경험을 이해할 수 있는 시간을 갖는 의미로 행해졌다. 그런데, 2017년 3월 15일, 유색인종 학생들이 이번 행사는 백인 학생들만 등교하지 말 것을 요구하면서 논란이 일어났다. 이 행사를 주최한 학생 단체는 "백인 학생들이 학교를 떠나면, 유색인종 학생들이 학교를 차지하고 그들의 목소리를 더 크게 낼 수 있다"고 주장했다. 당연히 백인 학생들의 반발이 있었고 행사 당일 일부는 등교하고 일부는 등교하지 않았다. 이렇게 유색인종 학생들은 백인 우월주의에 대해 반발을 보였고, 백인들도 이에 대해 불만을 보이면서, 양측의 대립이 극심해졌다. 이런 갈등을 겪은 후 대학은 학교의 인종 다양성을 개선하기 위한 계기를 얻게 되어, 유색인종 학생들을 위한 장학금을 늘리고, 유색인종 교수진을 채용하기 위한 노력을 하게 되었다. - 역자 주)

커터의 연례 에버그린 파지 회의는 파지 일정에서 가장 중요한 행사가 되었으며, 전 세계의 과학자들을 아름다운 환경에 함께 끌어 모은다. 파지 공동체의 구세대와 신세대는 일주일 동안 간소한 기숙사에 누워 자고, 베티 커터의 정원에 모여 워싱턴 서부 원주민인 현지의 치핼리스(Chehalis)인이 요리한 전통 연어 빵을 먹는다.

커터가 조지아에서 파지 치료의 '재발견'에 핵심적인 역할을 하게 된 계기는 1990년대 우연히 가게 된 소련 여행이었다. 한때 강력했던 소련이 무너지고 이전 연방 소속 국가에서 불안한 정국이 터졌을 때, 미국은 이 지역의 핵, 화학, 생물학 무기의 위협을 줄이기 위한 프로그램에 수백만 달러를 투자했다. 미국 과학자들은 러시아, 조지아, 카자흐스탄 및 기타 구 소련 국가로 파견되어 그들의 과학적 능력을 평가하고, 서구 과학자와 소련 과학자 간의 관계를 구축하고, 현재 일자리를 잃은 많은 과학자들이 다른 불량 국가들에서 일자리를 구하지 않도록 했다.

커터는 소련과 미국 과학 아카데미가 조직한 교환 프로그램의 일환으로 모스크바를 여행하게 되었다.[6] 그녀는 의학에서의 잠재적인 사용에 대한 생각보다는, 어떻게 세포의 유전 시스템이 파지의 DNA에 의해 완전히 탈취되고 재프로그램 될 수 있는지 이해하기 위해 사랑하는 T4에 연구의 초점을 맞췄다. 러시아 수도에 4개월 머무르는 동안 그녀의 연구실 동료들은 조지아에 대해서 끊임없이 이야기해 주었다: 이 나라가 구 소련에서도 얼마나 아름다운 나라였는지, 그림처럼 완벽한 산으로 둘러싸인 오래된 도시와 놀라운 음식이 있는 그런 나라라고. 그래서 그녀와 친구는 남쪽으로 2,000 km를 내려가 일주일 동안 그 캅카스 지방에서 하이킹을 했다. (조지아는 아르메니아, 아제르바이잔과 더불어 캅카스 3국에 속해 있다. - 역자 주) 그곳은 정황이 좋지 않았음에도 불구하고 여전히 숨막히는 경치와 그리스, 지중해의 튀르키예와 이란의 풍미와 빵, 스튜, 만두, 치즈 등의 맛을 결합한 놀라운 요리를 제공할 수 있었다.

그 나라 및 그 나라 국민들과 사랑에 빠진 그녀는 곧 그곳을 다시 방문했고, 그 두 번째 여행에서 그녀의 새로운 조지아 친구 중 한 명이 그녀에게 한때 톤 단위로 파지를 양조했던 트빌리시에 있는 크고 오래된 건물에 대해 이야기해주었다. 이에 흥미를 느낀 그녀는 가 보기로 결정했다. 커터는 아마도 냉전이 시작된 이래 엘리아바 내부를 본 최초의 서구인이었을 것이다.

그녀가 거기서 본 사정은 썩 좋지 않았다. 조지아는 여전히 가난하고 거친 곳이었고, 연구소의 과학자들은 기본 장비와 자금이 턱없이 부족했다. 그럼에도 불구하고 커터는 조지아 의사들이 박테리아 감염을 치료하기 위해 그녀가 사랑하는 바이러스를 정기적으로 사용해 왔으며, 여러 세대에 걸쳐 그렇게 해 왔다는 사실에 놀랐다. 그녀는 이에 대해 더 많이 들을수록 조지아 사람들의 전문 지식을 미국에서 이용할 수 있는 시설 및 자금과 연결하는 것에 대해 더욱 관심을 갖게 되었다. 일단 집으로 돌아오고 나서, 히터와 발전기 구입비를 트빌리시에 보냈고 곧 조지아 과학자들이 미국에서 공부할 수 있도록 교환 프로그램을 조직하여 에버그린과 미국 국립 보건원의 연구 자금을 악전고투 중인 엘리아바 연구소의 과학자들에게 전달했다. 학생들이 매일 걸어서 연구소를 오가는 데 2시간씩 허비하지 않도록 택시비까지 보내주었다.

1996년 과학 잡지 디스커버(Discover)는 러시아계 미국인 저널리스트인 피터 라뎃스키(Peter Radetsky)가 쓴 '착한 바이러스(The Good Virus)'라는 제목의 기사를 게재했다.* 이 중요한 보도 기사는 의사들이 더러운 물에서 건져낸 살아있는 바이러스를 환자에게 주사하는 오랫동안 잊힌 치료법을 사용하고 있었다는 내용으로, 구소련의 작은 주머니 속에 숨어 있던 바이러스가 미국 대중에게 처음으로 공개된 것이었다. 그것은 소련 시대의 파지 사용에 대한 길고 매혹적인 역사와 미국 과학자 베티 커터가 어떻게 이 오래되고 조롱 받는 의학을 미국으로 다시 가져오고 싶어했는지 자세히 설명했다.[7] 라뎃스키와 그의 훌륭한 특종 기사는 잊힌 치료법에 대한 매혹적인 이야기를 만성 불치 감

★ 파지의 힘과 잠재력에 대해 쓰고자 한다면 도저히 거부할 수 없는 제목.

염으로 고통 받고 있는 절박한 환자들을 포함하여 완전히 새로운 독자에게 전달하는 데 도움이 되었다.

다른 사람들은 디스커버 잡지의 기사를 보고 사업의 기회를 감지했다. 그 중 한 명은 부동산 투자자이자 벤처 투자가인 케이시 할링튼(Casey Harlingten)이었는데, 그는 그 해 토론토에서 시애틀로 가는 비행기에서 우연히 그 잡지를 집어 들었다. 할링튼은 커터, 테이무라즈 차니쉬빌리 및 미생물학자이자 생명공학 투자자인 리차드 오너(Richard Honour)와 연락을 취했다. 할링튼과 오너는 지구 반대편 볼티모어에서 환자를 죽이는 VRE (vancomycin-resistant enterococci; 반코마이신 내성 장알균)라는 특히 우려스러운 내성 박테리아 변종을 막는 데 트빌리시의 파지가 도움이 될 수 있는지 알아보는 초기 연구에 자금을 지원했다. 차니쉬빌리는 곧 연구소의 바이러스 보관소에서 미국에서 조지아로 보낸 VRE 샘플을 적어도 시험관 레벨에서 죽이는 파지를 발견했다. 이는 투자자들 사이에 큰 흥미를 불러일으키기에 충분했다. 곧, 트빌리시 위의 산에 있는 옛 공산당 본부에서 미국인들은 1930년대 이후 최초의 파지 치료에 관한 주요 국제 회의를 조직한다.

당연히 엘리아바 연구소에서 업무를 수행하는 조지아 과학자들은 국제 비즈니스 거래에 익숙하지 않았다. 미국 벤처 자본가들이 의학적으로 중요한 파지의 전문 지식과 보관된 바이러스들을 실질적으로 구매하겠다는 제안을 하자, 전체 경력 동안 공산주의 정권에 의해 신중하게 통제되는 경제 하에서 일했던 조지아 과학자들은 자연스럽게 이를 의심했다. 할링튼이 제공하는 연간 75,000달러[8]가 미국 회사에 의해 수십억 달러의 이익으로 둔갑한다면 자기들이 바보처럼 보이려나?

조지아인들이 거래를 어떻게 하면 가장 잘 처리할지 자기들끼리 서로 논쟁하기 시작하자 할링튼의 비즈니스 파트너는 딴 생각을 갖기 시작했다. 불길한 외양의 고층 건물과 무너져가는 병원이 있는 몰락해 가는 수도에서 시간을 보내고 파지 칵테일이 제조되는 끔찍한 현장 환경을 보고 난 오너는 조지아인의 제품이 판매 가능한지 의심하기 시작했던 것이었다. 게다가 특허권과 소유권 문제도 있었다. 만약 이 파지를 도시의 하수구나 인근 강에서 항아리에 담아와서 만든 거라면 조지아인들이 팔아야 하는 것은 정확히 무엇일까? 조지아 사람들 외의 다른 사람들이 더 나은 장비와 시설을 갖춰 봤자 자력으로 만들어 낼 수 없는 무슨 비법을 그들이 정말로 갖고 있긴 한 것인가? 그리고 구 소련의 바이러스를 미국의 약사와 의사들에게 어떻게 판매할 것인지에 대한 문제가 있었다.

거래는 결국 무산되었고 할링튼과 오너는 조지아인들이 두려워했던 일을 정확하게 수행했다. 즉, 파지를 유전적으로 조작하여 더 넓은 숙주 범위를 갖도록 하는 것을 목표로 하는 새로운 회사를 설립했다. 물론 그들의 제품이 특허를 받을 수 있도록 했다(자연스럽게 얻어지는 무료 파지들과는 달리). 커터는 나중에 언론인 안나 커치먼트(Anna Kuchment)에게 벤처 자본가들을 조지아로 데려온 것이 부끄럽다고 말했다.[9] 니나 차니쉬빌리는 나중에 미국 기자들에게 다음과 같이 말했다. '우리는 그 미국인들에게 이러한 기반 연구들을 다 살펴볼 수 있도록 제공했지요. 그리고 그들은 둘러보고 그냥 가버렸어요. 그들은 우리가 사업에 있어서 멍청하다고 말했습니다. 글쎄요, 적어도 그건 사실이었습니다.'

몇 년 후, 커터는 몬트리올에서 열린 파지 과학 컨퍼런스에 참석하여 많은 학자, 의사, 대학원생들 사이에서 눈에 띄는 특이한 외모의 남자와 이야기를 나눴다. 그는 목발을 짚고 담배를 피우고 그리스 어부의 모자를 쓰고 있었다.[10] 알프레드 거틀러(Alfred Gertler)는 최근에야 파지가 무엇인지 알게 된 재즈 베이시스트였다. 발목이 부러진 후, 거틀러는 관절에 깊은 감염이 생겨서 반복적인 수술과 항생제 치료를 해도 나아지지 않았고, 필사적으로 동유럽과 구 소련 일부 지역에서 여전히 사용되고 있는 낯선 치료법에 대한 기사를 찾았다. 그는 파지 치료를 받기 위해 조지아로 힘들게 반복 방문을 하는 많은 서구 환자들 중 최초의 환자가 된다.[11]

거틀러의 부상은 끔찍했지만, 우리가 상상하듯 미국 의학계의 가장 뛰어난 인재들이 치료할 수 없는 수준은 아니었다. 40대에 들어 그는 어린 두 자식에게 절실히 필요한 돈을 마련하기 위해 호화 유람선에서 음악가로 일했다. 코스타리카 태평양 연안의 칼데라에 있는 동안 그는 모처럼 얻은 여가를 활용하여 항구가 내려다보이는 무성한 언덕에서 하이킹을 했다. 리허설을 하려고 서두르며 하산하던 중 길을 잃어서, 다소 가파른 경사면을 손을 짚어가며 힘겹게 내려가고 있었다. 그는 몸을 안정시키려고 뿌리를 붙잡았는데, 그 뿌리가 모래땅에서 떨어져 나가 추락하기 시작했다. 그는 약 15피트 아래로 떨어졌다. 다리 밑부분의 뼈가 갈라지고 구겨져 발목 피부를 뚫고 나왔다. 그는 가장 가까운 도시까지 가는 고통스러운 여정을 견뎌냈고, 그곳에서 상처를 씻어내고 붕대를 감았으며, 수도 산 호세까지 울퉁불퉁한 비포장 도로를 따라 가면서 더 많은 고통을 겪었고 그곳에 도착해서 부러진 발목을 깁스 했다. 아이러니하게도 그는 감염을 일으킬 수 있다는 두려움 때문에 진통제 주사를 거부했다. 그러나 그가 토론토로 돌아왔을 때 그의 인생을 영원히 바꿔 놓을 박테리아는 이미 단단한 깁스 내부 깊은 곳에서 증식하고 있었다.

발의 통증과 부기가 극심해졌을 때, 캐나다 의사들은 그의 깁스를 절개하여 당시 만연하고 있던 포도알균 감염을 발견했다. 예후는 예상외로 암울했다. 발을 잃거나 목숨을 잃는 것이었다. 그가 다른 병원의 다른 의사들을 만나도 같은 말을 들었다. 그는 수술을 거부했고, 강력한 항생제를 사용하여 뼈에 있는 포도알균 제거를 시도하길 고집했다. 수년 동안 그는 반복적인 수술과 항생제 치료를 견뎌냈지만 감염은 남아서 뼈를 갉아먹고 두 개의 커다란 종창을 통해 표면 밖으로 진물이 질질 흘렀다. 그는 전기 펌프로 혈류를 통해 항생제를 주입하면서 1년을 보내기도 했다. 아무 소용이 없었고, 그의 발목은 너무 약해서 침대에서 일어날 수도 없었으며, 음악을 연주하고 어린 가족을 부양하는 것조차 불가능했다. 그때부터 그는 이 미생물 집담회에 참석하기 시작했다.

거틀러는 커터를 만났을 뿐만 아니라 자신을 돕고 싶어하는 몇몇 과학자들을 소개받았다. 그 중 한 명은 엘리아바 연구소와 몬트리올의 연구소장인 레바즈 아다미아(Revaz Adamia)였는데, 이는 동구와 서구를 연결하려는 베티 커터의 노력 덕분이었다. 아다미아는 거틀러에게 박테리아 샘플을 보내달라고 말했고, 그걸 받으면 조지아로 돌아가 그 박테리아를 죽일 파지를 찾을 것이었다. 그렇게 간단했다.

아이러니하게도 최근 거틀러의 고국인 캐나다의 한 환자에게 파지가 사용되었다. 리차드 오너는 시애틀에서 자신의 작은 회사를 시작했는데, 이 회사는 심각한 심장 감염으로 죽어가는 여성을 치료하기 위해 토론토의 한 병원에 파지를 공급했다. 그 과정은 효과가 있었고 그녀는 감염에서 해방됐지만 나중에 그녀는 심장 문제를 일으킨 근본적인 유전적 질환으로 사망했다.[12]

그러나 오너와 그 여성 환자의 주치의 모두 캐나다 보건 당국에 해당 절차에 대해 알리지 않았고 규제 승인을 구하지도 않았다. 모든 당사자는 완전히 비밀리에 실험적 치료법을 시도하기로 동의했던 것이다. 언론이 이를 알게 되자 오너는 사용 허가를 받지 않은 의약품을 제공한 혐의로 거의 체포될 뻔했다. 조지아에서 자신을 위해 양조되고 있는 파지를 관리할 수 있는 전문가를 필사적으로 찾고 있던 거틀러는 6개월 동안 관련 의사들에게 연락을 시도했지만 그들은 그와의 대화를 거부했다. 파지 치료에 참여하는 것은 그들의 경력을 거의 희생시키는 것이니까. 그에게 남은 선택지는 하나뿐이었다. 조지아 트빌리시에 있는 궁핍한 진료소를 직접 방문하는 것이었다.

2001년 1월, 거틀러는 커터를 대동하고 트빌리시에 도착했다. 공항에서 현지 과학자들이 마중 나와 그들을 데리고, 엘리아바 연구소보다 더 열악한 여러 진료소들과 현지 병원들 사이의 구멍 숭숭 뚫린 도로들을 통과했다. 행선지 층까지 이동시켜 주는 덜덜거리는 금속 상자 승강기는 테트리(조지아의 화폐 단위) 몇 푼을 받는 어느 늙은 걸인이 운영하고 있었고, 조지아 북부 분리 지역에서 분쟁을 겪은 난민들은 병원의 빈 방들 중 일부에 피난처를 마련하고 있었다.[13] 케이블들은 천장에 난 구멍들에 매달려 있었다. 2000년, 뉴욕 타임즈는 엘리아바 연구소 내의 아직도 비참한 상황에 대해 보도했는데, 엘리아바 연구소의 소장은 '동료 연구원 마리나 테디아슈빌리 및 6명의 젊은 의대생들과 비좁고 난방이 되지 않은 연구실을 함께 쓰고 있다. (중략) 이들은 모두 추위에 떨고 있다'.[14]

거틀러는 어느 냉동 검사실에서 한 조수가 자기 발목에서 오래된 옷걸이의 끝 단으로 샘플을 채취하려 했다고 과학 작가 토마스 호이슬러(Thomas Häusler)에게 회고하며 말해 주었다. 그 병변은 오랜 여정 때문에 더욱 부어

올랐고 통증이 심했다.[15] 채취한 면봉들은 엘리아바 연구소의 팀들로 옮겨졌고, 거틀러가 차라리 절단이 이런 시련보다 더 나을지도 모르겠다고 슬슬 생각하기 시작할 때쯤, 또 다른 지역 전문가가 좋은 소식을 가지고 돌아왔다: 엘리아바의 역사적인 수집품에 있는 몇몇 파지들이 그의 발목에서 채취한 강한 포도알균 박테리아 샘플을 완전히 제거했다는 것. 주말 동안 치료를 위해 이제 정신이 아닌 듯한 병원에서 기다리면서, 거틀러는 커터에게 보드카 몇 병을 가져다 달라고 부탁했다. 술을 마시기 위해서가 아니라, 그의 창상을 둘러싼 끈적거리는 표면을 닦아내서 편안하게 휴식을 취할 수 있도록 하려고.[16]

치료는 강도가 높았다. 사진들을 보면 거틀러가 의료장비와 보일러 그리고 싱크대에 둘러 싸여 어둡고 비좁은 병실의 좁은 침대에 기대어 있다. 2000년대 초반이 아니라 1970년대처럼 보인다. 외과의사들은 거틀러의 손상된 발목뼈를 통해 파지 용액을 끼얹고 있었고, 워낙 많이 퍼붓고 있었기에 한쪽 상처로 들어갔다가 다른 쪽 상처로 나오고 있었다. 그들은 그의 발 안쪽 깊은 곳에 파지가 스며든 생분해성 물질의 조각들을 넣고, 다른 약물과 화학물질의 혼합물을 사용하여 썩은 살을 분해하고 박테리아에 더 많은 압력을 가했다. 며칠 내로 의사들은 - 수년 전 토론토에서 그의 깁스를 푼 이후 처음으로 - 더 이상 거틀러 발목의 검체 샘플에서 포도알균의 흔적을 찾을 수 없었다.[17] 그는 발목 회복을 돕고 감염의 마지막 흔적이 모조리 사라졌음을 확실히 하기 위해 2주 더 트빌리시에 머물렀다. 몇 년 안 지나, 그는 목발을 짚으며 베이스 기타를 들고 무대에 다시 올랐고, 콘서트 현장에 걸어서 가고 있었다.

현대적인 장비와 자금이 부족했음에도 불구하고, 조지아인들은 매년 광범위한 세균 감염을 치료하는 파지 사용으로 조용한 성공을 계속 거두었고, 미국 기관과의 새로운 연결로 파지가 함유된 생분해성 붕대와 같이 현대화된 제품을 시험하기 시작했다.[18] 규제법이 마련되어 있지 않은 치료법인 탓에 해외 광고를 할 수 없었음에도 불구하고, 점점 더 많은 환자들이 조지아로 향했고, 매년 수십 명이 수백 명이 되었으며, 2005년에는 미국이 특별히 해외 환자들을 위해 지원한 자금으로 트빌리시 서부 교외에 있는 작은 병원이 문을 열었다.

조지아 사람들은 감염된 화상 치료에 특히 능숙해졌다. 유난히 흥미로운 한 사례로, 세 명의 조지아 벌목꾼들이 서부 조지아의 눈 덮인 숲에서 밤을 지새울 장소를 찾고 있었다. 만지면 따뜻한 두 개의 금속 통을 발견했을 때, 그들은 그것이 행운의 선물이라고 생각했고, 커다란 온수 병처럼 품고 자기 위해 그들의 텐트로 가져갔다. 그들에게는 불행하게도, 그 통들은 수년 전 숲에 버려졌던, 여전히 방사능을 내뿜고 있는 소련 비행기에서 나온 열 발생기의 고방사능 코어였다. 그 후 이틀에 걸쳐, 그들 중 두 명의 남자에게 급성 방사선 화상으로 인한 끔찍한 발적과 피부 물집들이 생겼다. 그들이 수도로 급히 이송되었을 때, 트빌리시 의사들은 진물이 흐르는 더러운 그들의 상처가 항생제에 내성이 있는 황색 포도알균에 심하게 감염되어 있다는 것을 발견했다.

항생제 치료가 실패한 후, 엘리아바 연구소의 한 팀이 파지가 함유된 상처를 덮을 시트를 개발했다. 항생제 치료에도 끄떡 없던 끔찍한 상처의 고름 배출 양은 파지 치료 이틀 후에 감소하여 사실상 거의 자취를 감췄다. 7일째에는 포도알균을 더 이상 검출할 수 없었다.[19]

하지만 서구의 과학계가 보기에, 이 흥미로운 사례 연구들과 잡지 기사들은 파지 요법이 효과가 있다는 증거는 아니었다. 효과 있다는 증거가 되려면, 긍정적인 결과가 우연에 의해서나 다른 수단에 의해서 일어날 가능성을 줄여주기 위해, 많은 환자들과 대조군들을 대상으로 한 세심하게 고안된 실험들이 필요하다. 2005년 의학저널 랜싯은 조지아에 관한 기사에서 몇몇 서양 파지 과학자들의 말을 인용했는데, 그들은 파지 요법에 관한 이야기들은 '과장된 것'이며, 파지 요법이 항생제 내성에 대한 해결책으로 간주되려면 신중하게 계획된 연구들이 필요하다고 말했다. 그들은 '전도자들은 너무 많고, 자료는 너무 적다'고 썼다.[20]

알렉산더 술라크벨리제(Alexander Sulakvelidze) 박사는 현재 메릴랜드의 콜롬비아에 살고 있는 곰처럼 생긴 조지아 과학자이다. 친구들과 동료들에게 '산드로'라고 알려진 그는 바짝 자른 흰 회색 머리와 수염이 그의 다부진 두부와 목을 덮고 있으며, 입 꼬리 아래에는 크고 검은 반점들이 돋아나고 있다. 그는 내게 1990년 그가 겨우 26세였을 때 어떻게 조지아 CDC의 연구소장이 되었는가를 말해준다. 그는 수도에 있는 본부 전체 층을 총괄했고, 대규모 과학자 팀을 가지고 있었으며, 조지아 최초의 분자생물학 프로그램을 시작할 계획이었다. 하지만 소련이 해체된 후, 나라가 혼란에 빠지자, 가장 간단한 과학적 작업도 불가능하게 되었다. '1990년대 초반의 트빌리시는 악몽 같았죠.'라고 그는 내게 말하면서 고개를 저었다.

조지아 CDC에는 병원들로부터 검체들을 받아 일반적인 병원균이나 HIV(에이즈 바이러스)와 같은 신종 질병을 검사할 장비가 충분히 갖춰진 적도 있었다. 하지만 곧이어 그 장비조차도 소진되어 버렸고, 이 나라의 최고 과학자들과 공중보건 관계자들은 그곳에 앉아 수다를 떨며 줄담배를 피울 수 밖에 없었다. 그는 자신의 경력이 담배와 함께 타 들어가는 것처럼 느껴졌다.

'매일매일, 우리는 그저 그곳에 앉아서 이야기하곤 했죠.'라고 그는 회상한다. '때로 나오는 화제는, 만약 우리가 어떤 시약을 가지고 있다면 어떤 흥미로운 과학을 할 수 있을지에 관한 것이었습니다. 하지만 어떤 때는 그저 영화나 일상적인 다른 것들에 대해 논하는 시간도 있었어요. 정말로 우울했죠.' 이 시기 그가 이룬 가장 큰 혁신은 샤워기로 흘러 들어가는 수도관의 주행을 세탁기를 거치도록 바꾼 것이었는데, 그렇게 함으로써 세탁기 드럼통이 돌아가면서 생기는 원심력이 샤워기 머리 위로 물을 뿜어내게끔 압력을 만들어낸 것이었다. 그는 양동이를 들고 목욕을 하는 것에 지쳐 있었기 때문이었다. '기발한 발명이었지만, 정상은 아니었죠'하고 그는 웃었다. '사람들이 어떻게 근근이 살았는지에 대해 약간은 시사해 주는 사례입니다.'

미국에서 세균 감염을 치료하는 용도로 파지를 사용하는 것에 대한 관심을 촉발하려 한 이는 베티 커터만이 아니었다. 술라크벨리제는 1993년에 조지아에서 미국으로 떠났고, 구 소련 출신 학생들이 메릴랜드 대학에서 공부할 수 있게 도와주는 미국 국립 과학 아카데미의 보조금을 받았다. 이곳에서 그는 볼티모어의 보훈 의료 센터 감염병 책임자인 글렌 모리스(Glenn Morris) 교수와 함께 세균 감염을 연구할 것이었다. 볼티모어에 도착한 직후, 술라크벨리제는 모리스가 '언짢은 기분'이었던 것을 떠올린다. 암 치료가 잘 진행되고 있던 한 환자가 반코마이신 내성 장알균, 즉 VRE에 감염되었다. 모리스의 노인 환자들 중 점점 더 많은 사람들이 항생제에 반응하지 않는 감염증을 앓고 있었지만, 이번 환자는 특히 그를 낙담하게 했다. 그 환자가 암이 드디어 치유되는 궤도로 본격 진입했을 때, 평소라면 중증도 아닌 보통 수준의 감염으로 인해 갑자기 환자가 죽은 것이었다.

"글렌은 깊은 생각에 잠겨 있었고, 나는 그에게 '파지를 썼는데도 효과가 없었냐'고 물었죠."

술라크벨리제는 사실 조지아에 있을 때조차도 파지를 가지고 작업한 적이 없었으나, 고국에서는 파지를 너무나 흔하게 구할 수 있었기 때문에 미국에서도 당연히 파지를 사용했을 것이라고 생각했던 것이다. "글렌은 '뭔 소리를 하는 거야?'라고 말하는 듯한 눈으로 저를 쳐다보았죠." 모리스는 그의 조지아 새 유학생이 자국에서는 그들이 세균 감염증을 치료하기 위해 바이러스를 사용했고, 심지어는 약물에 내성이 있는 박테리아에도 사용했으며, 그 바이러스가 종종 효과가 있다는 설명을 경청했다.

모리스는 이 아이디어에 놀라울 정도로 수용적이었다고 술라크벨리제는 회상한다. '기억하세요.' 그는 손가락을 흔들며 내게 말한다. '그는 가족들에게 사랑하는 사람이 방금 죽었다고 말해야 하는 사람입니다. 그래서 그는 바로 파지의 가능성을 보았지요. 이 기술을 미국에 전파해야 한다고 저를 설득하는 건 그의 경우 본인이 더 절실한 문제였습니다.'

하지만 미국에서 의학 연구에 자금을 지원하고 규제하는 단체들은, 이러한 오래전에 잊혀 낯선 옛 소련 의학에 기회를 줄 준비가 되어 있지 않았다. "우리가 한 연구비 신청들은 모두 그냥 기각되었습니다," 라고 술라크벨리즈가 말하고 있다. "사람들은 우리가 제정신이 아니며, 이것은 진지하게 받아들이기에는 너무나 우스꽝스러운 것이라고 생각했죠." 연구비 제공 기관들의 거듭된 퇴짜 이후, 그 두 사람은 이 아이디어가 받아들여지려면 시간이 굉장히 많이 걸릴 거라고 생각했다. 1998년에 그들은 식품 안전에 중점을 둔 회사인 인트라라이틱스(Intralytix)를 설립했다. 만약 파지가 통조림 식품 내 위험한 박테리아를 죽이는 데 효과가 있다는 것을 증명할 수 있다면, 사람에게 위험한 박테리아를 죽이는 데에도 사용될 수 있음을 증명하게 될 것이라는 발상이었다. 그들의 첫 번째 제품인 리스트쉴드(LystShield)는 희귀 하지만 감염되는 사람들의 30%나 죽이는 극도로 높은 사망률의 식품 매개성 병원체인 리스테리아 모노사이토제네스(*Listeria monocytogenes*)를 타겟으로 삼았다. 후속 제품들은 산업적 공정으로 100% 제거한다고 보장할 수는 없는 시겔라 박테리아와 살모넬라균을 목표로 했다.

놀랍게도, 2006년에 미국 FDA는 이 바이러스를 기반으로 하는 제품들을 식품첨가물로 승인했는데, 이는 이 제품들이 육류와 심지어 바로 먹을 수 있는 식품에도 첨가될 수 있다는 것을 의미했다. 하지만 식품업계에 바이러스를 사용한다는 발상은, 약에 파지를 사용하는 것만큼이나 논란의 여지가 있는 것으로 드러났다. 언론은 '바이러스가 음식에 뿌려지고' 그런 채로 동네로 공급된다는 이야기를 보도했다. 텔레비전 방송국들과 뉴스 제공 서비스들은, 파지를 사용하여 박테리아를 죽이는 방법에 대한 이해나 경험이 전혀 없는 '전문가'들로부터 앞다퉈 논평을 받아다 보도했다. 그것에 대해 묻는 사람들이 많아서 FDA는 그들의 웹사이트에 자주 묻는 질문(frequently asked questions; FAQ) 페이지를 만들어야 했다. 게다가 이 질문은 유명한 TV 히트작인 '소프라노스'의 한 에피소드에도 언급되었다. "그들이 고기에 바이러스를 뿌렸으니까 도살장에서 쥐 배설물을 치울 필요가 없다는 거 알지?" 스테이크 피자올라가 메뉴였던 가족 저녁식사를 망쳐서 곤경에 빠진 토니 소프라노의 10대 아들 앤서니 주니어가 치는 대사다. "그리고 FDA는 그것을 승인했다고".[21]

재발견된 '스탈린 주의자들의 항생제 대체제'를 둘러싼 최초의 열풍은, 뉴욕 타임즈가 언급했듯이, 빠르게 사그라들었다. 에버그린과 볼티모어로부터 나오는 약간의 자금은, 그나마 조지아 유학생들을 미국으로 데려오는 것과 엘리아바 연구소의 불을 켜는 것도 여전히 가능하도록 해줬다, 단지 그것에 한해서만.

하지만 그 나라의 최고로 명석한 사람들은 미국과 유럽으로 직장을 구하기 위해 떠나서, 트빌리시에는 기지개나 펴며 퍼져있고 경험이 부족한 과학자들 세 대만 남겨두게 되었다. 조지아 연구자들 사이에서는 제대로 된 투자금을 확보 하지 못한 쓸쓸함과 보조금을 받은 사람에 대한 질투심이 여전히 존재했다.[22]

더 많은 외국 환자들이 파지 치료를 받기 위해 고된 여정을 걷고 있었지만, 여전히 미국이나 유럽의 규제 당국이 기가 막혀 할 초보적인 장비와 품질 관리 로 치료가 이루어지고 있었다. 소련이 붕괴되고 서구에서 파지 치료법이 재발견 된 지 10년이 지났건만, 약물 규제 당국이 기대하는 기준을 충족하고 임상 시 험까지 진행할 수 있는 현대화된 조지아 치료법 개발에는 별 진전이 없었다. 파 지 치료의 '제2의 시대'는 제1의 시대와 동일한 모든 문제에 봉착하고 있었다.

할링튼과 오너가 시애틀에서 유전자 조작으로 파지를 만드는 프로젝트도 무산되었고, 술라크벨리제와 모리스의 회사는 식품 가공 및 농업 환경을 위한 파지 제품을 계속 개발하였다. 방갈로어에 있는 갱가젠과 같은 초기에 화제를 끌었던 걸 기반으로 설립된 다른 파지 회사들도 곧 인간에게 투여하는 데서 탈피하여 농장이나 식품에서 박테리아를 죽이는 파지 제품으로 전환하였다. 파지를 인간의 의료에 사용한다는 아이디어는 서구의 의료 시스템과 맞을 수 없는 것처럼 보였다.

술라크벨리제는 "그것은 너무나도 달랐고, 너무나도 정통적이지 않았어요. 그 인프라가 어떻게 작동될지, 그에 대한 청구서가 어떻게 영향을 미칠지 아무 도 몰랐어요. 그저 미지의 것들이 너무나 많아 그 아이디어는 무산될 것 같았 습니다"고 말했다.

08

신념
지키기

베티 커터와 알렉산더 술라크벨리제 같은 연구자들, 리처드 오너와 케이시 할링튼 같은 기업가들, 그리고 앨버트 거틀러 같은 환자들의 노력에도 불구하고, 2000년대에서 2010년대로 넘어오며 파지 치료의 아이디어는 미국 내에서 주류 의학의 변두리에서조차 단호하게 쫓겨나 따돌림당하고 있었다.

서구 전역에서는 소련의 과학과 구 소련권의 바이러스학자들이 진짜로 무엇을 하려 하는지에 대해 여전히 깊은 의심을 갖고 있었다. 조지아 및 러시아 과학자들과 오랜 협력의 역사를 가진 영국 레스터 대학의 파지 전문가인 마사 클로키(Martha Clokie) 교수는 영국 정부로부터 생물무기 가능성에 대한 우려가 제기되는 가운데, 트빌리시에서 자신이 어떤 연구를 보았는지에 대해 다시 보고해 달라는 요구를 받았다고 한다. 하지만 클로키의 '정보'는 실제로는 정부가 자금을 지원하게 된 계기가 되어 수십 년의 가치가 있는 조지아의 파지 연구를 영어로 번역하게 되었다.[23] 그러나 그녀는, 2010년대에 들어서도 단순히 '파지 치료'라는 단어를 자금지원 신청서에 덧붙이는 것은 그것만으로도 여전히 '제안서에 대한 사형선고와 같은 것'이었다고 회상하고 있는데, 이는 연구비 제공자들이 파지 치료라는 것에 대해 괴상하다는 인식을 가지고 있기 때문이었다.

베티 커터는 조지아 과학을 계속 후원했고, 2012년에 파지 요법을 장려하기 위해 설립한 비영리 재단은 조지아 내의 사람들과 프로젝트들에 10만 달러 이상을 지원했다. 술라크벨리제는 다른 산업들에서도 파지들을 항균제로 사용하려는 노력을 계속해 나갔다. 하지만 그러한 치료법들에 대한 좋은 자료가 부족하다는 것은 미국 내 대부분 과학자들의 시각에서 볼 때 여전히 현대의 증거 기반 의학 원칙을 위배하는 것이었다.

미국 FDA 같은 규제 당국은 현대적인 임상 시험의 태동기에서조차도, 실험 대상 물질이 잘 알려져 있고, 무독성이며, 순수하고, 안정적이며, 일관된 제조법을 지니고 있다는 증거를 요구했다. 구 소련권에서 사용된 파지들은 그런 것들이 단 하나도 없었다.

조지아와 러시아에서 상업적으로 이용 가능한 파지 제품은 물이나 토양으로부터 함께 분리된 파지의 소위 '자연적 연관성'을 사용하여 제조되었다 ― 다시 말해, 여러 다양한 파지들을 혼합하여 작용 범위를 넓혀서 특정 박테리아 종 또는 여러 종들 중 가장 흔히 나오는 균주들을 치료하기 위한 목적이었다. 이 혼합물들은 6개월마다 한 번씩 빈번하게 업데이트 되는데, 이는 정확한 화학식으로 이뤄진 기존의 약제와는 달리, 동일한 이름을 가지지만 각기 다른 시기에 생산된 각기 다른 파지 제품이 전혀 다른 조합이나 전혀 다른 비율로도 구성될 수 있음을 의미했다. 이들 제품의 유전체 분석 결과, 이들은 전과는 전혀 다른 최대 30개 또는 40개의 파지를 포함할 수 있는 것으로 밝혀졌다.[24] 이들은 또한 일반적으로 GMP (good manufacturing practice) 또는 '우수 의약품 제조 및 품질관리 기준'으로 알려진 서구에서 요구하는 엄격한 기준 하에서 제조되지 않는다.

이러한 일반적인 문제들과 함께, 서구의 생물학자들은 파지가 분자생물학의 연구 도구로만 유용할 수 있지, 그 밖에는 별게 없다고 배워 왔다. 파지 요법을 박테리아에 대항하는 주류 무기로 만들기 위한 거의 100년 동안의 노력들이 다시 한번 수포로 돌아간 듯했다. 살아있는 바이러스들을 다루는데 따르는 규제의 장벽들과 도전 과제들은 서구의 의사들에게는 극복할 수 없는 것 같았다. 단, 파지에 대한 믿음을 지킨 몇몇 완강한 과학자들, 예를 들면 주목할 만큼 유명한 어느 족부 전문의는 예외였다.

"저는 먼지가 묻기 전에 졸업을 했어요," 가상 파지 컨퍼런스에서 랜디 피쉬 (Randy Fish) 박사는 지친 미소를 지으면서 고개를 저으며 많이 흐른 세월에 대한 감회와 함께 자신을 소개했다. (먼지가 묻기 전에. 혹은 세상의 때가 묻기 전에 졸업했다. 즉 아주 오래 전에 졸업했다는 뜻으로 영미권에서 흔히 쓰이는 표현이다. 이 비유적 표현으로 그의 나이가 상당히 많음을 알 수 있다. - 역자 주) 그는 떡 벌어졌으면서도 야윈 어깨와 멋들어진 흰 머리 그리고 광대 밑이 움푹 패인 창백하고 심각한 얼굴을 하고 있다. 그는 자기의 이야기에 매혹된 의사와 바이러스 학자들에게 자신이 수년 동안 어떻게 파지를 이용하여 노숙자들의 사지를 구제해주고 있는지 이야기하고 있다.[25] 40년 전, 필라델피아에 있는 의과대학 3학년 때, 피쉬는 자신이 '레이스 가의 비정규 환자'라 부르는 이들의 질병을 돌보고 있었는데, 이는 도심지 병원 근처에 살고 있는 약물 중독, 극빈, 혹은 노숙을 하는 다양한 처지에 있는 사람들의 집단이었다. 그들 중 많은 사람들이 당뇨병, 열악한 위생 상태 그리고 포장도로를 맨발로 터벅거리며 다니는 생활로 인해 발에 생긴 끔찍한 궤양으로 고통 받고 있었다.

당뇨병성 족부 궤양은 그 자체만 해도 극도로 고통스럽고 치료하기 어려울 뿐만 아니라, 사람들을 매우 빨리 시들시들하게 만들 수 있다. 당뇨병은 사지로의 혈액 공급이 줄어드는데, 이는 발가락을 절단하더라도 절단 상처가 아무는 데 필요한 혈액 공급을 받지 못할 수도 있음을 의미한다. 상처가 곪아감에 따라, 추가적인 절단 수술이 필요하며, 소름 끼치게도 무릎 쪽으로 향하다가 더 위까지 잘라야 할 수도 있다. 발가락의 작게 헌 상처라도 제대로 치료하는 것이 팔다리 절단을 미연에 방지하도록 조기에 행하는 시술이 될 수 있다.

그러한 환자들을 성공적으로 치료하는 방법에 대한 문헌이 거의 없다는 것을 알게 된 피쉬는 발 치료 전문 의사로서, 특히 당뇨병성 족부 궤양을 전문으로 하는 의사로서 자신의 틈새 분야를 찾았다. 1970년대 중반, 피쉬는 에버그린 주립대학에 다녔고 한 때 베티 커터에게 가르침을 받았다. 우연히도, 그는 졸업하고 몇 년 후 어느 모임에서 한 대표자가 강연자에게 난치 감염에 파지를 사용할 수 있는 가능성에 대해 물었을 때 그 곳에 있었다. 그 질문에 대해 답을 아는 사람은 아무도 없었다. 하지만 '피쉬'가 그 질문한 남자를 찾아서, 그에게 그 아이디어를 어디서 들어봤냐고 물었다. '내 이웃'이라고 그가 대답했다. '그녀의 이름은 베티 커터입니다.' 그 우연한 만남으로 피쉬가 커터와 다시 연결되어, 그 두 사람은 당뇨성 족부 궤양에 파지를 사용하는 아이디어에 대해 논의하기 시작했다. 이 상처들은 종종 여러 종류의 박테리아로 감염되지만, 주된 병원균은 황색 포도알균, 혹은 포도알균이다. 커터는 트빌리시에서 상업적으로 구할 수 있는 파지 바이알들 중 일부를 피쉬에게 줬는데, 이 병에는 SP1이라고 포도알균을 죽이는 걸로 잘 알려진 광범위 파지가 들어 있었다. 피쉬가 해야 할 일은 적절한 증례가 오기를 기다리는 것이었다: 절단 외에는 남아있는 선택권이 없는 '막다른 벽에 몰린' 사람 말이다.

2012년, 유난히 끔찍한 상처를 가진 한 환자가 피쉬의 병원으로 들어왔다. 이 남자는 발가락에 뼈 바로 아래까지 나 있는 구멍이 있었고, 지난 주말 거기에 항생제에 반응하지 않는 급성 감염이 발생했다. '이 구멍 안까지 헤집고 들어가 거기 뼈 조각을 뒤집을 수도 있겠네요.'라고 피쉬는 아무 감정 없이 덤덤하게 말한다. 피쉬는 뼈 조각을 꺼내서 파지 용액으로 씻어낸 다음, 원래 있었던 자리에 다시 채우면서 파지를 더 추가했다. '가망이 없던' 상처는 24시간도 안 되어 호전되었고, 추가 치료를 받은 지 2~3주 만에 수술도 필요하지 않게 회복되었다. 피쉬는 그 때부터 사람들의 발을 치료하기 위해 파지를 사용해 왔는데, 납작한 궤양의 표면에 액체 파지를 바르고, 상처를 치료하기 위해 의료용 거즈에 뿌리거나, 만성적인 뼈 감염이 있는 개방 상처와 관절에 파지를 주입하기도 했다.[26] 그는 일주일에 한 번 병원을 열기에, 따라서 일주일에 한 번 꼴로 파지를 다시 발라준다. 이것은 기존의 통상적인 치료 방식이 아니지만, 효과는 있는 것 같다. 마치 오래된 엔진에서 부품을 복구하는 것처럼 '맙소사, 이게 정말로 창상들을 깨끗하게 해주네'라고 그는 말한다.

나는 수십 년 동안 소련 밖에서 파지 요법을 사용하는 것을 막아왔던 악명 높은 규제 장벽들을 그가 어떻게 극복했는지 묻는다. "글쎄요, 우리는 그저 그러한 장벽들을 무시했을 뿐입니다. 신은 FDA편이고 우리는 나쁜 쪽 같지만, 그래도 우리는 그냥 계속 진행해서 그렇게 해냈어요." 피쉬는 매년 열리는 '에버그린 파지' 연례회의에서 자신의 연구에 대한 세부사항들을 발표했는데, 이 회의에는 FDA 대표들이 참석했다. 이 치료법은 너무나 발에 국한되어 있어서, 적용되는 사례가 너무 적었고, 절실한 사람들에게 행해졌기 때문에, 이 부담스러운 조직은 이 치료를 하는 걸 묵인해 준 것으로 그는 믿고 있다. 하지만 그 이후로 파지들이 의학이 아니라 연구를 위해 사용되고 있는지를 당국이 확인하고 싶어함에 따라, 조지아에서 파지들을 배송받는 일이 더욱 힘들어졌다.

그는 이제 공식적으로 FDA 승인을 받은 임상 시험에서 검증받을 수 있는 선까지 자신의 치료 체제를 공식화하기를 바라고 있다. 하지만 동일한 문제들이 적용되는데, 이러한 테스트는 GMP 표준에 따라 만들어진 치료법에서부터 시작하여 FDA가 만족할 만한 품질과 순도의 제품에 근거해야 한다. 알려지지 않은 바이러스가 들어있는 상자를 트빌리시의 한 병원에서 지구 반 바퀴를 돌아 갈색 소포로 배송하는 것은 좋은 제조 관행이 아니다.

"정말 놀라운 일입니다," 라고 이 가상 회의에 참석한 한 의사는 근본적으로 난치성인 뼈 감염증에서 거둔 피쉬의 결과에 이렇게 언급을 한다. 하지만 당뇨성 족부 궤양을 앓고 있는 대부분의 사람들은, 레이스 가의 비정규 환자들 중 한 명이 아니라면 이 치료를 받을 수 없다.

사실, 커터의 에버그린 졸업생들 중 피쉬 만이 유일하게 미국 내 특이한 환경에서 파지 요법을 사용한 것이 아니었다. 사티야 앰브로즈(Satya Ambrose)는 1970년대에 에버그린 대를 졸업했고, 지난 30년간 자연치료사로 일해왔다. 즉, '자연적인' 제품과 치료법만을 사용하는 사람이다. 포틀랜드 교외의 아름다운 언덕 가 해피 밸리에 위치한 그녀의 클리닉에 근무하는 자연치료사들에게 오레곤 주 규정은 다른 나라에서 사용이 승인된, 예를 들어 중국의 전통 약초와 같은 그 어떤 천연 약재도 주류 의학에 적용되는 정규 약제 규정을 우회하여 사용할 수 있는 권리를 허용해 준다.

놀랍게도, 조지아에서 생산된 파지, 즉 조지아에서 사용이 허가된 천연 소스의 의약품은 바로 이런 자격을 가진다. 앰브로즈가 자연치료사이고, 베티 커터에게 배웠으며, 오레곤에서 일한다는 것은 서로 우연히 겹칠 가능성이 희박한 요소들이 조합된 것인데, 이러한 연유로 서니 사이드 협력 진료소도 세계에서 파지 치료가 가능한 드문 곳들 중 하나가 되었음을 의미한다.

앰브로즈는, 만성 호흡기 질환과 피부 감염증부터 요로 감염증에 이르기까지 천 명이 넘는 환자들을 파지로 치료해 왔다. 하지만 여기서는, 침술이나 마사지 요법, 카이로프랙틱 치료와 같이 논쟁을 불러일으키는 대체 의약품들도 제공하고 있다. 파지 의학의 이미지를 회복시키고 싶어 하는 사람들은, 자연치료의 허점, 혹은 유사 과학적이거나 실제로 효과가 있다는 증거가 부족한 것으로 알려진 다른 치료법들도 병행하는 것에 그다지 신경을 안 쓰는 건지도 모른다.

미국과 유럽에서 파지 요법을 시행하는 소수의 사람들이 어느 정도 레이더에 잡히면서, 2010년대에 파지 요법에 대한 관심이 다시 올라오기 시작했다. 그리고 어떻게 하면 미국에서 파지 요법이 시행될 수 있을지에 대해 아마도 그 누구보다 많이 알고 있을 그 남자는 자신의 지하실에서 자동차를 만지작거리고 있었다.

이제 80대가 된 칼 메릴(Carl Merril) 박사는 1960년대부터 감염을 치료하기 위해 파지를 사용하는 아이디어에 관심을 가져왔다. 펠릭스 드허렐르에게 일어난 일을 섬뜩하게 상기시키는 듯이, 메릴이 파지에 대해 발견한 놀라운 사실들은 그의 상사뿐만 아니라 미국에서 가장 고위급 보건 공무원들과 반복적으로 갈등을 일으키게 했고, 결국 조기 은퇴를 했다. 파지 치료에 대한 그의 관심이란 그가 자기의 경력 전체를 용납하지 않는 거센 물결에 맞서 헤엄쳐 왔다는 것을 의미했다.

비음 섞인 동부 해안 억양의 높고 쉰 목소리로 메릴은 자신이 1965년 롱아일랜드에 있는 콜드 스프링 하버 연구소에서 열렸던 유명한 파지 과학 강좌에 참석했다고 말하였다. 이 강좌들은 현재, 생명이란 무엇인가에 관한 가장 기본적인 질문들을 탐구하기 위해 파지를 사용했던 뛰어난 과학자 세대를 탄생시킨 것으로 유명하며, 근본적으로는 분자 생물학 분야의 기반을 마련한 것이었다. 메릴은 아름다운 항구에 면한 연구소에서 공부하던 중 두 가지 질문이 떠올랐다고 말한다. 하나는, '왜 우리는 감염병을 치료하기 위해 이 바이러스들을 사용하지 않는가?'였다. 다른 하나는, '이 바이러스들이 우리에게 직접적으로 영향을 끼치지 않는다는 것을 어떻게 알 수 있는가?'였다. 당시는 항생제가 잘 들던 시대였고, 사실 그도 한 차례의 심각한 패혈증을 앓았었는데, 항생제 덕분에 생명을 구했던 적이 있었음을 감안해서, 일단은 첫 번째 질문을 두 번째 질문보다 덜 흥미롭다고 여겼다. 그래서 파지가 실제로 박테리아만 감염시키고 다른 것은 감염시키지 않았는지 조사하기 시작했는데, 이는 그가 당시 국립정신건강연구소에서 근무하고 있었다는 점을 감안하면 상당히 색다른 의문이었다.

곧 그는 파지에 의해 운반된 박테리아 유전자가 인간 세포로 옮겨질 수 있고, 그 유전자의 산물이 인간 세포에 의해 발현될 수도 있다는 것을 처음으로 보여줄 수 있었다.[27] 이 작업은 파지 DNA가 인간 세포에 영향을 미칠 수 있다는 점, 인간 세포가 미생물 유전자를 발현하도록 만들어질 수 있다는 점, 심지어 언젠가 파지가 유전자 장애의 결함 있는 유전자를 교정하는 데 사용될 수 있다는 점까지 한꺼번에 암시했다. (통상적으로 인간을 감염시키는 바이러스의 유전자가 인간의 유전자로 삽입되려면 일군의 역 전사 효소들이 매개 해야 하며 이런 바이러스가 바로 역 전사 바이러스 - 대표적인 예가 에이즈다 - 이다. 바이러스나 mRNA를 사용하는 코로나 백신이 인간의 유전자를 변이 시킨다는 주장이 헛소리인 이유이기도 하다. 따라서 메릴의 이런 주장이 미친 소리로 간주된 것도 무리가 아니다. 게다가 당시는 1970년대였다는 점도 감안하시라. 그러나, 오늘날 박테리오파지가 인간 유전체로 유전자를 집어 넣어 발현까지 시킬 수 있다는 주장은 이제 받아들여지고 있으며, 특히 유전자 치료에 응용될 수 있을 것으로 기대하며 많은 연구들이 진행 중이다. 메릴의 선견지명이 어느 정도는 틀리지 않았다는 것. - 역자 주) 파지 치료 과정에서 파지를 몸에 주입하는 아이디어에도 다소 극적인 함의를 부여했다. 많은 사람들은 메릴의 결과에 의문을 품으며 이는 그의 파지 샘플과 인체 세포 샘플이 엉성한 방법으로 인해 교차 오염된 결과임이 틀림없다고 주장했다. 그러나 이러한 중요한 발견에 대한 논쟁은 메릴이 실험 중에 알아차린 다른 무엇인가에 의해 금방 가려졌고, 이는 메릴을 미국 의학계의 확실한 골칫거리로 자리 잡게 해 준다.

메릴은 그의 실험 결과를 오염시킬 수 있는 물질이 없음을 확인하기 위해 노력하던 중 실험실에서 세포 배양 용도의 멸균 영양 용액인 태아 송아지 혈청이 사실은 종종 파지로 가득 차 있다는 것을 발견했다. 도살장에 있는 가축 태아의 혈액에서 추출된 이 특별한 혈청은 많은 백신의 제조에 사용되는 주요한 요소들 중 하나이기도 했다. 메릴은 상업적으로 이용 가능한 다른 종류의 혈청 11가지를 조사했고, 그것들 모두에서 다양한 바이러스 집락들을 기를 수 있었으며, 이는 다양한 다른 파지들이 그것들 모두에서 존재했음을 시사했다.[28]

파지 오염이 이 시대의 거대한 백신 접종 프로그램에 영향을 미칠까 우려한 메릴은 FDA에 조사를 위해 일반적인 백신 샘플 몇 가지를 요청했다. 그들은 거부했다. 그래서 정식 의사 자격이 있는 그는 그의 아들 '그렉'을 위한 처방전을 작성하여, 지역 약국에서 홍역 백신 한 병을 구입했다. 그는 이 백신을 자신의 실험실로 가져가서, 드허렐르가 개발한 배양 기술을 사용하여, 그 제품 1밀리리터 당 수천 개의 파지가 함유되어 있다는 사실을 알아냈다. 그는 자신의 연구결과에 대해 공개 강연을 열어, 오염된 혈청과 백신에 대해 알고 있는 모든 것, 즉, 파지가 자기들의 유전자를 인간의 세포로 전달할 수 있다는 가능성, 그리고 콜레라와 디프테리아와 같은 질병을 일으키는 독소 유전자를 운반할 수 있다는 사실에 대해 설명하였다. 그는 결코 백신이 위험하다고 제시한 적은 없지만, FDA가 정말로 어떤 박테리오파지가 백신에 있는지 알아야 하고, 그 영향을 연구해야 하며, 가능한 한 빨리 오염이 적은 백신을 생산하는 것을 목표로 해야 한다고 제안했다.

대수롭지 않다고 지나칠 수도 있었지만, 당시 거기서 메릴의 강연을 들은 과학 저널리스트 지나 바리 콜라타(Gina Bari Kolata)에게는 그렇지 않았다. 그녀는 수일 후 많은 고정 독자를 보유한 사이언스 저널에 '살아있는 바이러스 백신 안에 들어있다는 파지: 사람들에게 해로운가?'라는 제목의 기사로 이 이야기를 터트렸다.[29] 메릴은 그것이 그의 경력 종료의 시작이었다고 말한다. '다음 날 출근했을 때, 정장을 입은 한 무리의 사람들이 와 있었습니다. 그런데 제 연구실의 사람들은 보통 정장을 입지 않거든요. 그리고 그들은 모두 매우 화가 난 듯했습니다.'라고 그는 회상한다. '문을 열고 들어서며 들은 말은 제가 해고되었다는 것이었습니다. 저는 어이가 없었습니다. 그들이 누구인지 몰랐어요.'[30]

메릴은 양복을 입은 남성들 중에는 FDA와 제약업계를 대표하는 인물들이 포함되어 있을 것으로 믿고 있다. 비록 FDA와 그 당시 그의 고용주였던 국립 정신건강연구소는 이 사실을 확인해주지 않았지만. 메릴은 실제로 해고된 것은 아니며, 미국 공중보건국의 간부 장교로서 해고 대신 법정 군법회의를 받아야 할 것이기 때문에 그의 고용주들은 그가 연구실의 자금이 철회되는 동안 관리자의 역할을 맡도록 하거나 안식년을 갖도록 하려 했다. 이 조치는 그의 주장으로는 그가 이 주제에 대해 더 이상의 연구를 하는 것을 억제하기 위한 것이었다.

FDA는 결국 지난 10년간 6억 명 이상의 사람들에게 투여 되었던 최소 4가지 백신들에서 많은 수의 파지가 존재했다면서 메릴의 연구결과를 확증해 주었다. 물론 이러한 중요한 혼합물의 제조업자들은 정기적으로 박테리아, 곰팡이 및 기타 전염병의 존재 여부를 검사하였지만, 통상적으로 간과되어 왔던 파지들은 이 검사를 완전히 빠져나갔었다.

1973년, FDA로부터 이 문제를 재검토하라는 명령을 받은 일단의 과학자들은, 백신들에 들어 있어서는 안 되는 그 어떤 것들로도 오염되는 것은 '바람직하지 않은' 것임을 받아들였지만, 이 백신들이 인간의 건강에 즉각적인 위협은 아니라는 결론을 내렸다. '미국 FDA, 아마도 무해한 바이러스들로 오염된 4개의 백신을 발견하다' 라는 기사는 그다지 안심할 수 없는 느낌의 제목으로 뉴욕 타임즈 머리 기사로 실렸다.[31] 검토 결과 그 오염된 백신들은 시장에 잔류하는 걸 허용 한다는 결론이 나왔다.

미국의 연방정부 규정이 *그 어떤 관련 없는 물질도* 백신에 포함되는 걸 절대 금지하고 있음을 감안하면, 놀랍게도 현상 유지 방침 쪽으로 일관함으로써 백신이 박테리오파지로 오염되는 걸 묵인하는 행정명령에 리처드 닉슨 대통령이 서명하는 걸로 종결되었다.[32] 모든 잘못된 이유들에도 불구하고, FDA와 미국 대통령은 인체에 직접 파지를 주입하는 것이 근본적으로 안전하다고 선언했다.

중대한 발견에도 불구하고, 메릴은 자금 조달에 어려움을 겪고 있었으며, 파지와 인간의 건강에 대한 성가신 견해로 인해 과학계의 조롱을 받았다. 그는 초기 연구의 결과가 허술한 작업과 오염 때문이 아니라는 것을 증명하기 위한 시도로, 그의 취미들 중 하나인 벨리 댄서 촬영 사진 인화 과정에서 영감을 받아 은 이온으로 소량의 유전자 생성물, 즉 단백질을 검출하는 기술을 개발하는데 1980년대의 대부분을 보냈다. 은 염색[33]으로 알려진 그 기술은 분자생물학 연구에서 소량의 단백질을 검출하고 추적하는 표준적이고 특허받은 방법이 되었고, 그의 고용주들이 많은 돈을 벌게 했다. "갑자기, 국립정신건강연구소는 제가 그렇게 나쁜 게 아니라고 결정했고 저는 연구를 위한 자금을 다시 받았습니다"라고 메릴은 말한다.

(사실 은 염색은 19세기 말 스타 급 병리학자였던 Golgi가 처음 확립한 기술이다. 이후 다양한 대상에 은 염색이 적용되었는데, 메릴의 경우는 단백질 전기 영동에 응용한 것이다. 메릴이 은 염색 자체를 발명한 것은 아니니 오해 마시길. - 역자 주)

1990년대에 이르러, 의학계에서 항생제 내성에 관한 문제는 더욱 분명해지고 긴급해졌기에, 메릴은 그가 초기에 가졌던 첫 번째 질문인 파지를 이용하여 감염증을 치료하는 것의 가능성에 대해 연구하기로 결정했다. 파지와 생쥐를 대상으로 한 실험들에서, 메릴은 파지들이 실제로 포유류의 망상 내피계, 즉 이물질을 제거하는 특수한 세포 네트워크인 RES (reticuloendothelial system)에 의해 혈류로부터 상당히 빠르게 제거된다는 사실을 발견했다. 그는 이러한 자연적인 파지 제거 시스템이, 역사를 통틀어 파지 요법이 복불복이 된 요인이 될 수도 있었던 것이 아닌지 궁금해하기 시작했다. '어느 날 아침에 눈을 떴는데, 저는, 그러니까.. 파지 요법을 더 잘 만드는 방법이 떠오르더군요.'라고 그는 회상한다.

대장균에 감염된 쥐들을 연구하던 메릴과 박사 후 과정이던 비스와짓 비스와스(Biswajit Biswas)는 다윈의 자연 선택 이론의 원칙에 준하되 역설적으로, 즉 혈류 속에 더 오래 머물 수 있는 것처럼 보이는 파지들을 인위적으로 간택하는 비 자연적 선택을 하였다. 그리고 그 파지들을 쥐들에게 주입한 다음 몇 시간이 지난 후에도 여전히 그곳에 남아 있는 파지들만 골라서 다른 쥐들에게 전파시켰다. 이렇게 오래 지속되는 파지들을 선택하는 과정을 반복하다가 결국 수일 동안이나 RES의 견제를 피할 수 있는 두 가지 변종의 슈퍼 파지를 육성해 내었다. 그는 제이슨과 아르고 호의 이름을 따서 그 쥐들을 Argo1과 Argo2라고 명명했다(그리스 신화 제이슨과 아르고 호를 말한다. - 역자 주). 주사를 맞고 48시간경, 혈류에 남아있는 아르고 파지의 수는 원래의 자연종보다 수만 배나 많았다. 쥐들 또한 자연 변종으로 처리한 쥐들보다 생존 가능성이 더 높았고 증상도 덜 했다.[34]

오래 지속된 파지에 대한 메릴의 연구가 발표된 직후, 인근 병원에서 내성 감염이 발생했는데, 이는 치명적인 전염병이 되었다. 메릴은 드허렐르의 전례를 떠올리면서 자신이 육성한 파지가 그의 이론을 실행에 옮길 수 있는 기회로 보았다. 오랜 협력자인 상카 아드히야(Sankar Adhya)와 함께 그는 환자들을 치료하기 위해 파지를 사용하자는 제안서를 작성했다.

"심사위원회는, 기본적으로, '이건 바보 같은 짓이다.'라 했습니다"고 메릴이 회상했다. "이런 제안을 한 모든 사람들 중 특히 칼 메릴은 치료 도중에 박테리아가 파지에 내성을 갖게 된다는 걸 알아야 할 필요가 있다, 그래서 이런 주제로 어떤 시도를 하는 것도 말이 안 된다고 했지요."

메릴은 다음과 같이 자신을 방어하고 명백한 것을 지적할 기회를 얻지 못했다: 그래, 병원성 박테리아는 항생제와 파지 모두에 내성이 생길 수 있다. 하지만 적어도 어떤 파지에 내성이 생겨도, 여러분이 시도해 볼 수 있는 수백, 수천, 어쩌면 수백만 개의 다른 파지들이 있단 말이다.

그는 자신의 아이디어가 일축된 것에 분노하여, 2003년에 네이처 드럭 디스커버리 저널에 서구에서 파지 요법을 현실화하기 위해 어떤 일이 일어날 필요가 있는지에 대한 자신의 비전을 제시하는 논문을 썼다.[35] 그가 선별해 만든 수명이 긴 파지의 사용뿐만 아니라, 박테리아의 파지 내성을 포함하여 오랜 역사에 걸쳐 파지 요법을 괴롭혀왔던 모든 문제들을 새로운 지식과 21세기 기술로 해결하는 방법을 제시했다. 그는 파지들이 인체 내부에서 어떻게 작용하는지 정확히 이해하기 위해 더 많은 연구가 필요하다고 했다; 파지들이 박테리아의 파지 방어를 극복하도록 하는 방법들의 이론 정립; 박테리아 균주와 궁합이 맞는 파지들의 식별을 더 빨리 하는 방법들을 제시했다. 그는 파지의 숙주 범위를 새로운 균주에 맞게 넓히거나 변경할 수 있는 잠재적인 방법들을 제시했고 파지 라이브러리에 대한 아이디어를 개발하였는데, 이를 구성하는 파지들은 위험한 유전자들이 이미 사전에 선별되고, 규제 당국에 의해 승인된 것으로 이뤄져 있는 것이다.

불과 몇 년 후인 2005년, 한 경영위원회가 그의 연구실을 폐쇄하라고 권고했다. 예산이 삭감되는 와중에, 국립정신건강연구소는, 어쩌면 당연하게도, 만일 예산 절감이 필요하다면 아마도 그러한 절감은 40년 동안 정신건강 대신 박테리오파지에 관해 논문만 써온 그가 대상이 돼야 할 것이라고 결정했다. 그 후 몇 년 동안, 메릴과 비스와스는 파지를 기반으로 하는 회사들을 설립하려고 했지만, 자연적으로 발생하는(따라서 특허를 받을 수 없는) 바이러스들로 만들어진 항생제에 대한 아이디어는 여전히 투자자들에게 잘 팔리지 않는 것이었다. 비스와스는 미 해군의 과학 연구 부서에 고용되었는데, 그는 이제 점점 더 많은 수의 현역 군인들이 전선에서 내성 감염병들과 싸우다가 귀환하는 것을 목격하고 있었다. 하지만 메릴은 이미 진절머리가 났으며, 그의 50년 경력을 끝낼 시간이라 결심했다. 파지에 대한 열정을 사진, 모델, 자동차 및 그 밖의 은퇴 취미로 옮기면서, 웹사이트인 STAT News가 발행한 그의 프로필에 따르면, 그는 '헐렁한 모자를 쓴 채로 알파 로미오를 모는' 부류의 남자가 되었다.[36]

하지만 메릴에게는 이것으로 이야기가 완전히 끝난 것은 아니었다. 그와 비스와짓 비스와스는 가장 극적인 상황에서 다시 만나게 되는데, 이 사건은 파지 치료가 좋든 싫든 때로는 그들에게 남은 유일한 치료방법이라는 것을 의료계가 인식하게 만든, 세간의 이목을 끈 사건의 일부로서였다.

09

구조에
나선
파지

2015년에 샌디에고 출신의 정신 의학 교수인 톰 패터슨(Tom Patterson)은 이집트에서 그의 아내와 휴가를 보내던 중 병을 앓게 됐다. 그는 다슈르의 레드 피라미드에 갔다가 폐쇄공포증을 유발시킬 듯한 어느 작은 무덤에 들어가려 했고, 경비원이 그에게 사악한 기운의 증기 같은 것이 안에 있을 거라 경고를 했음에도 그 곳에 기어 들어갔다 나왔다. 그러고 나서 얼마 지나지 않아 6피트 5인치의 건장한 패터슨은 병색을 보이기 시작했고 헬쑥해졌다. 그들이 여행을 계속하여 룩소르와 카르낙에 있는 더 많은 사원들을 방문하러 나일 강을 오르는 유람선을 탔을 때, 그는 아내인 스테파니 스트라스디(Steffanie Strathdee)에게 "그냥 더울 뿐이야"라 말했다.[37] 그 자신도 교수였던 스트라스

166

디는 당시 샌디에고에 있는 캘리포니아 대학(the University of California in San Diego; UCSD)의 글로벌 공중 보건 연구소의 소장이었고, 여러 종류의 바이러스, HIV, 그리고 바이러스에 더 잘 감염되고 이를 더 잘 퍼뜨릴 사회 및 행동과학적 위험 요소들에 대한 국제적인 전문가였다.

그들 커플은 세계에서 가장 외지고 위험한 장소들 몇몇을 방문했었고, 톰은 포케몬 카드 수집하듯 이상한 감염과 기생충을 모으는 것을 좋아한다고 둘이서 농담을 하곤 했다. 그들은 공중 보건 분야에서 많이 활약해 왔음에도 불구하고, 둘 다 항생제 내성에 대한 경험이 거의 없었다. 당연히 그들 중 누구도 파지 요법에 대해 들어본 적이 없었다. 왜냐하면 현대 미국 의학 역사에서 파지가 치료로 사용된 전례가 사실상 없었기 때문이었다.

다슈르를 방문한 후, 그 부부는 결국 훗날 '최후의 만찬'이라고 일컬어지게 될 낭만적인 식사를 하기 위해 유람선 갑판으로 나갔다. 몇 시간 후, 패터슨은 화장실로 달려가서 그가 먹은 조개 살 조각들을 객실 변기에 모조리 토해냈다. 경험 많은 여행객들이라 그들은 위장염 여부를 판단하는 데 능숙했고, 항상 다용도 항생제인 시프로플록사신을 한 무더기 챙겼었다. 그러나 패터슨은 밤새도록 계속해서 토를 했고, 다음날 아침, 스트라스디는 남편이 마지막 목적지인 왕가의 계곡에 있는 상징적인 무덤들을 보지 않고 집으로 바로 가고 싶다고 말하는 걸 듣고 식겁했다.

패터슨에게는 다행스럽게도, 그의 아내는 조언을 구하기 위해 기댈 수 있는 광범위한 인맥을 가지고 있었다. 전에 그들 부부가 인도의 고아라는 곳에서 어떤 악취 나는 곳을 가로지르며 수영을 한 후 팔에 생긴 내성 감염인 화농성 종기를 달고 미국으로 돌아왔을 때 그들을 치료해 줬던 UCSD의 전염병 교수이자 개인적인 친구 로버트 '칩' 슐리(Robert 'Chip' Schooly) 박사에게 그녀는 전화를 걸었다. 패터슨이 싫다고 했음에도 불구하고, 슐리는 그들에게 즉시 의사를 부르라고 했고, 그렇게 불려온 의사는 곧 수액 공급을 위해 링거를 들고 그들의 객실로 들어갔고, 더 강한 항생제인 젠타마이신을 투여했다. 패터슨은 몇 시간 후에도 여전히 구토를 하고 있었고 허리 통증을 호소하기 시작했다. 슐리의 조언으로, 스트라스디는 췌장염의 가능성을 의심했다. 의사가 다시 돌아왔을 때, 그녀의 남편은 쇼크에 빠져들고 있었다.

부두에 계류 장치가 없다는 것은 이들의 배가 또 다른 배에 묶여있고, 그 배는 또 다른 배에 묶여있다는 것을 의미했다. 배 세 척을 건너 부두 옆으로 패터슨을 이송하고, 대기 중인 구급차에 태우기까지 여덟 명이 동원됐다. 마을에 새로 생긴, 그리고 아직 그날 하루 일정이 끝나지 않은 진료실에서 그는 다량의 모르핀과 더 많은 항생제들 – 이번에는 페니실린과 같은 과에 속하는 항생제인 세팔로스포린이었다 – 을 맞다가 고통 속에 깨어났다. 패터슨의 불가사의한 병의 진행을 제지할 수 있는 건 없어 보였고, 룩소르의 별들 아래에서 로맨틱한 저녁식사를 하고 24시간이 지난 후의 스트라스디는 반 혼수 상태인 남편의 위장에서 나오는 탁한 녹색 액체가 든 백들을 간호사들이 갈고 있는 걸 공포에 질려 지켜볼 수밖에 없었다. 이집트를 떠나 진료를 받게 하기 위해 건강 보험사에 필사적으로 그녀가 전화를 거는 동안, 패터슨은 처음엔 의사들이 그에게 실험을 하고 있다고 믿었고, 그리고 나서 이집트 대령이 그를 죽이러 온다고 소리를 지르는 정신 이상 상태가 되었다. 아이러니하게도, 막상 그를 인간 기니피그로 만든 것은 그의 아내였다.

독일의 한 전문 팀이 도착하여 더 많은 항생제를 투여하고 프랑크푸르트의 군용 활주로까지 6시간 비행하며 패터슨을 안정시키고 있는 동안, 스트라스디는 구급대원들이 반복적으로 자기들의 손과 팔뚝을 조심스럽게 씻는 것을 보앉고, 이는 그녀를 언짢게 했다. 프랑크푸르트 괴테 대학 병원에 도착하여 중환자실에 남편을 눕히자 마자, 아무도 보호 가운과 장갑 없이는 들어갈 수 없음을 안내하는 독일어와 영어로 된 표지판이 걸렸다. 병원에 있는 다른 감염과 바이러스들로부터 아픈 남편을 보호하기 위함이었을까? 아니면 이집트에서 남편이 병에 걸리게 했던 그 무엇으로부터 다른 환자와 의료진들을 보호하기 위함이었을까?

패터슨은 급성 췌장염 - 소화기 계통을 조절하는 데 도움을 주는 장기의 감염 - 뿐만 아니라 가성 낭포(pseudocyst) - 그의 복부에 있는 막힌 곳 주변에 형성된 감염성의 끈적한 액체들이 든 덩어리 -- 를 가지고 있는 것으로 밝혀졌다. 스트라스디는 나중에 그것을 '축구공만 한 크기'라고 묘사했다. 마치 그것만으로는 충분하지 않은 것처럼, 그 감염을 일으킨 박테리아는 다름아닌 아시네토박터 보마니아이(*Acinetobacter baumannii*) - 세계보건기구의 가장 우려되는 내성균 목록 1위, 즉 패터슨의 주치의 말에 따르면 '지구상 최악의 박테리아'였다. 그들은 이 끔찍한 박테리아가 언제 어떻게 패터슨의 몸에 침투했는지는 알지 못했지만, 이 박테리아는 세 가지 항생제, 즉 메로페넴, 타이거사이클린, 콜리스틴만 제외하고 모든 항생제에 내성을 갖고 있었다. 콜리스틴은 2차 대전 당시에 나온 항생제로, 공식적인 '최후의 무기'라고 어느 정도 알려져 있긴 했지만, 너무나 심한 부작용들로 인해 쓰이지는 못하고 약 보관장에 처박혀 있던 약이었다. 지금까지 패터슨에게 투여된 항생제는 단지 아시네토박터의 경쟁 박테리아들과 그의 내장 속에 있는 이로운 박테리아들을 제거하는데 성공했을 뿐이었다.

*A. baumannii*는 한때 인간과 일반적으로 공존하고 면역체계가 손상된 이들만 위협하는 비교적 양성인 박테리아로 여겨졌다. 하지만 이 박테리아는

다른 박테리아들이 항생제에 내성을 갖도록 해준 유전자들을 포함하여, 다른 종들로부터 유전자를 흡수하는데 능숙하고, 특히 수십 년에 걸쳐 병원에 잠복해 있는 일부 변종들은 현대 의학이 무기고에 보유하고 있는 모든 항생제에 내성을 갖게 되었다. 2000년대에 중동에서 복무하던 수천 명의 미군들이 이 박테리아에 감염된 것이 발견된 이후, '이라크의 세균(Iraqibacter)'이라고도 불린다. 이라크 반군들이 폭발물에 *A. baumannii*가 박힌 배설물을 추가하여 적들 사이에 감염을 퍼뜨리고 있다는 루머가 퍼지기도 했다. 더 그럴듯한 설명으로는, 사람이 너무 붐비는 군 병원에서 항생제를 과다 사용하여 치명적인 변종 '이라크 박테리아(Iraqibacter)'가 나타났다는 것인데, 거기서 이들은 미국과 유럽의 의료 센터로 다시 옮겨져 퍼졌다.

스트라스디는, 경력 전체를 감염병 역학 전공으로 보냈음에도 불구하고, 항생제 내성 위기의 범위와 규모가 실제로 겪어보니 얼마나 무서운 것인지 실감나게 '스멀스멀 다가왔다'고 나중에 회고했다. 패터슨이 캘리포니아 라 호야에 있는 UCSD의 손턴 병원으로 이송된 직후, 그녀는 이제 남편의 균주가 이용 가능한 마지막 세 가지 항생제에게 마저 내성이라고 들었다. 그녀는 여전히 항생제를 남편의 혈류 속으로 주입하고 있는 링거 주사를 가리키며, 친구 슐리에게 '그렇다면 뭘 위해 저걸 주는 거지?'라고 물었다

"저 항생제들은 우리 의사들의 기분을 나아지게 하기 위해 주는 것이지."라고 그가 대답했다.

미칠 것 같고 끝없이 암울한 작금의 상황에서 기분을 전환하고자, 그녀는 동료들과의 가상 회의에 참석했다. 회의가 끝났을 때, 스트라스디는 그녀가 회의에서 나갔다고 착각했던 외과 의사가 동료들에게 나직히 '그녀의 남편이 죽을 것이라고 스테파니(스트라스디)에게 말해준 사람 혹시 있나요?'라고 묻는

것을 들었다

패터슨은 몇 주, 그 후로도 몇 달 동안 반 혼수 상태 또는 반 섬망 상태로 있었다. 새해에 그의 면역 체계는 모두 모여 가성 낭포 내의 슈퍼버그에 대항하는 듯했지만, 그의 망상은 악화되고 있었다. 그는 심지어 그의 상태에 대해 의사와 나누는 대화를 상상하면서, 자기를 안락사 시키는 걸 논하기 위해 가족 회의 소집을 요구하기도 했다. 그러던 중, 가성 낭포에서 액체를 제거해 주고 있던 배수관이 빠져서 미끄러졌고, 그 안에 있는 유해한 감염 액체는 그의 복강으로 거침없이 흘러 들어갔다. 그는 침대가 흔들릴 정도로 너무 심하게 떨면서 혈액 속 박테리아에 대한 위험한 면역 반응인 패혈성 쇼크에 빠졌다. 그는 인공호흡기를 착용하고 의학적으로 유도한 혼수상태에 빠졌다.

이전에는 상태가 좋지 않다 정도의 수준이었는데, *A. baumannii*는 이제 그의 혈액에서 가래에 이르기까지 모든 곳에서 발견되는 수준까지 악화되었다. 그의 온몸은 세계 최악의 박테리아에 의해 점유되고 있었다.

남편이 현재 인공호흡기를 착용하고 있고 담당 의료팀이 점점 더 많은 합병증들과 싸우고 있는 가운데, 스트라스디는 이 무적으로 보이는 세균으로부터 패터슨을 구하기 위해 무엇을 할 수 있는지에 대한 그녀만의 연구를 시작했다. 그 박테리아의 무시무시한 명성에도 불구하고, 스트라스디는 어떻게 치료해야 하는지에 대한 세부사항은 말할 것도 없고, *A. baumannii*의 증례들에 대한 정보가 놀랍도록 부족하다는 것을 발견했다. 그녀는 '다제 내성 *A. baumannii*에 대한 새로운 치료 옵션들'에 대한 2013년의 한 연구 논문을 발견했고, 개발 중인 새로운 치료법들의 목록을 살펴봤다: '이온 킬레이트 치료', '항 미생물 펩티드', '질소-산화물 치료', '광 역학 치료', '백신' 그리고 '파지 치료'.

앞의 두 가지는 실험실 내 세균에 한해서만 시도된 것이었고, 인체에는 전혀 사용되지 않았다.

　다음 두 가지는 피부에만 사용할 수 있었다.

　백신 접종은 너무 늦었다.

　남은 것은 파지로, 스트라스디가 대학에 다니던 새내기 시절부터 어렴풋이 기억하고 있던 바이러스였다. 파지를 항균제로 사용하는 것에 대해서는 FDA 승인을 받은 식품 외에는 현대 문헌이 거의 없지만, 1930년대와 40년대로 거슬러 올라가면, 파지 요법에 대한 논문들이 있었고, 이 요법이 조지아, 러시아, 폴란드에서 정기적으로 사용되고 있다는 보고를 읽고 그녀는 혼란에 빠졌다. 그녀는 트빌리시에 있는 낯선 병원으로 날아가는 환자들에 대한 버즈피드 기사를 읽었다. (버즈피드, Buzzfeed는 2006년 미국 뉴욕에서 설립된 인터넷 뉴스 사이트. - 역자 주) 그 외에는, 아무것도 없었다. 파지가 남편의 세균 침략자들을 물리칠 수 있는 유일하고 현실적인 선택지인 것 같았지만, 어디서부터 시작해야 할지를 몰랐다.

　헬싱키 선언은 인간을 대상으로 하는 연구와 실험을 통제하기 위해 세계 의학 협회에 의해 개발된 일련의 윤리적 원칙들이다. 이 선언은 나치 의사들이 아마도 전시 의학을 발전시키려고 강제 수용소의 사람들에게 끔찍한 실험을 했던 제2차 세계 대전이 끝난 후 개발된 규칙들의 모음집인 뉘른베르크 법전을 가지고 더 확장한 결과물이다. 이러한 공포들과 과학의 이름으로 시행된 다른 비윤리적인 인체 연구들에 이어, 뉘른베르크 법전과 헬싱키 선언은 개별 연구 피험자들의 안녕이 항상 과학과 사회의 이익보다 우선하도록 보장하기 위해 쓰였다. 이 법전과 선언은 둘 다 대단히 중요하다. 하지만 헬싱키 선언의 마지막 원칙인 37조는 지난 10년 반 동안 특히 파지 치료와 관련이 있다는 것이 증명되었다. 그것은 다음과 같이 써 있다:

개별 환자를 치료하는 데 있어서, 입증된 중재가 존재하지 않거나 다른 알려진 중재가 효과적이지 않은 경우, 의사는 전문가의 조언을 구한 후, 환자 또는 합법적으로 승인된 대리인의 사전 동의를 얻어 의사의 판단에 따라 생명을 구하거나 건강을 회복하거나 고통을 경감할 수 있는 희망을 제공하는 경우 입증되지 않은 중재를 사용할 수 있다.

다시 말해, 환자가 알려진 모든 치료 방법을 다 써버렸고, 큰 고통을 겪고 있거나, 사망할 가능성이 매우 높은 경우, 의사는 아직 제대로 평가되지 않았거나 효과가 입증되지 않은 치료법을 시행할 수 있다는 것이다. 이 조항은 죽어가는 환자들이 아직 규제 승인의 긴 과정을 마치지 않은 실험 약물을 시도하는 걸 허용하며, 의사는 다른 일반 환자에게는 너무 급진적이거나 위험하다고 여겨지는 치료를 죽어가는 환자에게는 시도할 수 있도록 허용한다. 환자가 나락으로 떨어지고 있을 때, '한 번 해볼 만한 가치가 있다'는 말을 장황하게 기술한 의학적이자 법학적인 표현이다.

파지의 효능을 입증하려는 시도가 아직 시작되지 않은 상황에서 헬싱키 선언 37조는 조지아나 폴란드 이외의 지역에 있는 환자들의 품으로 파지를 들여올 수 있는 사실상 유일한 방법이었다.

그녀의 남편이 트빌리시로 비행기를 타고 갈 생각조차 할 수 없을 정도로 너무 아팠기 때문에, 스트라스디는 필사적으로 국내에서 파지 요법을 시행할 수 있는 지식을 가진 누군가를 찾고 있었다. 그러나 이 당시에는 미국의 과학적 기반과 의학 언론의 레이더 망에 잡히지 않는 상태로 운영되던 족부 전문과 및 자연치료 진료소를 제외하고, 1940년대 이후로 미국에서는 파지 요법이 사용되지 않았다. 조지아와 러시아 밖에서 시행된 파지 요법의 소규모 실험들이 몇 차례 있었지만, 그것들은 다소 다른 조건들을 위한 것이었는데, 이를테면 알렉산더 술라크벨리제가 다리 궤양을 치료하기 위해 시행한 임상 시험과 런던에서 만성 귀 감염에 대해 시행한 또 다른 시험이었다.

그것은 스트라스디에게 희망을 주기에 충분했다. 더 많이 공부를 한 후, 그녀는 시험관, 페트리 접시, 기니피그 그리고 쥐에서 *A. baumannii*를 죽일 수 있는 파지들이 존재한다는 것을 보여주는 실험실 연구들을 발견했다. 그녀는 브뤼셀에서 근무하는 엘리아바 연구소 소속 연구원인 마이아 메라비슈빌리 (Maia Merabishvili) 박사를 찾아냈는데, 그는 그러한 파지들을 발견해 내는 것에 전문이었다. 이제 개인적으로 패터슨 증례를 담당하고 있는 스트라스디의 친구 슐리는 그녀가 찾아낸 것에 흥미를 느꼈고, 만약 그녀가 *A. baumannii*에 대해 작용하는 파지들을 발견할 수 있다면, 그는 FDA에게 그것을 사용할 수 있도록 허락해 줄 지 전화를 걸어 보겠다고 했다. 헬싱키 선언의 원칙에 준하여 최소한 시도해 볼 수 있도록 허가 받기 위해서는 정규 FDA 의약품 규정에 대한 면제 규칙인 eIND - Emergency Investigation New Drug License (긴급 연구 신약 허가) - 를 신청할 수 있었다.

스트라스디는 남편을 구하기 위한 싸움을 고통스럽고도 자세히 묘사하고 있는 그녀의 책 '완벽한 포식자'에서 "우리의 최고의 희망은, 어떤 방법을 써도 어차피 그는 죽을 거라는 판단을 FDA가 내리는 것이었습니다"라고 기술했다. 이제 경주는 시작되었다: 단지, 패터슨의 *A. baumannii* 종을 죽일 수도 있는 파지 하나 또는 몇 개를 찾는 것뿐만 아니라, 그 절차를 합법화하기 위해 필요한 모든 서류를 작성하는 것도 말이다. 그들은 용량 같은 것들을 결정해야 하고, 실제로 그 파지들을 나중에 어떻게 투여할지도 결정해야 할 것이었다.

그래서 세계의 파지 연구 그룹들이 패터슨의 변종 *A. baumannii*를 죽일 수 있는 바이러스를 찾기 시작했다. 광범위한 변종에 걸쳐 그리고 심지어 유사한 종에 걸쳐 작동할 수 있는 일부 다른 파지들과는 달리, *A. baumannii*를 감염시키는 파지들은 대부분 '궁합을 까다롭게 따지는 것'이므로, 패터슨의 몸을 감염시키는 세균에 딱 맞는 파지를 찾아야 했다. 샘플들은 텍사스 A&M 대학교의 교수인 라이 영(Ry Young)에게 보내졌는데, 그는 어떤 특정한 박테리아를 감염시키는 파지를 발견하는 것이 '비교적 쉬운' 것이라고 잡지에서 언급한 걸 스트라스디가 본 적이 있었다. 하지만 영의 연구실은 수년간 *A. baumannii*에 맞는 걸로는 한 줌 정도 소수의 파지들만 찾아 냈었다. 그는 스트라스디에게 박테리아가 한 종류에 매우 빨리 저항력을 갖게 될 수도 있기 때문에, 이상적으로 그들은 소수의 또 다른 파지들을 원하게 될 것이라고 경고하였다.

(텍사스 A & M 대학교는 19세기의 Texas Agricultural & Mechanical University를 전신으로 하지만, 현재는 아무런 관련이 없다. 그래도 기원을 기리기 위해 A & M이란 약자를 그대로 사용하고 있는 거대 명문 대학교다. 특히 6.25 전쟁 때 학도병으로서 대거 우리 나라에 참전하여 목숨을 바쳤다. - 역자 주)

한편, UCSD에서 슐리는 서둘러 조직된 이 실험을 위한 수석 연구자 역할을 함으로써 FDA 뿐만 아니라 병원 윤리 위원회와도 함께 하면서 '팀원들을 통솔하기로' 했다. 만약 파지를 찾아내더라도, 법적인 승인이 충분히 빨리 이루어질 수 있었을까?

이 증례에 연루된 연구자들의 수가 증가하기 시작하면서, 스트라스디는 미국에 파지 치료에 관한 연구소들이 그녀가 처음에 생각했던 것보다 더 많이 있다는 것을 알게 되었는데, 이 연구소들은 그들이 하고 있는 연구의 정보를 공공 웹사이트에 잘 공개하지 않는 경향이 있었다. 미 육군과 해군은 모두 내성 감염에 의해 심각한 상처를 입은 채 매년 중동에서 돌아오는 수천 명의 병사들을 위한 파지 치료법을 개발하는 전담 부대를 두고 있었다. 육군은 민간인 사건에 연루되는 것에 관심이 없었지만, 해군은 패터슨의 샘플을 선별하여 전 세계의 곪아 터지고 있는 박테리아 핫스팟(하수, 폐수 또는 선박에서 퍼내는 '오수' 포함)에서 얻은 소스에서 궁합 맞는 적절한 파지를 기꺼이 선별하기로 했다. 칼 메릴의 제자인 비스와짓 비스와스는 이제 해군 박테리오파지 과학 사단장이었고, 파지들이 현대 의학에서 어떻게 사용될 수 있는지를 파악하기 위해 칼이 일생을 바친 연구를 계속해오고 있었다. 그는 어느 파지가 어느 박테리아 품종에 대해 작동하는 지 알 경우 그 과정을 자동화할 수 있는 첨단 기술 키트를 개발했는데, 이는 일치하는 것을 찾는 데 며칠이 아니라 몇 시간 정도만 걸릴 수 있다는 것을 의미했다. 거기에 더해, 패터슨이 중환에 시달리는 동안, 예일 대학교의 의사와 연구자들로 이루어진 팀은, 우회 수술 후에 심장과 흉강을 점유했던 치명적인 내성 감염으로부터 나이 든 안과 의사의 생명을 구하기 위해, 닷지 폰드라고 불리는 뉴 잉글랜드 호수에서 찾아낸 파지들을 긴급 동정적 사용 면제 하에 투여했다.[38]

(긴급 동정적 사용 면제 = an emergency compassionate use exemption: 환자가 기존의 치료법으로 치료가 불가능한 경우, 아직 임상시험 단계에 있거나 승인되지 않은 약물을 사용할 수 있도록 허용하는 것. - 역자 주)

2016년 2월, 패터슨의 신장이 망가지기 시작했고, 곪어 죽는 것을 막기 위해 더 많은 침습적인 시술을 받아야 했다. 그는 더 큰 새로운 위관의 삽입을 싫다며 심지어 혼수상태에 있을 때도 저항해서, 양 손목이 구속된 상태에 있었다. 그 시술은 패혈증의 새로운 물결을 촉발시켰다 - 낭포를 뚫고 그의 혈액 속으로 진균이 퍼지며 2차 감염이 합병되었다. 그들은 파지를 빨리 찾아야 했다.

이때쯤 돼서 스트라스디는 꽤 괜찮은 규모의 팀을 구성했다. UCSD 감염병 책임자인 슐리뿐 아니라 영도 있었는데, 그는 파지들이 풍선처럼 내부에서 박테리아를 터뜨릴 수 있는 방법인 용해(*lysis*)를 이해하는 데 자신의 경력을 바쳤다. 은퇴를 앞두고, 그는 오랜 세월 그가 헌신한 연구에서 실제 성과가 나오기를 간절히 원했다. 벨기에의 메라비슈빌리도 있었다: 조지아에서 파지 치료를 시행한 경험이 있고 *A. baumannii* 파지들을 가지고 일했었다. 물론 비스와스는 1990년대부터 메릴과 함께 파지 치료에 참여하고 있었고, 둘 다 이번 증례에 동참하기로 동의했다. 그들 모두는 동물에게 파지 치료 실험을 했지만 사람에게는 실험을 해 본 적이 없었다.

영과 메라비슈빌리는 *A. baumannii*를 처리하는 파지를 몇 개만 가지고 있었지만, 비스와스와 미 해군은 수백 개의 파지를 가지고 있었는데, 이는 해군 과학자들이 세계에서 가장 더러운 장소들 중 일부에서 조달한 것이다. 관련된 모든 연구실의 팀들은 패터슨의 변종에 대항하는 파지들을 선별하기 위해 초과 근무를 시작했고, 그들은 적합한 파지를 가지고 있을지도 모르는 다른 연구원들과도 접촉했다. 한편, 처리하는데 통상적으로 몇 주가 걸릴 수도 있었던 스트라스디와 슐리의 서류 작업은 FDA와 병원 윤리위원회 모두에서 이틀 안에 승인을 받았다. 그 서류에는 패터슨이 사망할 경우 파지를 제공한 사람들이 법적인 책임을 지지 않는다는 것을 분명히 하는 문서들이 포함되어 있었다.

3월의 한밤중에, 라이 영 팀원 중 한 명이 보낸 이메일이 패터슨의 *A. bau-*

*mannii*를 죽일 수도 있는 파지들을 발견했다는 좋은 소식을 담고 스트라스디의 전자 우편함에서 깜빡였다. 새로운 파지 셋은 영의 텍사스 연구실 근처 돼지 축사의 진흙투성이 바닥에서 발견되었고, 파지 하나는 스트라스디의 고향인 샌디에고에 위치한 한 파지 스타트업으로부터 들어온 것이었다. 그리고 비스와스는 연락을 취했는데, 그는 미 해군 소장품에서 패터슨의 균주에 작동하는 파지들 10개를 발견했고, 가장 공격력이 좋은 네 개를 골랐다. 거의 1갤런의 박테리아 수프를 담을 수 있는 무거운 원추형 플라스크에서 그것들을 키운 후, 원심분리기를 길게 돌려서 이 원료 혼합물에서 나온 수조 개의 파지들을, 용해 분리물이라고 알려진 훨씬 더 작은 양의 탁한 고 밀도 파지 용액 묶음으로 농축하였다. 이 파지들은 텍사스와 메릴랜드 포트데트릭에 위치한 미 해군 기지에서 얼음에 재워 가지고, 샌디에고에 있는 남편 침대 머리맡의 스트라스디에게 당일 배달되었다.

하지만 한 가지 문제점이 있었는데, 이는 이미 유럽에서 있었던 다른 사례들에서도 파지 치료에 지장을 줬던 것과 같은 문제점이었다. 이 농축 혼합물에 함유된 세균 독소 수치가 너무 높아서 헬싱키 선언이건 아니건 FDA는 패터슨에게 주입하는 걸 허락할 수 없었다. 파지들은 수조 개의 파열된 박테리아 세포에서 나온 것들이기에, 치명적인 면역 반응을 촉발시킬 수 있는 박테리아 세포의 파편들과 다른 잔여물들을 포함하고 있을 가능성이 높았다. 그래서 먼저 파지들을 깨끗이 세척해야 했다.

스트라스디와 슐리는 두 혼합물을 그들이 왔던 실험실로 다시 보내지 않고, 근처의 샌디에고 주립대학의 포레스트 로워(Forest Rohwer)와 제레미 바를 팀에 합류시켰다. 로워와 바는 인간 세포에 미치는 영향을 정확하게 연구하기 위해 파지를 정화하는 전문가가 되어 있었고, 이 증례와 관련된 다른 많은 사람들과 마찬가지로, 즉시 다른 프로젝트들을 일단 중지하고 이 일을 시작했다.

이 극도로 힘들게 급히 만든 실험실 작업이 체계를 갖추는 와중에, 의사들은 스트라스디에게 그녀의 남편이 다발성 장기 부전에 들어가기 직전이라고 말해 주었다. 그의 심장과 폐를 계속 작동시키는 컴프레서와 인공호흡기, 그리고 그의 뇌를 보호해주는 인위적 혼수뿐 아니라, 그의 망가지고 있는 신장 기능을 대체하기 위해서 투석도 곧 필요하게 될 것이다. 이 파지들이 다시 한번 얼음에 포장되어 로워의 연구실에 택배로 보내졌지만, 한 달 전까지만 해도 파지요법에 대해 거의 들어보지도 못했던 몇몇 의사들은 이제 그 파지들을 어떻게 투여해야 하는지, 즉, 투여 용량이 얼마인지, 얼마나 자주 그리고 어디에 투여할지 등의 문제를 해결해야 했다. 그들이 올바른 용량을 정할 수 있도록 도와줄 문헌은 거의 없었다. 복용량은 의학 치료의 핵심적인 측면이고 지구상의 다른 어떤 형태의 생명체보다 더 빠르게 자가 복제하는 살아있는 약을 사용하는 것은 말할 것도 없고 불활성 화학 물질을 제대로 다루는 것도 충분히 어려웠다. 아무도 위험한 면역 반응 – 수십억 개의 이물질을 몸에 주입할 때, 그리고 박테리아 세포가 갑자기 터지기 시작하여 독성 파편이 혈류를 따라 퍼지기 시작하면 나타날 – 의 가능성을 최소화하면서 효과를 최적화할 수 있는 이상적인 복용량을 알지 못했다.

다시 한번, 파지 요법의 선구자인 메릴을 포함한 전 세계적인 전문가 컨소시엄이 자문을 제공할 수 있도록 하였다. 이 팀은 파지 요법이 쥐와 생쥐를 이용한 모델에서 효과가 있었다는 결과를 보고한 매우 적은 수의 논문들에 나온 세부 사항들과 전문 지식 그리고 자신들이 본능적으로 느끼는 지식을 혼합하였다. 그리고 나서 포레스트와 그의 팀으로부터 좋은 소식이 하나 나왔다: 보통 몇 주가 걸릴지 모르는 활동의 불확실함 속에서, 그들은 텍사스 파지들을 성공적으로 정화시켰다는 것이다. 이 과정은 세균 잔해들이 둘러싼 환경으로부터 파지들을 화학적, 물리적으로 분리하기 위해 여러 차례 시행한 여과와 원심 분리 과정이었다. 이 농축된 파지들은 원래 1밀리리터 당 60,000 이상의 '내독소 단위'를 함유하고 있었는데, FDA가 이를 사용 승인하기 위해서는 1,000 미만이어야 했다. 가장 최근 판독 값은 667이었다. 비스와스와 그의 미 해군 팀도 이와 비슷하게 인상적인 바이러스 세척을 수행했으며, 그의 파지들 또한 얼음에 포장되어 UCSD 병원으로 다시 한 번 향했다.

이제 두 세트의 파지 모두 FDA가 사용할 수 있을 정도로 정제되었기 때문에, 모든 각도에서 세계 최악의 박테리아를 공격하는 걸로 계획이 확정되었다. 라이 영의 '텍사스 산' 파지는 패터슨의 복부에 있는 감염된 복강에 반복적으로 주입될 것이고, 만일 즉각적인 나쁜 반응이 없다면 강력한 미 해군 파지는 그의 혈류에 주입될 것이었다. 멀티 파지 칵테일이 두 경로로 때리면서 패터슨의 몸 구석구석까지 도달할 것이니, 그 어떤 박테리아 세포도 갑자기 그 여덟 개 모두에 대한 내성을 한꺼번에 만들 가능성은 극히 희박해진다.

중환자실에서 두 달을 보낸 후, 패터슨의 몸은 나빠지고 있었고 파지들을 그에게 전달하기 위한 박테리아와의 경쟁은 막판으로 진행되고 있었다. 스트라스디는 마침내 FDA로부터 서류 작업을 받았고, 위험한 절차에 대해서 동의를 얻었을 뿐만 아니라 미래의 환자들을 위한 절차를 더 잘 파악할 목적으로 나중에 패터슨에게 실험이 수행될 수 있도록 동의를 얻었다. 파지들이 병원에 도착했을 때, 정제된 혼합물들은 병원의 약사들이 준비해야 했는데, 이것은 각각이 정확하게 라벨을 붙이고, 올바르게 희석되고, 주입되는 장소에 맞는 pH로 조정되도록 하기 위한, 시간이 걸려도 필수적인 마지막 단계였다. 스트라스디는 시계 분침이 똑딱거리며 가는 걸 지켜 보느니 집으로 돌아가라는 말을 들었고, 파지들이 투여될 준비가 다 됐다는 연락이 왔을 때는 어느덧 땅거미가 지고 있었다.

신장 내과 팀은 모여 앉아서 파지 시술이 패터슨으로 하여금 힘을 얻도록 도와줄 것이라는 희망 속에, 가장 필요했던 투석을 미루며 패터슨의 신 기능을 진지하게 모니터하고 있었다. 하지만 패터슨은 이제 신장 손상에서 완전한 신장 부전으로 급속히 악화되고 있었다. 그는 문자 그대로 그 어떤 순간에도 죽을 수 있었다.

스트라스디가 울퉁불퉁한 샌디에고의 5번 고속도로를 통해 병원으로 갈 때, 서로 다른 전문 분야에서 온 10명의 의사 팀이 모여서 이 흥미로운 색다른 실험을 돕고자 했는데, 이 실험은 마치 축구 경기의 50야드짜리 헤일 메리 패스와 동등한 의학적 실험이었다. 심지어 긴급 승인을 처리한 미 FDA 관리인 카라 피오레(Cara Fiore) 박사도 아들의 하키 경기 상황에 대해 전화로 수시로 확인하는 와중에도 이 치료 상황을 계속 주시하고 있었다.[39] (헤일 메리 = Hail Mary: 원래는 가톨릭의 성모 찬송을 의미한다. 미식 축구에서는 종료까지 몇 초만 남기고 지고 있고 적진까지 너무 멀리 떨어져 있지만, 터치 다운 하나만 하면 역전승 할 수 있는 점수 차이라면 되건 안되건 '에라 모르겠다, 성모님 은총을!' 하고 쿼터백이 적진을 향해 장거리로 던지는 맹목적인 패스를 말한다. 우리 식으로 하면 모 아니면 도인 셈. 가끔 이게 성공해서 극적인 역전극이 연출되기도 한다. 정말이다. - 역자 주)

마침내 약사는 '생물학적 유해물'이라고 표시된 가장 중요한 상자를 들고 패터슨의 방에 들어섰고, 스트라스디의 친구이자 '치료 총 책임자'는 의사들이 주사기에 파지들을 넣어주자 그 파지들을 축복했다. 사람 지치게 하고 불규칙했던 프로젝트를 기념하기 위해 파지 팀의 기념 사진들이 촬영됐고, 스트라스디와 패터슨의 딸은 그녀의 전화기를 잽싸게 꺼내 긴장된 분위기를 누그러뜨리기 위해 진부한 노래를 크게 틀었다: 서바이버가 1980년대에 목청껏 불렀던 '결판의 시간'.

(결판의 시간, the Moment of Truth: 투우에서 유래된 용어이다. 직역하면 '진실의 순간'이지만, '결판의 시간'이 원래 뜻에 가깝다. 이 제목의 노래는 1984년 영화 '가라테 키드'의 주제가로 쓰였다. - 역자 주)

화려하게 시작했던 그 '결판의 시간'은 초반엔 어째 좀 지지부진하였다. 의료진은 면역 과잉 반응의 징후를 보고 싶어하지 않았으며, 끊임없이 변이를 하는 균주에 대해 파지가 얼마나 잘 작용하고 있는지를 알기 위한 데이터를 패터슨의 배액관에서 나온 액체 샘플로부터 얻으려면 파지 투여를 몇 번 더 해 봐야만 할 것이었다. 하지만 초조했던 3일이 지나고 나서 몇 가지 좋은 소식이 있었다. 패터슨은 혼수상태에서 깨어나 딸의 손에 키스하고 기진맥진한 잠 속으로 다시 빠졌다. 그의 회복은 위태로웠다 - 파지들이 박테리아를 통해 퍼져나가고 그것들을 터뜨리면서 몸에 퍼진 엄청난 양의 박테리아 잔해에 그의 몸이 반응하는 바람에 면역체계의 활동을 반영하는 백혈구 수치가 처음에는 위험한 수준으로 치솟았다. 그는 내부 출혈과 그의 생명을 다시 한번 위협하는 장기 부전에 시달렸다. 심지어 또 다른 박테리아에 의해 유발된 패혈증까지 겪었는데, 다행스럽게도 여전히 항생제에 잘 듣는 박테리아였다. 게다가 의식이 더욱 호전되어 인공호흡기를 제거한 후, *A. baumannii*는 미 해군의 파지들에 대해 저항하며 다시 반격해 왔다. 비스와스와 미 해군은 이 박테리아를 제거하기 위해 재빨리 또 다른 파지를 찾아 정제해야 했다. 작고 원형이며 이전에 사용되었던 꼬리가 달린 파지들과는 전혀 다른 형태의 이 새로운 파지는 박테리아 숙주의 다른 부위를 표적으로 삼았고, 다른 파지들과 심지어는 같이 투여되던 일부 항생제의 효과도 증진시키는 것처럼 보였다. 결국, 패터슨은 천천히, 그리고 완전히 회복되었다.

패터슨과 스트라스디뿐만 아니라 메릴, 영, 비스와스, 메라비슈빌리와 그 외 전 세계의 많은 파지 과학자들도 기뻐했다. 스트라스디가 자신의 책과 많은 기사, TV리포트와 소셜미디어에서 이야기한 이 드라마는 국제적인 뉴스거리가 되었으며, 다시 한번 파지들이 서구의 주목을 받게 하고, 이 100년 된 의학 치료에 대한 관심을 새롭게 모으는데 일조했다. 그의 능력으로 인해 무리들 사이에서

'파지 위스퍼러(phage whisperer)'라는 별명을 얻은 비스와스는 곧 파스퇴르 연구소에서 이 사건에 대해 강연을 하고 있다. (whisperer를 사전에서 찾으면 '고자질 하는 사람'이란 뜻만 나오지만 이는 여기서는 맞지 않는다. 문자 그대로 해석하면 '속삭이는 이'라는 뜻인데, 어느 대상과 속삭이며 공감하고 지낼 정도로 밀접 하다는 의미에서 그 대상의 전문가라는 의미를 담고 있다. 우리 식으로 해석하자면 '파지 도사' 쯤이 가장 근접한 뜻이 되겠다. - 역자 주) 이 강연에 기립박수를 보낸 청중들 중에는 펠릭스 드허렐르의 증손자인 휴버트 마주어(Hubert Mazure) 박사도 있었다. "바로 그때부터 전화 통화가 시작된 것입니다." 라고 스트라스디가 말했다. 그녀는 파지 치료법에 접근하기를 희망하는 전 세계의 위독한 사람들에게 자신이 사실상의 연락처 역할을 하고 있다는 사실을 깨닫게 되었다.[40] FDA는 파지 치료법의 역사와 잠재력에 대한 워크숍을 개최하기 시작했다.

패터슨의 극적인 회복과 그의 의료팀의 놀라운 노고는 삶과 죽음의 맥락에서 미국에서 파지 요법을 어떻게 시행할 것인지에 대한 중요한 출발점을 제공했다.

슬프게도, 긴급 동정적 사용 경로를 통해 파지 요법의 사용 허가를 요청하는 모든 사람들이 그렇게 운이 좋은 것은 아니다. 미국 작가이자 운동가인 맬로리 스미스는 낭포성 섬유증으로 황폐해진 그녀의 폐를 모두 대체하기 위한 이식을 받은 지 두 달 후인 2017년 25세의 나이로 사망했다. 이 유전적 상태는 폐와 소화기 계통 및 다른 장기에 끈적거리는 점액이 쌓여 광범위한 증상을 일으키고 완강하게 치료에 저항하는 감염의 가능성을 높인다. 불과 3세에 이 질환을 진단받고 12세가 되자 스미스의 폐는 벅홀데리아 세파시아(*Burkholde-*

ria cepacia)라고 알려진 박테리아에 감염되었다. 어쨌든 그렇다고 해서 그녀가 고등학교 대표 선수와 스탠포드 대학교의 배구 동아리 선수가 되는 것에는 지장을 받지 않았다.[41] 그러나 2학년 기간 동안 폐의 상태가 급격히 악화되어, 그녀는 합병증과 거부반응의 높은 위험으로 신체에 엄청난 손상을 가하는 폐 이식이 필요할 것이라는 것이 명백해졌다. 슬프게도, 이중 폐 이식을 받은 후, 그녀의 흉강의 다른 부분이나 이식에 의해 손상되지 않은 상부 기도에 숨겨져 있었던 같은 박테리아가 그녀의 폐를 다시 점령했다.

스트라스디가 그녀의 남편을 위해 실험적 치료를 위한 코디네이터 역할을 했던 것처럼, 딸의 생명을 구할 수도 있는 파지를 찾는 일을 시작한 사람은 스미스의 아버지 마크였다. 그는 스트라스디, 미 해군, 칼 메릴에게 연락을 취했고, 그들은 당시 파지 치료 회사인 Adaptive Page Therapeutics를 설립했다. 그들의 놀라운 업적이 재현되기를 희망할 수 있게, 일치하는 파지들이 발견되었고* 필요한 서류 작업이 완료되었으며, 바이러스들은 특별한 의료 비행기에 실려 이동한 후, 위독한 상태의 맬로리가 입원해 있던 피츠버그 대학 의료 센터로 헬리콥터로 수송되었다. 그러나 너무 늦었다: 그녀는 가장 최근에 얻은 감염으로 돌이킬 수 없는 뇌 손상을 입었고, 첫 번째 투약을 받은 다음 날 사망했다.

맬로리의 어머니 다이앤 셰이더 스미스(Diane Shader Smith)는 딸의 질병에 대해 수백 번 이야기를 하며 '파지 치료 전도사'가 되었고, 만약 더 빨리 투여되었다면 어찌어찌 파지가 딸의 생명을 구했을 지도 몰랐다는 것에 대해

★ 시간적 제약을 고려할 때, 확인된 파지는 치료에 이상적이지도 않고 적절히 정제되지도 않았지만, 스미스의 부모는 어쨌든 이를 사용할 것을 요청했다.

이야기한다.[42] 그녀의 아버지 마크 스미스는 파지 치료에 특정한 초점을 두고 항균제 내성을 다루는 연구 프로젝트와 임상 시험을 지원하는 맬로리의 유산 기금(Mallory's Legacy Fund)을 설립했다. 맬로리의 회고록 '내 영혼 안의 소금: 끝나지 않은 삶'은 사후에 출판되었고, 2022년에 그녀의 삶과 죽음에 대한 다큐멘터리 영화가 개봉되었다.

맬로리가 사망한 이후, 미국뿐만 아니라, 영국, 프랑스, 벨기에, 캐나다, 호주, 일본, 이탈리아 등에서도, 더욱더 동정적 사용을 통한 파지 요법이 행해지고 있다. 하지만 이러한 사례들은 여전히 예외적인 것으로 남아 있다. 내성 감염자들은 파지 요법을 시도해 볼 기회는커녕, 그에 대한 이야기조차 듣지 못한 채 사망하는 경우가 더 잦다.

헬싱키 선언문은, 그리고 동정의 이유로 긴급규제승인서를 사용하는 것은, 백 명 정도의 사람들을 극도로 위험한 상황으로부터 구해낼 수 있는 유용한 기전임이 입증되었지만, 지금 매년 수천만 명의 사람들에게 영향을 미치고 있는 세계적인 위기상황에 대한 해답은 아니다. 한 파지 전문가의 말처럼, 의약품 규제 당국으로부터, 동정의 목적으로 파지 요법을 사용하도록 승인을 받는 과정과 관련해서는, "그들은 절대 안 된다고 말하지는 않지만, '그럽시다'라는 대답이 너무 늦게 오는 경우가 많다."

10

간절함은
자라나고

수잔 드 괴이즈(Susanne de Goeij)는 암스테르담의 햇빛 환하게 드는 아파트에 사는데, 그곳은 화려한 꽃병과 장신구, 그리고 어린 딸의 장난감으로 가득 차 있다. 장밋빛 뺨과 헝클어진 풍성한 적갈색 머리를 한 그녀는 건강과 행복의 상징처럼 보인다. 하지만 드 괴이즈의 헐렁하고 일상적인 옷 속에는 고통스러운 문제가 숨겨져 있다. 그녀는 피부, 머리카락 및 손톱의 구조적 기반인 섬유 단백질 케라틴 과잉 생산으로 생기는 한선염(hidradenitis suppurativa), 즉 HS라고 알려진 피부 질환을 가지고 있다. 과도한 케라틴이 모여 그녀의 모낭에 웅크리고, 드 괴이즈의 표현에 따르면 '시멘트'를 형성한다. 굳어진 모낭은 종종 사타구니, 겨드랑이, 유방과 엉덩이 밑과 같은 신체의 특정 민감한 부분에서 특히 험악하게 부풀어 오른다. 결국, 이 모낭들은 파열되고, 깊은 피부에서 표면으로 찢어 올라가 상처를 낸다. HS 환자들은 특이한 박테리아 미생물 군집(microbiome)을 가지는 경향이 있고, 상처는 감염되고 염증이 생기며 치료에 저항하는 식으로 악화된다. 각각의 염증은 칼로 조각난 듯 느껴질 수 있으며, 드 괴이즈의 등을 가로지르는 패인 곳들과 큰 구멍들은 지도 모양이 되면서 이 병을 앓는 모든 사람들의 아픈 역사를 보여준다.

드 괴이즈는 종종 그녀의 어린 딸의 방에 있는 행성이 그려진 벽지 앞에서, 때로는 약속한 모임에 참석하기 위해 잎이 무성한 동네를 걸어 다니면서 HS에 관한 정기적인 비디오 블로그들을 올린다. 그녀의 네덜란드 억양은 영어 문장에 장난기 어린 음들을 더하며, 좋은 소식이든 나쁜 소식이든 그녀의 근황이 행복하게 들리게 한다. 대부분의 HS 환자들처럼, 그녀는 효과가 감소하다가 결국 사라지기 전까지 잠깐 동안만이라도 소염 효과를 보여주는 다양한 항생제를 여러 과정으로 시도해 왔다. 스테로이드를 시도했지만, 이는 장기적으로 복용할 수 없는 부작용을 일으킨다. 전체 면역체계를 억제함으로써 염증을 억제하는 다른 치료법들은 너무 위험하다고 느낀다. "저는 가족이 있어요. 이 스테로이드 치료에 제 목숨을 걸지는 않을 거예요."라고 그녀는 높고 쾌활한 목소리로 말한다.

심한 HS의 마지막 수단은 부은 모낭을 포함하고 있는 부위를 단순히 피부에서 잘라내는 수술이다. 하지만 이는 혹이 겨드랑이 주변과 같은 특정 부위에 국소적으로 집중되어 있는 사람들에게서만 선택할 수 있는 것이다. 드 괴이즈의 병변은 자신의 몸 절반을 감싸고 있다. '그들이 어떤 부위에 수술을 할 때마다 매번 전혀 다른 부위에서 또 다른 혹이 튀어나올 것입니다.'라고 그녀는 말한다.

치료 실패를 수년간 겪은 후에, 드 괴이지는 세간의 이목을 끄는 톰 패터슨과 스테파니 스트라스디의 이야기, 파지 치료에 관한 기사들, 그리고 엘리아바 연구소의 웹사이트를 우연히 발견했다. 파지 요법 개념을 공부해 보고, 수차례 문의를 한 끝에, 그녀는 크라우드 펀딩을 모집하여 진단, 치료, 숙박, 그리고 트빌리시까지 9시간 비행에 필요한 8,000 유로를 받았다. 당시 조지아의 수도는 여전히 가기 어렵거나 길을 찾기 어려운 곳으로 여겨졌지만, 드 괴이즈는 여행을 계획하였다. 그녀는 조지아 의사들과 연락하기 위해 연구소에서 수수료를 받고 일하는 네덜란드의 일종의 파지 치료 알선자인 '환자 옹호자'를 이용했다. 엉덩이에 농양이 있어서, 그녀는 매일 그 도시의 정체된 도로를 가로지르는 고통스러운 택시 여행을 견뎌내야 했고, 이제 그녀는 그 연구소에서 도보로 5분 거리에 있는 더 저렴한 호텔을 찾을 수 있다는 것을 알게 됐다.

드 괴이즈는 현재 계속 늘어나고 있는 파지와 파지 치료를 접하려 필사적인 사람들 중 한 명일 뿐이다. 내성 감염을 해결할 파지의 흥미로운 잠재력을 칭찬하는 내용의 기사들은 단지 몇 번의 클릭으로 검색만 해도 수백 개씩 쏟아지고, 이런 기사들과 함께 최근 몇 년 사이에 그것에 대한 관심의 폭발로 인해 확실히 상황은 더 안 좋아졌지만(수요는 급증하지만 공급이 따라가지 못하는 상황. - 역자 주), 실제 파지 요법을 제공해 줄 수 있는 진료소는 아직은 단지 극소수다 - 대부분의 경우는 가장 심각한 예후를 가진 사람들에게만 제공된다. 비록 미국과 유럽에서 패혈증 상처부터 요로 감염까지 다양한 감염에 대한 여러 임상 시험이 진행 중이지만, 이러한 시험에 등록될 자격이 있는 환자들은 만성적이고, 치료 불가능하며, 때로는 말기 감염으로 고통받고 있는 환자들 중 극히 일부에 불과하다.

또한 오랜 파지 요법 사용 역사를 가지고 있는 폴란드의 경우, 히르쯔펠트 면역 및 실험 치료 기구(Hirszfeld Institute of Immunology and Experimental Therapy)의 파지 요법 유닛은 브로츠와프, 크라쿠프, 체스토호와에 있는 진료소에 갈 수 있는 사람들에게 파지 요법을 제공한다. 폴란드가 EU에 가입한 이후로 그들의 운영 방식은 더 제한적이 되었고, 그들이 어떤 환자를 받아들일지를 결정하는 기준은 엄격하다: 그들은 특정 박테리아와 관련된 특정한 감염을 가진 환자들만을 치료한다. 인지도가 낮고 국제적인 연관성이 적기 때문에, 조지아의 파지 요법보다 폴란드의 파지 요법에 대해 아는 사람은 훨씬 더 적은 것으로 보인다. 비싸고 복잡한 트빌리시로의 여행은 파지 요법을 시도하고 싶어하는 많은 사람들에게 유일한 선택지로 남아 있다.

드 괴이즈 씨가 이 도시에 도착했을 때 알게 된 것은 '여러 가지 면에서 뒤떨어져 있다'는 것이었다. 최신 실리콘 폼 붕대로 감는 것에 익숙해져 있던 차에, 그 곳 임상의들은 구닥다리 시대의 구급상자에서나 볼 수 있는 거즈 조각들을 사용했다. 그들은 작은 바늘로 채취하는 것이 아니라, 커다란 주사기에 '옛날 방식'으로 혈액 샘플을 채취했다. 그리고 그녀는 '철에 얹은 내 발'이라는 낡은 부인과 의자에서 치료를 받게 되었다.

"이건 정말 이상한 경험이었어요," 라고 그녀가 감탄할 만한 유머로 말했다. "저는 이 아주 낡은 부인과 의자에 완전히 벌거벗은 채 누워있었고, 그곳에는 세 명의 조지아 의사와 한 명의 간호사가 서서 제 질을 똑바로 바라보며 이야기하고 있었는데, 모두 영어 한마디 없이 말을 하고 있었죠." 후진 시설들과 언어 장벽 문제는 별도로 하고, 그녀의 상태에 대한 의사들의 이해는 뛰어났다는 것을 알게 되었다. 그녀의 HS를 치료하는 것뿐만 아니라, 그녀가 아마도 원래 갖고 있었을 것이지만 정식 진단은 받지 않았을 것으로 의료진이 생각한 장 문제를 해결해 주기 위해 그녀에게 프로바이오틱 파지도 제공했다. 여행과 치료는 효과가 있었다 - 그녀는 방문 직후 종기가 닫히기 시작했고, HS는 3개월 동안 전례 없던 관해 상태로 들어갔다. 연구소에서 시판하는 파지 제품 중 하나가 효과가 있는 것으로 입증되었기 때문에, 그녀를 위해 특별히 파지 칵테일을 새로 만들어 줄 필요가 없었다. 네덜란드로 돌아가, 그녀는 자신이 치료를 계속할 수 있도록 또 다른 파지를 구입하기 위해 돈을 모았다.

그러나, 네덜란드 우체국과 정부는 생각이 달랐다. 만일 조지아에서 암스테르담으로 보낸 파지 소포를 괴이즈가 받으려고 하면, 그것들은 압수되고 폐기될 것이다. EU 규칙에 따라, 유럽 내에서 사용하기 위해 배송되는 모든 약은 유럽의약품청(the European Medicines Agency; EMA)에 의해 검사 받고 승인되어야 한다. 심지어 파지 치료에 대한 유럽연합의 입장이 바뀌더라도, EMA는 조지아에서 만들어진 바이러스의 복잡한 혼합물을 승인할 것 같진 않다 - 안에 정확히 무엇이 들어있는지를 확인하는 것은 너무 어려우니까.

"그들은 일반적인 약과 같은 기준으로 파지를 잡아두고 있지만, 일반적인 약이 아니에요."라고 드 괴이즈는 주장한다. "세균이 바뀌자마자 파지도 그와 함께 변합니다. 이것이 그 파지의 힘입니다."

만성 질환 해결의 유일한 선택지라고 생각하는 것에 접근하기 위해 오래 기다렸고, 어렵게 찾아 갔으며, 관료들이 딴지 거는 걸 견뎌온 셀 수 없이 많은 다른 사람들이 있다. 프라나브 조흐리(Pranav Johri)는 1년 반 동안 전립선의 세균성 염증으로 고통을 받은 후, 엘리아바 연구소에서 치료를 받은 인도 출신의 첫 번째 환자가 되었다. 파지라는 주제와 파지 치료를 받으려면 어떤 절차를 밟아야 하는지에 대해 명확한 정보를 얻는 것이 너무 어렵다는 것을 알았기에, 그와 그의 아내 아프루바(Apurva)는 특히 인도 환자들의 치료 접근을 돕기 위해 뉴델리에 바이탈리스(Vitalis)라는 회사를 설립했다.[43] 그들은 사람들이 조지아 파지 치료 시스템으로 들어갈 수 있도록 도와주었다 - 그러한 서비스에 대한 수요가 늘어나 이제는 인도뿐만 아니라 영국과 호주의 고객들도 돕고 있다.

외국인 환자들을 위한 파지 치료 클리닉은 2005년부터 트빌리시에서 운영되고 있다. 엘리아바 연구소 파지 생물학과의 수석 과학자로 50년간 근무한 카리스마 넘치는 반 은퇴한 팔순 노인인 젬피라 알라비제(Zemphira Alavidze) 박사는 코로나19 팬데믹 기간에도 수년간의 항생제 치료 과정 끝에 실패하여 끔찍한 상태가 되어서 도착한 수백 명의 사람들에게 행해진 작은 기적들에 대해 나에게 말한다. 이 클리닉의 20년 된 웹사이트와 트빌리시 서쪽 끝 교외에 있는 눈에 잘 띄지 않는 갈색 금속 문을 보면, 이곳이 과연 당신을 잘 치료해 줄 수 있을지 확신을 가지기 힘들어 보이는 장소다.

2012년에 엘리아바 연구소에 새로운 파지치료센터가 추가되었는데, 연간 수백 명의 외국인 환자들을 치료할 수 있으며, 이제는 연구소에서 세균 샘플을 받아 적절한 파지를 제작하여 되돌려 보낼 수 있는 원격서비스를 제공하고 있다. 하지만 파지 치료 접근성에 대한 요구가 커짐에 따라, 사람들은 점점 더 제약회사나 심지어는 수의학 웹사이트에서 파지를 구입하는 것에 의존하고 있으며, 심지어 일부 사람들은 파지를 스스로 분리 정제하려고까지 하고 있다. '파지 페이지'라는 페이스북 그룹에 따르면, 과학자들은 파지들에 관한 최신 뉴스에 링크를 올려놓지만, 환자들은 이베이나 외국 약국에서 직접 파지를 구입하는 방법을 알려주는 이상한 만화 사이트인 Europhages.com 과 같은 온라인 마켓에서 파지 제품을 구입하는 것을 비롯하여, 파지 제품을 구입하는 방법에 관한 팁들도 공유하고 있다. ['박테리오파지를 판매하는 러시아 약국을 찾으려면, 여기를 클릭한 다음 검색란에 'бактериофаг (bacteriofag)'라는 단어를 복사해서 붙여 넣으세요.'라고 되어 있다.]

이는 절박한 일이다. 이 웹사이트들에는 러시아와 조지아, 우크라이나, 체코 그리고 오스트리아에 있는 파지를 살 만한 곳들이 나열되어 있지만, 실제로 이들 혼합물에 어떤 바이러스가 들어있는지에 대한 자세한 정보는 나와 있지 않다. 이 기사의 아래에는 다음과 같은 가슴 아픈 사연들이 수십 개나 올라와 있다:

'안녕하세요. 치주염과 라임병에 딱 궁합이 맞는 파지를 찾고 있습니다.' (중략) '이 파지가 내 전립선에서 장알균을 제거할 수 있을까요?'

판매 관리자 미스터 체스넛이라는 이름으로 글을 올리고 있는 한 남성은 사람들에게 동물 전용으로 승인된 파지를 판매하는 웹사이트를 방문하라고 권유하고 있다.

이런 식의 루트로 파지 구입을 시도하거나 소스를 구하지 말도록 엘리아바 연구소 소속 직원들은 '그런 파지들은 적절하게 처방 되지 않았고, 민감도 검사도 시행되지 않았으며, 의사도 참여하지 않았다'는 메시지를 그룹 페이지에 게시한다. 한 게시물은 이렇게 언급하고 있다: '우리는 그들이 제공하는 파지들이 어떻게 보관되고 운송되는지에 대해서도 알지 못한다.' 파지에 관한 모든 것의 원조 할머니 격인 베티 커터 조차도, 사람들에게 이용 가능한 몇 안 되는 평판 좋은 치료 경로를 알려주기 위해 노력하고 있다. 하지만 많은 사람들에게는 엘리아바 연구소가 원격 서비스 때문에 부과하는 가격조차 너무 높고, 배송 서비스는 너무 느리다.

상황이 나아지더라도, 엘리아바 연구소나 폴란드의 히르쯔펠트 연구소의 과학자들, 혹은 미국의 몇몇 자연치료사들이 전 세계의 모든 내성 감염 환자들을 치료할 수는 없다. 그 치료법에 접근하려 대기하는 사람들의 수는 점점 더 늘어나고 있다.

이 책을 쓰면서, 내가 지금까지 이야기했던 거의 모든 파지 연구자들은, 심지어 의학 연구와 거리가 먼 사람들조차도, 아프거나 죽어가는 절실한 사람들로부터, 그들이 도와주고 싶어도 거의 아무 것도 도와줄 수 없는 참혹한 내용의 이메일을 받아 왔다고 내게 말해 주었다. 몇몇 환자들은 수십 년 동안 다양한 항생제 치료를 받아왔지만, 감염을 늦추기만 했을 뿐 제거가 안 되었고, 대신 건강을 유지하기 위해 필요한 박테리아가 사라지면서, 끔찍한 연쇄 반응을 겪었다고 했다. 호주의 연구자인 제레미 바 박사는 만성 감염의 일상적인 고통과 불편함을 겪기 보다는 스스로 목숨을 끊으려는 한 환자의 메시지를 받고, 항균제 내성 생존자들의 증언을 연구하는 프로젝트를 시작했다.

파지 요법은 아직 주류와는 거리가 멀기 때문에, 이 분야의 세계의 많은 선구자들인 교수, 강사, 의사들은 연구 업무에 임하거나 담당 환자들을 진료할 때 파지 요법을 우선 순위로 올려 놓으려 추진하고, 자발적이거나 무보수로 파지 요법에 대한 문의에 답하며, 지구 반대편에 있는 환자를 도울 수 있는 파지를 그들의 컬렉션에서 찾기 위해 때로는 자기들이 원래 하던 연구 계획을 잠시 유보하기도 한다.

비록 치료용 파지 구입에 대한 유럽연합의 규제에서 정부가 특별 면제해 주고 있는 벨기에를 통해 받아야 하는 것이지만, 드 괴이즈는 조지아로부터 오는 그녀의 선적물을 간절히 기다리고 있다.

미국 FDA도 최근 조지아 및 러시아 파지의 수입을 금지하고 있다.

"특히 항생제에 대한 내성이 증가하고 있는 현재, EMA가 지금 이 문제에 개입해서 재고해 보지 않는 것은 바보 같은 행동이라고 생각합니다." 라고 그녀가 별로 유쾌하지 않게 말하고 있다. 그녀가 경구로 복용하고, 상처가 재발할 경우 바르는 용도의 3개월치 파지는 비용이 2,000 유로가 넘는다. 네덜란드의 건강보험제도는 조지아에서 만들어진 바이러스 꾸러미를 합법적인 치료법으로 인정하지 않고, 이 특정 질환에 대해 장기간 이중맹검으로 임상 시험이 있었을 경우에만 비용을 지원한다.

드 괴이즈는 "인정받으려면 몇 년이 걸릴 겁니다"라고 짜증나는 웃음을 지으며 말한다.

드 괴이즈와 같은 사람들에게 더욱 걱정스러운 것은, 파지 요법이 효과적이라는 것을 확실히 증명하기 위해 이중 맹검 임상 시험을 하는 소수의 연구 집단들이 매우 고전하고 있다는 것이다. 파지 요법이 전통적인 임상 시험에 쉽게 들어맞지 않는 많은 이유들이 있는데, 첫 번째 이유는 규제 당국이 시험 중인 대상 약의 정확하고 안정적인 화학 구조식을 보기 전까지는 통상적으로 시험을 시작할 수 없기 때문이다. 물론 파지를 기반으로 하는 약은 종종 하나 또는 많은 다른 종류의 활동적이고 진화하는 바이러스를 포함하며, 때로는 모든 환자에게 맞춤형으로 만들어지고, 때때로 박테리아가 그것들에 대한 저항성을 갖게 되면 치료 과정 중에 바꿀 필요도 있다.

많은 환자들을 대상으로 한 대규모 실험에서, 많은 다른 종류의 파지들이 포함된 '칵테일'은 다양한 환자들과 약간 다른 박테리아 품종들에도 동일하게 효과가 있다는 것을 보장하기 위해 사용될 수 있지만, 이를 위해 여러 바이러스들을 추가한다는 것은 규제 승인을 얻기엔 골칫거리만 가중시킬 뿐이다. 반면에, 단일 파지 품종을 사용하는 것은 규제 당국이 실험을 위해 평가하고 승인하는 것이 더 쉽지만, 그것이 다른 환자들의 다른 박테리아 품종들에 효과가 있을 가능성은 낮고, 박테리아가 그것에 저항력을 갖게 될 가능성은 훨씬 높아진다.

처리해야 할 많은 다른 문제들도 매우 많이, 많이 있다: 설사 규제 당국이 만족할 만한 파지들의 혼합이 만들어질지라도, 그것의 '타이터(titer; 역가 혹은 적정 농도)'라 알려진, 살아 있는 파지들의 농도는 시험이 완료되기 전에 빠르게 저하될 수 있고, 만일 투여된 신체 부분이 파지에게 익숙하지 않은 pH나 온도라면 파지들은 붕괴될 수 있다. 그리고 어떻게 나올지 예측이 불가능한 신체의 면역 반응이 있다: 일부 동물 연구에서 신체는 마치 그것들이 위협인 것처럼 파지들을 무력화하는 항체들을 생산하는 것처럼 보이고, 다른 연구에서 신체는 혈류로부터 파지들을 빠르게 배설하여 쫓아낸다. 이러한 효과들은 사람들마다 파지들마다 천태만상으로 다를 가능성이 있다. 그럼 투여량은 어떨까? 신체에 의해 빠르게 제거될 수도 있고 그렇지 않을 수도 있는 자기 복제 개체의 경우, 투여량을 얼마나 해야 감염 부위를 포위하면서 충분한 양의 파지가 도달하는지를 정밀 파악 한다는 것은 일종의 추측 게임이다. 임상 시험의 설계를 평가하는 규제 당국은 추측 게임을 좋아하지 않는다.

게다가, 만일 파지 치료 프로젝트가 검증을 받는 단계까지 도달한다면, 통상적으로 임상시험 '1상'은 안전성을 시험하기 위해 건강한 사람들에게 그 치료법을 제공하는 것을 포함한다. 건강한 환자들이 세균 감염을 겪지 않을 것이라는 점을 고려하면, 그 파지들은 실제 사례에서 그랬던 것처럼 체내에서 복제되지 않기 때문에, 결과적으로 안전 데이터는 거의 쓸모가 없다.

거기에 더해 돈에 대한 곤란한 문제도 있는데, 임상실험은 돈이 많이 들고, 전통적으로 제약회사들은 안전하고 효과적인 것으로 입증된 약들로부터 이익을 얻을 수 있다는 희망으로 비용의 부담을 감수한다는 것이다. 파지 치료법에서, 정확히 무슨 제품을 쓴다고 말하는 것인가? 자연에서 발견되는 파지는 특허를 받을 수 없으므로, 파지 의료 제품을 위한 투자를 유치하려고 노력해온 많은 사람들이 증언하듯이, 상업적인 회사는 관심이 없다. 유전자 조작된 파지는 특허를 받을 수는 있겠지만, 여러 다른 종류의 세균과 다른 환자들을 포괄하여 작동하는 유전자 조작된 파지를 개발하려면 할링튼과 오너가 시애틀에서 이를 시도할 때처럼 엄청난 투자가 필요할 것이다. 그러한 종류의 관심과 투자는 더 설득력 있는 자료가 나오기 전까지는 얻을 수 없을 것이다. 이는 악순환이다.

구소련에서 수십 년이란 세월을 들일 가치가 있었던 이 업적을 검토해 보고, 서구에서 동정에 의한 투약 허가를 사용한 사례들이 점점 더 늘어난 걸 보면, 이 모두 파지 요법이 안전할 수 있다는 것과 종종 성공적이라는 것을 강하게 시사한다. 파지는 산업 현장에서 박테리아를 통제하기 위해 점점 더 많이 사용되고 있으며, 가축, 벌, 가죽 거북, 애완 고양이, 개, 파충류, 심지어 극도로 수요가 있는 무가 실크를 생산하는 누에들까지 포함한 다양한 동물들을 치명적인 박테리아 감염으로부터 구하기 위해 파지 요법이 시행되고 있다.[44~48] 그러나 애석하게도, 함께 치료되는 많은 환자들을 포함하는 대규모 통제된 연구의 엄격한 범위 내에서 이 고도로 맞춤화된 형태의 치료를 늘리려고 시도했지만 지금까지 유의미한 긍정적인 효과를 포착하는 데 실패했다.

1990년대 후반에 파지 요법이 서구 의학에 의해 "재발견"된 지 수십 년이 지났지만, 여전히 소수의 소규모 연구 그룹과 제약 회사들만이 현대 임상 연구에서 그 개념을 검증해 올 수 있었다. 대부분은 실패했거나 포기한 상태이다. 2009년에 만성 귀 감염에 대한 파지 요법의 시범 연구가 유망한 결과를 보였으나, 제조사들은 그들의 제품이 특허를 받을 수 없을 것을 우려하여 더 이상의 실험에 투자하지 않기로 결정하였다. 왜냐하면 파지들은 본질적으로 자연 상태로부터 변형시킨 것이 아니기 때문이다.[49] 같은 해 알렉산더 술라크벨리제의 인트라라이틱스는 다리 궤양에 대한 혼합 파지 제품을 테스트하여 투자자들이 관심을 가질 수 있을 만큼의 광범위 제품을 만들기 위해 3개의 병원체를 한 번에 표적으로 삼았지만 위약보다 나을 것이 없다는 것이 밝혀졌다.[50] 2010년대 방글라데시 어린이들의 설사 치료용 파지 칵테일에 대한 여러 연구에서는 유익한 효과가 나타나지 않았다; 아마도 시험중인 파지들이 그 당시 시험을 실시한 지역에 있는 박테리아의 지역 균주와 궁합이 안 맞았기 때문일 것이다.[51] 그리고 2010년에 '비강 제거(nasal decolonization)'를 위한, 즉 수술 상처의 감염을 막기 위해 수술 전에 포도알균과 같은 코 상재균을 완전히 제거하는 용도의 파지 제품을 만든 영국의 한 신생업체 과학자는, '우리는 어느 시점에서 또 다른 한 묶음의 파지를 제작할 수 있거나, 아니면 이걸로 임상 시험을 할 수도 있을 만큼의 돈이 있다는 건 알았지만, 그 두 가지를 다 할 수 있을 만큼 충분한 건 아니었습니다.'라고 내게 말했다.

2013년, 유럽 연합 집행위원회는 1930년대 이래로 유럽에서 가장 큰 파지 치료 임상 시험 중 하나에 자금을 지원할 것이라고 발표하였지만, 곧 익숙한 문제들에 부딪히게 되었다. 거의 4백만 유로의 자금을 지원받은 '파지 화상 치료(Phagoburn)' 시험은 감염된 화상을 치료하기 위한 파지 칵테일을 시험할 예정이었으며, 여러 연구 단체들과 프랑스 국방부 그리고 프랑스 전역과 스위스 및 벨기에의 11개 군 및 민간 병원들의 수백 명의 환자들이 참여할 예정이었다.[52] 프랑스 제약회사인 페레시데스 파마(Pherecydes Pharma)는 파리의 병원들 지하에 흐르는 과일 향이 많이 나는 하수구에서 분리된 파지 칵테일 두 개를 찾아 개발할 예정이었는데, 하나는 대장균을, 하나는 녹농균을 표적으로 하는 것이었다.

하지만, 이 연구는 착수한지 얼마 지나지 않아 두 가지 중요한 난관에 부딪혔다.

첫째, 의사들은 그들이 검사하기 원하는 정확한 감염, 즉 녹농균이나 대장균 한 가지에만 감염된 증례에 충분히 부합하는 환자들을 찾을 수 없었다. - 대부분의 환자들의 화상은 한 가지 이상의 복수 박테리아 종에 감염되어서 연구에 적합하지 않았다. 6개월 동안 찾아 다닌 후, 오직 15명의 환자만이 순수한 녹농균 감염을 가진 것으로 판명되었고, 단지 한 명만이 대장균에만 감염된 화상이었다.

둘째, 페레시데스 파마는 자기들이 만든 파지 칵테일이 약품 수준의 순도와 안정성이 있음을 증명해야 한다고 그 당시 프랑스 의약품 규제기관인 the National Agency of the Safety of Medicine and Health Products (ASNM)가 규정하였다: 이는 하나 혹은 두 가지 활성 화학 첨가물을 지닌 약을 평가하는 데 있어서 표준 요구 사항인데, 하수구에서 채취하여 농축시킨 박테리아에서 터져 나온 살아 있는 바이러스의 혼합물로 작업한다면 이례적으로 어려운 과제였다. 이것과 다른 규제들로 인해 지연이 되면서, 적절한 수의 환자들을 모집하기에 충분한 시간이 없었다; 파지 칵테일에서 살아있는 바이러스의 농도가 현저히 감소되었고, 그렇게 낮아진 용량 때문에 파지에 대한 박테리아 내성이 조장되었다.

악몽이었다.

이제 트빌리시에 가 보면, 지난 수십 년간 경제적, 정치적으로 문제가 되었던 흔적은 거의 안 보인다. 비록 이 도시 주변의 비탈길에 흩어져 있는 소련 시절의 고층 건물들이 초라하게 눈에 띄지만, 수도는 깨끗하고 현대적이며 활기차다. 흰색 하이브리드 택시가 6차선 고속도로와 수도의 가파르고 구불구불한 거리를 왔다 갔다 하고 있으며, 시내 중심부의 가로수가 늘어선 넓은 대로에서는, 전기 스쿠터를 탄 십대들이 부티크 상점들과 최신 유행의 카페들 그리고 카지노를 스치며 지나간다. 100년 전 조지 엘리아바가 파지들을 처음 발견했던 므트크바리 강은 이제 빛나는 시의 건물들과, 거대한 금속 배관 조각이 하늘에서 떨어진 것처럼 보이는 미완성 공연장을 포함하여, 소련 붕괴 이후의 극적인 건축물들로 즐비하다.

엘리아바 연구소가 조지 엘리아바 탄생 130주년을 기념하고 있지만, 전 세계는 다시 한번, 이곳 트빌리시에서의 전문지식과 경험을 잊고 있는 것 같다. 트빌리시에서는, 취리히 대학의 스위스 과학자들과 조지아 국립비뇨기센터의 과학자들의 공동 작업으로, 단 한 건의 임상시험만이 수행되었다.[53] 이 임상시험은, 비록 이 파지 치료법이, 적어도 조지아의 파지 혼합물을 투여하는 것이 안전하다는 사실은 꽤 포괄적으로 입증했지만, 일반적인 항생제 치료법이나 심지어 위약보다도 낫다는 사실은 입증하지 못했다. 니나 차니쉬빌리의 말에 따르면, 이 임상시험 방법론은 그녀의 유럽 협력자들이 고안한 것이기 때문에, 의사들이 조지아에서 환자들을 치료하는 통상적인 방식과는 거의 일치하지 않는다고 한다. 이 스위스 연구팀은, 이 파지들이 사용하기에 적어도 안전하다는 사실을 입증한 후, 현재, 자신들의 파지들과 거액의 EU 보조금을 투입하여, 새로운 임상시험을 진행하고 있지만, 조지아 주에 있는 과학자들의 참여는 전혀 없다고 한다.

전 세계적으로 파지 치료에 대한 관심이 다시 높아지고 엘리아바 연구소의 진료소와 약국으로 환자들이 꾸준히 유입되고 있음에도 불구하고, 내가 방문했을 당시 주요 연구소는 섬뜩할 정도로 조용한 것 같았다. 이 유명하고 유서 깊은 곳에 있는 연구소의 책임자인 차니쉬빌리는 현재 연구 보조금이 없다고 말한다. 천식를 위한 파지 치료에 대한 그녀의 최근 연구는 끝났지만, 그녀는 이곳의 연구 기관들과 분점들의 혼란스러운 난립을 통제하고 있는 엘리아바 재단이 새 연구 자금을 제공할지 여부를 들으려면 앞으로 9개월을 기다려야 한다.

그녀의 전문성에도 불구하고, 그녀는 다른 나라의 증례나 파일럿 연구를 도와달라는 연락을 거의 받지 못한다고 내게 말한다. 이 연구소의 상당 부분은, 소련이 붕괴한 후 이곳의 제조시설들이 민영화되었을 때의 유산인 별도의 민간 파지 생산 회사의 수중에 남아 있다. 그리고 이 회사가 서구의 GMP 기준을 준수하며 파지를 제조하려고 시도한 이래, 이 건물 뒤쪽에서 뜬금없이 튀어나와 은빛으로 번쩍거리는 통풍구들과 파이프들을 차니쉬빌리는 가리킨다. "이제 이들이 경쟁 상대가 된 것입니다." 라고 그녀는 농담 반 진담 반으로 말했다.

2012년에서 2019년 사이에 트빌리시의 병원들은 만여 명의 환자들을 치료했는데, 그중 1,500명 이상의 환자들은 71개국에서 왔다. 최근의 한 검토에 따르면, 전반적으로 클렙시엘라 옥시토카(*Klebsiella oxytoca*), 클렙시엘라 뉴모니애(*Klebsiella pneumoniae*), 대장균 및 녹농균 감염에 대해 맞춤형 파지 치료를 받은 환자의 4분의 1 미만에서 감염이 재발한 것으로 나타났다.[54] 감염이 재발한 경우, 그 박테리아는 항생제에 다시 듣는 경우가 자주 있었다. 이는 그 박테리아가 파지를 막느라 우선 순위로 적응을 하다 보니, 그 대신 항생제에 저항했던 능력을 잃어버리는 결과로 대가를 치렀기 때문이었다. 그 연구소는 아기들이 반복적인 피부 감염을 일으키는 이상한 막 같은 걸 가지고 태어나는 희귀 유전 질환인 네더튼 증후군(Netherton syndrome)과 같이, 전에는 파지를 치료에 적용한 적이 없는 질환들에 대한 치료법을 계속 개발하고 있다.

하지만 이러한 성공사례들은, 아직도, 대규모의 이중 맹검, 위약 대조 임상시험을 보고 싶어하는 보건기관들이나 투자자들에게 정식 등록되지 않고 있으며, 자신들이 작업한 박테리아와 파지들에 대한 미생물학적 연구 진행에 필요한 광범위 DNA 염기서열결정 장비조차도 연구소는 가지고 있지 않다. 조지아 파지의 혼합물들과 방법들은 해외에서 사용되거나 복제되기에는 너무나 다양하고 부정확한 상태로 남아 있기 때문에, 이러한 연구결과들의 전문지식을 엄격한 서구 임상시험 파이프라인에 통합시키려는 시도들은, 돈이 많이 들고 성공적이지 못한 것으로 입증되고 있다. 파지 전문지식과 연구의 또 다른 요충지인 폴란드에서도, 자금부족으로 인해 이러한 치료법들에 대한 엄격한 검증도 이루어지지 못하고 있다.

최근 몇 년간, 러시아도 파지 요법의 사용을 확대하여, 매년 수백만 개의 파지 제품이 러시아의 거대 제약 회사인 마이크로젠을 통해 판매되고 있으며, 국가의 항균 요법 임상 지침에 파지가 다시 추가되고 있다. 심지어는 러시아 우주비행사들의 진료 메뉴에 파지가 포함되어 있다고도 한다. 하지만 러시아는 블라디미르 푸틴의 우크라이나 침공 덕분에 다시 한번 세계적으로 따돌림 받는 나라가 되었고, 서구의 주요 학술지에 러시아 과학자들의 논문 게재를 금지해야 한다는 요구들이 제기되고 있으며, 이는 또 다시 러시아 과학자들의 그 어떤 흥미로운 연구 성과들도 세계의 나머지 국가들에게 알려지지 못할 수 있음을 의미한다.

현재로서는, 환자들이 아직도 전 세계 각국에서 엘리아바 연구소로 오고 있고, 엘리아바 연구소는 자신들의 시설을 현대화할 자금을 마련하느라 애쓰고 있다. 조지아 사람들은 부담스러울 정도로 친절하기로 소문난 사람들이지만, 자신들이 할 수 있는 일이 무엇인지 세상에 알리는 데 지쳐있다는 생각이 든다. 기자들이 엘리아바 연구소로부터 취재하여 처음 보도한 지 거의 25년이 지난 지금까지도 사람들은 잘 알려지지 않은 소련의 치료를 '발견하고 있는 중' 이다. 차니쉬빌리는 나보다 앞서 수많은 기자들을 만났으며, 언젠가 상황이 나아질 것이라는 데엔 그다지 낙관적이지 않다. '그들은 모두 아직도 똑같은 기사를 쓰고 있고, 똑같은 다큐멘터리를 만들고 있어요.' 라고 그녀가 무미건조하게 말한다.

11

파지
제3 중흥기?

프랑스 리옹의 북쪽으로 올라가 보면, 오래된 노동자들의 주거지들과 핑크색, 오렌지색, 갈색의 파스텔 색조로 칠해진 작은 식당들이 아름답게 뒤섞여 있는 것으로 유명한 역사적 지역인 크흐와 후쓰(Croix-Rousse)가 있다. 이 유네스코 세계 문화유산 지역 내에는, 다소 덜 아름다운 라 크흐와 후쓰 병원이 자리 잡고 있는데, 일부는 웅장하고 오래된 기차역이나 언덕길의 빌라처럼 보이고, 일부는 다층 주차 빌딩처럼 보이는 건축물들로 이루어진 드넓은 의료 캠퍼스이다. 이곳 H 블록의 네모난 콘크리트 벽 뒤에서, 나는 지금까지 내가 써 온 의료 관련 문제들 중에서도 가장 고통스럽고 복잡한 문제들을 가지고 있는 환자들과 이야기를 나눈다. 또한 H 블록에서는 환자들이 꾸준히 와서 파지 치료를 받고 있는데, 이 치료는 세심하게 계획된 근거 수집 연구의 일환으로 시행되고 있으며, 현대 분자 유전학 기술로 뒷받침되고 있다.

이 환자들은 끔찍한 사고들과 실패한 수술들에 더하여, 수년간 때로는 수십 년에 걸쳐 반복적인 감염, 운동능력 상실, 열린 상처들, 끝없는 항생제 복용으로 고통 받아 왔으며, 결국 이곳에 올 때쯤 되면 절단을 할지도 모른다는 공포에 시달리게 된다. 이 환자들의 주치의들에 의해 '막다른' 환자들로 분류된 이 환자들은 뼈와 관절 감염 전문가인 트리스탄 페리(Tristan Ferry) 박사를 만나기 위해 프랑스 전역에서 찾아오고 있으며, 그는 치료 방침을 결정하려 할 때 주로 어느 편인가 하면, 되도록 환자들의 팔다리를 자르지 않고 치료하는 방향으로 결정하려고 애를 쓴다. 파란색 마스크 위에 얇은 테 안경을 걸치고 있고, 이마에서 희끗희끗한 회색 머리카락이 난 페리 박사는, 자신의 최근 환자들 중 몇 가지 증례를 휴대폰으로 보여준다. 자비심 없이 비추는 수술실의 불빛 아래서 보이는 환자들의 살점은 이 오래된 도시 도처에 있는 정육점 창문에 걸린 다양한 소시지들과 별반 다르지 않다.

페리의 동료들은 그의 사무실을 '페리 박물관'이라고 부르기 시작했다. 책장에는 펠릭스 드허렐르의 범상치 않고 갈등이 많았던 경력에서 영감을 받은 책인 소설 애로우스미스의 아름답고 오래된 판본이 있다; 파리에 있는 그의 민간 연구소에서 만든 드허렐르의 장 박테리아-파지와 대장균-파지 제품 광고의 합본; 그리고 원래 포장지 옆에 자랑스럽게 놓여 있는 조지아와 러시아 파지 몇 바이알. 페리는 자신의 진료실에서 대부분의 시간을 들여 환자들에게 사용하기 시작한 바이러스를 공부하는 데 몰두하고 있다.

폴리스티렌 꾸러미로 된 그의 책상 옆에는 폴 세달리온(Paul Sedallion) 교수를 기념하는 커다란 동 메달리온(메달 모양의 보석 목걸이. 저자가 의도적인 '~달리옹' 라임으로 문장에 살짝 장난친 듯. - 역자 주)이 놓여 있는데, 세달리온은 유럽에서 이 치료법에 대해 관심을 갖고 얘기하는 일이 거의 없었던 1950년대 말부터 적어도 1970년대까지 바로 이 병원에서 환자들을 파지로 치료했던 의사로, 나중에 페리가 그를 재발견하였던 것이었다. 리옹 의학저널에 실린 세달리온의 논문을 보면, 그는 1959년부터 항생제 내성을 가진 감염증을 치료하고 있었으며, 심지어 그가 쓴 파지들이 이 세균에 대해 더 공격적으로 대처하도록 '훈련' 되고 있었음을 알 수 있다. 1970년대까지 연간 최소 70명의 고질적인 감염증 환자들이 파지들로 치료를 받았는데, 이들 중 대부분은 이 병원의 폐수에서 발견되어 배양되었을 가능성이 높다.

리옹에서 페리는 파지 환자들을 치료할 수 있는 현대적인 프로토콜과 시스템을 프랑스뿐만 아니라 유럽 전역에 구축하기를 바라며 노력하고 있다. 착한 바이러스는 여전히 리옹의 하수구와 아름다운 강들에서 찾아 낼 수 있겠지만, 지금은 세달리온이 약 50년 전 이곳에서 실험을 했을 때와는 상황이 조금 다르다. 프랑스와 유럽연합의 엄격한 규정들 둘 다 고려해야 한다. 사용이 허가되기 위해서는, H 블록 환자와 같은 '막다른' 경우에도 페리가 사용하는 파지들은 일단은 매우 정밀하게 조사되어야 하며, 매우 높은 순도를 지녀야 한다. 이는, 최소한 그 파지들의 DNA 염기서열이 판독 되어야 하고 독성 유전자가 있는지 확인 검사하는 것, 그리고 지금까지 파지를 연구하려던 시도들을 좌절시켰던 것과 동일한 난이도의 극도로 엄격한 정제와 품질관리 테스트를 통과하는 것이 포함된다.

리옹 시내 다른 구역에 있는 건물의 초라하고 사실상 창문이 없는 지하층에서 페리와 협업하는 일단의 약사들은 어떻게 하면 규제 당국의 승인을 얻을 수 있게 잘 준비된 초 순수 파지 도서관을 조성할 지에 대해 연구하기 시작했다.

보조 약사인 카미유 메리엔느는 "우리는 화학약품을 30년 동안 취급해 왔습니다."라고 말하며 극도로 청결한 의약품 생산 구역에 들어가기 위해 필요한 스크럽제와 신발 커버를 건네준다. "하지만 파지는 완전히 다릅니다."

이곳에서는 엄격한 오염제거 절차와 가압실을 갖춘 전문 약사들이 도시의 병원 곳곳에 있는 환자들을 위해 의약품을 준비한다. 의약품 제조에 사용되는 병실은 보통 고압(양압)인데, 이는 오염물질이 병실 밖으로 나가되 안으로는 들어오지 못하게 하기 위해서이다. 하지만, 파지의 경우에는 약사들이 바이러스가 빠져나가지 않도록 하기 위해서 반드시 음압실에서 작업을 해야 하는데, 이는 파지들이 사람에게 무해하더라도 법이 요구하는 '생물 관리' 조치이다. 병원에 있는 실험실에서, 생물의학 연구원들은 자신들이 연구하고 있는 파지들에 들어 있는 수만 개의 유전자 정보가 포함된 엑셀 스프레드시트를 보여주는데, 이들 중 대다수는 '미지'의 유전자들로 표시되어 있다. 이 유전자들은 아무도 연구한 적이 없어서 이 유전자들이 무엇을 할지 아무도 모른다. 규제당국은 '미지'의 유전자들을 달가워하지 않는다.

페리는 프랑스의 유일한 상업용 파지 생산업체인 페레시데스 파마 사가 환자들을 위해 사용할 수 있는 비싸고, 고도로 정제되고 선별된 의약품 등급의 파지를 계속해서 만들 것을 권장하는 한편, 이 병원의 비영리 약국에서도 동일한 용량을 개발할 것을 촉구하는 등 미묘한 균형을 유지해야 했다. 현재로서는, 페레시데스의 균주가 효과가 있는지 여부를 먼저 확인하고 나서, 그의 동료들이 프랑스 규제 당국의 엄격한 기준에 맞게 정제할 수 있는 보다 큰 규모의 파지 바이오뱅크를 요청할 것이라는 데 의견이 일치하고 있다.

나는 그에게 자신의 작은 박물관 선반들에 놓여 있는 조지아와 러시아 파지 제품을 사용해 본 적이 있는지 물어본다. 그는 선반에 놓여 있는 액체 바이알들 중 하나를 움켜쥐며 "아니오."라고 말한다. "파지 용액은 노란색을 띠면 안 돼요."라고 그는 마스크 위로 보이는 눈에 미소를 담으며 말한다. (파지 용액이 노란 기미를 보이면 순도 면에서 문제가 있다는 의도로 한 말. - 역자 주)

페리는 괴이즈와 마찬가지로 이 제품들을 조지아와 러시아에서는 즉시 판매할 수 있음에도 불구하고 프랑스에서는 합법적으로 사용할 수 없는데, 이는 각 제품에 무엇이 들어있는지 프랑스 당국에 정확하게 말하는 것이 불가능하기 때문이다. (파지 과학자들의 농담에 의하면, 특히 러시아의 파지들의 경우에는 심지어 이 제품들의 제조업체인 거대 제약회사 마이크로젠조차 어떤 파지들이 들어있는지 모른다는 것이다. 아니면 한 영국 전문가가 내게 말한 바와 같이, '그들은 특정 숙주를 감염시키는 바이러스라면 모조리 가져다가 거기에 몰아넣는 것이다. (중략) 그리고선 어느 정도는 효과가 있다.' 라고 한다.)

페리가 필요로 하는 파지를 구하려면 현재 몇 주가 걸리는데, 특히 어려운 경우에는 유럽 전역과 코카서스 지역(조지아)의 파지 연구자들에게 의뢰하여 일치하는 파지를 찾는 경우도 있다. 러시아 생물학자들로부터 미국 해군에 이르기까지 전문가들을 한데 모은 톰 패터슨의 주목할 만한 사례처럼, 파지 치료는 여전히 선량한 과학자들이 무균 벤치에서 매칭되는 파지를 찾는 데 아무런 보수도 받지 않고 시간을 투자하는 네트워크에 의존하는 경우가 너무 많다.

우리가 얘기를 하듯이, 페리는 파지 기반 의약품을 어떻게 분류할 것인지에 대한 EMA의 결정을 간절히 기다리고 있다. 벨기에에 있는 과학자들은 정부 규제 당국에게 파지 제품을 '특별 조제품'으로 취급하도록 설득하는데 성공했다. 즉, 시장성이 있는 의약품보다 규제가 덜한 환자 개개인에게 맞는 혼합물 제제로 만드는 것이다.

(미국에서는 '복합제'로 알려져 있는데, 특별 조제품은 기존 의약품을 혼합

하고, 강도를 조절하며, 알약을 크림으로 만들고, 맛을 조절하는 등에 사용될 수 있다.) EMA가 벨기에와 유사한 규제 체계를 만들어, 각 파지 기반 치료제를 신약이 아닌 특별 조제품으로 분류한다면, 유럽 전역에서 파지의 투여가 훨씬 쉬워질 것이다. 그렇지 않다면, 파지 제품을 사용하고 상업화하고자 하는 사람은, 기존의 의약품에 요구되는 것과 동일한 제조 및 허가를 받기 위해 많은 비용과 시간이 드는 요건을 통과해야 함을 의미할 것이다. 그러면, 의사들이 의약품 등급의 파지를 구할 수 없는 한 파지 치료제를 시험하는 것조차 사실상 불가능하다. 그리고 의사들이 파지 치료제의 효과에 대해 결정적인 임상 시험을 할 수 없는 한, 의약품 품질의 파지를 만드는 회사들은 많지 않을 것이다.

사람 미치게 하는 쳇바퀴는 계속 돌고 있다.

많은 사람들은 유럽과 아마도 나머지 다른 나라에서도 파지 요법을 벨기에 특유의 방식인 '특별 조제품'의 법적 체계 틀로 넣는 것이 파지 요법을 제대로 돌아가게 하는 데 필수적이라고 보고 있다. 그들은 EMA의 결정에 압박을 주기 위해 '비 전통적인 항균제' 그룹을 형성했다. 그러나, 그들은 제약 회사 형태에는 강한 반대 표명을 하는데, 대부분의 제약 회사들은 규제 당국이 파지를 통상적인 약으로 분류하기를 선호할 것이니까 그렇다: 파지 약품 자체의 개발에 관심이 없는 회사들일지라도, 혁신적이며, 싸고, 특허를 받을 수 없는 약이 EMA의 그 어떤 규제 장벽도 없이 만들어지는 건 전혀 원하지 않기 때문이다.

H 블록의 분주한 복도를 따라 내려가는 환한 병실에, 나에게는 B씨로만 알려진 키 큰 전직 트럭 운전사가 티셔츠와 속바지 차림으로 앉아, 가늘고 상처투성이에다 뒤틀린 다리를 병상 옆으로 무심하게 늘어뜨리고 있다. 그는 실험적인 파지 치료를 받아 왔고 진행 상황을 확인하기 위해 오늘 병원에 방문한 여러 환자들 중 한 명이다. 통역을 통해, 그는 자기 몸 여기저기를 가리키면

서, 거의 40년 전 그의 삶을 바꾼 사고를 이야기한다. 1982년, 트럭 한 대가 칼치기로 자신의 앞을 지나갔고, 그의 트럭은 다른 세 대의 자동차들과 함께 곧장 그 트럭을 들이 받았다. 그는 다리에 있던 뼈들이 충격으로 인해 '폭발'했다고 말하면서, 손으로 먼지를 한 번 내뿜는 흉내를 냈다. 이것은 내성 박테리아들에 의해 모두 위험에 빠뜨리는 참으로 대단하신 의료 시술들을 특징으로 하는, 그리고 이를 너무나 당연하게 여기시는 프랑스의 의료 시스템을 겪게 될 파란만장 대서사 같은 여행의 시작이었다.

놀랍게도, B씨의 다리는 뼈 이식편과 나사로 힘들게 재건되었다. 그러나 그의 몸의 내부 성역이 뚫리고 수년에 걸쳐 외과의사들의 손에 의해 여러 번 탐침이 들락거리며 이리저리 엉키면서, 허벅지 깊숙한 곳에 끔찍한 감염이 생겼다. 엉덩이의 역겨운 열린 상처에서 박테리아가 쏟아져 나왔고, B씨에 따르면, 그것은 진물이 나오면서 '고기'처럼 보였다고 한다. 수십 년간 투여된 강력한 항생제는 그의 포도알균 감염을 완전히 치료할 수 없었지만, 그럭저럭 아무 일 없이 잠복 상태로 지내긴 했다. 몇 년 후인 2017년, 그가 부엌에 엉덩이를 부딪칠 때까지는.

이로 인해 추가적인 수술이 필요했고, 그의 오른쪽 다리 뼈 속 한가운데를 따라서 난 빈 공간 안에 깊고 지속적인 감염이 다시 나타났다. 이번에는 감염이 너무 심해, 프랑스에서 으뜸가는 복잡하고 지속적인 골관절 감염으로서 페리 박사와 그의 진료소의 관심을 받게 되었다.

페리 박사와 그의 연구팀은 감염된 B씨의 다리를 열어 그의 오른쪽 대퇴골 뼈의 빈 부분을 소용돌이치는 텔레스코프 브러시로 닦아낸 다음, 수백 조에 달하는 파지를 B씨의 혈류 속으로 직접 주입했다. (페리 박사는 단순히 파지 용액을 부어서 뼈를 씻어내고 싶지 않는데, 그가 생각하기에 뼈의 병변 양상으로

211

보면 파지들이 다른 쪽 끝으로 그냥 쏟아져 나가 버릴 것 같았기 때문이었다.)
이 시술 과정에서 채취한 샘플들을 조사한 결과, 주사를 맞은 지 20분 정도 지
난 후에 그의 다리 뼈 속 깊숙한 곳에 도착한 바이러스를 발견할 수 있었다.

　B씨에게 감염 치료를 위해 혈류에 수조 개의 바이러스를 주입하는 것을 어
떻게 생각하냐고 내가 묻자 그는 어깨를 으쓱하며, 몇 가지 자료로 공부를 해
봤지만 파지의 정체와 그 행동거지는 정말로 너무 복잡해서 완전히 이해할 수
없다고 말한다. "처음에는 중국어를 하는 것 같았어요." 그는 통역사를 통해
설명한다. "하지만 실험적인 치료를 너무 많이 받은 터라, '못 할 게 뭐 있어?'라
는 생각이 들었어요." B씨는 오늘 검진을 받기 위해 병원에 와 있는데, 파지 치
료가 효과가 있었던 것으로 보인다. 아직 무릎에 통증이 있고 지팡이를 짚고
걷지만, 위쪽 다리의 감염은 회복되었고 엉덩이의 상처는 아물었다. 그는 이제
지역의 부유한 가정을 돌보는 입주 관리인으로 일할 수 있게 되었다.

　페리의 사무실로 돌아오니, 그는 프랑스 전역에서 온 파지 치료를 수소문하
는 편지들로 가득 찬 무거운 상자 하나를 보여주었는데, 그 상자에 든 편지들
은 단순히 뼈와 관절 감염만이 아니라, 모든 종류의 문제에 대한 것이었다. 다
들어주지 못한 그 많은 요청에 대해 어떻게 생각하냐고 그에게 물었을 때,
그는 낙담하는 티를 내지는 않았다. 물론 그가 완수해 낸 각각의 성공적인 사
례들 하나하나는 어느 누군가의 다리와 생명을 구하는 것임과 동시에 이 오래
된 의학 개념(물론 이곳 프랑스에서 100년도 더 전에 처음으로 개척된)을 받
아들이기 위한 하나의 발걸음인 것이다.

　페리의 업무는 뼈 감염 전문가로서만이 아니다. 그는 프로젝트 매니저, 판
매원, 로비스트 역할을 하며 모든 경우에 발생하는 다양한 과학적, 경제적, 규
제적 과제들을 조정하고 해결하는 데 도움을 주고 있다. 그는 언젠가는 유럽에

파지 치료 전용 센터들이 들어서게 되어, 각 센터들은 어떤 지역 환자들이 파지 치료에 가장 적합한지 평가하고, EMA가 승인한 임상용 파지를 입수, 제조 및 공유하기 위해 협력하길 희망하고 있다. 그의 에너지와 열정은 전염성이 강하며, 파지 치료를 위해 노력해야 하는 끝없는 도전에도 불구하고, 앞으로 B씨와 같은 사람들이 더 많이 있을 것이며, 그들은 결국 H블록을 벗어나서 크흐와 후쓰의 아름다운 비탈을 걸어 내려와 내성 박테리아를 마주치기 전의 삶으로 다시 돌아갈 것이라고 믿으면서 나는 이만 여기를 떠난다.

내가 이 책을 쓰기 시작한 2020년, 파지 치료 사례 발표 양과 연구 및 실험 프로젝트가 갑자기 다시 급증하기 시작했다. 불과 몇 달 사이에 파지 치료가 성공적으로 이루어졌음을 보여주는 수많은 보고가 있었다. 벨기에의 한 군 병원에서는 2016년 브뤼셀 폭탄 테러 당시 반복적인 수술과 피부 이식 수술로 절망적이고 만성적인 *Klebsiella pneumoniae*에 감염된 희생자를 구하기 위해 파지 치료가 사용되었다;[55] 그리고 56세의 면역 저하 환자로, 하버드 교육 병원에서 합병된 살 파먹는 마이코박테리움 킬로네(*Mycobacterium chelonae*) 감염을 파지 치료로 해결하는 데 성공했다는 소식이 있었다.[56] 어느 낭포성 섬유증 환자에 합병된 심각한 마이코박테리움 농양 균(*Mycobacterium abscessus*)을 제거하기 위해 유전자 조작된 파지를 사용한 논문들이 출간 발표되었다;[57] 그리고 호주의 과학자들과 의사들이 호주 전국에서 파지 요법에 어떻게 접근할지, 그리고 어떻게 이를 투여 할지에 대한 표준화 틀을 개발했다는 소식이 있었다.[58]

이 저서를 쓸 당시, 대장균에 의한 요로 감염과 녹농균에 의한 화상 감염,

그리고 다제 내성 황색 포도알균, 당뇨성 족부 궤양들과 낭포성 섬유증과 얽히는 감염에 이르기까지 다양한 박테리아 감염 문제들에 대해 단일 파지나 칵테일 파지 치료를 검증하는 십여 개의 양자 맹검 임상시험이 준비 단계에 있거나 한참 시행 중이었다. 위에서 언급한 인공 관절 및 뼈 감염에 대한 작업뿐만 아니라, 시겔라 플렉스네리(*Shigella flexneri*; 이질), 아토피 피부염, 여드름, 충치 및 코로나19로 악화된 박테리아 호흡기 감염 환자의 치료를 위한 파지 치료법이 임상 전 단계에 있다.

보다 근본적인 연구는 한센병, 결핵, 만성 폐쇄성 폐질환(COPD)과 같은 질병 및 세균 불균형을 유발하거나 이와 관련된 질병, 예를 들어 한선증, 염증성 장질환, 천식, 크론병, 궤양성 대장염, 그리고 박테리아와 관련된 특정 유형의 대장암에서 파지 치료의 가능성을 검토해 보고 있다. 파지는 예를 들어 패혈증의 신속한 진단에서 보듯이 치료뿐만 아니라 특정 병원균을 검출하기 위한 방법으로서도 탐구되고 있다.

스테파니 스트라스디는, 파지 치료로 남편의 생명을 구한 후, 미국에서 그러한 종류의 첫 번째 센터인 혁신적 파지 응용 및 치료 센터, 즉 IPATH (the Center for Innovative Phage Applications and Therapeutics)를 설립하는 데 도움을 주었다. 캐나다의 파지 연구원인 닥터 제스 새커(Jess Sacher)는 웹 개발자이자 엔지니어인 잔 정(Jan Zheng)과 함께, 파지 환자들과 파지 연구원들 및 실무자들을 연결하는 전용 네트워크인 파지 디렉토리를 만들었는데, 이것은 의사들이 생명을 위협받는 감염 환자들을 위해 전 세계의 파지 연구실에 긴급 요청 하기 위한 경보 서비스이다. 그 디렉토리는 지금까지 어린 아이들을 위한 두 건의 성공적인 치료와 한 건의 가죽 머리 거북을 포함하여,

40건의 사례들을 조정하는 데 도움을 주었다.*

"지난 몇 년 동안 모든 것이 변했습니다."라고 그녀는 말한다. 그녀는 최근 2017년까지만 해도 자신이 파지 치료를 옹호하는 사람이라고 다른 과학자들에게 말했을 때 그들이 당황해하던 것을 기억한다. "저는 항상 제 주변의 모든 사람들로부터 파지 치료는 결코 효과가 없을 것이라는 말을 들었습니다. 파지 치료에 관한 것은 항상 우리가 연구 자금 신청서의 서론 단락에 모호한 용어로 표현해서 넣었던 것이지만 실제로 실행에 옮길 예정은 아니라고 했지요. 만약 정말로 실행하려고 했다면 제정신 아닌 걸로 취급받았을 겁니다."

2022년 현재, 새커의 디렉토리에는 전 세계 수백 개의 파지 연구소에서 수백 명의 구독자가 있으며, 단순히 사람들을 엘리아바 연구소 웹사이트로만 안내하는 것이 아니라 미국, 벨기에 및 폴란드에서 파지 치료를 제공하는 적어도 네 개의 다른 센터로도 환자와 의사들을 안내할 수 있다. 새커와 정은 또한 파지 치료를 위한 이른바 '운영 체제'에 작업을 하고 있는데, 이는 환자와 의사들이 파지 치료의 물류, 규제 및 의료 문제를 수시로 조정하면서 일관된 방식으로 탐색할 수 있게 돕기 위한 일종의 사용자 친화적인 플랫폼이다.

파지 요법을 효과적으로 만들기 위한 길고 격동적인 시도들의 역사에서, 이렇게 좋은 소식과 관심, 그리고 추진력이 있었던 적은 없었다. 한때 제목 하나만 보고 파지 요법 제안을 일축했던 세계 최대의 연구 자금 지원 기관들이, 이

★ 패혈성 피부 궤양성 질환, 즉 SCUD (septicemic cutaneous ulcerative disease)로 알려진, 껍질에 감염이 있는 42살 된 암컷 가죽 머리 거북을 구할 수 있도록 도와줄 파지를 호소하는 새해 전날의 트위터 글은, 지금까지 그 디렉토리에서 가장 인기 있는 트윗들 중 하나였다. '사람들은 거북이를 돕는 것을 좋아해요!'라고 새커가 내게 말했다.

제는 매년 수백만 달러의 자금을 투입하여, 파지 요법과 파지가 작동하는 방식의 기초를 탐구하고 있다. 캐나다에서 한국에 이르기까지, 의학적으로 유용한 파지들을 수집하고 연구하는 15개의 공식 국가 '바이오뱅크'가 현재 캐나다에서 시작되었다. 영국에서는 2022년에 국민보건공단(the National Health Service)이 병원에서 파지의 사용을 촉진하기 위해 최초의 '임상 파지 전문가'를 임명하였으며, 하원 과학기술위원회(the House of Commons Science and Technology Committee) 소속 하원의원들은 항생제의 대안으로서 박테리오파지의 사용에 대한 조사를 시작하였다.* 적어도 50개의 생명공학, 제약 또는 생명과학 회사들이 현재 파지 제품들을 개발하고 있는데, 여기에는 가축, 농작물 및 양식장을 위한 파지 기반 항생제, 파지 기반 백신, 파지 기반 프로바이오틱스, 파지 기반 해충 구제 제품 및 파지 기반 표면 소독용 제품들이 포함되며, 심지어 유정 및 가스관의 부식을 방지하기도 한다. 새로운 아이디어, 프로젝트 및 조직들의 목록은 거의 매주 증가하고 있다. 현재의 넘치는 실험 사례 연구와 임상 시험은 다양한 감염과 접근 방식에서 적절 규모의 환자 집단들에게 다양한 파지 요법이 얼마나 잘 작동하는지에 대해 가장 필요한 데이터를 만들어낼 수 있을 거라는 희망을 준다.

하지만 광범위한 규제의 승인과 쓰임으로 가려면 수십 년은 기다려야 할 것 같다. 아직 수집해야 할 데이터도 많이 남아 있고, 배워야 할 교훈도 많이 남아 있으며, 세계 여러 지역에서 볼 수 있는 다양한 의료 환경과 의료 제도들

★ 박테리오파지에 대한 조사를 집중하기로 한 결정은 위원회 멤버들이 위원회가 조사할 아이디어를 제출하도록 요청받은 후에 이루어졌다. 항생제의 대안으로서 박테리오파지에 대한 조사는 90개 이상의 제출물로부터 최종안으로 선택되었다.

속에서 그러한 복잡한 치료법들을 어떻게 조직하고 자금을 지원할 것인가에 대해서도 아직 답이 나오지 않은 문제들이 있다.

최근에 실시한 임상실험 결과가 긍정적이라고 해도, 똑같은 오랜 의문이 남는다. 실제로 사용되는 바이러스의 혼합물이 환자마다 다를 수 있는데, 규제 당국은 어떻게 치료를 승인할 것인가? 복잡하고, 세포를 터뜨리고, 유전자를 교환하는 파지들의 행동에 대해 정말로 우리는 인체 내에 정식으로 사용할 만큼 충분히 알고 있는가? 파지 칵테일은 비슷한 조건의 광범위한 환자들에게 효과가 있도록 개발되어야 하는가, 아니면 각각의 환자들이 각자의 특정한 박테리아 품종에 대해 찾을 수 있는 맞춤형 파지들을 개발해야 하는가? 의사들은 파지들이 몸 안으로 주입되었을 때 어떤 일이 일어날지, 또 그들이 사용하고 있는 파지들에 대한 내성이 생겨났을 때 어떤 반응을 보여야 하는지 정말로 이해하고 있는가? 어떻게 해야 그렇게 복잡하고 노동집약적인 약제를 수백만 명의 사람들이 이용할 수 있을까?

우리는 이 책의 마지막 부분에서 이 질문들과 파지 치료의 미래는 어떤 모습일지에 대해 다시 다룰 것이다. 파지가 우리에게 해주는 일은 의학을 넘어서서 훨씬 더 많다. 우리의 소화 미생물을 조절하는 일부터 행성의 산소 농도와 기후를 조절하는 일까지, 지구상의 복잡한 생명체의 진화에 있어서 그들이 해온 중요한 역할들과, 지난 100년간 가장 큰 생물학적 돌파구들 중 일부에서 담당한 주요한 역할들에 이르기까지 말이다. 우리는 저 밖의 세상에 널려 있는 모든 파지들에 대해 살펴볼 것이다. 그리고 지금까지 연구해 온 딱 소수의 파지들로부터 배운 놀라운 것들 중 몇몇에 대해서도 살펴볼 것이다.

그리고 파지 과학에서 기려야 할 더 대담하고 기발하고 기이한 인물들이 있다. 그들이 아니었다면 우리는 지구상의 생명체들이 어떻게 작동하는지에 대해, 현재 아는 것의 절반 정도는 알지 못했을 것이다.

제4부

기초 과학으로서의 파지

12

생물학의
원자

1937년 어느 날 독일 물리학자 막스 델브뤼크(Max Delbrück)는 그토록 듣고 싶어 했던 강의 하나를 놓쳤다. 캘리포니아 공과대학(칼텍으로 알려진) 교수이자 박테리오파지란 무엇이며 누가 먼저 발견한 것인지를 가지고 거의 20년 동안 옥신각신을 벌인 끝에 미국 내에 몇 명 안 남은 박테리오파지 연구자들 중 한 명인 에모리 엘리스(Emory Ellis)가 이 바이러스에 대한 그의 연구 성과를 소개하고 있었다. 델브뤼크는 칼텍에 부임하기 위해 미국에 막 정착한 후, 강의를 놓친 것에 짜증이 나 패서디나 캠퍼스를 껑충껑충 뛰어 가로질러 연구실에 있는 그 교수를 찾았다.

엘리스는 파지들이 바이러스와 암 사이의 관계를 밝히는데 도움이 될 것이라는 바람으로 연구하고 있었다. 미생물학자라기보다는 생화학자였던 그는, 수십 개 이상의 유리판, 수십 개의 피펫, 그리고 오토클레이브(멸균 장비를 위해 멋들어지게 만들어진 오븐) 등 기본적인 미생물학 장비만을 사용하여, 드허렐르가 사용했던 기본적인 기술들을 효과적으로 독학하였다. 하지만 이 기본적인 장비와, 로스앤젤레스 하수 처리 부서에서 가져온 폐수 1 리터, 그리고 좀 절묘한 수학들을 사용하여, 드허렐르가 해냈던 업적인 바이러스가 복제되는 데 필요한 숙주와 바이러스 사이의 관계에 대해 엘리스는 수치적으로 정확한 세부사항들을 계산해 낼 수 있었다.

엘리스의 연구실에 도착한 델브뤼크는 20세기 초에 드허렐르와 트워트를 매료시켰던 것과 똑같이 박테리아 평판 배지에 바싹 눌어붙어서 들어간 바로 그 유리 같은 구멍들을 보았다. 그리고 엘리스가 그에게 이 판에 새겨진 플라크들이 개별 바이러스에 대한 정보를 얻기 위해 어떻게 사용될 수 있는지(복제하는 데 얼마나 걸리는지, 각 박테리아 숙주에서 얼마나 많은 수가 터져 나오는지 등) 설명해 주자, 델브뤼크는 경악했다. "믿어지지 않아!"라 그는 외쳤고, 앞으로 이 말은 그가 어떤 대담한 새로운 과학적 주장을 들을 때마다 그의 단골 캐치프레이즈가 된다.[1] 엘리스가 실험으로 얻은 그 숫자를 확인한 후, 그는 그것이 정말 근사하다고 믿었다. 그리고 그는 자신이 과학계에서 가장 커다란 의문들 중 몇 가지를 풀기 위한 열쇠를 지금 바라보고 있다고 믿었다.

델브뤼크는 근 10년간 자기 전공을 바꿔서 생물학 쪽에 관심을 갖게 된 많은 재능 있는 물리학자들 중 한 명이었다. 당시 생물학은 제1차 및 2차 세계 대전 사이의 시대에 다소 교착 상태에 빠졌는데, 생물학자들은 생명에 대한 거대한 의문들의 답을 얻는 데 진전을 가져오기 위해 악전고투하고 있었다. 그 의문을 구체적으로 보자면 이렇다: 생물체들이 정확히 어떻게 생명의 청사진을 그들의 자손에게 물려주고, 그 자손은 어떻게 그 청사진으로부터 스스로를 구축하는가? 물론, 오늘날 우리는 이것이 화학적 글자들로 이뤄진 문장의 형태로 정보를 암호화하고 세포들에 의해 세포와 조직과 기관과 몸이 기능하는 데 필요한 수천 개의 다양한 단백질들이 생성되게끔 번역되는 틀인 데옥시리보핵산, 또는 DNA라고 불리는 그 유명한 멋진 계단 모양의 화학 물질 덕분에 가능하다는 것을 잘 알고 있다.

그러나, 1930년대 당시 DNA는, 생물체 내에서 발견되었지만 정확한 구조와 기능이 완전히 수수께끼인 많은 화학 물질들 중 하나일 뿐이었다. 생물학자들은 유전과 생식의 법칙, 예를 들어, 어떤 특성들이 세대를 통해 전달되는 비율과 빈도 등을 이해하는 데 진전을 이루었고, 이를 다양하고 경쟁적인 유전자

Max Delbrück

단위라고 불렀다. 그러나 DNA와 그것이 기능하도록 도와주는 다른 복잡한 분자들에 대한 이해가 없었기 때문에, 그들은 어떻게 개별 생물체가 자신의 본성에 대한 정보를 정확히 다음 세대에 전달하는지 알지 못했다. 유전자는 *무엇으로 만들어졌을까?*

생물학자들은 단순히 식물들을 교배하거나, 날파리에서 망가진 돌연변이가 된 변종들을 만들어 내는 일에 전문가가 되어, 이 생물들에게 방사선을 퍼부으면 그 자손들은 유전자들이 뒤섞여 몸이 엉망이 된 채 나오는 무수한 방식들을 관찰했다. 그들은 다양한 돌연변이 균주들과 특정 특성들과 관련된 유전자들을 공들여 목록화했다. 하지만 그들은 그들이 교란시키고 있는 과정에 숨겨진 것을 이해하는 데에는 조금도 가까이 가지 못했다. 생화학자들은 세포들을 분해하고, 그 속에 들어 있는 수천 개의 무색 화합물들을 조사했는데, 이는 모든 것의 중심에 있는 특수한 화학 반응을 이해하려는 희망에서였다. 그들은 좀 더 자세히 들여다보면 볼수록, 더 복잡해진다는 것을 알았다. 생물학자들은 생명이 어떻게 스스로를 형성하고, 어떻게 그 생명의 아름다운 복잡성을 한 세대에서 다음 세대로 전달하느냐 하는 커다란 핵심 의문에 혼란스러워했다.

위대한 사상가들이 생물학적 화학물질이 어떻게 정보를 전달하고 스스로를 복제할 수 있는지 상상하는 데 어쩌다가 근접했을 때도, 그들의 아이디어는 결국 흐지부지되었다. 그것들은 검증될 방법이 전혀 없는 억지스럽고 추측성인 이론들이었다. 이러한 의문을 심사 숙고해 본 많은 사람들은 DNA가 아니라 단백질이 유전적 물질이라고 추측했다 - 이러한 화학물질들이 지구상의 생명체들 사이에서 무제한으로 보이는 다양한 특성들과 매우 흡사하다는 것을 고려하면, 그것은 일리가 있었다.[2] 바로 그 때가 그 시대의 위대한 이론 물리학자들이 모든 것의 중심에 더 근본적인 무언가가 있다고 믿기 시작했던 시기였다. ─ 아마도, 일단의 새로운 물리 법칙들이 생명체를 묘사하기 위해 필요했을 것이다. 그러나 그 시대의 생물학자들이 사용했던 전형적인 방법들과 모델들, 즉 지구의 모든 생명체들과 그것들의 구성 부분들을 자르고 특징짓고 분류하는 것은 절망적일 정도로 불충분하다는 것이 증명되고 있었다.

1937년 델브뤼크가 처음으로 파지가 작동하는 것을 보았을 때, 그는 희열을 느꼈다. 이 매우 기본적인 형태의 생명체야말로 몇 시간 만에 접시 위에 반점으로 나타났는데, 이것이 바로 그가 살아있는 세계를 움직이는 기본적인 과정을 이해하기 위한 탐구에서 찾고 있던 바로 그것이었다. 그는 그것들을 '생물학의 원자'라고 불렀다.[3]

세계가 전쟁으로 빠져든 당시 그의 연구는, 이제부터 서로 적이라고 선언한 국가들(독일, 미국, 이탈리아) 각각에 있는 세 명의 파지 열정가들이 역경을 딛고 의기 투합하여 핵심 모임 ─ 장차 파지 그룹이라고 알려지게 될 ─ 을 형성하도록 영감을 주었다. 그들이 함께 하면서, 자칭 이 '두 외계인과 한 명의 부적응자'들은 아주 특별한 파지 몇 개의 도움으로 과학자들이 생명을 연구하는 방식에 완전히 혁명을 일으켰다.

막스 델브뤼크는 1906년 베를린 서쪽 외곽에서 출생했는데, 출생 당시 그에게 2157이라는 일종의 가족 고유 번호가 부여되었다. 이는 그가 18세기에 살았던 가장 고틀리브 델브뤼크의 장남(그리고 기타 등등)의 5번째 아들의 7번째 자식이라는 뜻이었다. 그의 나이든 아버지는 베를린 대학의 병법 전공 교수였고, 그의 대가족에는 온갖 유명인과 학자들이 있었는데, 예를 들어 정부 장관과 독일 제국 대법원장 등이 있었다. 어린 아이였을 때, 어느 친구가 유명인들의 자녀들이 유명하게 되는 일은 없다고 말했을 때, 그는 단호히 '잠깐만!'이라고 쏘아붙였다.[4]

델브뤼크가 열두 살이 되던 1918년, 그의 가족 중 젊은이들의 3/4이 제1차 세계대전에서 전사했고, 그의 고향 교외는 섬뜩한 유령도시로 전락했다.[5] 그러나 이 공포의 기간은 델브뤼크가 자기의 야망을 추구하는 것을 막지 못했고, 의도적으로 자신의 관심사를 높은 성취도를 가진 그의 가족과 학식 있는 친지들이 잘 알지 못 하는 것, 예를 들어 수학이나 천문학 같은 과목들로 돌렸다.[6] (앞서 언급했듯이 그의 집안은 법조계나 정치계, 즉 우리식으로 말하면 문과 계통이었던 반면 그는 이과 계통으로 진로를 나갔다는 뜻. - 역자 주) 한밤중에 2인치 망원경으로 변화무쌍하고 흥미진진한 먼 우주를 관찰할 때면 그의 요란한 알람 시계는 종종 그의 가족을 깨우곤 했다. 그는 커다란 네모난 이마와 뿔테 안경, 두껍고 질긴 머리카락을 가진 장신의 날씬하고 영원히 젊어 보이는 듯한 남자가 되었고, 이런 특징들이 함께 모여 '나는 이론 물리학자'라 만방에 소리치고 있었다.

17살 때 델브뤼크는 당시 꽃 피우던 천체물리학을 공부하기 위해 집을 떠났고, 두 번이나 대학을 옮기다 마침내 괴팅겐에 정착했다. 그는 1926년 물리학계의 거물들이 우주의 역학에 관한 획기적인 이론들을 논의하는 자리에 참석했다; 그는 세미나에서 알베르트 아인슈타인 다음 순서 연자인 베르너 하이젠베르크가 최초로 양자물리학 이론에 대해 설명하는 것을 듣기 위해 서둘러 들어갔었다고 회상한다.[7]

아돌프 히틀러와 국가사회주의자(나치)들이 독일에서 권력을 잡기 시작했을 때, 델브뤼크는 독일 당국의 눈을 피해 집에서 대여섯 명의 저명한 물리학자들과 정기적인 모임을 열기 시작했는데, 그곳에서 그들은 밤까지 긴 이야기를 나누고 아이디어를 공유했다. 델브뤼크의 요청에 따라 그 그룹은 유명한 생화학자들과 생물학자들도 포함하며 확대되었다. 생물학자 칼 짐머는 당시를 묘사하길 "우리는 일주일에 두세 번 만났다. (중략) 우리는 회의 기간 동안 중간 중간 음식을 좀 먹으면서 쉬지 않고 10시간 또는 그 이상 동안 이야기를 나누었다"고 썼다.

델브뤼크는 이러한 커리큘럼 이외의 회의에서 생명과학에서 아직 답이 안 나온 커다란 궁금증들에 귀를 기울이기 시작했다. 그는 물리학 박사학위를 받는 동안 어려움을 겪으며, 그 어떤 종류의 새 아이디어도 고안해 내는 데 실패했기 때문에 나중에 '멍청'했고 '악몽'이었다고 회상했다.[8] 델브뤼크는 각 유전자가 화학물질에 의해 암호화되고, 그 안에 있는 원자나 분자의 특성이 유전자의 궁극적인 기능과 관련이 있을 수 있다는 추측성 논문을 썼다. 물질이 아원자(원자 미만) 수준에서 어떻게 작동하는지 이해하기 위해 완전히 새로운 규칙이 고안되었던 양자물리학에서와 마찬가지로, 델브뤼크도 살아있는 시스템에서 분자가 어떻게 작동하는지 설명하기 위해 새로운 법칙 세트가 필요할 수 있다고 생각했다.[9]

그 논문은 물리학계 거물급들 몇몇의 주목을 받았다. 그 중엔 저 유명한 '슈뢰딩거의 고양이' 사고 실험의 저자인 에르빈 슈뢰딩거 - 생물체의 물리적 법칙을 이해하려 애쓰고, 우주에서 생명의 작동 방식이 생명 외 나머지가 가동하는 방식과 왜 저리도 다른지 알기 원했던 - 도 있었다. 슈뢰딩거는 그의 중요한 저서인 "생명이란 무엇인가?"에서 델브뤼크의 아이디어를 인용했다.[10]

델브뤼크는 영어를 배웠던 브리스톨을 거쳐, 코펜하겐에 정착하여 뛰어난 물리학자 닐스 보어 밑에서 실력이 일취월장하였다. 하지만, 그가 점차 구축해 가던 경력은 제2차 세계대전으로 인해 주춤하게 되어, 과연 독일에서 계속 학문적 야망을 추구해야 할지 다시 고민하도록 했을 것이다. 그의 유대인 동료들이 박해를 피해 도망치면서, 그의 경력은 지체되고 있었다: 그는 베를린으로 다시 이사한 후, 일련의 나치 도젠텐아카데미(Dozentenakademie; 강사들에게 사상을 주입 시키는 캠프)에서 충분한 '성숙함'을 보여주는데 실패했다. 학자들은 가르치거나 강사가 될 수 있는 허가를 받기 전에 그러한 캠프에서 시험을 통과해야 했고, 극도로 직설적인 델브뤼크는 그의 첫 번째 캠프에서뿐만 아니라 두 번째 캠프에서도 기꺼이 협조하기를 거부했다. 세 번째 캠프에서 델브뤼크는 "그 당시 말할 수 있는 것과 말하면 안 될 것이 무언지 모두가 알고 있었는데, 그래도 훨씬 덜 강압적인 분위기였다. 그럼에도 나는 여전히 입을 다물고 있어야만 했다"라 회상하였다.[11]

델브뤼크는 그 아카데미에 정기적으로 가는 것뿐만 아니라 그가 유대인이 아니라는 것을 증명하기 위해 점점 더 힘든 길을 가야만 했다.[12] 1937년, 미국의 인류애 단체인 록펠러 재단이 미국에 와서 유전자에 대한 그의 생각을 확장해 보라고 칼텍의 펠로우십을 제안했을 때, 델브뤼크는 국내에서 점점 더 불길해지는 분위기에서 벗어나기 위해 그에게 온 기회를 잡았다. 그것은 델브뤼크에게는 완전히 자격을 다 갖춘 생물학자로서의 첫 번째 일자리가 된다.

그가 미국에서 처음 시도한 유전학 연구는 좌절을 느낄 정도로 절망적이었다. 그 시대의 모든 훌륭한 유전학자들을 따라 실험을 수행할 목적으로 쉬운 생물학적 체계로 추정되는 초파리 드로소필라(Drosophila)의 유전학을 연구하기 시작했다.[13] 하지만, 이 쉼표 크기의 곤충조차도 대단히 복잡한 것이었다 – 섬세하게 뒤섞인 조직과 수백 종류의 세포들이 엉망진창으로 모여 있다. 델브뤼크는 다양한 유전자들, 신체 부위들, 그리고 돌연변이 품종들의 용어들은 – 대부분 이상한 이름들 – 끝이 없고, 통달할 수 없으며, 숙지 불가능하다는 것을 알았다. 원래 우스꽝스러운 별명을 가진 예측 불허의 작은 생물체들을 다루던 이가 아니었고, 숫자와 방정식을 다루며 일하곤 했던 뼈 속까지 천문학자이자 이론가로서, 그는 훨씬 더 단순하고 더 근본적인 무언가가 필요했다. 초파리 생물학이라는 끝없이 계속되는 용어 외에도, 미국에서 유대인이 아닌 독일인으로서, 그는 종종 비밀 나치 요원으로 의심을 받고 있다는 것도 알았다.[14] 그는 비참한 상태였다.

델브뤼크가 에모리 엘리스의 박테리오파지 세미나에 참석하지 못하게 된 것은 동료가 마련한 캠핑 여행 때문이었다. 1930년대 후반에도 바이러스에 대해 알려진 것은 거의 없었다 - 실제로 무엇인지 그리고 어떻게 증식하는지 말이다. 몇 년 전인 1935년에 웬델 스탠리(Wendell Stanley)라는 젊은 과학자의 연구는 바이러스가 단백질로 만들어졌다는 것을 제시했고, 많은 과학자들이 유전자도 단백질이라고 생각하기 시작하면서 유전자, 단백질, 바이러스란 무엇인지에 대한 아이디어들은 서로가 서로에게 스며들면서 혼란이 가중됐다. 박테리오파지의 과학은 심지어 더 혼란스러웠다. '드허렐르-트워트 현상'에 대한 논쟁은 드허렐르의 발견 이후에도 수십 년이 지났어도 아직까지도 계속되고 있었다.

델브뤼크는 그가 놓친 것을 듣기 위해 엘리스를 방문하기 전에는 파지에 대해 '단지 모호하게' 들었을 뿐이었다.[15] 하지만 그는 곧바로 이 바이러스들 속에서 다른 사람들은 보지 못했던 무언가를 보게 되었는데, 그것은 바이러스가 생명체의 정의를 내리는 가장 기본적인 특징인 복제를 연구할 수 있는 빠르고 간단한 수단이라는 것이었고 이는 간단한 실험실 장비들만을 사용해서도 알수 있었다. 그는 바이러스의 단순성 때문에 그 주변에 있는 생명체의 복잡성 없이도 생명체와 복제의 기본적인 법칙들과 물리학적인 작업을 할 수 있을지도 모른다고 생각했다. '나는 당신이 개별 바이러스 입자들을 시각화할 수 있는 매우 간단한 방법론들을 갖고 있다는 것에 완전히 매혹당했습니다.'라고 델브뤼크가 엘리스에게 말했다. '내 말은 당신이 박테리아가 깔린 배양 접시에 파지 바이러스들을 깔아 놓는다면, 그 다음날 아침 바이러스 입자들 하나하나가 깔려 있던 박테리아들을 먹어 치워서 각각 1 mm씩의 구멍을 만들어 놓을 거라는 바로 그 방법들을 말하는 겁니다'.[16]

델브뤼크는 즉시 엘리스에게 동참할 수 있는지 물었고, 이후 '파지학'의 기본적인 기술들을 배웠으며, 박테리오파지 연구와 사랑에 빠졌다.

사랑에 빠진 이유가 처음에는 이 작은 생물들에 대한 깊은 관심 때문이 아니었다. 사실, 그는 처음엔 파지가 미생물이 아니라 단백질이라고 믿었던 진영에 합류했었다. 진짜 이유는 그가 어느 실험을 한다면 무엇이 궁금해서 하는 것인지를 설정하고, 그 다음 날에 이에 대한 자료와 답변들을 재깍재깍 얻을 수 있었기 때문이었다.[17] 그리고 그러한 용도의 기본적인 장비들도 있었다! 그는 파리 유전학에 관한 책들을 내던져 버릴 수 있었고, 그렇게 했다.

델브뤼크와 엘리스는 한 무리의 파지와 숙주 세포를 면밀히 함께 관찰하는 조건하에 감염과 복제의 생명주기를 단 하나만 거치도록 하는 원스텝 성장 실험이라고 알려진 방법을 개발하였다.

실험의 여러 지점에서 파지의 변화하는 농도를 측정함으로써 연구자들은 파지 수명 주기의 복잡성을 드러내는 그래프를 그릴 수 있었는데, 즉 파지의 잠재 기간으로 알려진, 숙주 세포 내부에서 파지가 복제되는 데 얼마나 오래 걸렸는지, 그리고 숙주 세포가 파열되었을 때 얼마나 많은 새로운 바이러스가 방출되었는지를 알 수 있었으며 이는 '방출 크기'로 알려져 있다. 델브뤼크와 엘리스의 원스텝 성장 곡선은 앞으로 수십 년 동안 박테리오파지 생물학 연구의 중심이 될 것이었다.

　몇 년 동안 함께 작업한 후 엘리스는 연구의 초점을 완전히 바꾸면서 암에 대한 보다 직접적인 의문들에 대한 연구로 돌아갔다. 파지의 본질에 대한 논쟁은 출입금지 경고문처럼 학계에서 여전히 교착 상태에 있었고, 델브뤼크는 연구할 가치가 있는 대상으로서의 박테리오파지에 대해 관심을 유지하며 사실상 외롭게 남아 있었다. 그러나 다행스럽게도 그는 그리 오래 혼자 있지는 않게 된다.

막스 델브뤼크가 생물학에 대한 그의 열정을 찾던 같은 시기에, 이탈리아에서는 살바도르 루리아(Salvador Luria)라는 젊은 의사가 의학에 지루함을 느끼고 있었다. 1912년 투린의 유대인 가정에 태어난 루리아는 의대를 졸업한 후 방사선학을 전공했고, 그 후 이탈리아 군대에서 의무 장교로 시간을 보냈다. 이 이탈리아 청년은 단지 부모님이 원했기 때문에 의학에 입문했을 뿐이었다. 그는 나중에 견습 의사로서의 삶을 '힘들고 단조로움'으로 묘사했고, 그가 실무에서 마주칠 수도 있는 불가피한 응급 상황에 대해 준비가 되어있지 않다고 느꼈다. 그는 자기가 선택한 분야인 방사선학이 '의학 전문 분야 중 가장 따분한 것이었다'고 말했다. 학창 시절 과학 성적이 썩 좋지 않았음에도 불구하고, 그는 우주를 묘사하기 위한 깜짝 놀랄 새로운 방법들을 개발하는 저명한 유럽 물리학자들 같은 이론 과학자가 되는 꿈을 꾸었다.

　로마에서 방사선과 의사로 일하면서 여가 시간에 미적분학과 물리학을 독학하기 시작했고, 초파리의 복잡한 유전학을 이해하려고 노력했다. 그리고 그는 베를린의 작은 디너 클럽에서 나온 델브뤼크의 아이디어, 즉 생물의 기능은 아마도 유전자를 이루는 분자들에 내재한 어떤 미지의 특징에 의해 조종될 것이라는 아이디어에 대해 경외심을 가지고 읽었다. 그는 어떻게 그런 아이디어를 실험적으로 내놓을 수 있는지 궁금해 하기 시작했다. 그로선 영원히 감사할 일로, 로마의 신뢰 안 가는 교통 시스템이 답을 제공하는 데 도움이 되었다. 그 도시의 전차는 종종 정전으로 고장이 났고, 어느 날 어쩌다 보니 또 다시 멈춰버린 전차에 갇혀버렸을 때, 그는 거기서 자신이 알아본 한 남자와 대화를 시작했다. 그 남자는 마침 로마 대학의 바이러스학 교수인 지오 리타(Geo Rita)였다. 그들이 이야기를 나누는 동안, 리타는 루리아에게 티베르강의 박테리아와 그 박테리아에 빌붙어서 살고 있는 걸로 그가 밝혀낸 바이러스에 대해 자기가 연구하는 모든 것을 얘기해 주었다.

그들이 즉석 대화를 나누고 며칠 후, 루리아는 박테리오파지가 과학자들이

Salvador Luria

생물학의 가장 기본적인 과정을 이해하는 데 도움을 줄 수 있는 생명의 기본적인 형태일지 모른다고 생각하기 시작했다. 이것은 에모리 엘리스의 실험실에 델브뤼크가 불쑥 방문한 지 불과 몇 달 후에 일어난 일이었다. 루리아는 델브뤼크가 박테리오파지도 연구하고 있다는 것을 발견했을 때 더욱더 흥분했다. 그는 생물학의 매혹적인 새로운 최전선에서 세계를 이끄는 사상가들 중 한 명과 똑같은 생각을 가지고 있던 것이었다.

작고, 잘 차려 입었으며, 거의 만화 등장 인물 같은 친근한 얼굴을 한 루리아는 돌이켜 보니 그 또한 파시즘 아래 어두워지는 나라에서 일하고 있었다. 델브뤼크를 본받아 유럽을 탈출하고자 했던 루리아는 미국에서 공부하기 위해 펠로우쉽을 신청했고 받아들여졌다. 그러나 바로 다음 날인 1938년 7월 18일, 무솔리니 정부는 이 나라를 나치 독일과 이념적으로 일치시키는 새로운 인종차별 헌장인 매니페스토 델라 라자를 발표했다. 이 암울한 반유대주의 법들로 유대인들은 시민권을 박탈당했고 직장에서도 쫓겨났다. 루리아의 표현대로 그의 펠로우쉽 기회는 하루아침에 '아침에 피었다가 저녁에 지고 마는 꽃처럼' 사라졌다.

대신 루리아는 돈 없이 혼자 파리로 이사했다. 그는 마리 퀴리 라듐 연구소의 저명한 물리학자 페르낭 홀벡(Fernand Holweck)에게 스카우트됐는데, 홀벡은 루리아의 의학, 방사선, 물리학을 결합한 아이디어를 좋아했기에, 루리아는 처음으로 자신의 실험실에서 일하게 되었다. 루리아는 파지들의 분자 구성을 이해하기 위해 방사선을 파지에 퍼부으면서, 그가 새로 좋아하게 된 생명체에 대해 연구를 시작했다.

그러나 몇 달 안에 유럽에서 전쟁이 발발했다. 그의 자서전에서 루리아는 이상하게도 그가 '2차 세계대전이 시작되었을 때 빌린 자전거를 타고 브르타

뉴 주변을 자전거를 타고 다녔다'고 기억했다. 1940년 5월 히틀러의 군대가 프랑스 수도에 접근하고 수천 명의 파리 사람들이 그 도시를 도망쳤을 때, 루리아는 을씨년스럽게 텅 빈 거리를 마지막으로 산책해 보고 나서 자전거를 타고 피난의 길에 올랐다.

"이틀 정도 동안 나는 간신히 독일군들보다 아주 조금 겨우겨우 앞서 가고 있었습니다."라고 그는 아무렇지도 않게 회상한다. "나는 비행기에서 갈겨 대지만 잘 맞지 않던 기총 소사의 타겟이 된 적이 두 번이나 있었죠".[18] 한 달 동안 그는 전쟁을 피해서 자전거를 몰거나 화물 열차에 올라타고 프랑스 여기저기를 떠돌았다. 그가 500마일을 여행한 '페레그린처럼 긴 여행'*의 목적지는 프랑스 남쪽 해안의 마르세이유로 이전한 미국 대사관이었고, 거길 통해 대서양 반대편 미국으로 이민 갈 가능성을 타진하는 것이었다. (페레그린, 일명 피핀은 '반지의 제왕'을 보신 분들이면 잘 아시겠지만, 프로도, 샘, 메리와 함께 모험을 떠난 4명의 호빗 중 하나다. 모험 초반에 프로도와 헤어져서 사촌 메리와 함께 온갖 고생을 하며 여기 저기 떠돌고, 쫓겨 다니며, 큰 전쟁에도 몇 번씩 휘말리는 캐릭터. 매우 용맹하며, 노래를 굉장히 잘 한다. - 역자 주)

유럽이 폭력으로 폭발하기 시작하면서, 루리아의 인생 행로 - 그리고 파지 과학의 운명 - 은 익명의 관료와 도장 찍는 그들 손에 놓였다. 초라한 소작농에서 유명한 지식인에 이르기까지 수십 명의 희망에 찬 난민들이 매일 한두 건씩 만 처리되는 미국 영사관에서 기다렸다. 루리아는 우여곡절 끝에 스페인, 포르투갈, 벨기에령 콩고를 거치는 우스꽝스러운 경로로 미국에 입국할 비자

★ 긴 구불구불한 여행을 의미하는 이 이상한 단어를 내가 인쇄물로 접했던 유일한 때는 펠릭스 드허렐르의 회고록 제목인 '미생물학자의 방랑'에서이다.

승인을 얻는 것으로써 대사관 관료들 손을 벗어났다. 마침내, 그의 미국 비자가 승인되었고, 그 도장 찍던 소리의 반향은 오늘날까지도 과학계에 여전히 은은하게 울려 퍼지고 있다.

루리아는 점령된 프랑스를 벗어나 스페인을 거쳐 포르투갈 해안으로 향했고, 1940년 9월 마침내 미국으로 가는 증기선 네아 헬라스 호에 승선했다. 그의 유럽 탈출이 이렇게나 순조롭게 진행될 리가 없다고 재확인이라도 해 주는 듯이, 네아 헬라스 호는 뉴욕 항에 입항할 때 기어코 충돌 사고를 내며 노르웨이 화물선에 깊은 상처를 냈다. 그럼에도 우리 장한 루리아는 기어코 뉴욕 입성을 해냈다. 그리고 그는 즉시 막스 델브뤼크에게 연락을 시도했다.

동료 이민자 과학자들이 루리아를 뉴욕의 콜롬비아 대학교 연구소로 가도록 도와주었고, 그 해 12월 말 필라델피아에서 열린 회의에서 그는 마침내 파지가 유전학의 수수께끼를 이해하는 열쇠라고 생각하는 또 다른 한 사람을 만났다. 그와 델브뤼크는 그 당시 저녁을 먹으면서 힘을 모으기로 동의했을 뿐만 아니라, 새로운 열정의 격렬함 속에 시작하는 연인들처럼 루리아의 실험실에서 '48시간 동안의 한바탕 실험'을 위해 1941년 새해 첫날 뉴욕으로 즉시 갔다. 박테리오파지 접시를 생물학적 거울로 사용하면서, 이 이민자 파지 애호가들은 20세기의 가장 다루기 힘든 학문적 의문들 중 몇 가지에 대한 답을 찾기 시작했다.

델브뤼크는 루리아를 곁에 두고 생물학에서 가장 곤란한 의문들에 답하기 위한 연구에 바싹 집중했다: 즉, 유전자는 무엇으로 구성되어 있는가? 그들은 어떻게 자손에게 전해지나? 그들은 특성을 만들기 위해 살아있는 세포에서 어떻게 작용하는가?

그는 여전히 어떤 새로운 생물학 법칙의 등장이 임박했다고 끈질기게 믿었다.

1943년, 그와 루리아는 과학자들 대부분이 자기 경력에서 가장 흥미로워 했을 부분인 박테리아 유전학을 이해하는 데 큰 돌파구를 만들었다. 동일한 박테리아의 여러 묶음을 파지에 노출시키고 각각의 박테리아를 몇 세대 동안 배양한 후, 그들은 박테리아가 내성을 보이는 큰 변화와 더불어, 그 변화가 언제 생기는지를 관찰했다. 어떤 박테리아 평판 배지는 내성이 있는 세포로 가득 차 있었고, 어떤 박테리아 판은 단지 몇 개만 들어 있었고, 다른 박테리아 판은 전혀 들어 있지 않았다. 내성의 발생은 너무 불규칙적이어서 무작위 해 보였고, 실제로 그들은 박테리아에게 내성을 갖춰 주는 유용한 유전적 돌연변이가 파지의 추가에 대한 반응으로서가 아니라 무작위로 발생하고 있다는 것을 수학적으로 증명할 수 있었다.

그 연구는 박테리아처럼 단순한 유기체도 다윈의 자연 선택 이론에 따라 진화했다는 것을 보여주었고, 박테리아 또한 이보다 더 복잡한 유기체와 마찬가지로 유전자를 가지고 있다는 강력한 증거를 처음으로 제공했다. 그들이 개발한 방법은 완전히 새롭고 흥미로운 과학 분야인 '박테리아 유전학'을 낳았다. 박테리아와 이들을 감염시키는 바이러스는 결국 생명의 유전적 변화, 진화적 변화 그리고 복잡성을 연구하기 위한 실험실 단골 유기체가 되었다. 델브뤼크와 루리아의 발견은 또한 유기체가 일생 동안 자기가 필요해서 유전자를 개조함으로써 적응을 할 수 있다는 주장을 폐지시켜 버리는 데 일조했는데, 이는 폐기되기를 완강히 거부했던 '라마르크주의'로 알려진, 다윈주의와 맞서는 경쟁 진화 이론이었다.

이것은 생물학에서 엄청난 뉴스였고, 루리아에게는 그것이 그의 경력에서 가장 큰 하이라이트 중 하나였다. 그러나 델브뤼크는 거시적인 생물학 통합 이론에 집중하고 있었기에, 이러한 발견들은 그가 하려는 연구의 주안점을 생명이란 무엇인가라는 큰 화두로 옮겨 놓도록 추진력을 더해주는 '부차적 이슈'에 불과하다고 보았다.[19] 그래서 그와 루리아는 그들만의 독창적인 탐구를 계속했다. 델브뤼크는 유전자의 복제에, 루리아는 유전자의 본질 자체에 집중했다. 그들은 연구의 부산물로서 박테리아와 바이러스의 본질에 대해 훨씬 더 놀라운 발견들을 계속 내놓았다.

이 시기에 델브뤼크와 루리아는 알프레드 허쉬(Alfred Hershey)라는 미국인 미생물학자와도 소통을 했다.

델브뤼크와 루리아와 달리, 허쉬는 실제로 박테리아를 연구하는 걸로 경력

Alfred Hershey

을 시작했지만, 근래 수년 동안은 파지들을 연구하며 일해왔다. 그는 이전에는 파지들은 살아있는 구조체가 아니라 단백질이나 효소의 일종이라는 나이 든 과학자들의 잘못된 생각[20]을 증명하는 걸 도와주고 있었다 - 그를 자괴감 들게 만든 결실 없는 연구였다. 델브뤼크는 허쉬의 논문들에서 수학을 정확히 사용한 것에 감탄했고, 그가 자기와 루리아의 공동 연구에 동참한다면 더 보람을 느낄 것이라고 약속했다. '당신은 시간만 낭비하는 세균학자들의 침체된 분위기에서 너무 오래 있었습니다'라고 그는 편지를 썼다.[21]

그들이 마침내 만나서 함께 일하기 시작했을 때, 둥근 안경과 얇은 콧수염을 변함없이 고수한 작고 진지한 외모의 허쉬를 본 델브뤼크의 첫 인상은, 혼자 있기를 좋아하는 사람이구나 하는 것이었다. '위스키는 마시지만 차는 마시지 않음. 간단하게 요점을 곧장 지적. 돛단배에서 3개월간 사는 것을 좋아함 (중략)'.[22] 동료들이 훗날 그에 대해 쓰기를, 그가 사교적으로는 질문에 종종 직설적으로 '예' 또는 '아니오'로 답하고, 과학 집담회에서는 전혀 답을 얻지 못할 수도 있었다고 했는데, 이는 그가 당시 그 주제에 대해 전혀 관심이 없었다는 그 나름의 경제적인 표현 방식이었다.[23]

세 남자는 괴짜 트리오가 되었고, 그들을 '지구로 쳐들어 온 두 명의 외계인과 한 명의 부적응자'라는 유명한 표현으로 칭한 이는 다름 아닌 허쉬였다.[24] 많은 전통적인 유전학자들은 그들의 접근방법이 더 많은 통찰을 가져다 줄 것인지에 대해서는 회의적인 태도를 유지했다.[25] 하지만 허쉬는 델브뤼크라는 위대한 정신과 루리아라는 뭐든지 빨아들이는 스펀지 같은 두뇌에 실험적인 창의력과 영향력을 더했다. 점차로, 전 세계에서 점점 더 많은 과학자들이 이 괴짜 3인조에 합류하여 박테리아와 바이러스로부터 재생산, 유전자, 그리고 어쩌면 생명 그 자체에 관한 단서를 추적하게 되었다. 그것은 생물학, 자연에 대한 우리의 이해, 그리고 그것을 조종하고 변화시킬 수 있는 우리의 능력에 대한 진정한 혁명의 시작이었다. 생명을 이해하기 위해 파지를 사용하며 점점 더 세력을 확장하는 과학자 집단은 '파지 그룹'으로 알려지기도 했고, 때로는 '파지 교단'으로 알려지기도 했다.* 그러나 이 흥미로운 새로운 집단이 파지를 과학적 추론의 도구로 사용하는 데 전문가가 되었을 지라도, 바이러스 자체의 본질은 여전히 미스터리로 남아 있었다.

대서양 건너편에서는 에른스트 루스카(Ernst Ruska)라는 또 다른 독일 물리학자가 놋쇠 다이얼과 딱딱한 강철 덩어리 스위치를 몇 번만 조정해도 바이러스의 정체가 무엇인지에 대한 논쟁을 종식시킬 잠재력을 가진 장치를 만들고 있었다. 1920년대부터 루스카는, 보통 원자의 핵 주위를 도는 전자의 흐름이 특수 렌즈를 통해 빔으로 집중되면, 광학 현미경 수준으로 보기엔 너무 작은 물질 또한 관찰할 수 있다는 아이디어를 조용히 연구해 왔다. 1931년이 되자 그는 오래된 가스 오븐 위에 얹혀 있는 정교한 쉬샤 파이프(물 담뱃대. – 역자 주)를 닮은 괴상해 보이는 장치를 개발했다. 그것으로 그는 매우 얇은 샘플에 전자 빔을 집중시켜 통과한 것으로부터 이미지를 만들어낼 수 있었다. 그러고 나서 2년 안에 그는 이전에 인간의 눈으로 보았던 것보다 훨씬 더 작은 물체의 이미지를 만들 수 있었다.

★ 미국 분자생물학자이자 파지 그룹의 멤버인 프랭크 스탈은 파지 교단이 '델브뤼크, 루리아, 허쉬의 삼위일체에 의해 이끌어졌다 (중략). 델브뤼크의 설립자로서의 지위와 그의 권위있는 태도는 물론 그를 교황으로 만들었다.'라 썼다.

전자 현미경이 탄생한 것이다.

트위트, 드허렐르 그리고 델브뤼크는 이 물체의 본질이 무엇이든 간에, 그것은 직접적인 관찰로 보이거나 조사되기에는 너무 작다는 것을 완전히 수긍하면서 자신들의 파지 작업에 모두 임해 왔다. 그들은 이 숨겨진 세계로부터 가시적인 효과를 소환하는 실험들을 고안하기 위해 그들의 과학적 창조성을 발휘했다.

때때로 이는 순전히 숫자에 관련된 창조성이었다. 수십억 마리의 살아있는 박테리아가 들어있는 플라스크는 불투명하고 우윳빛이다. 이것이 깨끗해지면, 우리는 그 박테리아가 몰살당했다는 것을 알게 된다. 며칠 후, 다시 혼탁해지면, 파지에 대한 내성을 가진 박테리아들이 증식했다는 것을 알 수 있는데, 이들은 어떻게든 선천적으로 파지에 저항력을 가지고 있던 아주 미미한 수의 박테리아가 증식한 끝에 결국 군대 규모로 다시 성장한 것이었다.

또 달리 창조성이 발휘될 경우는 수학과 논리에 관련된 창조성이었다. 잘 알려진 특정 바이러스를 정확히 배양된 특정 숙주에 추가해서, 무엇이 자라고 무엇이 자라지 않는지 패턴을 주목한 다음, 무슨 일이 일어났고 무엇을 의미하는지 분석하는 것이었다.

델브뤼크와 루리아는 파지의 실체가 보이지 않는 어둠 속에서 평온하게 생산적인 일을 계속했다. 그들은 다른 방법을 몰랐다. 그러나 1930년대 후반, 에른스트 루스카가 그의 발명품을 정제하고 특허를 내는 동안(처음에는 '초 현미경'으로 판매),[26] 생물학자이자 의사인 그의 형 헬무트는 이 강력한 새로운 기계로 생물학적 표본을 관찰하기 시작했다. 그가 조사해야 할 긴 목록의 꼭대기에는 그동안 불가사의였던 박테리오파지가 있었다.

델브뤼크나 드허렐르가 파지들은 '어떻게 생겼을 것'이라 가정을 했는지, 그게 아니었다 해도 이들이 이에 대해 최소한 상상은 해 보았는지조차 확실하지는 않다. 그러나 헬무트와 에른스트가 파지들로 뒤덮인 초박판에 전자빔을 처음 집중시켰을 때 무엇을 보았는지 델브뤼크나 드허렐르로서는 짐작도 못 했을 것은 확실하다. 1940년에 처음 출판된 이 영상들은, 알갱이 모양이고 흐릿했지만, 눈에 띄는 것들이었다. 이 영상들에는 둥근 파지들과 몽둥이 모양의 파지들, 머리와 꼬리를 가진 파지들, 그리고 어떤 파지들은 먹이가 될 세균을 둘러싸고 있었고, 다른 파지들은 깨진 세포들에서 쏟아져 나오고 있었는데, 이 모든 미생물 전쟁의 광경들은 실제 자연적 크기의 2만 5천 배나 확대된 것이었다. 하지만 루스카 집안은 독일에 근거지를 두고 있었고, 헬무트가 발견한 것들은 독일 학술지에 실렸었다: 즉, 전쟁 중이던 세계의 제재와 혼란으로 인해, 이 역사적인 영상들을 가장 보고 싶어 하는 사람들에게 전달될 길이 막혔다.

파지는 1940년대에도 추상적이고 분열을 초래하는 개념으로 남아 있었다. 한편 파지의 본질에 대한 논쟁은 파지라는 주제와 델브뤼크의 업무에 계속 그림자를 드리웠다. 플라스크나 접시에 나타난 결과는 파지로 인해 나타난 효과, 현상, 그래프의 숫자, 칠판에 그려진 화살표 등 단지 그것이었다. 그 과립 이미지들 없이는 파지가 실제로 무엇인지, 어떤 구조를 가지고 있는지, 어떻게 보이는지에 대한 확실한 증거는 거의 없었다. 과학계에서 여전히 파지 학자 또는 구식 학자들에게 '트워트-드허렐르 현상'으로 통하는 파지들은 뚜렷한 생명체의 형태가 절대 아니고, 박테리아 자체에 의해 어떤 이유에서든 자기 파괴적인 단백질이 생성된 것이라는 견해를 견지하는 사람들이 많았다. 심지어 델브뤼크 자신도 1939년 말의 논문에서 바이러스를 '큰 단백질 분자'라 불렀다.[27]

마침내, 전자 현미경이 독일을 벗어나 외국의 실험실에도 설치되기 시작했다. 1942년, 처음에는 전자 현미경이 나치의 거짓말이라고 믿었던 생물학자

토마스 F. 앤더슨(Thomas F. Anderson)이 RCA (Radio Corporation of America; 미국의 전자 통신 회사)의 과학자들이 만든 제품으로 생물학적 표본을 검사하기 위한 자금을 마련했다. 곧 많은 사람들이 이 매우 비싼 사진관에 아주 작은 것들을 접수시키려고 줄을 서고 있었다. 델브뤼크는 어둠 속에서 정보를 캐내기 위해 이론과 수학을 사용하는 것에 행복해했지만, 루리아는 그것들이 진정한 발전을 이루려면 파지가 무엇인지 정확하게 알아야 한다는 것을 알았다. 그래서 그는 앤더슨에게 연락하여 전자 현미경으로 파지의 조사에 협력해 달라고 요청했다.

바이러스에 대한 제대로 된 이미지를 얻기 위해, 루리아는 장치를 통해 발사되는 미세한 전자 빔에 일부라도 잡힐 수 있을 정도로 충분히 농축된 파지 용액을 생산해야 했다. 루리아가 첫 번째로 만든 용액은 실패했고, 두 번째로 시도한 용액이 효과가 있었다. 그들이 계산한 용액은 매 밀리리터 당 수백 억 개의 파지를 포함하고 있는 것으로 앤더슨은 성장하던 파지 그룹이 그들의 소중한 아기들을 처음 볼 수 있게 해 준 일련의 흑백 전자 현미경 사진들[28]을 내놓는 데 도움을 주었다: 한 마리도 아니고 수십 마리의 파지들이 거대한 알약 모양의 대장균 세포를 둘러싸고 공격하는 광경이 포착된 사진들 말이다.★

수십 개의 뚜렷한 원형 또는 막대사탕 모양 의 생명체들이 박테리아 세포

★ 유럽에서 파지를 발견한 후 미국에서 최초로 파지를 연구한 과학자 중 한 명이며, 그들이 살아있는 개체보다 복잡한 분자일 가능성이 더 높다고 확고하게 믿고 있는 파지 과학자 J.J.브론펜브레너는 그 이미지들을 보고 'Mein Gott(독일어로 신이시여로 직역되지만 실제 뜻은 맙소사 - 역자 주), 그들은 꼬리가 있어!'라 외쳤다고 한다.
이 첫 이미지들에 대한 설명은 대부분 '올챙이 모양' 또는 '정충 모양'으로 기술되지만, 내 생각으로 바이러스의 '꼬리'는 막대사탕처럼 다소 뻣뻣하고 곧게 보인다.

들의 주위를 떠다니면서 세포 벽을 공격하는 것을 보고 모든 미생물학자들이 느꼈을 절대적인 놀라움이 어땠을지 상상하기 힘들다. 바이러스가 효소, 발효물, 분비물, 또는 더 거슬러 올라가면 '독이 있는 액체'라는 개념이 틀렸음이 마침내 증명되었다.

그 이미지들을 보자마자 델브뤼크는 '믿을 수가 없어!'라는 그의 시그니처 발언을 다시 했다고 한다. 그와 루리아 그리고 앤더슨은 복제 주기의 중요한 포인트들을 포착하기 위해 사진들을 더 찍었다. 그들은 파지들이 실제로 박테리아 세포 안에서 증식하고 있다는 것을 알 수 있었고, 이것이 파열되어 더 많이 방출되는 것을 알 수 있었다. 이 과정은 드허렐르가 그의 실험을 통해 예측하기도 한 것이었다.

수년 후인 1949년 파지 계의 원조 옛 사부인 드허렐르께서 전자현미경 사진을 처음 봤을 때 그는 임종 중이었던 것으로 보인다.[29] 그가 처음 본 것이 생명을 복제하는 형태임에 틀림없다고 추론한 지 30년이 넘었고, 20년 동안 독설적인 논쟁과 소모적인 다툼 그리고 개인적인 흑역사를 겪고 난 자리에는 이제 확실한 증거가 놓여 있었다. 파지는 작지만 분명한 생물학적 구조였는데, 그들 중 다수가 머리와 꼬리 그리고 심지어 거미 같은 다리 구조를 가지고 있었다. 이는 방울방울 박테리아보다 훨씬 더 흥미로웠고, 단순히 파괴적인 효소나 박테리아 '발효'와는 거리가 멀었다. 하지만 그의 생애 마지막 몇 년 동안, 드허렐르는 겉보기에는 오래된 논쟁에 지친 듯해 보였고, 과학, 정치 그리고 삶에 대한 그의 독단적인 견해로 가득한 길고 장황한 에세이를 쓰고 있었다. 1940년대 어느 시점에서 드허렐르와 파지 과학의 새로운 거장들인 델브뤼크와 루리아가 공존하던 짧은 순간들이 있었는데, 그들의 최신 연구물을 프랑스에 있는 드허렐르의 제자들에게 제공했지만, 모든 파지 과학 창시의 아버지는 그가 발견한 유기체들이 과학 혁명에서 수행하고 있는 흥미로운 새로운 역할에 거의 관심을 기울이지 않았다고 한다.

전자 현미경은 또한 파지 그룹에게 흥미로운 무언가를 보여주었는데, 감염시키는 파지들은 박테리아 세포 안으로 전혀 들어가지 않고, 그 대신 박테리아 세포 바깥 표면에 달라붙어서 머물러 있다가 30여 분이 지나면 신비롭게도 그 세포에서 수십 개의 다른 파지들이 터져 나오더라는 것이었다. 생물학의 핵심에서 수학 같은 간단한 진리를 필사적으로 찾는 본질적으로 물리학자였던 델브뤼크에게 이 사실은 절망감을 주었다. 심지어 파지와 같은 간단한 것이 증식하는 것도 그가 처음에 생각했던 것보다 훨씬 더 복잡한 것이었다. '어떤 살아 있는 세포 건 그 세포의 조상들에 의해 10억 년 동안 행해진 실험 경험을 지니고 있어.' 라고 그가 나중에 말했다. '그렇게 현명한 늙은 새를 간단한 단어 몇 개로 설명할 것이라고 기대할 수는 없을 것이야'.[30]

(늙은 새, old bird는 정말 새를 말하는 게 아니고, 오랜 연륜이 쌓인 노련하고 지혜로운 이를 지칭하는 비유적 표현이다. - 역자 주)

하지만 다른 사람들에게는, 그 이미지들이 상상력을 자극했다. 그 입자들의 정자와 같은 외모와, 그 입자들이 난자에 붙은 정자처럼 박테리아의 외부 표면에 결합하고 있다는 사실은, 파지가 박테리아의 기생충이라기보다는, 사실은 어떻게든 그것을 수정시키고 있다는 이론을 낳게 했다.[31] 한편, 현미경을 다루던 앤더슨은 박테리아 외부에 붙어있는 빈 머리의 파지인 '유령'을 보고 '놀랍게 웃긴 가능성'을 제시했다.[32] 어쩌면 파지들은 숙주 세포에 일종의 유전물질을 주사기처럼 주입했고, 숙주의 성격을 번성하는 세포에서 자살 바이러스 공장으로 바꾼 것 또한 이것 때문일 지도 모른다는 것.

이 무렵, 파지 그룹 멤버들의 다른 연구 결과에 따르면 파지들은 단백질과

DNA만 포함하고 있을 뿐 더 다른 것은 포함하고 있지 않다고 했다. 그렇다면, 이들 중 하나가 생명의 청사진을 담고 있는 유전 물질임에 틀림없다. 그들은 다 함께 진리에 점점 더 가까워지고 있었다.

1945년, 제2차 세계대전이 마침내 끝나자 델브뤼크는 롱아일랜드의 콜드 스프링 하버에서 그의 선구적인 파지 연구에 대한 여름 강좌를 마련했다. 전후에 새롭게 낙관적인 세상에서 이 흥미로운 분야에서 연구하는 과학자들에게 콜드 스프링 하버는 여름 캠프와 같았다. 숲이 우거진 언덕과 사유지 해변이 사방을 둘러싸고, 실험 목표를 정해서 만들어진 작은 연구실들과 매력적인 강의실들이 찬란한 만 주변에 별장처럼 자리잡고 있었다. 그곳은 일하기에 아름다운 곳일 뿐만 아니라 여름에는 수영, 낚시, 수상 스포츠를 하기에 완벽한 장소였고, 가을이 오면 빨강, 초록, 금색의 단풍들이 무성한 언덕으로 변했다.

덴마크의 생물학자이자 델브뤼크의 제자인 닐스 K. 예른(Niels K. Jerne)은 1940년대에서 1950년대로 접어 들면서 작지만 영향력 있는 과학자들 사이의 분위기에 대해 멜로 드라마 방식으로 다음과 같이 멋을 잔뜩 부려서 쓰고 있다:

자연은 페트리 접시의 점들을 세는 젊은 남자들의 맹공격에 움찔했다. (중략) 자연이 그녀의 비밀을 지키며 둘러싸고 있는 갑옷의 가장 약한 부분들 중 하나를 델브뤼크가 지목하였고, 그곳의 공간은 파지 입자들로 가득 찼다. 그 모든 것 위에 생물학의 요새 중심으로 향하는 좁게 뻗은 최종 경로를 따라 손으로 직접 뽑은 파지 떼들을 양치기처럼 몰며 전진하는 델브뤼크의 영혼이 맴돌았다 (중

략).[33]

예른은 델브뤼크와 함께 했던 '테니스장에서 막 쫓겨난 것처럼 옷을 입은' 과학적 '잼 세션'을 기억한다. 다른 사람들은 덥고 나른한 밤에 물가에서 놀거나, 근처 마을에서 맥주를 마시며, 친구들 차에 타이어를 빼 놓는 것부터 침대를 얼음물에 담그는 것까지 끝없는 고약한 장난들을 했던 것을 기억한다. 따분한 저녁 행사를 열려고 했던 한 과학자의 시도는 장난감 기관총을 든 과학자들의 공격을 받는 걸로 귀결됐다. 빛바랜 사진들은 델브뤼크와 루리아가 반팔 셔츠를 입고 있거나 아니면 셔츠를 입지 않은 채 햇볕이 잘 드는 현관에 기대어 있는 모습을 보여주는데, 이는 그 시대의 위대한 지성인들이 한 걸음 성장할 방정식을 논하는 것이라기보다는 두 노병이 맥주를 마시는 모습에 가깝다.

하지만 델브뤼크는 이렇게 성장하는 학문적 움직임의 무서운 지도자이기도 했다. 그는 자신이 개발하고 있던 정밀 생물학을 하는데 요구되는 악마적인 수학에 뛰어난 학생들만 받아들였고, 그의 호숫가 강좌를 들은 과학자들과 듣지 않은 과학자들을 차별했다. 그는 생물학의 오래된 방법들, 즉 생물체들의 끝없는 관찰, 명명, 분류를 '우표 수집'이라고 말하기 시작했다.[34] 그는 자신의 학생들과 동료들에게 독창적이고 강력한 과학적 아이디어를 내도록 다그치는 방식에서 거칠었다고 볼 수 있었다. 그는 그들이 내는 이론에 확신이 들지 않을 때 동료들에게 '나는 그것을 한마디도 믿지 않아!'라고 소리치는 것이 흔했을 뿐만 아니라, 세미나를 중단하고는, 그가 들어본 것 중에 최악의 것이라고 말하거나 세미나 도중에 나가 버리기도 했다. 미국의 생물물리학자 조지 페허(George Feher)는 샌디에고에서 델브뤼크와 함께 한 일련의 세미나에서 '최소한 하나는 막스가 들어본 것 중에 최악의 것은 아닐 것이다' 라며 두 *번이나*

강연하게 되어 기쁘다고 말한 적이 있다.[35]

이 요구 사항 많고 까다로운 환경 아래에서 델브뤼크의 고도로 숙련된 후학 집단이 파지 그룹을 확장하고 생물학에서 이전에 보기 드물었던 새로운 형태의 과학을 개발하면서 생물학 연구의 황금기가 시작되었다. 이 집단은 재기 넘치는 논리를 사용하여 생명체의 내적 작용을 밝힐 수 있는 바이러스 숙주 실험의 다양성을 수학적 데이터 형태로 창안하였다. 어느새 그들은 바이러스가 숙주 내에서 어떻게 복제되는지 이해하고 유전자와 유전학에 대한 더 정확한 이해를 발전시키는 데 비약적인 발전을 이룩했다. 드허렐르의 명성이 이제 완전히 손상되고, 파지 치료법이 서구에서 점점 더 낡고 쓸모 없는 것으로 여겨질 때, 델브뤼크는 파지 과학을 아마추어 시대에서 정통 과학으로 끌어올리기 시작했다. 델브뤼크를 위해 전자현미경을 사용하여 최초의 파지 이미지를 제작한 생물학자 앤더슨은 델브뤼크의 이름을 저자명에 올린 과학 논문들이 '트워트-드허렐르 현상을 둘러싸고 갈등하던 보고서들, 근거 없는 추측들, 뜨겁지만 무의미한 논쟁들의 진흙탕 속에서 어떻게 작고 푸른 논리의 섬이 생겨나게 했는지'를 회상했다.[36] 콜드 스프링 하버의 파지 강좌는 '생물학을 정확한 과학으로 시작한 것'을 기념한다고 델브뤼크의 전기 작가이자 마지막 대학원생인 에른스트 피터 피셔가 썼다. 이 강좌는 거의 25년에 걸쳐 진행되며 생명과학의 많은 분야에 진출하고 셀 수 없이 많은 놀라운 발견을 한 저명한 생물학자 가계도를 만들어 내게 된다. 전 세계의 과학자들이 콜드 스프링 하버로 연구를 하러 왔을 때 델브뤼크는 '갑자기 전 세계가 내 바이러스에 관심을 갖기 시작한다'고 썼다.

이렇게 세력을 넓힌 파지 그룹은 마침내 파지가 몇 세대에 걸쳐 자손을 만들어 내지 않으면서 세균 안에 어떻게 숨는지 그 수수께끼를 푸는 데 도움을 주었다. 이 수수께끼는 이전에는 많은 혼란을 가져오고 여전히 많은 사람들이 파지가 바이러스라는 생각을 반박하도록 야기했던 것이었다. 칼텍의 델브뤼크에 합류하기 전까지 파스퇴르 연구소에서 수년간 근무했던 프랑스 과학자 앙드레 르보프(André Lwoff)는 드허렐르 때부터 이를 연구해온 부부 과학자들인 유진(Eugene)과 엘리자베스 울먼(Elisabeth Wollman)이 제2차 세계대전 중 강제수용소에서 사망한 이래, 이 수수께끼들의 중요성을 입증하는 것을 개인적인 소명으로 삼았다.[37]

르보프는 델브뤼크와 달리 수학보다는 물리적 실험을 선호했는데, 단순히 개별 박테리아 세포를 채취하여 다른 조건들에 노출시킨 후 전자현미경으로 주의 깊게 관찰했다. 그는 비교적 거대한 박테리아 바실러스 *메가테리움(Bacillus megaterium)*을 사용하여 파지에 감염된 박테리아가 새로운 바이러스를 생성하지 않으면서 행복하게 살고 정상적으로 분열할 수 있으며, 강제로 분열시켜도 새로운 바이러스가 나오지 않음을 직접 관찰할 수 있었다. 그러나 또한 어느 정도는 임의로 새 바이러스를 만들어내기 시작할 수도 있었다. 그것이 바이러스를 생성해 낼 수 있는 소지를 지닌 파지 DNA인지는 아직 확실하지 못했다. 그러나 르보프는 세포가 미래의 어느 시점에서 파지를 생성하게 하는 데 필요한 것은 보이지 않는 바이러스의 본질뿐이라는 것을 추론했다. 르보프의 추가 실험에서 예를 들어 자외선으로 스트레스를 준 세포는 파지의 성향을 전환시켜서, 그 결과 조용히 있던 손님에서 갑자기 새로운 파지의 생성을 요구하는 손님이 되어 숙주를 터뜨리는 것으로 밝혀졌다.[38]

그의 강좌가 시작되기 1년 전, 델브뤼크는 파지 조약이라고 알려진 것을 고안하고 협상을 벌였다. 그 합의를 보면 우리가 왜 전 세계 수백만 또는 수십 억 종류의 파지에 대해 그렇게 많이 알지 못하는지 약간은 설명이 된다. 전 세계

기관의 과학자들은 T1부터 T7이라는 이름의 7가지 파지 만을 연구하고, 같은 온도인 37 ℃에서 작업하기로 동의하였다.

7개의 파지 모두 실험에서 확실하고 일관성 있게 플라크를 생산하고 있으며, 또한 실험실에서 배양하고 연구하기 용이하다는 장점으로 미생물학과 유전학에서 단골 실험 대상 박테리아 종으로 빠르게 자리 잡고 있는 대장균을 먹이 대상으로 삼는다.

그때까지, 다른 실험실에서 파지를 연구하는 생물학자들은 모두 그들이 작업한 그들만의 파지 컬렉션을 가지고 있었는데, 이는 결과를 비교하거나 하나의 특정한 바이러스와 숙주가 어떻게 상호 작용하는지에 대한 깊은 지식을 구축하는 것을 어렵게 만들었다. 파지 조약은 핵심적인 파지 생물학의 발전을 가속화하는 데 의심할 여지 없이 도움이 되었고, 파지 세계의 최고 지도자로서 델브뤼크의 위치를 공고히 했다. 만약 누군가의 작업이 위대한 막스 델브뤼크에 의해 주목 받으려면 올바른 파지로 작업해야 했다.

그것은 또한 성장하는 전 세계의 파지 과학자 네트워크가 지구상 파지들 중 아주 작은 집단에만 초점을 맞춘다는 것을 의미했다. 7개 중에서, 소위 짝수 번호 T 파지(T2, T4, T6)가 생화학 및 유전학 연구에 가장 유용한 것으로 밝혀졌다. 이 파지들 모두가 하수나 배설물에서 분리되었다고 알고들 있지만, 사실, 이런 쓸모 있는 작은 과학 도구들은 대부분의 동물과 인간의 내장에 존재한다.[39] 델브뤼크의 조약은 전세계 많은 연구 그룹들의 비교 가능한 데이터가 세포 생명과 비 세포 생명을 움직이는 기본적인 시스템의 상세한 큰 그림을 구축하는 데 도움을 주면서, 파지 과학을 다시 한번 진전시키는 데 도움을 주었다. 그러나, 세상에 널린 7가지 외 파지들의 진정한 풍부함과 다양성은 여전히 눈에 띄지 않거나 인지되지 않고 있었다.

과학자로서의 그의 모든 놀라운 재능에도 불구하고, 델브뤼크는 맹점들이 있었다. 과학 자체, 그리고 과학이란 어떻게 이루어져야 하는지에 대한 그의 독단적이고 완고한 접근법이 맹점들 중 하나였다. 드허렐르와 다르지 않게, 그는 일을 하는 올바른 방법에 대해 단호한 견해를 가지고 있었다. 그가 충분히 정확하다고 느끼지 않는 방법들은 일축하고, 그가 정립한 조약 외의 파지에 행한 연구에서 나온 자료 열람은 거부하며 그의 연구에 자금을 지원한 학계와 정부에 맞섰다. 그는 특히 화학을 무시했다.

델브뤼크의 마지막 제자이기도 했으며 1981년 사망 직전에 그를 상세히 인터뷰했던 그의 전기 작가 에른스트 피터 피셔가[40] 이 사실을 내게 확인시켜 주었다. 피셔는 '그는 자신이 모르거나 이해하지 못하는 것들을 싫어했다'고 말했다.*

피셔는 그와 다른 물리학자들이, 최근에 이혼한 동료가 이혼의 충격보다는 그의 아내가 화학자와 외도를 해서 그렇게 됐다는 사실에 더 분노했다는 농담을 했었다고 말해준다. 델브뤼크의 과학적 잘난 체 근성은 그 자신의 동료들과 제자들을 포함한 다른 과학자들이 20세기(그리고 단언컨대, 앞으로도 모든 시대에 걸쳐서)의 위대한 생물학적 돌파구에 거의 다 가까워졌을 때 그대로 되돌아와서 그를 물어뜯게 된다. (다음 대목에서 설명하겠지만 DNA구조의 규명을 말하는

★ 여전히 생물학자들과 물리학자들 모두 화학을 '큰 아이디어'나 실존 이론이 없고 냄새 나고 연기가 가득 찬 실험을 하는 분야로서 멸시하는 것은 드문 일이 아니다. 화학자들은 반격하기를 모든 생물학은 단지 화학이 할 수 있는 것을 가장 터무니없이 보여주는 것일 뿐이라고 주장하곤 한다.

것이다. 물리와 수학만 대우하고 화학을 무시하던 델브뤼크였으나 정작 DNA를 규명하여 생명의 근본을 밝혀낸 것은 생화학이었다. - 역자 주)

1950년대까지 파지 그룹은 바이러스의 복제조차도 상상 이상으로 더 복잡하다는 것을 발견하면서 생화학자들은 복제와 유전에 중요한 것으로 알려진 화학물질 후보들을 좁히는 데 중요한 진전을 보이기 시작했다.[41] 생화학자들로부터 DNA라고 불리는 화학물질이 그 모든 것의 중심에 있다는 증거가 점점 늘어나고 있었다. 허쉬는 그의 뛰어난 연구 보조원 마사 체이스(Martha Chase)와 함께 파지에서 박테리아 세포로 들어간 물질이 DNA라는 것을 증명하는 기발한 실험을 고안해 냈다. '믹서기 실험[42]'으로 알려진 이 실험에서, 이 두 사람은 파지 샘플의 단백질과 DNA에 서로 다른 방사성 동위원소 '라벨'을 붙임으로써 그 파지가 박테리아를 감염시켰을 때 그 특정 분자들이 어디로 갔는지 추적할 수 있었다. 박테리아 세포에서 파지 '유령'을 떼어내어 분리 분석할 수 있도록 하는 다양한 첨단 기술을 시도하던 끝에 결국 동료의 주방 믹서기를 빌려 그 작은 존재들을 산산이 조각내 버렸다.[43] 그것은 파지의 결합 부위를 박테리아 세포 벽으로부터 떼어낼 수 있는 적절한 절삭력을 가졌지만, 모조리 조각조각 탕을 칠 정도는 아니었다. 이제 파지와 박테리아를 분리할 수 있게 된 그들은 방사성 DNA가 파지에서 박테리아로 이동한 것을 발견했다. 그러나 방사성 단백질은 여전히 파지 안에 있었다. 이 즉흥적인 실험은 파지가 감염되는 동안 DNA만 박테리아로 옮겨졌고 그 외에는 옮겨지지 않는다는 것을 명확하게 보여주었다.

허쉬와 체이스의 바이러스 스무디는 화학적 명령을 박테리아 숙주로 옮기는 것은 사실 단백질이 아니라 DNA라고 강하게 시사했다. 그러나 델브뤼크는 그것에 대해 한 마디도 믿지 않았다. 그는 복잡한 화학 실험에 관심이 없었다.

그는 해결책으로 가는 자신의 방법을 이론화 하기 원했다. 그는 심지어 DNA 는 복잡한 구조를 형성할 수 없는 '멍청한 분자'라 믿었다고 말한 적도 있다.[44]

"델브뤼크에게 화학은 웅장하지도 않았고, 학술 이론도 아니었죠." 피셔가 웃으며 내게 말한다. "그리고 물론, 그는 화학을 배우려 하지도 않았습니다."

하지만 파지 그룹의 다른 멤버들은 덜 독단적이었다. 루리아는 유전 물질의 화학적 구조를 이해하면 유전 물질의 작동 비밀을 풀어줄 수 있다는 생각에 더 개방적이었다. 그는 생화학의 복잡성을 자신이 직접 익힐 수 없다는 것을 알고, 그의 학생 중 한 명을 캠브리지에 가게 해서 생화학자의 지식과 기술을 배우도록 하였다. 그 학생인 제임스 왓슨(James Watson)은 역사상 가장 유명한 과학 논문들 중 하나를 보태는 걸로 이바지하게 되고, 이와 더불어 현재 아마도 인종차별적인 논평들과 동료 로잘린드 프랭클린(Rosalind Franklin) 에 대한 여성혐오적인 견해들로 유명해지게 된다.

왓슨은 자신의 게으름 때문에, 그 자신의 말에 의하면 '심지어 어중간한 난 이도의 화학이나 물리 과목들조차 어찌어찌 이수 하지 않으면서' 야심에 차 있고 다소 거만한 무명의 생물학 졸업생으로 커리어를 시작했다.[45] 파지 그룹 에서 불과 22살에 파지 유전학으로 박사학위를 취득한 후, 그는 루리아의 주 선으로 처음에는 일반 생화학에 대해 더 많이 배우기 위해 짧은 펠로우쉽 과 정으로서 파견됐다. 그러나 유럽을 갔다 온 후, 그는 그의 새로운 관심사로서 DNA와 같은 흥미로운 분자들의 원자 구조를 조사하기 위해 엑스레이를 사용 하는 것에 탐닉하기 시작했다.

캠브리지에서 그는 프랜시스 크릭(Francis Crick)을 만났는데, 그는 DNA 의 3D-화학 구조를 이해하는 것이 분명히 생명의 비밀을 규명하는 거대한 퍼 즐 조각이라는 것에 동의했다. 그 두 사람은 아주 사이가 좋았고(문자 그대로)

그 구조를 어떻게 이해하고 규명할 지에 대한 아이디어를 짜내기 시작했다. 그 두 사람이 DNA의 구조를 이해하고, 그것을 토대로 정보가 세포 내에서 암호화되고 복제되는 기전의 모든 비밀에 점점 더 가까워지면서 왓슨은 캠브리지 체류를 계속 갱신해서 더 오래 머물렀다.

왓슨이 크릭, 프랭클린, 모리스 윌킨스(Maurice Wilkins), 라이너스 폴링(Linus Pauling)과 함께 금세기의 가장 흥미로운 발견이 될 것에 대해 집중하고 있었을 때도 델브뤼크는 여전히 별 관심을 보이지 않았다. 한 번은, 동료가 캠브리지에서 그가 하고 있던 일에 대한 왓슨의 애정에 대해 언급했을 때, 델브뤼크는 분명히 역겨워서 그만하라고 손사래 쳤다고 한다.[46] 그 두 사람이 마침내 그 연구에 대해 논의하기 위해 한 회의에서 만났을 때, 엄밀히 말하면 여전히 루리아의 박사후 학생이었던 왓슨은 델브뤼크가 '그것에 대해 말하는 걸 지루해 했던 것 같다'고 회상했다. 'DNA가 나온 멋진 X선 사진이 존재한다는 나의 정보조차 어떤 진정한 반응도 이끌어내지 못했다. (중략) 델브뤼크의 세계에서는 어떤 화학적인 생각도 유전자 교배의 힘을 제대로 설명하는 데 어울리지 않았다.'[47]

1952년에 왓슨과 크릭은 자신들이 DNA 구조의 퍼즐을 풀었다고 발표하기 직전이었다. 그들이 실험실에서 클램프, 주석, 판지로 만든 우뚝 솟은 탑 모양의 모델은 DNA의 분자 구조가 어떻게 생겼는지 - 그 유명한 이중 나선 - 를 밝혔을 뿐만 아니라, 기적적인 화학 작용 또한 규명했다: DNA의 서로 다른 하위 단위들이 차례로 긴 화학 코드를 형성하는 방법이었다. 이중 가닥 구조는 또한 곧바로 전체가 스스로를 복제할 수 있는 우아하고 간단한 방법을 드러냈는데, 단순히 길이를 따라 지퍼를 푼 다음 상호 보완적인 하위 단위로 자신을 수리함으로써 지퍼의 양쪽이 두 개의 새로운 가닥을 형성하는 것이었다.

과학 역사상 가장 중요한 왓슨의 편지들은 그의 멘토들이 별 관심을 안 보이는게 명백함에도 불구하고 꿋꿋이 최신 정보를 전달하며 대서양을 오고 갔다. 마침내, 왓슨은 델브뤼크에게 그들이 발견한 것, 즉 DNA의 구조와 그것이 어떤 유전자들로 이루어져 있고 어떻게 생명이 정보를 한 세대에서 다른 세대로 전달하는지 그 비밀을 설명하는 편지를 보냈다. 델브뤼크는 그 편지를 읽고 위대한 퍼즐의 모든 조각들이 제자리에 맞춰지는 것을 보았을 때 분명히 이렇게 말했다: "바로 이거야, 이걸로 끝났군."

단 한 방에, 이중 나선 구조는 '생명의 비밀*'을 드러냈으며, 이를 설명하기 위해 거대한 역설도, 완전 새로운 물리학 규칙도 만들 필요는 없었다. 이를 설명하는 것은 바로 화학이었다; 너무도 쉽게 이해할 수 있어서, 델브뤼크의 말에 따르면, 그것은 '복제 과정 전체를 싸구려 잡화점에서도 살 수 있는 아이들의 장난감처럼 보이게 만들었다.'[48]

왓슨과 크릭이 1953년 엄청난 관심을 끌며 발표한 논문은 이제는 누구에게나 친숙한 DNA 분자의 꼬임 모양을 세상에 밝혔고, 그 두 사람은 국제적인 명성과 부를 쌓았다. 자신들이 제작한 모형 옆에 서 있는 그들의 사진은 유전 혁명의 시작을 보여주는 결정적인 이미지가 되었다. 유전학과 분자 생물학의 발전에 너무나 많은 기여를 한 우리의 사랑하는 파지들은 왓슨과 크릭이 로잘린드 프랭클린의 유명한 '사진 51'의 도움으로 생명의 비밀을 추론했다는 더 단순하고 과학적인 이야기의 무게 속에 묻혀 버렸다.

★ 전설에 따르면, 왓슨과 크릭은 캠브리지에 있는 이글 호프집에 우연히 들어갔고, 크릭은 술 마시던 이들에게 그들이 '생명의 비밀을 찾았다!'고 선언했다. 하지만, 크릭은 이것에 대한 기억이 전혀 없고, 왓슨의 시각에서 말한 사건들의 많은 다른 측면들은 신뢰할 수 없는 것으로 증명 되었다.

그 후 15년 동안, 광범위한 분자 생물학자들이 - 종종 파지를 사용하기도 하면서 - 세포에 있는 화학 물질들에 의해 DNA의 화학 코드가 어떻게 다른 기능을 하는 단백질로 '번역'되고, 이것이 다시 우리를 포함한 모든 살아있는 유기체를 만드는 작은 신호와 구조를 형성하는지를 밝혀냈다. 그러나 델브뤼크는 그 대열에 끼지 않았다. 한동안 복제를 더 자세히 이해하려고 계속 시도한 후, 그는 다시는 파지나 유전학에 대해 어떤 것도 발표하지 않았고, 대신에 전적으로 다른 문제로 관심을 옮겨서, 단순한 곰팡이 파이코마이세스(*Phyco-myces*)의 세포들이 더 복잡한 감각 체계를 더 잘 이해하려고 자극에 어떻게 반응하는지를 연구했다.

델브뤼크는 파지들이 그가 생각하기에 자연의 비밀을 밝혀줄 수 있다고 생각했던 '벌거벗은 유전자'가 아니라는 걸 어려운 길로 돌아서 고생하며 가던 끝에 알아 냈다. 파지들은 매우 전문화된, 아주 적은 것들과 많은 관련을 갖는 기만적일 정도로 복잡한 생물학적 실체들이었다. 그러나 그가 지구상의 생명체들을 움직이는 아름다운 과정을 발견하려는 목표에는 실패했을 수도 있지만, 그가 쌓은 업적의 유산은 엄청났다. 생물학계의 수수께끼들에 대한 정확한 답을 밝힐 수 있는 시스템으로서의 박테리오파지에 대한 그의 비전은 그가 생물학적 수수께끼들에 대한 흥미를 잃은 이래, 그리고 그가 1981년에 사망한 이후에도 한참 과학과 세상을 계속 변화시켰고, 미래에도 오랫동안 계속될 실험적 도구를 만든다. 그와 루리아 그리고 허쉬는 기본적으로 분자생물학으로 알려지게 될 완전히 새로운 생명과학 분야를 발명하게 되었는데, 이 분야는 유전공학, 유전 의학, 그리고 지금은 생물학의 가능성을 전례 없는 속도로 바꾸고 있는 훨씬 더 환상적인 생명공학으로 이어진다. 모델 유기체로서, 이 시기에 파지들이 기여한 바는 아마도 과학사에서 타의 추종을 불허하게 된다(비록 과학의 이름으로 죽은 수많은 쥐와 벌레와 파리들이 이에 대해 뭔가 말하고 싶은 게 있을지는 몰라도). 내 계산으로는 이 분야들은 적어도 여섯 차례 노벨상 수상의 중심이었고, 14명이 공동 수상했으며, 추가로 15명의 과학자들에게 그 유명한 스웨덴 메달을 안겨주는 돌파구를 간접적으로 마련해 주었다.[49]

파지에 대한 연구는 바이러스와 박테리아가 모두 유전자를 가지고 있다는 것을 이해하게 했고, 20세기의 남은 기간과 그 이후에 유전학을 정밀하고 상세하게 탐구할 수 있는 명확하고 깨끗한 화폭을 열었다. 허쉬와 체이스가 단백질이 아닌 DNA가 생명을 움직이는 유전 물질이라는 실험적인 증거를 제공하는 데 도움을 준 후, 파지는 과학자들이 어떻게 세포가 유전자를 단백질로 번역하고, 유전자를 켜고 끄는지, 그리고 어떻게 다른 단백질의 분자가 그들에게 기능을 부여하는 3D 모양으로 접히는지를 밝히는 데 도움이 되었다.

파지는 관련이 없는 박테리아 종끼리 유전자를 교환할 수 있는 기전인 '수평적 유전자 전달'의 개념을 밝히는데 도움을 주었고, 진화에 대한 우리의 이해를 세련되게 하는 데 도움이 되었다. 과학자들에 의해 염기 서열이 완전 판독된 최초의 유전자(즉, 과학자들에 의해 해독된 유전자에서 DNA 소단위체의 정확한 서열)는 박테리오파지 MS2로부터의 유전자였다. 전체 염기서열이 판독된 최초의 전체 유전체 - 다시 말해서 판독 될 유기체를 구성하는 최초의 전체 유전자 세트 - 역시 파지(초 단순 박테리오파지 φX174)였다. 자연적으로 자라지 않고 실험실에서 합성된 DNA로 만들어진 최초의 합성 유기체라고? 이 또한 파지, φX174의 초소형 유전체에 기초한 것이다.

DNA 돌연변이와 그로 인한 DNA 이상을 수선하는 것의 기초 지식을 연구하는 파지 연구자들은 암에 대한 현대적 이해에 기반을 제공했고, 파지가 숙주를 어떻게 감염시키는지를 연구하는 연구자들은 인간을 감염시키는 바이러스가 어떻게 인간 세포를 감염시키고 퍼지며 질병을 일으키는지에 대해 이해할 수 있도록 이끌어 주었다. 그리고 이 모든 것이 우리가 유전공학에 도달하기도 전에 이루어진 것이다.

한때 사람들이 우려했고 논란의 여지가 있던 기술로써 우리로 하여금 자연과 함께 '신(神) 놀이'를 하도록 해주었던 유전공학은 이제 연구, 농업, 의학, 바이오 연료 생산 그리고 심지어 보존에 있어서까지 우리가 필요로 하는 생물 시스템을 재편성하기 위해 매일 사용되고 있다. 이 모든 것은 파지 덕분이다. 유전공학은 박테리아가 파지로부터 자신을 어떻게 방어하는지를 연구하던 중에 발견된 제한 효소라는 특별한 DNA 절단 효소 없이는 불가능할 것이다. 이러한 'DNA 가위'는 1980년대 중반에 발명된 이래로 수백만 건의 범죄 사건을 해결하는 데 도움을 주고 아마도 더 많은 사건들을 예방해 온 법의학 기술인 DNA 지문 확인(DNA 프로파일링으로도 알려짐)의 발전으로도 이어졌다. 과학자들이 DNA 덩어리를 서로 붙이기 위해 사용하는 효소들, 즉 라이게이즈(ligase)라고 알려진 중요한 실험실 도구들은 T4 파지의 유전체로부터 처음 분리되었다.

현대 분자생물학 실험실에서 행해지고 있는 거의 모든 것을 추적해보면 델브뤼크, 루리아, 허쉬를 찾을 수 있을 것이다. 그리고, 항상, 파지도.

하지만 슬프게도 '박테리오파지'라는 용어는 일반인들에게는 생소한 단어이다. 그리고 우리가 다음 장에서 보게 되겠지만, 지구상에 존재하는 막연해 보이는 바이러스들의 진정한 풍부함과 다양성 그리고 중요성에 대한 우리의 이해는 이제 시작일 뿐이다. 파지 그룹의 연구는 생명체가 분자 수준에서 어떻게 작동하는지에 대한 많은 비밀들을 밝혀낸 반면에, 우리는 아직도 지구상에 존재하는 대부분의 파지들에 대해 아는 것이 거의 없다.

13

지구의
파지

2012년 3월, 36미터 길이의 범선 타라는 모항인 프랑스 북서부에 위치한 로리앙으로 되돌아왔다. 뱃머리와 돛대에 주황색 노을 빛이 반짝이며 특이한 모양의 알루미늄 선체와 돛대들 위로 산산이 부서지고 있었다. 이 브루탈리즘 양식의 실험실 겸 범선은 빙산이 산재한 남극 바다를 빙 도는 탐험과 아마존 강 해적들의 공격에서도 살아남은 경력을 갖고 있었지만, 지난 2년 동안은 특별한 미생물 연구 임무를 수행하면서 남대서양 주변의 수만 마일 바닷물을 가르며 항해 해 왔다. (브루탈리즘: 1950-1970년대 사이에 유행했던 건축 양식으로 미관 같은 건 의식하지 않은 채 무조건 크고 투박하게 짓는 양식이라 문자 그대로 brutal, 거칠고 무지막지 하기까지 한 모양으로 보였음. - 역자 주) 그 배에 승선한 연구원들은 바다 전체의 미생물이 생물권과 기후에 미치는 영향을 사상 처음 도표로 만들고 있었다.

그 여행에서 물을 채취한 과학자들은 몇 달 안에 15,000가지 이상의 새로운 바이러스를 찾아냈는데,[50] 이는 당시 전세계에 알려진 바이러스 추정치의 세 배가 넘는 숫자였다. 연구원들이 더 많은 물 샘플을 분석했을 때, - 이번에는 바이러스 DNA를 발견하는 개선된 기술로 - 그들은 거의 200,000가지의 새로운 바이러스를 찾아냈다. 타라가 항구로 돌아온 지 몇 년 후, 이번엔 국제 과학자들로 이루어진 팀을 실은 배가 여전히 지구 남반부 바다 물살을 가르고 항해하며 바다에서 채취한 수천 개의 물 샘플을 분석하고 있는 중이다. 더 많이 볼수록, 더 많은 바이러스를 발견하고 있다. 상상할 수 있는 모든 해양 생물체를 감염시키는 모든 형태와 크기의 바이러스 - 그 다양성은 거의 무한 해 보인다. 그러나 절대 다수가 박테리아를 감염시키는 파지들이다.

1980년대 후반까지만 해도 깨끗하고 개방된 물 속의 바이러스 농도는 매우 낮았기에 세계의 호수나 바다 대다수에는 바이러스가 별로 없을 것이라 믿고들 있었다. 사실, 바다 속 바이러스의 풍부함과 다양성에 대해서는 거의 알려진 것이 없었으며, 바이러스 연구의 대부분은 사람이나 동물의 질병을 일으키는 가까운 주변에 있는 바이러스들에 집중되어 있었다.

미생물학자들이 환경에서 바이러스의 역할을 이해하는 데 있어 무언가 큰 것을 놓치고 있음을 시사하는 논문을 노르웨이의 한 연구 그룹이 발표한 1980년대 종반에 가서야 그러한 인식이 비로소 바뀌기 시작했다. 외빈드 버그와 더불어 노르웨이 군도 서부 해안에 있는 베르겐 대학에 기반을 둔 일단의 동료들은 크고, 개방적이며 오염되지 않은 해양 환경에 바이러스가 얼마나 많이 있는지를 알아 보기로 했다. 하수구나 오염된 강과 같은 더러운 환경에서 파지를 비롯한 다양한 바이러스들이 쉽게 발견될 수 있다고 알려진 반면, 맑고 깨끗한 물에서 바이러스를 굳이 찾는 수고를 하는 사람은 거의 없었다. 과거에 그런 수고를 한 사람들 조차도 실험실에서나 자랄 수 있는 파지들만 잡아낼 수 있었을 뿐이었다. 수중 박테리아 종의 1% 미만 정도만 실험실에서 자랄 수 있다는 것을 감안하면, 정작 우리가 지금 알고 있는 것의 극히 일부를 제외한 진짜 본체는 저 밖에 있는 것이다.[51]

버그와 그의 그룹은 인간의 활동이 닿지 않은 물을 연구하기를 원했고, 미국 동부 해안의 아름다운 체서피크 만부터 스칸디나비아의 최북단에 있는 황량한 피오르(fjord: 노르웨이에 있는 빙하의 침식에 의해 만들어진 계곡 사이에 바닷물이 들어와 형성된 길고 좁은 만. 흔히 피오르드라고 부르지만 피오르가 옳은 표기다. - 역자 주)인 코르스피오르덴에 이르기까지 대서양 양 쪽에 펼쳐진 물에서 샘플을 채취했다. 그들은 미세하게 여과된 작은 양의 물을 전자 현미경으로 보고 바이러스처럼 보이는 것은 무엇이든 수를 세었다. 거기엔 그들이 예상했던 것보다 훨씬 더 많은 바이러스가 있었다. 그들은 어디에서나, 심지어 정말로 작은 양의 물에서도, 많은 바이러스들이 박테리아를 공격하고 터뜨리는 것을 보았다.

1989년 최고의 과학 저널 네이처에 발표된 이 연구팀의 연구는 주목할 만한 결론에 도달했다: 바다에 있는 바이러스의 수가 미미하기는커녕 대서양 양안에 있는 그들의 물 표본들에는 밀리리터 당 수천만에서 수억 개의 바이러스가 있었다.[52] 이 표본들이 개방된 바다에서 무작위로 추출되었다는 것을 고려해 볼 때, 바다 전체의 물은 밀리리터 당 수억 개의 바이러스가 있다는 것을 의미할까? 그 결과는 바다와 지구에 있는 바이러스의 양이 말도 안 되게 많다는 것을 의미할 것이다. 몇 달 후 1990년에, 같은 결론을 도출한 두 개의 논문이 더 발표되었다. 물 1 리터당 수십억 개의 바이러스가 있었는데, 이번 결과는 카리브해의 동쪽 멀리에서 퍼 올린 물이었다;[53] 그리고 마찬가지로 엄청난 수가

텍사스 해안의 초염도 라구나 마드레 석호와 멕시코 만의 열대 외해에서 발견되었다.[54]

해양 박테리아는 한때 바다에서 가장 풍부한 형태의 생명체로 여겨졌지만, 이 논문들은 그 수가 바이러스보다 10 대 1로 그리고 일부 환경에서는 100 대 1로 수적 열세였음을 시사하고 있다. 추가적인 연구들로 1999년에 발표된 한 논문에 따르면, 바이러스가 단연코 바다에서 가장 풍부한 생물체임을 확인해 주었는데, 이는 '근해와 연안, 열대에서부터 극지방까지, 해수면에서 해저면까지, 그리고 바다의 빙산과 퇴적물이 거의 없는 물'을 망라한다. 지구상에는 전형적인 바닷물 1 리터에 인간보다 더 많은 파지들이 있는데, 전 세계의 바다에는 10의 27승* 리터 이상의 물이 있다.[55] 약간은 갑작스럽게, 그리고 놀랍게도 최근에 우리는 환경에 있는 바이러스의 수가 전혀 '미미하지' 않다는 것을 깨닫게 되었다: 그것들은 사실상 의심할 여지없이 지구상에서 가장 풍부한 생물학적 실체이다.

지난 100년 동안, 파지들은 서방세계의 많은 생명과학 실험실들에서 핵심적인 연구 도구가 되었던 반면, 소련에서는 근래 수십 년간 의약품 목적 파지의 대량 생산을 완성하는 데 시간을 보낸 과학자들이 너무나 적었다. 너무나 극소수의 과학자들만이 페트리 접시와 양조용 플라스크를 관찰하거나 현미경을 보고 있었다. 다음과 같이 스케일이 더 큰 질문을 생각해 보기에는: 얼마나 많은 파지들이 실제로 존재하며, 이들이 지구상의 생명체들 전체에 어떤 영향을 미

★ 또는 10²¹ (1,000,000,000,000,000,000,000), '섹스틸리언'이라고 알려진 또 다른 우직하게 거대한 수이다. 우리의 뇌가 10보다 더 큰 양을 실제로 상상할 수 없다는 어떤 연구 결과가 나온 걸 감안하면, 이것이 무엇을 의미하는지 제대로 이해하지 못한다고 해서 기분 나쁠 것은 없다. 그것은 수조의 수조가 여럿 곱해진 숫자이다.

치는가? 우리의 파지에 대한 이상한 맹점 때문에, 우리는 아직도 완전히 이해할 수 없다. 우리 지구의 생태계와 환경들을 통해 에너지와 영양분이 순환되는 방식을 계산하는데 수십 년을 보낸 과학자들은, 한 번에 약 200 메가톤의 탄소를 보유할 수 있는 것으로 추정되는 이 거대한 바이러스 수프가 기여하는 바를 전혀 고려하지 않았다.[56] 이는 매년 미국 전역에서 인간의 활동으로 배출되는 탄소의 50배에 해당하는 양이다. 파지의 크기는 하나하나가 광학 현미경으로 보이지 않는 크기지만, 지구에는 파지들이 너무 많아서 만약 모든 파지들을 끝에서 끝까지 줄 세워 올려 놓으면 깊은 우주 공간으로 40만 광년 거리로 뻗어 있을 정도이다. 우리 은하 전체의 지름은 2만 5천 광년에 불과하다.[57]

바다에서 먹이 사슬을 연구하는 해양 생태학자들은 대부분의 해양 박테리아가 원생동물(protozoa)이라고 불리는 약간 더 큰 미세한 생물체에 의해 먹히거나 또는 더 큰 동물들이 우연히 섭취함으로써 죽었다고 오랫동안 믿어왔다. 그들은 이제 바다에 있는 박테리아의 최대 절반이 바이러스 감염으로 죽는다는 생각으로 계산해야만 하게 되었다.[58] 박테리아가 잡아 먹힐 때, 그것들 안에 있는 많은 에너지와 영양분들이 먹이 사슬로 들어가고, 결국 고래와 상어와 같은 더 큰 유기체에 의해 먹힌다. 그러나 바이러스에 감염돼서 터져버린 박테리아에게는 그 반대 상황이 발생한다: 영양분들과 에너지가 밖으로 유출되고 바다로 녹아 들어간다.

해양 생물 지구 화학의 규칙들은 완전히 새로 쓰여져야만 했다. 현재 바이러스성 단락(viral shunt)으로 알려진 이 효과는 매년 최대 3기가톤의 탄소를, 혹은 하루에 100억 톤을 바다로 방출하는 것으로 추정된다.[59, 60] 물로 방출되는 이 모든 탄소와 다른 영양소들은 사실 더 많은 박테리아의 성장을 촉진하고, 바다에서 더 크고 더 복잡한 생명체로 진화하기 훨씬 이전부터 존재해온 거대한 에너지와 영양소 재활용 체계를 만든다. 극단적으로 대략 추정을 해 보면 전 세계의 파지들이 1초에 1,000조 번씩 박테리아 세포들을 터트리고 있음을 시사한다. 이로 인해 엄청난 양의 박테리아 내용물이 바다로 방출돼서 다른 생명체에 의해 빠르게 흡수되거나 바다 바닥으로 가라앉는 일종의 해양 눈을 형성한다.[61]

1990년대 초에 이러한 발견들이 있은 후, 바이러스의 풍부함에 대한 발견은 계속해서 이루어지고 있었다. 그 후 바이러스학자들은 예를 들어 토양같이 건조한 곳에 있는 파지의 수를 조사하기 시작했다. 농도는 훨씬 더 높아, 습지나 숲 환경의 토양 1 g당 10억 파지 이상이 발견되었다.[62] 염분이 많은 습지와 산성 호수, 그리고 수천 년 동안 나머지 세계와 단절된 동굴들, 즉 연구자들이 찾아본 모든 곳에서 수백만 개의 파지가 발견된다. 달궈진 사막에서 나온 차 숟갈 하나 분의 흙이나, 빙하 속에 수천 년 동안 갇혀있던 얼음조차도, 수천 또는 수백만 파지의 활동적인 공동체를 담고 있을 수 있다.[63] 스페인 시에라네바다 산맥의 해발 3 km에 가까운 콘크리트 플랫폼에 수집 장치를 설치했을 때, 그들은 매일 수억 개, 때로는 수십 억 개의 바이러스가 그저 하늘에서 떨어지고 있는 것을 발견했는데, 아마도 바다의 스프레이나 먼지로 인해 공중으로 높이 날려 올라가 기류를 타고 전 세계로 운반되었을 것이다.[64] 2022년, 코펜하겐 대학의 과학자들은 밀의 잎에서만 876가지의 파지를 발견했다고 발표했는데, 그 중 848가지는 과학계에서 완전히 새로운 것이었다.[65] 2022년의 다른 연구는 심지어 파지가 바다에 있는 광물과 침전물로부터 특정한 암석 구조를 형성되게 할 수도 있다는 것을 시사하는데, 문자 그대로 바로 지구 그 자체를 형성한다는 것이다.[66]

이와 함께, 이 연구들은 우리의 행성에 대한 이해를 바꾸어 놓았다.* 과학자들은 파지가 매일 자연 환경에서 주어진 박테리아 개체수의 20%에서 40%를 죽인다고 믿는다.[67] 모든 동물의 내장 안에 있는 작은 생태계에서도 같은 효과를 보이는데, 내장 박테리아 속에 갇혀 있는 많은 유용한 영양소들이 파지 감염에 의해 간헐적으로 방출되어 동물에게 흡수되고 사용되거나 생태계로 배설된다.

미생물이 지구의 생태계를 움직인다는 잘 확립된 생각이 오히려 갑자기 재평가되었다: 미생물이 세상을 잘 지배할지 모르지만 바이러스는 바로 이 미생물을 지배한다는 것이다. 바이러스 생태학으로 알려진 환경에서의 바이러스에 대한 연구는 호기심에서 시작하여 해양학, 기후학, 생물 지구 화학 및 해양 생물학의 중요한 최전선까지 나아갔다. 우리가 이 파지들을 더 많이 볼수록, 그것들의 중요성에 대한 더 놀라운 통찰이 드러난다.

제니퍼 브럼(Jennifer Brum)은 네바다의 모하비 사막 한가운데에 있는 라스베가스에서 자랐다. 끊임없는 더위 속에서 성장하고 가족과 함께 해안 여행을 다니다 보니, 어릴 적부터 해양학자가 되는 꿈을 꾸었으며, 원할 때 언제든지 태평양의 시원한 바다로 뛰어들 수 있는 직업을 갖도록 영향을 받았다. 넓

★ 주변 환경에 바이러스가 엄청나게 우글거림을 감안할 때, 자연 속의 어떤 것이 그것들을 섭취할 수 있는 능력을 진화시켰어야 했던 것으로 보인다. 이 책이 출판될 예정이던 때, 네브래스카 대학의 과학자들은 바이러스의 식단만으로 생존할 수 있는 할테리아(Halteria)로 알려진 단세포 유기체가 지금까지 발견된 첫 번째 'virovory' 혹은 다른 말로 바이러스 포식자 사례임을 증명했다.

은 어깨와 검게 그을린 피부에, 활짝 웃는 얼굴의 브럼은 현재 루이지애나 주립 대학교의 해양학과 해안 과학부의 조교수이다. 그녀는 타라와 같은 연구선을 타고 지역의 호수와 하수도에 이르기까지, 아무도 이전에는 보지 못했던 바이러스를 찾는데 시간을 보낸다.

해양의 여러 지역을 탐사하느라 19차례에 걸쳐서 연구 순항선을 탔을 뿐만 아니라, 미국에서 가장 큰 늪지대인 루이지애나의 애차팔라야 분지를 샅샅이 뒤졌고, 캘리포니아의 시에라 네바다 산맥을 올라가서 바다보다 3배 더 염분이 높고 비소로 가득 찬 해발 9,000피트의 적대적인 모노 호수의 표본을 채취하였다. 그리고 대서양 중앙 능선 해수면 아래 2,500m 지점에 컨테이너들을 보내 물을 모았다. 그곳에서는 지구의 해양 지각의 두 거대한 판들이 충돌하고, 아래에 있는 지옥에서 과열된 가스들이 산더미같은 잔해들로부터 뿜어져 나온다.

그녀가 가는 곳마다 새로운 바이러스들, 새로운 유전자들, 지구의 생명체들이 실제로 어떻게 작동하는지에 대한 새로운 통찰들이 제공된다. 좌우, 위아래를 향해 걱정스러울 정도로 팽창하고 있는 바다의 깊고 어두운 저산소 지대들에서 브럼은 박테리아 숙주가 산소 부족에 대처하도록 유전자들을 제공해 주는 파지들을 발견했다. 생존할 수 있는 가장 복잡한 생명체가 염분에 강한 새우 정도인 모노 호수에서, 그녀는 이전에 연구된 어떤 수중 환경보다도 가장 많은 양의 바이러스들을 발견했다. 그것들 중 대부분은 그동안 지구에서 발견된 것들과 다르다. 그리고 그녀는 지구의 가장 초기 생명체를 이해하는 데 도움이 될 수도 있다고 생각되는 바이러스들을 바다의 바닥에서 발견했다.

비록 지구상의 생명체가 어떻게 그리고 어디에서 기원했는지에 대해 많은 경쟁적인 설들이 있지만, 그것이 심해 열수 분출구 근처에 있었다는 이론이 아마도 가장 유력할 것이다. 분출구로부터 뿜어져 나오는 뜨겁고 광물이 풍부한 가스 굴뚝은 바닷물과 결합하여 강한 알칼리성 및 산성 유체를 형성하며, 에너지를 갈구하는 괴상한 화학 반응을 일으켜서 복잡한 유기 화합물을 형성한다. 지금까지 발견된 가장 오래된 화석들 중 일부는 거의 40억년 전에 철이 풍부한 열수 분출구 주변에서 자라는 박테리아에 의해 만들어진 작은 필라멘트이다. 브럼은 이렇게 기이한 수중 환경으로부터 수집한 파지들이 세계에서 가장 오래된 고대 생명체 형태를 엿보는 것이라고 믿는다.

"사람들이 제시한 이론들 중 하나는 바이러스가 정확히 최초의 세포들과 함께 기원했다는 것입니다."라고 그녀가 말한다. "그래서, 이런 종류의 '원생 세계' 생태계에서 바이러스를 연구한다는 것은 저에게 매우 흥미로운 일입니다. 바이러스가 가진 첫 번째 역할은 아마도 세포들을 감염시키거나 죽이는 것이 아니라, 유전자를 앞뒤로 옮기는 것이었을 것입니다. 바이러스는 아마도 처음부터 우리 지구상의 생명체들의 진화를 이루는 데 매우 큰 역할을 했을 겁니다. 그리고 어떤 이들은 심지어 바이러스가 없이는 우리 지구상의 생명체들은 존재하지 않을 것이라고 말해왔습니다."

수십억 년이 지난 후, 파지들은 오늘날에도 여전히 이러한 중요한 역할을 하고 있으며, 끊임없이 박테리아 숙주와 공진화하고 있다. 파지들의 숙주세포에 대한 끊임없는 괴롭힘은 박테리아가 끊임없이 변화하도록 압력을 가하며, 이는 박테리아를 오늘날과 같은 극히 다양하고 복잡한 유기체 그룹으로 만든다. 게다가, 파지들은 종종 자신의 DNA만 가지고 있는 것이 아니라 숙주의 DNA 중 일부도 우연히 얻어 가져서 자신들의 사본을 만들고, 그러한 복제품은 그들의 자손이 어떤 세포를 감염시키건 계속해서 주입된다. 지구 규모로 볼 때, 그리고 수십억 년에 걸쳐, 이러한 유전 물질의 이동과 혼합은 유전자들의 새롭고 특이한 조합들을 끊임없이 만들면서 엄청난 효과를 가져온다. 바이러스는 숙주를 죽이는 단순한 기생체라기보다는, 점점 더 종 안에서 또는 종과 종 사이에 유전 정보를 전달하는 다용도의 매개체인 것으로 추정되고 있으며, 기존의 유전 정보를 끊임없이 독특하게 조합하여 재배열하고 있다.

어쩌다 숙주로부터 유전자 일부를 가져오는 것뿐만 아니라, 파지들이 숙주에게 DNA를 삽입할 때 숙주의 신진대사나 건강 증진을 돕기 위해 유전자를 빌려줄 수도 있다. 물론, 파지들은 숙주가 가능한 한 많은 파지를 생산하거나 가능한 한 많이 재생산할 수 있도록 하기 위해서만 이러한 유전적 활성화를 제공하며, 파지 DNA를 여러 번 복제한다. 어떤 경우에는, 파지들이 한 박테리아 균주로부터 유용한 유전자를 다른 박테리아 균주에게 전달하여 주지만, 어떤 경우에는 말 그대로 숙주가 이미 하는 무언가를 빼앗아 더 좋게 만든다.[68] 박테리아가 끝없는 적자생존 게임에서 그들만의 해결책을 발명해야 한다기 보다, 다른 생명체들로부터 해결책을 빌릴 수도 있다 - 그리고 파지들은 자주 중개자 역할인 경우가 많으며, 유용한 혁신을 전 세계에 퍼뜨리는 것을 돕는다. 엄밀히 말하면 수평적 유전자 전달이라고 알려진, 유전자 정보의 이러한 측면적인 전달은 진화의 규칙이 미생물에게는 매우 다르다는 것을 의미한다: 우리 같은 상위 생물체들은 우리의 유전자를 섞고 다음 세대에 변이를 만들어내기 위해 성관계를 가져야 하는 반면, 박테리아와 바이러스, 그리고 완전히 관련이 없는 다른 미생물 계통들은 다른 생물체들이 수백만 년 동안 발전시켜온 유전자들을 교환하고, 훔치고, 공유할 수 있다. 그리고 파지 덕분에, 유기체들 간의 이러한 유전자 전달은 초당 약 2천만 번 일어나는 것으로 추정된다.[69]

파지 DNA를 박테리아 세포에 통합하는 것은 한때는 무해했던 박테리아를 치명적인 살인자로 바꾸어 놓으면서 우리에게 방대하고 치명적인 결과를 가져올 수 있다. 예를 들어, 콜레라와 디프테리아를 일으키는 병원균은 한때 인체에 거의 영향을 미치지 않았던 무해한 해양 박테리아였다. 그러나 어느 시점에서 그것들은 파지들에 의해 치명적인 병원균으로 바뀌는 유전자를 부여받았다. 콜레라 균의 경우, 파지 CTX φ에 의해 만성적으로 감염되는 비브리오 콜레라 균 종류가 있는데, 이로 인해 이 종은 콜레라 질환의 특징인 극심한 물설사를 유발하는 독성 단백질 생성 유전자를 받는다. 마찬가지로, 코리네박테리움 디프테리아(*Corynebacterium diphtheriae*)도 β-파지로 알려진 파지에 감염된 후에야 위험한 소아 질환인 디프테리아의 증상을 일으키는 강력한 독소를 생성할 수 있다. 놀랍게도, 이러한 질병의 발생과 유행은 그걸 일으킨 박테리아 내에 파지 감염이 크게 유행한 것과 관련이 있을 수 있다.[70] 대장균에서 황색 포도알균에 이르기까지 셀 수 없이 많은 다른 흔한 박테리아 종들은 파지들이 우리의 면역체계를 회피하거나 우리의 조직에 침투하는 것을 돕는 유전자를 포함하여 인간의 감염을 일으키는 데 더 미묘한 도움을 받는다. 파지들은 또한 한 박테리아에서 다른 박테리아로 항생제 내성 유전자를 옮기는 것을 돕는다.

역사를 통틀어 수백만 명의 사망자를 낸 이러한 치명적인 유전자를 운반하는 파지들은 박테리오파지를 다루는 책인 '착한 바이러스'라는 이 저서 제목을 오히려 의문스러워 보이게 만든다. 또한 그들은 우리가 파지들을 약으로서 몸에 주입하기 전에 파지들의 생물학을 이해하는 것이 얼마나 중요한지를 보여준다. 많은 인구가 파지들을 약에 사용한다면, 규제당국은 우리 몸 속의 박테리아를 더욱 강하고 치명적으로 만들 수 있는 유전자를 포함하고 있지 않다고 확신시켜 줘야 한다. 그러므로 임상시험의 결과를 보완하기 위해 더 많은 연구와 유전자 데이터가 필요한 이유가 바로 이것이다. 비록 지금 당장 파지 요법이 필요한 사람들은 힘들어 하고 있지만, 이를 주류 의학에 천천히 그리고 신중하게 도입하려면, 바라건대 미래의 바이러스성 의약품들이 우리의 다면적인 의료 위기를 더 악화시킬 수 있는 어둡고 미심쩍은 유전자를 품고 있지 않다는 것이 보장되어야 할 것이다.

남 플로리다 대학의 생물 해양학 교수인 마이아 브릿바트(Mya Breitbart)는 세계에서 가장 위대한 파지 사냥꾼 중 또 다른 한 명이다. 그녀는 '해양 과학 과정에서 내가 알아야 할 최소 범위의 미생물 이외에는 관심을 두지 않는' 해양 생물학자 경력을 시작했다. 그 후 그녀는 해양 박테리아 감염을 막기 위해 남극 해면 동물이 생성하는 화합물에서 새로운 항균제를 개발하는 동료에 대해 듣게 되었고, 엄청나게 많은 해양 박테리아와 이에 대한 바이러스를 알게 되었다.

"제가 빠져들게 된 것이 바로 그런 종류였지요."라고 열의에 거의 들떠 있으면서 속사포로 말을 하는 것에 미안해하며 그녀는 말한다. "저는 파지 치료의 관점이든 새로운 생명공학 효소에 관한 것이든 간에, 우리에게 유용하게 쓰일 수 있는 파지를 환경 샘플에서 찾아낼 가능성이 너무나 높다는 것을 알고 있습니다. 그 밖에 얼마나 많은 것이 있고 그에 대해 우리가 아는 것이 얼마나 적은지 저는 당혹스럽습니다."

그녀는 전 세계 다양한 지역의 물에서 바이러스를 찾기 위해 액체를 담아 운반하는 원통형의 무거운 용기인 카보이들의 수가 너무 많아 이젠 전부 몇 개나 되는지 잊어 먹었다. 브릿바트와 그녀의 동료 파지 사냥꾼들에게 새로운 장소를 방문할 때마다 바이러스 표본을 추출하는 것은 제2의 천성이다. "물은 어디에나 있기 때문에 저는 특히 호텔 욕실, 욕조에서 많은 여과 작업을 했습니다. 저는 우리가 솔트 레이크 시에서 열린 컨퍼런스에 참석했을 때 모두가 밖에 나가 그레이트 솔트 레이크로 가서 병으로 샘플을 담았던 기억이 납니다. 왜냐하면, 아시다시피, 우리는 그곳에 있었기 때문입니다. (중략) 우리는 언제, 어디에 있든지 그걸 할 수 있는 족속들이었습니다."

파지들과 관련하여 가장 많이 읽힌 브릿바트의 논문들 중 하나는 '해양 미생물 영역의 지배자들(Puppet Masters of the Marine Microbial Realm)'이라는 강한 흥미를 불러 일으키는 제목의 논문이다. 그 논문에서 그녀는 파지들이 어떻게 해양 생태계를 지배하는지를 설명하면서, 단지 다양한 박테리아 개체군을 규제할 뿐만 아니라 숙주의 신진대사와 행동을 어떻게 유의하게 변화시킬 수 있는지를 설명한다. 파지들은 숙주의 신진대사와 행동을 매우 많이 변화시킬 수 있어서, 일부 연구자들은 파지에 의해 감염된 것과 그렇지 않은 동일한 종의 박테리아는 사실상 다른 유기체로 간주될 필요가 있을 거라 여긴다.[71]

이것의 가장 눈에 띄는 예는 시아노박테리아(cyanobacteria)로 알려진 고대의 녹청색 해양생물이다. 시아노박테리아는 아마도 지구상에서 가장 풍부한 박테리아 종류일 것이고, 식물들이 광합성을 하기 훨씬 전에 태양 에너지와 대기 중의 이산화탄소를 이용하여 음식과 산소를 생산하는 능력을 진화시켰다. 우리는 나무와 숲을 지구의 폐라고 생각하지만, 지구 대기 중의 산소의 최대 절반은 이 박테리아에 의해 묵묵히 그리고 대부분 보이지 않게 생산된다. 시아노박테리아는 약 20억 년 전 지구 대기의 변화에 있어 무산소 지옥 구멍에서 산소가 풍부한 지옥 구멍으로 전환하는 데에 주역이 되었다. 우리와 다른 모든 동물들은 시아노박테리아가 없었다면 여기에 존재하지 않았을 것이다. 물론 그렇게 많은 수가 존재하는 시아노박테리아는 많은 파지들의 표적이 될 수 있다. 지구 전체에서 가장 풍부한 파지는 아마도 SAR11로 알려진, 바다에 있는 가장 흔한 종류의 시아노박테리아를 감염시키는 HTVC010P라고 불리는 파지일 것이다.[72] (그렇다, 그들 둘 다 더 멋진 이름이 필요하다.)

시아노박테리아의 파지가 정말 절묘한 것은, 숙주를 감염시킬 때 숙주가 이미 하고 있던 것보다 훨씬 더 효율적으로 일시적 광합성을 할 수 있는 추가적인 유전자를 제공한다는 것이다.[73] 파지에 감염된 박테리아는 일종의 터보 부스터 엔진을 얻는데, 이로 인해 더 적은 빛으로부터 더 많은 에너지와 산소를 생산할 수 있다. 파지의 관점에서 보면, 이것은 순전히 자기가 이익을 보려고 한데서 비롯된 것이다 - 이 유전적 부스터는 숙주에게 더 많은 에너지를 제공하여 새로운 파지를 더 많이 만들도록 해준다. 단번에 에너지와 산소를 만들어 내어 파지에 감염된 바다에 있는 모든 박테리아의 절반만 갖고도, 지구에 엄청난 누적 효과를 가져올 수 있다.[74] 연구자들은 이제 우리가 숨쉬는 모든 산소들 중 무려 8분의 1이 해양 박테리아의 신진대사에 대한 파지 기반의 부스터 덕분에 생성되었다고 믿는다. 브릿바트와 같은 과학자들은 이제 기후가 따뜻해지면서 이 모든 바이러스들과 숙주와의 상호작용이 어떻게 변할지에 대한 연구를 시작했다.

혹독하게 추운 남극해의 겨울에는 새 해빙(海氷)이 형성되어 있다가, 얼음이 녹는 여름이 되면 식물성 플랑크톤이라고 알려진 거대한 광합성 박테리아가 번성할 물리적 조건을 만든다. 바다는 이러한 빛을 수확하는 녹색 미생물들로 두터워지고 번성함에 따라 대기로부터 이산화탄소를 끌어내어 이들 위의 먹이 사슬에 있는 수천 종의 다른 동물들로 들어가게 한다.

이처럼 추운 극지방에서, 많은 파지들은 일년 중 대부분의 기간 동안 박테리아 숙주 안에서 조용히 살고 있으며, 꽃이 피기 시작할 때 가서야 광란적으로 '증식하고 죽이는' 모드로 전환하고 있는데, 이때 그들은 떼거리를 이루면서 마구 퍼질 수 있다. 이러한 살처분 광풍은 방대한 수의 식물성 플랑크톤을 터트리고, 그 세포들로부터 물과 지역 생태계로 막대한 양의 탄소와 영양분이 방출되게 한다. 그러나, 매년 형성되는 해빙의 양은 세계가 따뜻해지면서 당연히 매년 감소하고 있으며, 이 중요한 식물성 플랑크톤이 번창하는 규모도 감소하고 있다.

과학자들은 이제 묻는다:

만약 이러한 번성이 절대 일어나지 않는다면, 그 파지들은 절대 살처분 모드로 전환되지 않는 것일까? 해빙이 적다는 것은 플랑크톤이 덜 번성해서, 파지 감염이 더 적게 일어나며, 그래서 탄소가 더 적게 물로 방출됨을 의미하는 것일까?

단지 이 한 지역에서의 기후 변화와 파지 사이의 상호작용은 불분명하다. 그러나 이것은 분명하다: 기후 변화에 따라 미시적 수준의 포식자 집단(파지)이 대규모로 헝클어져서 수적으로 확 줄어든다면 광범위하게 잠재적 영향을 미칠 수 있다는 것이다. 해양 저장소로부터 더 많은 탄소의 방출을 촉진하고 더 많은 온난화를 가져오거나 또는 바다로 더 많이 탄소가 흡수되도록 하는 것 중 하나다. 그리고 이러한 의문들이 평생동안 여러 번 과학자들 머리 속을 차지할 것이지만, 다른 과학자들은 이미 우리가 의도치 않게 우주 공간으로 올려 보내버린 파지들을 지구 너머로 바라보고 있다.

케이프 커내버럴의 광활하고 평평한 초원지대에 있는 나사(NASA)의 유명한 케네디 우주센터에서 우주선들은 보안이 철저한 청정실 공간에서 조립되고 점검을 받으며 지구에서의 마지막 날들을 보낸다. 엔지니어들은 머리부터 발끝까지 흰색 보호복을 입고 작업을 하는데, 얼굴에는 보안경, 플라스틱 장화 그리고 장갑을 끼고, 입실 과정에서 엄격한 오염 제거 절차를 거친 뒤에야 밝게 빛나고 얼룩이 없는 격납고로 들어간다. 우주선의 바깥쪽을 향한 표면들에 있는 미생물들을 확실히 기화시키기 위해, 우주선은 격납고로 들어오는 과정에서 섭씨 350도까지 구워진다.

이것은 단지 NASA의 작동에 영향을 미칠 수 있는 그 어떤 미생물로부터도 NASA의 섬세하고 비싼 기술이 피해받지 않도록 하는 것 또는 그 어떤 미생물로부터도 NASA 승무원의 건강을 보호하는 것에 관한 것만이 아니다. 이것은 지구 생명체가 침입하는 것으로부터 지구 외의 우주를 보호하는 것에 관한 것이다.

NASA는 지구의 미생물들로 외계를 오염시킨다는 개념을 꽤 심각하게 받아들인다. 그들은 전담 행성 보호국(Office of Planetary Protection)을 두고, 우주 탐험 후 지구 귀환 시 딸려올 지도 모르는 외계 생명체들로부터 우리를 보호할 뿐만 아니라 '지구 생명체에 의한 오염으로부터 태양계의 천체들을 보호'하기 위한 과정을 개발하고 있다.

게리 트루블(Gary Trubl)은 턱이 네모나고 운동 선수같은 외모의 애리조나 출신으로, 낮에는 극한 환경에서의 파지들을 연구하지만 밤에는 의도치 않게 외계로 파지들을 보내는 일에 대해 점점 더 걱정을 하고 있다. 산소가 없는 영구 동토층이나 북극의 얼음 13미터 아래에 틀어 박혀 질긴 소금물 속에 갇혀 있는 이 초강력 박테리아와 바이러스들을 연구하는 데 수년을 보낸 후, 그는 이제 이러한 '극한 환경을 좋아하는' 미생물들이 우주 여행에서도 살아 남을 수 있을지에 대해 궁금해하고 있다. 멸균된 것으로 추정되는 나사의 청정실에 대한 연구들은 파지들이 나사의 엄격한 청정실 오염 절차에서도 살아남는 경우가 많다는 것을 밝혀냈다.[75] 그래서 트루블은, 파지들이 달과 화성으로 가는 수단에 확실히 편승했으며, 심지어 우리가 얘기를 나누고 있는 이 순간조차도 시속 수만 킬로미터로 깊은 우주에 돌입하고 있을지도 모른다고 믿고 있다. (보이저 1호는, 인간이 가장 멀리 발사한 물체로, 글을 쓰고 있는 현재, 거의 230억 킬로미터나 떨어져 있다.) 어느 기이하고 추측에 찬 글(적어도 파지 커뮤니티에서는 유명한) 하나에서는, 과학계에 알려진 가장 단순한 복제 생명체 중 하나인 '파지 φX174'가 발달된 외계 문명이 보낸 성간 메시지일 수도 있다는 주장을 제기한 적이 있다.[76]

"우리 인간들 모두에게 가장 큰 의문은 '우리 지구는 생명체가 있는 유일한 행성인가?'이죠."라고 트루블은, 진주같이 하얀 치아 사이로 느리고 진지하게 말을 한다. "만약 우리가 생명체를 찾아 어딘가로 가서, 거기에다 우리 행성의 생명체를 버려 그곳을 더럽힐 의도는 없겠지만, 만약 그런 일을 저지른다면 '우리 지구는 생명체가 있는 유일한 행성인가'라는 질문에 결코 정답을 얻을 수 없을 겁니다. 그래서 그곳에 데려간 것이 무엇이든 거기서 살아 남았다면, 우리는 새로운 생태계에 어떤 새 침입종을 들여보내고 있는 겁니다. 우리가 지구상에서 그런 짓을 하면, 항상 재앙 상황을 몰고 왔습니다. 그리고 우리는 그렇게 잘 처리하고 있지 않다는 것을 압니다. 우주선 청정실에서 바이러스를 흔히 발견해 왔거든요."

나사가 우주의 바이러스에 더 많은 관심을 기울이도록 하려는 트루블의 노력은 외계에서 생명체를 발견한다는 희박한 가능성에 대한 것만은 아니다: 이

는 또한 현재 우주로 가는 우주 비행사들과 민간인들의 건강 문제에도 직접적으로 영향을 미치고 있다. 우주에서 일정 기간을 보낸 후 지구로 돌아오는 우주 비행사들은 이상한 발진, 독감, 헤르페스를 포함하여 이전에 몸에 잠재되어 있거나 잠자고 있던 바이러스들에 대해 걱정스러울 정도의 '재 발현'을 경험했다. 이것이 무중력과 같은 우주의 조건들과 관련이 있는지, 아니면 우주 비행의 스트레스와 관련이 있는지, 아니면 둘 다 관련이 있는지는 확실하지 않지만, 만약 인간이 장기적이거나 중기적인 우주 탐사 임무들을 시작하려면 그것은 긴급한 문제로 이해될 필요가 있다.

"만약 여러분이 우주에 올라가 임무를 절반쯤 수행하고 있는데, 몸 속에 잠재되어 있는 모든 바이러스들이 발현하기 시작한다면, 그것은 정말 큰 문제입니다. 그리고 만약 여러분이 먹거리용으로 혹은 산소를 생산하기 위해 우주로 식물이나 조류를 가져갔는데, 그 속에 있는 바이러스가 갑자기 다시 활성화되어 그것들을 몰살시켜버린다면, 그것은 재앙입니다."

트루블이 이 주제를 더 들여다 볼수록, 그는 지구에서와 마찬가지로 우주에서도 파지와 더불어 인간에게 작용하지 않는 바이러스들에 대한 연구가 소홀하다는 것을 알게 되었다. 나사뿐만 아니라, '천문 생물학'으로 알려진 지구 너머의 생명체들을 연구하는 과학 분야 전체에 의해서도 말이다. 그는 우주에서 바이러스를 연구하거나 찾는 것을 꺼리는 이유가 그것들이 생물이라 여겨지지 않거나, 전통적으로 발견하고 연구하는 것이 어려웠거나, 대중들이 바이러스에 관심이 없기 때문이라고 말한다.

"지구 너머의 생명체를 찾는 기계들은 바이러스를 검출할 수 있도록 설정할 필요가 있다고 봅니다." 라고 트루블이 말한다. "우리가 지금까지 본 모든 살아있는 생명체들은, 바이러스를 가지고 있다는 사실을 밝혀냈습니다. 우리는 바이러스가 없는 생명체를 발견한 적도 없고, 숙주 없이 살아남을 수 있는 바이러스를 발견한 적도 없습니다. 그래서 내게 있어서 바이러스를 발견했다는 것은 그에 맞는 숙주도 있음을 시사하는 것이죠. 또한 흥미로운 것은, 바이러스가 우리 지구에서 가장 풍부한 생물체라는 점입니다. 그래서 만약 다른 곳에 생명체가 존재한다면, 우리는 그 무엇보다도 바이러스를 발견할 가능성이 매우 높을 것입니다.'

우주에서, 해저에서, 또는 산성의 과염수 호수에서 박테리오파지를 찾는 것은 어느 정도는 약간 추상적으로, 혹은 아마도 아무 상관 없는 것으로 보일지도 모른다. 그러나 이 연구는 사실 파지가 우리 몸 안의 박테리아와 어떻게 상호작용하고 그것이 우리의 일상 생활에 어떻게 영향을 미치는지에 대해 이미 멋지게 통찰을 하고 있다.

포레스트 로워(Forest Rohwer)는 세계적인 바이러스 생태학자들 중 한 명이라기보다는 전직 그레이트풀 데드 로디(Grateful Dead roadie)와 더 닮았다. (60-70년대 전성기를 보낸 전설적인 미국 록 밴드 그레이트풀 데드의 로드 매니저로 수십 년 동안 같이 해 온 스티브 패리쉬, Steve Parish the roadie를 지칭한다. 구글 이미지로 이 두 사람을 검색해 보면 진짜로 상당히 닮았다. - 역자 주) 긴 회색 머리와 지저분한 회색 그루터기 수염에, 검은 티셔츠와 검은 부츠를 신은 그는 놀랍도록 부드럽고 약간 삐걱거리는 서해안 말투로 말한다. 수십 년 전, 로워는 큰 사냥감 추적에서부터 창낚시에 이르기까지 자연과 사냥에 쏟던 사랑을 해양 생태계, 특히 산호초와 바이러스 사냥 연구로 바꾸었다. 그에게 파지를 공부하기 위해 어디에 있었는지 물어보면, 그는 눈을 굴리며 웃으면서 대답한다: '이 세상 어디에서나요.'

그의 서퍼 같은 행동거지와는 달리, 로워는 복잡한 분자 기술을 개발하는 데 중요한 역할을 해왔으며, 이는 바이러스학자들이 물 샘플로부터 한번에 수만 또는 수십만 가지 종류의 바이러스들을 키우거나 볼 필요 없이 바이러스를 '발견'할 수 있게 해준다. '산탄총 범유전체학(shotgun metagenomics)'이라고 알려진 이 방법은 주어진 샘플에서 모든 바이러스 DNA를 화학적으로 분리하여 함께 분석하는 것을 포함하며, 컴퓨터 분석을 통해 어떤 유전자가 독특한 바이러스 종을 나타내는지 추정해 낸다.

2000년대 초반부터 세계적으로 알려진 바이러스의 종류를 수천 가지에서 수만 가지로, 그리고 나서 타라와 같은 대대적 탐구를 통하여 수십만 가지의 엄청난 소용돌이를 만들어 놓은 것이 바로 이 유전학 기술이었다. 이렇게 각각의 탐험의 결과 점점 더 완전히 새로운 바이러스들을 드러내는 결과들이 쏟아지면서, 일부 과학자들은 세계에 수 조 가지 종류의 파지가 있을지도 모른다고* 전망하게 되었다.

나는 로워에게, 본인같은 연구자들이 세상에 있는 대규모의 다양한 파지들을 모두 파악하는 것이 가능하다고 생각하는지 물어본다. 2005년에, 그는 '여기도 바이러스, 저기도 바이러스, 어딜 가도 같은 바이러스(Here a Virus, There a Virus, Everywhere the Same Virus)'라는 논문을 발표했는데, 그

★ 95%가 유전적으로 동일한 (또는 그 이상) 파지들은 과학자들에 의해 동일한 '종'으로 간주된다. 하지만 이 수치는 다소 자의적이다 - 단지 과학자들이 매우 유사한 파지들을 한데 모아 이름을 지어줄 수 있도록 해주는 것일 뿐이다. 많은 바이러스학자들은 종의 개념이 어쨌든 바이러스에는 적용되지 않는다고 주장한다 - 그들의 뒤섞이고 끊임없이 변화하는 유전체는 장수하고 더 조심스럽게 자신들을 복제하는 더 안정적인 유기체의 유전체와 같은 방식으로 서로 관련이 없을 뿐이다.

논문에서는 아마도 세계의 모든 다른 파지들이 해류에 의해 너무나 균일하게 잘 섞여있기 때문에, 그 다양성이 우리가 생각하는 것만큼 엄청나지는 않을 것이라고 주장했다. 따라서 대서양 한쪽에 있는 일 리터의 바이러스에서 수십만 종류의 바이러스를 발견할 수 있을지 모르지만, 반대편 지구에 있는 일 리터의 바이러스도 수십만 종류의 대략 같은 바이러스를 포함하고 있을 것이다; 어떤 특정 장소에 있건 중요한 것은 어떤 파지들이 실제로 활성 상태이고 어떤 파지가 다수로 존재하느냐이다. 만약 이렇다면, 연구자들은 언젠가는 지구상에 존재하는 모든 종류의 바이러스를 파악할 수 있을 것이다. 비록 그것은 지금으로부터 몇 년이 걸릴지 몰라도 말이다.

하지만 그건 2005년의 일이었다. 로워는 지금, 자기같은 과학자들이 목록을 작성하고 번호를 매길 수 있는 파지의 종 수가 정량화할 수 없을 정도로 많을지도 모른다는 설에 대해 연구 중이다. 그런 설에 동조하는 대신에 그는 지금까지 발견된 엄청난 다양성이란, 파지들이 아직 우리가 모르는 방식으로 끊임없이 '나타나는' 결과일지도 모른다고 생각하기 시작하고 있다.

그가 말하는 것은 새로운 파지들이지만, 아주 빨리 진화한다는 말일까? 나는 묻는다.

그는 이게 수수께끼라는 느낌을 주려는 의도로 잠시 말을 멈췄고, 곧 이어 아니라고 말했다. '전혀 새로운 바이러스들이 심지어 진화하는 것보다 더 빨리 미생물 에테르로부터 생겨나고 있을지도 모르죠.' 라고 그가 말한다.

무엇이 그것을 유발하고 있는 것일까요? 라고 나는 반문한다.

'아마 마법일지도 모르죠.' 그가, 그 질문의 방대함에 지쳐 웃으며 말한다. '무엇을 찾고 있는 것인지 모를, 그런 새로운 것을 찾아 헤매고 있을 때죠. 그저 그것을 찾는 데 도움이 되는 사냥법을 설계하기만 하면 되는 것입니다.'

만일 당신이 로워의 연구가 난해하고 모호하게 들린다고 생각하기 시작한 다면, 그렇지 않다. 사실, 해양 시스템에 대한 우리의 이해는 인간의 시스템에 대한 이해보다 앞서 있는 (그 반대라기 보다) 드문 분야들 중 하나이다. 로워의 연구는 박테리아와 바이러스의 자연 생태가 어떻게 인간의 건강에 영향을 미칠 수 있는지를 이해하는 데 직접적인 영향을 미쳤다.

태평양과 인도양의 아름다운 산호초들 사이에 살고 있는 파지들에 대한 그의 연구를 예로 들어보자. 카리브 해와 스리랑카 주변의 암초들을 수년간 연구한 결과, 암초에 박테리아가 서식하는 것이 전 세계적으로 산호초가 감소하는 주요한 요인이며, 과도한 남획과 같이 인간에 의해 야기되는 환경적인 스트레스가 이러한 수중 세균 감염의 원인일 가능성이 높다는 것을 보여주었다. 산호에 살고 있는 박테리아들은 특별히 적응된 다양한 파지들에 의해 감염된다 - 그렇게 파지들은 해로운 세균의 점령을 막음으로써 전 세계의 산호초를 보호하거나 최소한 그 감소를 늦추는데 주요한 역할을 할 수 있다.

하지만 여기서 정말 흥미로워지는 부분이 있다. 2010년대 초, 로워와 그의 박사후 학생인 제레미 바는 산호 표면에서 발견된 끈적끈적한 점액층에 주변 환경보다 최대 4배나 많은 수의 파지들이 있다는 것을 관찰했다. 이 표면 점액은 산호 내부와 환경 사이에 일종의 끈적끈적한 물리적 장벽을 형성하지만, 박테리아가 달라붙고, 먹고, 번식할 수 있는 이상적인 조건을 제공하기도 한다. 그것들은 인간을 포함하여 많은 동물들의 폐와 내장에서 발견되는 표면 점액과 놀랍게도 비슷하다.

로워와 바는 이러한 암초 근처에 살고 있는 파지들이 산호초의 점액층에 달라붙고 침투하는 능력을 진화시켜 왔다는 것을 발견하였다. 점막에 침투할 수 있는 파지들에 대한 보상은 점막에 고정되어 있는 많은 박테리아 숙주들에 대한 접근이었고, 따라서 재 생산에 더 큰 성공을 거두었다. 인위적으로 파지들을 제거하면 점액층 아래에 있는 산호가 박테리아에 감염될 확률이 증가하였다. 따라서, 많은 잠재적 숙주들에 대한 접근의 대가로, 파지들은 산호의 바깥 표면에 있는 박테리아 성장을 줄이는 데 도움을 주고 있었다.

연구자들은 이 절묘한 공생 관계가 산호뿐만 아니라 말미잘과 같은 더 복잡한 해양 생물의 점액에서 그리고 물고기에서도 일어나고 있다는 것을 빠르게 발견했다. 이 모든 생물체에서, 파지들은 점액에 많은 수가 몰려 들어가, 내부와 외부 구역 사이의 이 중요한 장벽을 박테리아가 점령하는 걸 막는 상주 경비원처럼 행동하고 있었다. 그 생물체들이 서로 공진화하면서, 그 해양 동물들은 자신들의 점액을 파지들에게 더 매력적으로 만들어 주었다. 그 대가로, 그 파지들은 해양 동물들에게 일종의 외주 면역 체계를 제공하고 있었다.

로워의 제자이자 현재 멜버른에 있는 모나시 대학의 박테리오파지 연구팀장인 바는 똑같은 현상이 사람의 몸에도 일어나고 있는 것은 아닌지 궁금해하기 시작했다. 그리고 아마도 이쯤 되면 놀랄 것도 없이, 바다 속에서 파지들이 점액질에 달라붙도록 해준 것과 동일한 분자들이 사람의 몸 전체에 걸쳐 있는 점액질 표면에서도 발견될 수 있다고 가정했다.

1920년대로 돌아가서, 펠릭스 드허렐르의 더 황당한 주장들 중 하나는, 파지들이 우리 면역 체계의 필수적인 부분이며, 일종의 살아있는 바이러스로서, 우리 몸이 박테리아 감염에 대항하기 위해 공동으로 선택했다는 것이다. 그의 아이디어는 대대적으로 조롱받았고, 불과 몇 년 전까지만 해도, 파지들은 동물의 세포와 상호작용하지 않는다는 믿음이 여전히 널리 퍼져 있었다. 하지만 거의 한 세기가 지난 지금, 멜버른 교외에 있는 바의 연구실은 구체적으로 그가 지금 '제3의 면역체계'라 부르는 것, 즉 더 잘 연구된 선천 및 적응 면역 체계들과 더불어 박테리아로부터 우리를 보호하는 파지들의 생태계에 초점을 맞추고 있다. 바는 2017년 사이언스지에 파지들이 포유류의 세포들과 상호작용하지 않는다는 생각이 'BS'였다고 함으로써 그 개념을 뒤집었다. (BS=bullshit, 말도 안 되는 소리라는 속어라서 저자가 약자로 기술한 듯. - 역자 주) 그는 심지어 파지들이 인간의 세포들에 의해 삼켜지고 신체 주변에서 거래되는 것까지 관찰해 냈다. 이것이 성취되는 정확한 방법은 명확하지 않지만, 그 연구는 우리의 몸들이 마치 면역 체계의 작동하는 부분들처럼 필요한 곳에 능동적으로 파지들을 공동 소유하고 배치한다는 것을 흥미롭게 암시한다. 그의 연구는 또한 우리가 내장을 통해 매일 수백억 개의 파지들을 흡수할 뿐 아니라 그들의 숙주도 되어준다는 것을 시사한다. 파지들은 우리 몸에 자유롭게 침투할 수 있어 보이는데, 심지어는 혈액, 폐, 간, 신장과 같이 한때는 '멸균 지역'으로 분류되었고 미생물들이 결여된 신체의 영역에도 가 있다. 왜 파지들이 치료적으로 투여되면 면역 반응을 일으키는 일이 아주 드문 건지를 설명하려면 갈 길이 멀다. 우리의 몸은 이러한 파지들과 함께 진화해 왔고, 인간을 감염시키는 바이러스들과는 달리 그것들을 이물질로 거의 보지 않기 때문이다.

그래서, 이제 우리의 몸과 외부 세계를 분리하는 섬세한 장벽이 특히 파지들을 환영하도록 진화해 온 것처럼 보이고, 파지들과 한때는 불가능하다고 여겨졌던 여러 가지 방식으로 우리의 몸이 상호작용하고 있다는 것을 알고 있다 - 이 모두 해저에서 미지의 해양 바이러스를 연구하는 파지 생태학자들 덕분이다. 바는 언젠가 파지들이 내장의 장애를 되돌리거나 교정하는 데 사용될 수 있다는 희망으로, 다양한 유형의 건강에 관련이 있는 것으로 알려진 장내 박테리아의 균형을 파지들이 어떻게 섬세하게 조절하는지 연구하고 있다.

한편, 로워는 현재 산호의 복잡한 미생물 질병에 대한 이해를 이용해, 점액의 과다가 주된 문제이며 극도로 지속적인 감염으로 이어지는 낭포성 섬유증 해결을 공략하고 있다. "우리는 이미 많은 점액을 가지고 작업을 하고 있기 때문에, 말이 됩니다."라고 로워는 태연하게 말한다. 산호초 감염에 대한 그의 지식은 낭포성 섬유증 환자의 폐에 있는 바이러스와 박테리아의 복잡한 관계와 역학에 적용되어, 우리가 낭포성 섬유증 환자의 폐를 건강하지 않은 장기로서만이 아니라 전체 생태계로서 볼 수 있도록 도와준다.

세심하게 통제된 실험실 실험이 아닌 복잡한 생태계에서 포착된 파지의 생태에 대한 추가적인 연구는 바이러스로 감염병을 치료하려는 사람들에게 중요한 통찰을 제공하고 있다. 결국 인체 내의 따뜻하고 습한 환경 역시 복잡한 미생물 생태계이다.

'야생' 안에서 파지는 웬만해선 숙주 집단을 완전히 박멸하지 않는데, 만약 박멸을 한다면 그들이 복제할 터전인 세포가 없어진다는 것을 의미하기 때문이다. 대신 미생물 군집은 영구적인 유동 상태로 존재하는데, 주류인 박테리아 균주는 강한 바이러스 공격을 받게 되고 적은 수의 균주가 상대적으로 평화롭게(또는 파지가 조용히 내부에 숨어) 남겨진다. 주류 균주가 몰살당하면서 그 수가 특정 지점 이하까지 떨어지면, 그들을 죽이는 파지의 양도 감소한다. 또 다른 박테리아 균주가 주류가 되기 시작하면, 그 특정 균주에 맞는 파지들이 증식하기 시작한다. '잘 나가는 놈 우선적으로 죽이기 전략'으로 알려진 이러한 역학 관계는 한 가지 파지만으로는 우리 몸에서 세균성 병원체를 완전히 박멸하지는 못할 것임을 시사한다. 하지만 이 파지 한 가지가 그 세균의 개체수를 어느 정도는 감소시킬 수 있으며, 그런 상황에서 우리 면역계나 항생제, 또는 다른 파지들, 혹은 세 가지 모두가 합동 작전을 하여 잔당들을 소탕함으로써 감염을 치료하게 된다. 만약 이 모든 것이 몇몇 해양 생태계와 토양 생태계에서 파지 생태에 대해 30년에 걸친 가치 있는 연구로부터 얻어졌다면, 하물며 우리가 세상의 나머지 파지들로부터 무엇을 배울 수 있을지 상상해 보라.

현재로선, 놀랍도록 소규모지만 열정적인 바이러스 생태학자들의 공동체가 거의 불가능에 가까운 임무를 맡고 있다: 지구상에서 가장 풍부하고 다양한 생명 형태를 찾고, 분석하고, 분류하는 것이다. 그들 임무의 방대함은 파악하기 어렵다: 이 엄청나게 다양하고 매우 풍부한 바이러스 집단은 지구상에서 아직 발견되지 않은 유전적 정보의 대형 저장소다. 잠재적으로 수조 가지 유형의 파지들을 가지고 있어서, 많은 사람들은 그것들을 '생물학계의 암흑 물질'이라고 부른다.

바이러스가 어디에 있건 정확한 숫자를 파악하고, 정체가 무엇이며, 하는 일이 무엇인지를 이해하는 것은 굉장히 어려운 과제로 남아있다. 단지 숫자만 갖고 어렵다는 게 아니다. 파지들은 몇 가지 독특한 특성들을 가지고 있어서 심지어 최첨단 기술로도 찾기 어렵다. 단순히 실험실 박테리아의 접시들마다 무엇이 플라크를 형성하는지를 보는 가장 기본적인 형태의 파지 사냥이란 실험실 박테리아에 국한해서 파지를 식별하는 것이다. 대부분의 박테리아 - 일부 미생물학자들은 99%까지 - 는 실험실 환경에서 기를 수 없고, 따라서 그들에게 맞는 파지는 결코 이런 방식으로 찾을 수 없을 것이다. 심지어 실험실의 박테리아를 감염시키는 파지에서도, 모든 것이 플라크를 형성하는 것은 아니며, 따라서 그것들 또한 발견되지 않고 연구되지 않은 채로 남을 것이다.

만약 당신이 당신의 표본에서 바이러스처럼 보이는 모든 것들을 눈으로 세거나 정교한 레이저 탐지기로 세어 보기로 고심한다면, 숙주 세포 안에 일시적 또는 영구적으로 존재하는 프로파지라 알려진 많은 바이러스들을 놓치게 될 것이다. 그리고 앞서 언급했듯이, 통상적으로 예상하던 파지의 크기보다 실제로 훨씬 작거나 훨씬 크면 그 파지들을 발견 못하고 놓칠 수도 있다. 바이러스 DNA 염기서열로 검색한다면, DNA의 화학적 사촌쯤 되는 RNA를 유전물질로 사용하는 모든 바이러스들을 놓치게 될 것이다.* 그리고 파지 유전체들은 표본을 추출하고 분석하는 시간 동안에 분해된다는 문제도 있다.

수조 개의 파지들이 있고 그들이 항상 변한다는 사실 외에 - 파지들을 찾는 것을 더욱 복잡하게 만드는 것은 - 그것들이 다계통 발생군이라고 알려져 있다는 것이다. 이것은 모든 현대 파지들이 그로부터 진화한 명확한 조상 혈통이 없다는 것을 의미한다. 파지들은 지구 생명 역사의 많은 다른 시점들에서 서로서로 완전히 독립적으로 출현하고 진화한 것으로 보인다. 이러한 공통된 뿌리의 결여는 모든 박테리오파지에는 보편적인 유전자나 유전자 서열이 하나도 없다는 것을 의미하며, 과학자들이 '이 DNA는 이 박테리오파지에서 나왔다'고 쉽게 말할 수 있는 그 어떤 것도 없다는 것이다. 결과적으로, 어느 DNA 서열을 가진 파지들이 있다는 것은 이전에 보았던 것과는 전혀 달라서 이 파지와 같은 DNA 서열을 알아내기 위해 프로그램 되었던 컴퓨터들조차 그것들을 인식할 수 없을 정도였다. 심지어 대부분의 파지들이 이러한 범주일지도 모른

★ 알려진 파지들의 데이터베이스들은 RNA에 기반을 둔 것들이 아니라 DNA에 기반을 둔 파지들이 대부분이고, 단지 100여 개의 주요 파지 '과(科)들' 중 단 두 가지만이 RNA 유전체를 가지고 있다. 하지만 수년에 걸쳐, 대부분의 연구자들이 DNA 파지들 만을 찾아왔기 때문에, RNA에 기반을 둔 파지들의 진정한 비율과 다양성은 불분명 하다.

다 - 지금까지 알려진 어떤 바이러스와도 각자 너무 달라서 우리 최고의 기술로도 바이러스로 인식될 수 없다.

이러한 문제점들로, 많은 사람들은 최고의 연구라 해도 여전히 샘플에 존재하는 진짜배기 다양성들 중에서 극히 일부만을 찾아내고 있으며, 발견되기를 기다리는 무려 10조 가지의 다른 종들이 있을 수 있다고 믿는다. 해양의 총 부피 중 약 70%는 상부 해양보다 표본이 훨씬 덜 추출된 지역인 1,000 m보다 더 깊이 위치해 있다. 그리고 고세균이라고 알려진 박테리아와 비슷하지만 완전히 다른 단세포 유기체 집단이 있다. 이 극도로 다양하지만 연구가 덜 된 고대 미생물 집단 또한 바이러스를 가지고 있는데, 이는 훨씬 덜 알려져 있다. 파지라고도 알려져 있고 단순히 편의상 박테리오파지와 함께 싸잡아 분류되는 이 바이러스들은 심지어 더 이상하며, 자연의 어디에서도 볼 수 없는 특이한 모양과 구조를 형성한다. 이상한 경우를 하나 보자면, 어느 심해 파지는 고대 숙주 세포를 그것의 정상 부피의 8,000배에 달하는 거대한 바이러스 공장으로 부풀게 만든다.

모호한 환경에서 굉장히 모호한 유기체들에 대해 공들여 연구함으로써 무엇을 배우고 혹은 어떤 이익을 얻을 수 있을지는 상상하기 어렵다. 많은 사람들은 이상한 장소에서 끝없이 발견되는 바이러스들을 조사하는 것이 과연 그런 노력을 기울일 만한 가치가 있는지 궁금해할 것이다. 하지만 호기심이 계기가 된 연구가 왜 그렇게 중요한지를 보여주는 한 가지 강력한 예가 있는데, 이해하는 것 외에 다른 목적이 없는 연구란, 그리고 '현실 세계'에서의 즉각적 용도가 분명하지 않은 연구란 곧 우리가 계속 수행해야 하는 연구라는 것이다. 이제 이어지는 이야기는 애매모호한 미생물에 대해 애매모호한 질문을 하는 몇몇 사람들이 어떻게 눈덩이처럼 불어나 21세기 가장 강력한 기술적 돌파구를 열게 되었는가에 대한 것이다.

14

고대의
기술

산타 폴라라는 마을은 스페인의 동남쪽 해안에 위치한 알리칸테에서 남쪽으로 몇 마일 떨어진 곳에 위치해 있다. 이곳은 그 지역의 툭 튀어나온 곳들을 연결하는 몇 개의 해변과 도로 뒤로 바닷물을 가두고 있으면서, 내륙으로 몇 마일에 걸쳐 수심 얕게 흐르는 소금물과 습지가 뻗어나가고 있다. 텁고 보통은 구름이 끼는 일이 없는 하늘 아래, 얕은 호수(함수호)들을 소금 생산용도로 분리해 놓은 거대한 격자무늬의 길이 나 있다. 메마른 땅에 믿을 수 없을 정도로 크게 솟아오른 빙산인 양 거대한 소금 더미가 쌓여있는 가운데, 플라밍고들이 연무가 피어 오르는 열기 속에서 흔들거리며 지평선을 가로질러 소리 안 나게 걷고 있다.

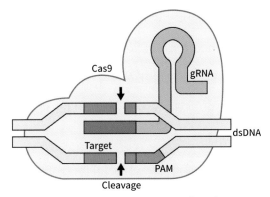

CRISPR-Cas9 (출처: https://commons.wikimedia.org/wiki/File:GRNA-Cas9.svg)

1989년, 불과 몇 마일 떨어진 곳에서 태어나 근처의 알리칸테 대학에서 공부하고 있는 28세의 대학원생 프란시스코 모히카(Francisco Mojica)는 산타 폴라의 염분이 많은 바다에서 생명체가 어떻게 살아남는지에 대해 더 알아보고 있었다. 그가 특별히 관심을 가졌던 것은 대중들이 거의 의식하고 있지 않은 미지의 미생물이었다. 파지는 아니었다. 아직은.

모히카는 이제 파지 학계에서 유명한 이름이지만, 그렇게 유명해지기 몇 십 년 전 당시 그는 고세균이라 불리는 미생물을 탐구하고 있었다. 이 다양한 유기체 집단들은, 비 전문가의 눈에는 박테리아와 똑같아 보인다: 무성 생식으로 복제하는 작은 단세포 미생물이니까.

그러나 사실은 기본적인 생화학적 기본 구성 요소에 있어서 꽤 근본적인 차이가 있어 박테리아와는 완전히 별개의 미생물 계통이다. 많은 과학자들은 박테리아가 생명체 진화 나무의 반대쪽에서 별도로 그들만의 방식으로 진화한 반면, 아마도 지구의 나머지 모든 다세포 생명체들은 - 진균, 식물, 동물, 그리고 우리 - 바로 이 고대의 덜 알려진 미생물들로부터 진화하였다고 믿고 있다.

모히카가 특히 관심을 가졌던 고세균의 종은 산타 폴라와 같이 염분이 매우 높은 환경에서만 발견되는 미세한 방울 모양의 고세균인 할로페락스 메디테라네이(*Haloferax mediteranei*)였다. 그 종은 수분 내에 대부분의 미생물을 죽일 정도로 높은 염분을 포함한 물에서 번성한다. 그 당시 모히카는 알지 못했지만, 그가 연구하던 고세균은 염분뿐만 아니라 파지 떼 속에서도 유유히 목욕하며 일생을 보냈다.

고세균을 감염시키는 파지들은 박테리아를 감염시키는 파지들과 유사하며, 둘 다 지구상 최초의 생명체 중 하나였던 고대의 조상 미생물을 감염시키던 바이러스로부터 진화한 것으로 보인다. 하지만 고세균 바이러스는 어쩌면 훨씬 더 독특할 수도 있는데, 원형이나 꼬리뿐만 아니라 병 모양일 수도 있고, 방추형일 수도 있고, 심지어 두 개의 꼬리를 가질 수도 있기 때문이다. 하지만 모히카가 1980년대 말과 1990년대 초에 고세균을 연구하고 있었을 당시엔 고세균을 공격할 지도 모르는 바이러스에 대해 관심을 가지거나 아는 사람이 아무도 없었다. "우리가 지금 알고 있는 것을 당시에는 알지 못했습니다." 모히카가 알리칸테에 있는 자신의 소박한 연구실에서 내게 말한다. "이러한 환경에는 바이러스 입자들과 바이러스와 유사한 입자들이 가장 많이 섞여 있습니다." 머리털이 있었던 곳을 부드럽게 문지르며, 그는 이곳 물 속에 얼마나 엄청난 수의 파지들이 있는지 기억하려고 애쓴다. "고세균 당 10개에서 100개의 바이러스가 있을 것 같은데, 제 생각에는.. 그래서 물 1밀리리터당 바이러스 유사 입자 10의 9승 정도? 저는 이런 숫자들에 대해선 아주 서툴러요."

나는 누군가가 이렇게 비정상적으로 큰 숫자 때문에 고생한다는 사실을 보면 은근히 고소하다.

바로 그게 이 거대한 소금 호수에 있는 매 한 방울의 물 1밀리리터 당 10억 마리의 비리온*이다. 이 물을 연구하는 미생물학자들도 몰랐던 물의 매 밀리리터 당 10억 마리의 바이러스가 그곳에 있었다.

모히카는 "그 당시 제 분야에서 바이러스는 그냥 의미가 없었죠. 고대 바이러스는 소수만 알려져 있었습니다."라 말했다.

지구 전역의 환경에서, 바이러스는 그들의 미생물 숙주보다 엄청나게 많은 수를 가지고 있다. 지구 역사의 대부분 동안, 생명체는 바이러스가 축적된 더미 속에서 끓어올랐고, 화학이 약 40억 년 전에 처음으로 생물학이 된 이후로 그렇게 됐을 가능성이 높다고 말할 수 있다. 만일 당신이 박테리아나 고세균이라면, 당신 안에 들어와 복제를 하고 나서 당신을 터트리려고 하는 감염원이 득실대는 세상에서 산다는 건 나쁜 소식으로 들린다. 하지만 박테리아와 고세균이 아무 때나 어떤 환경에서도 평온하게 복제를 하고 있다면, 평소에 그들이 바이러스의 공격을 받으면 이를 물리칠 대처법을 분명히 알고 있다는 것을 시사한다. 그 어떤 종류의 방어 수단도 없었다면, 지구상의 단세포 생명체들은 저 작은 적들이 자신들을 죽이면서 끊임없이 번성하는 와중에 이미 오래 전에 멸종되었을 지도 모른다.

1989년으로 돌아가 보면, 모히카는 그가 연구했던 유기체들을 둘러싸고 있는 바이러스에 대해 조금도 신경 쓰지 않았다. 그는 어떻게 고세균이 유전적으로 산타 폴라의 고염분 바다에서 생존하도록 적응되었는지를 알아내려 연구를 하였다. 극한 환경에서 사는 유기체들은 어떻게 생명체가 지구의 초기 생태계에서 살아남았는지 그리고 외계 세상에서라면 생명체가 어떻게 작용할 수

★ 또는 연구자들이 이런 맥락에서 부르길 선호하기에, '바이러스와 유사한 입자'라 불리는 대부분의 입자들이 아직 연구되지 않았고 알려지지 않았다.

있을지에 대한 단서를 제공할 수 있기 때문에 과학자들에게 특히 흥미롭다.

모히카는 소금 호수에서 미생물의 샘플을 채취하여 그것들을 분해하고 DNA만을 정제하였다. DNA 분자의 길이를 따라, 문자 A, G, C, T로 표현되는 아데노신, 구아닌, 사이토신, 티민 등 네 가지 다른 화학적 소단위체들이 많이, 많이 반복된다. 그것은 모든 유기체의 독특한 유전 코드나 유전체를 형성하며 반복되는 - 어떤 때는 수백만에서 수십억 길이의 문자로 - 소단위체들의 정확한 배열이다. 그래서 모히카는 *Haloferax mediterranei* 고유의 A, G, C, T 들의 배열을 계산하기 시작했다.

모히카는 이 DNA 염기서열을 파고들어, 미생물들이 그러한 극단적인 환경에서 어떻게 사는지에 대해 어떤 흥미로운 것을 밝혀내고 싶었다, 예를 들어 *H. mediterranei*가 소금을 좋아하는 다른 생물체들과 일치하는 유전자를 가지고 있는지 여부처럼 말이다. 파지 그룹과 그 후학들의 연구에 의해 시작된 분자 생물학의 엄청난 발전에도 불구하고, 1980년대 후반의 DNA 염기서열 결정은 여전히 끔찍할 정도로 노동력과 시간이 많이 소요되었다. DNA를 분해하고 떼어내어 그 구성분들이 엑스레이 필름에 어두운 띠들을 형성하도록 하기 위한 길고 정교한 화학적 과정 후에, 각각 A, G, C, T를 나타내는 수천 개의 띠들을 종이 위에 일련의 글자들로 써 놓고 손수 번역해야 했다. 이 모든 것은 매우 모호한 종류의 미생물들이 가진 매우 길고, 잠재적으로 무의미한 DNA 염기서열을 이해하기 위해서였다. 생명공학의 선구자인 에릭 랜더 (Eric Lander)가 나중에 썼다시피, 모히카는 '더 지엽적이거나 덜 매력적인 이런 염기서열 분석을 연구 주제로 선택하지 않을 수도 있었지만 결국 선택했다'. 하지만 모히카에게는 짜릿한 일이었다. 극단적인 환경에서의 삶에 대한 자연의 청사진을 글자로 해독하는 것 말이다.

어느 날, 눈을 피곤하게 만드는 글자들의 뒤섞임 속에서, 모히카는 무언가 이상한 것을 알아차렸다: 똑같은 30글자의 DNA 염기서열이 일정한 간격으로 반복되어 되풀이하며 나타나는 것처럼 보였다. 처음에 이것이 실험 과정에서 저지른 일종의 실수라고 생각해서, 염기서열 결정을 더 많이 반복 시행했는데, 역시 같은 결과를 낳았다: 그가 분석한 소금을 사랑하는 미생물들의 DNA는 회문, 즉 거꾸로 읽으나 바로 읽으나 같은 문장들(palindrome; 회문; 예를 들어 '소 주 만 병만 주소'나 '다시 합창 합시다' - 역자 주)로 된 조각들을 포함하여, 같은 30글 자짜리 동일한 배열이 14회 반복되는 섹션을 포함하고 있었다. 비록 1980년대 의 한 연구 그룹이 대장균에서 앞뒤가 똑같이 읽히는 염기서열을 반복하는 비 슷한 구조를 목격했지만, 그가 발견한 염기서열은 그 동안 알려진 그 어떤 미 생물 유전자와도 일치하지 않았다.

반복되는 구간 사이에는 매우 무작위한 글자들의 배열이 있었는데, 이것 또한 그동안 알려진 어떤 유전자와도 관련이 없는 것처럼 보였다. 모히카는 그 것들을 '스페이서(spacers)'라고 불렀다. 그 이름은 자신도 모르게 이 DNA가 그저 흥미로운 부분들 사이에 끼워 넣은 유전자 조각들일 뿐임을 암시했다. 그 것들은 나중에 다른 것으로 밝혀지게 된다.

모히카는 당황했지만 흥미를 느꼈고, 이 이상한 DNA 배열이 어떤 기능을 하는지에 대한 그의 초기 해석은 추측에 불과했다 - 처음에는 그들이 소금물 에서 어떻게 살아남았는지와 관련이 있을 것이라고 기대했다.[77] 그는 그것들 을 더 자세히 연구하기 위해 연구 자금을 신청했다. 그는 거절당했을 뿐만 아 니라, 사실 그의 지원서를 심사한 이들은 그의 작업 결과가 너무나 모호한 것 에 대해 불만족스러워했고, 그로 인해 그의 명성과 더불어 향후 수년간 그가 연구하려는 주제에 대한 연구비 신청에 타격을 받았다.[78] 결국엔 스페인 정부는 이상한 반복 부분에 대한 연구에 연구 자금을 지원하기로 동의하긴 했지만, 오직 그가 대장균과 같은 잘 알려진 모델 유기체로 옮겨왔을 때에 한 해서였다.

1990년대에, DNA 염기서열 분석 기술이 향상되면서, 전 세계의 과학자들이 판독하고 발표하는 DNA 염기서열의 가짓수가 증가하기 시작했다. 연구 그룹들은 그들이 연구했던 다양한 종의 염기서열을 큰 공개 데이터베이스에 추가하기 시작했는데, 모히카는 다른 미생물들이 이상한 반복 염기서열을 가지고 있는지 알아보기 위해 이 데이터베이스를 자주 확인했다. 그는 마침내 그것들이 20개가 넘는 다른 미생물에 존재한다는 것을 발견했는데, 그 중에는 결핵균, 클로스트리디오이데스 디피실(*Clostridioides difficile*)과 같은 의학적으로 중요한 박테리아, 옛날에 드허렐르가 가장 좋아하던 박테리아 중 하나인 페스트균이 포함된다. 수십억 년 전에 분리된 두 개의 큰 미생물 계통인 고세균과 박테리아 모두에 반복 염기서열이 존재한다는 사실은 이것이 미생물의 삶에 근본적으로 중요한 무엇이라는 것을 시사한다. 하지만 모히카는 그것이 무엇을 하는지 여전히 알지 못했다.

전 세계의 소수의 연구 그룹들 또한 이제 같은 질문에 관심을 가지고 있고, 다른 용어들을 사용하는 사람들과 함께, 모히카는 그들 모두가 사용할 수 있는 이름을 원했다. 그는 그가 발견한 서열의 특징을 문자 그대로 묘사하면서 '정기적 간격을 두고 무리 지어 모인 짧은 회문 반복(Clustered Regularly Interspaced Short Palindromic Repeats)'으로 표현했다. 그것은 참으로 안 예쁜 이름이었다. 미생물 유전학에 관한 가장 전문적인 논문에서만 볼 수 있는 그런 명칭 말이다. 그러나 비록 실제로 그것이 무엇을 의미하는지에 대해 전혀 알지 못할지라도, 수백만 명의 사람들이 이제 매우 잘 알게 된 깔끔한 머

리글자를 형성했다: 크리스퍼(CRISPR).

실험실 플라스크 바로 그 안으로 국한된 범위에서, 며칠 또는 심지어 몇 시간 내에, 박테리아를 죽이는 바이러스가 우글대는 가운데에서도 살아남아 번성하는 임의 돌연변이 박테리아가 등장할 수 있다. 며칠이 더 지나면 이번에는 새 저항력을 갖춘 그 변종을 제거하는데 더 최적화로 무장한 바이러스 변종들이 나타날 것이다. 그렇게 서로 상대방의 최근 조치마다 그때그때 확실히 방어해내며 번갈아 빠르게 변화하는 것이 결국은 양측 모두에게 이익이 된다.

감염과 돌연변이, 선택과 적응의 이 빠르고 끝없는 순환은 지구상에서 매 초마다 수조 번씩 일어나며, 지구가 불타고 유해한 지옥 구멍이었던 때부터 그래왔다. 파지들과 숙주들 사이의 끝없는 군비 경쟁은 바이러스와 숙주가 다양해지도록 몰아붙였고, 계속해서 그렇게 몰아가고 있다. 포식자와 먹이감 둘 다에서 매일 매 초마다 서로 충돌하는 돌연변이들의 끝없는 치환으로부터 살아남은 것들에게는 아름다운 복잡성과 심지어 일종의 지능이 나타난다. 시간이 지나면서, 바이러스와 그 미생물 숙주는 서로에 대한 일종의 분자 전쟁에서 놀랍도록 복잡하고 혁신적인 화학물질들을 둘 다 진화시켜왔다.

앞에서 살펴보았듯이, 박테리아는 파지에 대한 놀라운 범위의 방어를 발달시켜 왔다. 첫 번째 방어선으로, 그들은 파지가 목표로 하는 겉 껍질의 분자를 바꿈으로써 파지가 부착되는 것을 막을 수 있다. 미끼 분자로 파지의 부착 부위를 막거나 두꺼운 점액같은 물질을 분비하여 파지가 자기 주위에 도달하는 것을 물리적으로 막을 수도 있다. 어떤 박테리아는 심지어 그들이 움직이기 위해 쓰는 맥동하는 털(pili; 필리라고 알려진)이나 휘몰아치는 꼬리(flagella; 편모)를 갑자기 버리기도 하는데, 파지들이 미끄러져 내려와 바로 이 털이나 꼬리를 잡고서 박테리아를 감염시키기 때문이다. 다른 박테리아는 더 폭력적으로 착취적인 다른 파지의 감염을 막기 위해 비교적 온건한 유형의 파지가 감염되는 걸 허용한다. 좀 더 극단적인 방법으로, 박테리아 세포가 감염을 감지하면 그냥 자살을 하게 되는데, 이는 세포가 효과적으로 자신을 독살하여 파지 유전자를 분해하는 '유산 감염'으로 알려진 이타적 과정이다. 파지 공장으로 변하는 것을 피하기 위해 자신을 희생함으로써 박테리아는 이웃 세포를 같은 운명으로부터 구해준다.

물론, 파지들도 이러한 많은 트릭에 현명하게 대처한다. 숙주들이 파지가 결합하는 수용체를 수정하는 반면에, 파지들 역시 그 결합 부위를 수정하여 새롭게 바뀐 수용체를 인식하거나 표적을 다른 수용체 분자들로 완전히 바꿀 수 있다. 그들은 또한 박테리아가 짜내는 점액 물질을 분해하거나 뚫어서 그것들을 무산시킬 수 있다. 놀랍게도, 영국 캠브리지셔에 있는 캠 강의 진기한 물에서 발견된 T4 파지의 특정 변종은 박테리아 자신을 중독시키는 독소 박테리아 세포를 무력화시킬 수 있는 것으로 밝혀져서, 자살 시도 숙주가 스스로 목숨을 끊는 것을 효과적으로 막는다. 그렇게 살벌한 미생물 드라마가 강 하류에서 뱃놀이 하고 있는 관광객 무리 아래에서 연출될 수 있다는 것을 누가 알았겠는가?

심지어 파지들의 반격을 방어하는 박테리아의 방어 시스템을 방어하는 방어 시스템들도 있는데, 미사일을 방어하는 미사일 방어 시스템을 또 방어하기 위해 쏘아 올려진 방어 미사일인 셈이다. 일단 바이러스가 박테리아의 세포벽을 침범하면, 숙주는 바이러스에 의해 점령되는 것을 막을 수 있는 옵션들이 여전히 존재한다. 소위 '제한 효소'라 불리는 효소들이 세포 주위에서 윙윙거리며 외부의 DNA를 찾아서 잘라낸다. 이러한 효소들은 수천 가지의 다양한 종류로 존재하며, 1970년대에 발견된 이래로, 유전자들을 연구하고 조작하는 데 도움을 주기 위해 DNA를 아주 특이성 있는 조각들로 잘라내는 데 사용되어 왔다. 사실, 이러한 효소들은 순식간에 대부분의 분자생물학과 유전공학 기술들의 기반이 되었다. 하지만 21세기가 다가오면서, 박테리아와 고세균 내부에 거의 모든 시간 동안 또 다른, 심지어 더 정교한 유전생명공학 도구의 일부가 그저 발견되기만을 기다리며 숨어있을 것이라고 짐작했던 생물학자들은 거의 없었을 것이다.

2000년대 초반에 이르러서도 크리스퍼가 무엇인지 알고 있는 연구자들은 아직 소수에 불과했다, 크리스퍼(CRISPR)를 연구하는 이들은 더 극소수였다는 건 차치하고라도 말이다. 이러한 DNA 반복 서열들이 무엇에 쓰이는 것인지에 대한 모히카의 초기 아이디어는 틀렸다는 것이 증명되었다. 훨씬 더 큰 양의 종이에 걸쳐 쓰여진 엄청난 양의 A, G, C, T로 이루어진 뭉치들로 여전히 고심하던 모히카는, 반복 서열들 사이의 DNA 조각들, 즉 원래 그가 '스페이서들(spacers)'이라고 무시했던 것들로 그의 관심을 돌리기로 결정했다. 그는 알리칸테 연구실에서 오랜 시간 일하면서, 가끔 전 세계 연구자들에 의해 공유되는 거대한 온라인 DNA 염기서열 데이터베이스인 BLAST를 열고, 그가 스페이서들에서 발견했던, 겉보기에는 무작위로 뒤섞인 글자들을 타이핑하며, 낙관적으로 일치하기를 바랐다. 그러한 DNA 반복 서열들은 전혀 없었다. 하지만 그 데이터베이스는 전 세계 연구자들로부터의 새로운 염기서열들로 계속 채워지고 있었기 때문에, 매번 시간 나는 대로 그는 다시 검색하곤 했다. 그는 사실

1990년대 중반을 거쳐, 그리고 새 천 년에 이르기까지, 이 일을 10년 동안 해오고 있었다.

"10년이라는 세월은 무언가를 찾으려 노력하기에 충분히 긴 시간이죠."라고 그는 말한다. "우리는 일치할 수도 있는 염기서열들이 항상 데이터베이스에 추가되고 있다는 것을 알고 있었습니다. 하지만 그건 정말로 그저 뭐랄까.." 그는 영어로 이 단어를 검색한다.

"간절한 거?" 내가 물어본다.

'간절한 거, 맞네요.'

놀랍게도, 2003년에는 정확히 일치하는 것이 있었다. 그가 대장균 유전체에서 발견한 스페이서들 중 하나의 DNA 염기서열은 다른 연구자가 파지에서 발견한 염기서열과 동일했다. P1이라고 알려진 그 파지는 대장균을 공격하는 것으로 알려져 있었다. 흥미롭게도, 모히카의 대장균 균주는 P1에 대해 완전히 저항력이 있었다. 대장균의 유전체에 있는 P1 DNA의 존재가 그것에 저항하는 능력과 관련이 있을 수 있을까? 이상하게 반복되는 부분들 사이에 자리잡은 이 파지 DNA 조각들은 대장균이 전에 발견했던 파지들을 '기억해 내도록' 해주는 것일까? 만약 그렇다면, 그것은 무언가 엄청난 것이 될 것이다. 그것은 유기체의 DNA가 단지 생명과 기능에 대한 청사진일 뿐만 아니라, 분자 기억의 한 종류를 형성할 수 있다는 것을 의미한다; 과거 공격자들의 DNA를 기억하고 그들이 돌아오는 것을 막는 저장 장치.

미친 듯이 이 일에 임하면서, 모히카는 다양한 다른 박테리아와 고세균에서 발견되는 4,500개 이상의 추가 스페이서의 DNA 염기서열을 열심히 파고들었다.[79] 79개 이상의 다른 세포들은 파지에서 나온 DNA 조각들과 일치하는 DNA 조각들을 가지고 있었다. 그는 점점 더 그것에 대해 확신했다 - 박테리아와 고세균 유전체의 크리스퍼 영역은 일종의 면역체계를 형성하고 있었고, 이 것은 그들이 전에 만났던 파지들로부터 어떻게든 미생물들을 보호했다. 그의 흥미로운 발견에 대한 논문을 작성하기 전날 밤에 그는 동료들과 코냑을 마시 며 축하의 밤을 보냈다.

좌절스럽게도, 그의 논문은 네이처를 포함한 4개의 명망 있는 학술지들에 의해 차례로 거절당했다. 어떤 학술지들은 심지어 그의 논문을 동료 심사를 받기 위해 보내지도 않았는데 - 소위 '편집자 선에서의 기각(desk-reject)'으 로 알려진 - 이것은 눈앞에서 문이 쾅 닫히는 것의 학문 세계 버전이다.

모히카는 자신이 무언가 진리에 도달했다고 확신했지만, 스페이서 DNA와 파지 DNA 사이의 유사성이 특별한 기능을 가지고 있다는 실험적 증거는 가지 고 있지 않았다. 알리칸테 출신의 이 수수한 남자에게는 좌절에 빠지는 시간이 었다.

이 입장에 있는 과학자들에게는, '특종을 빼앗기는' 것에 대한 두려움이 지 속적으로 존재한다 - 다시 말해서, 다른 연구 집단이 같은 아이디어 또는 결 과를 발표하고 그걸 처음 발견한 것에 대한 모든 공로를 고스란히 인정받는 것 이다. 모히카는 절망하기 시작했다. 프랑스 국방부의 연구자들을 포함한 다른 집단들이 비슷한 발견을 발표하기 직전이었다.

"아마 지금 제가 말하는 걸 듣고 계셔서 알아차리셨겠지만, 제 영어 실력은 그리 좋지 않아요." 그는 비록 유쾌한 느낌의 거친 스페인어 H 발음을 하긴 했 지만, 완벽한 영어로 내게 말한다. "저는 이 발견이 대단한 것이라고 꽤 확신했 어요. 하지만 저는 그 아이디어를 제대로 팔 수가 없었어요. 제 예전 상사는 우 리가 결국 어느 학술지에 게재한 논문을 읽고 나서 저에게 '자네는 자네 손에 황금을 쥐고 있었지만 사람들에게 제대로 이해되게 말할 능력이 부족했구먼.'

이라 말했지요."

마침내, 2005년 2월, 크리스퍼의 기능에 대한 모히카의 첫 번째 논문이 다소 전문적이고 잘 읽히지 않는 학술지인 Journal of Molecular Evolution에 실렸다. 경쟁하던 그룹들 또한 주요 학술지들의 거절에 맞서 싸우고 있었던 바람에, 그들의 결과를 이보다 불과 몇 달 늦게서야 발표했다.

논문 발표가 완료된 후에도, 크리스퍼는 생물학자들 대부분으로부터 의혹 어린 눈초리를 전적으로 받고 있었다. 2000년대 중반, 이 주제가 얼마나 상상할 수 없을 정도로 모호하고 사랑받지 못했는지는 아무리 말해도 절대 과장이 아니다. 이 주제는 박테리아와 고세균, 파지의 유전체에 대해 잘 이해되지 않는 고도로 기술적인 문제였는데, 단지 몇몇 연구자 그룹만이 알고 있는 것이었다. 물론 그렇게 안 예쁘고 발음하기도 어려운 이름도 한몫했다. 이 분야를 록 스타 대접을 받을 주제로 끌어올릴 누군가가 필요했다.

혼다 어코드에 새겨진 '크리스퍼' 번호판과 세 가지 과학적 열정, 즉 박테리아와 박테리오파지 그리고 음식 발효를 엮는 데에 필요한 야성적인 에너지를 지닌 강렬한 프랑스 연구자를 만나보자.

1990년대 후반, 모히카가 파지 DNA 조각들에 크리스퍼 서열을 공들여 맞추는 동안, 펑크족 외모에 뾰족한 머리를 가진 프랑스인 로돌프 바랑구(Rodolphe Barrangou)는 피클로 작업을 하고 있었다. 산업용 피클 제조업체들은 채소의 발효를 감시하고 유지하기 위해 바랑구와 같은 미생물학자들을 필요로 하며, 이것은 엄격히 말해 과학은 아니다. '우리는 빗물이 들어오고, 새의 배설물이 떨어지는 나무 탱크 안에 축구장 크기만큼의 면적을 차지하고 있는 채소들에 대해 이야기하고 있어요' 하고 바랑구는 친절하게 내게 말한다. 일관된 제품을 만들기 위해 온갖 종류의 유기물과 미생물이 풍부한, 이 자극적인 혼합물을 분석하고 조절하는 것은 '예술과 과학의 혼합물과 같다'고 그는 말한다. '그래서 저는 피클을 너무나 좋아했어요. 1700년대에 와인을 만드는 것 같았죠.'

피클 만들기에 대한 그의 열정에도 불구하고, 바랑구의 관심은 결국 더 정밀한 식품 기술로 향했다. 그가 빠르게 진화하는 DNA 염기서열결정과 유전체 분석 기술에 대한 기술을 개발하면서, 그는 곧 거대 화학 기업인 듀폰의 브랜드인 다니스코(Danisco)에 고용되었다. 그들은 전 세계 요거트 제조업체에 공급하는 종군 배양과 같이 상업적으로 가장 중요한 박테리아 품종의 유전자에 대해 그가 더 알아보기를 요구했다. (종군 배양, starter culture란 일명 발효 개시제라고도 하며, 발효 과정의 시작을 보조하기 위한 제제이다. 일반적으로 발효 작용을 지닌 다양한 세균과 효모로 구성되어 있다. - 역자 주)

요거트를 만드는 것은 피클을 만드는 것과 전혀 다르다. 멸균 우유는 완벽한 발효 제품을 생산하기 위해 수백 년, 때로는 수천 년에 걸쳐 선택적으로 사육된 소중한 박테리아 품종을 접종 받는다. 밭에 설치된 질질 새는 나무 탱크 대신 산업용 요거트 생산은 거대한 스테인리스 스틸 통에서 모두 이뤄지고, 위험한 병원균을 연구하는 실험실에서 하는 오염 제거 절차를 밟는다. 파지는 이 산업의 보이지 않는 적인데, 단일 바이러스 입자가 떼거지로 번성하면 가장 중요한 박테리아를 감염시키고 그 바이러스들이 퍼지게 한다. 발효 속도에 변화가 있으면 최종 제품의 맛, 질감 및 안전성에 영향을 미친다. 따라서 다니스코와 같은 회사는 파지로부터 제품을 방어할 수 있는 방법을 찾기 위해 막대한 자금을 투자한다.

듀폰사의 귀중한 종군 배양균 유전자들을 연구하던 바랑구는, 왜 일부 균주들이 파지에 저항력을 가지고 있고, 다른 균주들은 그렇지 않은지에 특히 관심이 있었다. 다니스코 입장에서, 파지 공격에 확실하게 저항력을 가진 박테리아 종군 배양은, 요거트 생산의 성배가 될 것이고, 잠재적으로 수십억 달러의 가치가 있을 것이다. 결정적으로, 바랑구와 다니스코는, 모히카와 같은 연구자들이 갖고 있지 않은 걸 보유하고 있었다: 그들의 모든 상업적 균주들, 그리고 수십 년 전에 문제를 일으켰던 파지들을 세심하게 구축한 냉동 보관소를 가지고 있었다.

"7710이라는 매우 유명한 종군 배양이 있습니다." 라고 크리스퍼의 이야기가 드라마화된다면 브래드 피트가 적역일 정도로 껌을 짝짝 씹으며 지나치게 적극적이고 쿨한 성격을 지닌 바랑구가 말한다. "누군가가 우리에게 전화를 걸어 '어이, 우리에게 문제가 있어.' 라고 말하곤 했고, 그러면 우리는 방문해서 샘플을 구해 그 문제의 원인이 되는 파지를 분리했습니다. 그러고 나서 실험실로 돌아가 그 박테리아 종(7710)을 그 파지에 노출시키고 무엇이 자라는지를 보게 됩니다. 그런 선별 과정을 거쳐서 7778이 1991년에 만들어졌어요."

이 꼼꼼한 기록 덕분에, 바랑구는 그 퍼즐의 세 가지 중요한 핵심 조각들을 가지게 되었다: 그들이 파지를 가지고 말썽많은 접촉을 하기 전의 박테리아 품종; 어떻게든 그 후에 여전히 자랄 수 있었던 박테리아 품종; 그리고 그 일을 저지른 파지의 표본, 이상 세 가지.

이 퍼즐의 모든 요소들의 DNA 염기서열을 분석하면서, 그는 갑자기 결정적인 증거를 갖게 되었다: 내성이 있던 박테리아는 이제 그 파지 DNA의 일부를 그들 자신의 DNA에 통합시켰는데, 이것은 이전에 없었던 일이다. 결정적으로, 이를 확실히 해주는 또 다른 증거도 나왔는데, 파지에 노출되었지만 어떤 종류의 내성도 생기지 않았던 박테리아는 파지 DNA를 갖고 있지 않았던 것이었다. 고세균 및 박테리아 유전체의 크리스퍼 영역이 유전자가 아니라 일종의 화학 도서관이라는 것이 분명해지고 있었고, 그 영역에는 고세균이나 박테리아가 과거에 마주친 적이 있던 바이러스의 DNA가 축적되어 있고 1980년대 후반에 모히카가 그의 유전자 서열 뭉치에서 발견했던 괴상한 DNA 반복 서열들 사이에 안전하게 자리 잡고 있었다.

바랑구 입장에서, 그것은 요거트의 세계에 혁명을 일으킬만한 돌파구였다. 그의 연구는 '다니스코가 찾아낸 돌파구로 배양을 촉진할 수 있게 하다(Danisco Breakthrough Could Boost Cultures)'라는 제목으로 식품 산업 전문 언론에 보도되었다. 그러나 이 발견은 다시 한 번 다른 어느 곳에도 거의 영향을 미치지 않았다. 크리스퍼를 연구하는 연구자들의 수가 증가하고 그들의 연구는 더 자신감있고 흥미로워졌지만, 그들은 여전히 학술지들로부터 박대와 거절을 당했다.

'심사자들은 너무나도 멋진, 하지만 아무도 전에 본 적이 없는 이 신비로운 것이 존재한다고 믿지 않았습니다.'라고 바랑구는 해맑게 말한다. '아니면 그들은 그것이 아무도 관심을 안 주는 이 균주에만 특별히 있는 현상에 틀림없다고 생각했지요. 이 신비한 시스템을 연구하고 있는, 이 식품회사의 무명의 저자들은, 그저 냄새 테스트를 통과하지 못했을 뿐입니다. 믿을 수가 없고, 마치 동화와 같다는 것이죠.' (냄새 테스트를 통과 못했다, did not pass the smell test 라는 표현은 겉보기엔 그럴듯하지만 신뢰할 수가 없어서 거절당했다는 영어 숙어임. - 역자 주)

그리고 나서 2012년, 거의 하룻밤 사이에 모든 것이 바뀌었다. 그 해는 생화학자 제니퍼 다우드나(Jennifer Doudna)와 이매뉴얼 샤펜티어(Emmanuelle Charpentier)가 네이처 지에 발표한 논문에서, 모히카가 어떻게 이 경이로운 유전자 서열을 찾았는지, 그리고 박테리아의 면역 체계라고 바랑구가 증명했던 이 서열은 알고 보니 믿을 수 없을 정도로 강력한 유전 공학 도구로 용도 변경될 수 있다고 하였다. 사실, 이 성능은 너무나 강력해서 다우드나는 그 이후로 히틀러에게 그 기술을 주는 악몽을 꾼다고 밝혔다.[80]

크리스퍼 시스템을 프로그램 가능한 유전자 편집 기술로 발전시키는 열쇠는 Cas-9이라고 불리는 단백질이다 – 'Cas'는 'CRISPR-연관-단백질(CRISPR-associated-protein)'의 줄임말이다. 연구원들은 박테리아와 고세균에 몇몇 Cas 단백질이 있다는 것을 발견하였는데, 이들은 모두 이 박테리아 기억과 방어 시스템의 조정에 있어서 다른 역할을 수행한다. Cas-9은 특히 흥미로웠다 – 그것의 역할은 박테리아가 '기억'한 파지 DNA의 배열을 그 자신의 게놈에 가져가서 일치하는 DNA 염기서열을 찾으려 세포 스캔을 하는 것이었다. 그것이 정확한 배열을 발견했을 때, 그 배열을 반으로 잘라내고, 그럼으로써 침입한 파지 DNA는 효과적으로 파괴된다.

미생물학자라기보다 생화학자인 다우드나는 이것이 파지가 요거트를 부패시키는 걸 방지하는 용도를 넘어 훨씬 더 큰 무언가 쓰임새가 있지 않을까 궁금해하였다. 분자생물학의 위대한 전통 속에서, 그녀는 어떻게 이 생물학적 가위를 그녀의 실험실에서 도구로 사용할 수 있는지에 즉시 관심을 가졌다. 만약 Cas-9으로 하여금 파지 DNA를 자르기 위해 세포를 스캔하는 대신에, 다른 종류의 DNA를 자르기 위해 세포를 스캔하게 할 수 있다면 어떨까? 다우드나의 연구원 중 한 명인 마틴 지넥(Martin Jinek)은 Cas-9이 연구자 개인이 선호하는 DNA 염기서열을 목표로 하도록 '프로그램'될 수 있다는 놀라운 발견을 했다.* 당신은 그저 관심있는 DNA 염기서열과 일치하는 가이드 RNA 한 가닥을 거기로 공급하기만 하면 되고, 그러면 Cas-9은 일치하는 염기서열을 찾을 때까지 모든 분자에 접근한다. 그리고 나서 그것은 매우 정확하게 그것을 반으로 자른다.

프로그래머는 Cas-9이 잘라낼 수십억 글자 길이의 DNA 염기서열 중에서 정확한 글자를 정확히 집어 낼 수 있다. 만약 잘라낸 두 끝과 일치하는 끝 부분을 지닌 DNA 조각이 추가된다면, 그 DNA 가닥이 스스로를 수리할 때 그 DNA 염기서열을 꿰매어낼 가능성이 크다. Voilà(프랑스어로 '옛다!' 혹은 '여기 대령 하였사옵니다', '짜잔!' – 역자 주), Cas-9은 정확하게 한 번에 하나의 유전자를 찾아 내고 잘라내고 대체했다. 게다가, 이 놀라운 유전 체계는 다른 세포들 – 식물, 동물, 포유류 – 그리고 인간 – 에 추가될 수 있으며, 과학자들이 바꾸고 싶어할 수도 있는 어떤 DNA 염기서열이라도 표적으로 삼는데 사용될 수 있다.

크리스퍼 기술은 유전 공학을 개선하였고, 더 정확하고, 훨씬 단순하고, 훨씬 저렴하면서도 다용도로 사용할 수 있게 만들었다. 이 장을 작성하는 동안, 나는 크리스퍼가 높은 혈중 콜레스테롤을 유발하는 유전적 특징을 뒤집는데

★ 다우드나와 지넥의 논문은 유전자 편집 도구로 CRISPR를 사용하는 방법에 대해 최초로 출판된 논문이었지만, 경쟁자로 하버드 브로드 연구소(Harvard's Broad Institute)에서 펑장(Feng Zhang)이 이끄는 연구 그룹이 CRISPR 유전자 편집 방법에 대한 특허를 바르게 추진했다. 그들의 특허 신청은 포유류와 같은 고등 생물의 세포를 수정하기 위해 CRISPR 유전자 편집을 사용하는 것에 초점을 맞추었고 다우드나의 특허 이전에 처리되어 승인되었다. 누가 CRISPR 기술의 권리와 로열티를 소유하는지에 대해 극도로 복잡하고 오래 지속된 다툼이 뒤따랐다. 다우드나와 샤펜티어(Charpentier)는 2020년 노벨상으로 선구적인 업적을 인정받았지만, 2022년 현재 법적 분쟁은 여전히 진행 중이다.

도움을 주고, 아르헨티나에서 더 빠른 경주마를 번식시키고, 돼지 장기를 인간에게 기증하기에 더 적합하도록 만들고, 암과 유전 질병에 대한 새로운 치료법을 만들고, 심지어 매머드 DNA를 코끼리 배아에 이식함으로써 이 매머드를 '멸종으로부터 부활'시키기 위해 노력하는 것에 대해 읽었다. 과학자들은 크리스퍼를 사용하여 작은 버전의 네안데르탈인 뇌를 만들었다; 그들은 겸상 적혈구 질환 환자들의 발병 원인 유전자를 '교정'했고, 다른 종류의 유전 질병에 대해 많은 다른 종류의 크리스퍼 유전자 편집 약들을 시험하는 데에도 매진하고 있다.

이미 생명과학 전반에 걸쳐 모든 종류의 분야에서 활용할 용도를 발견하고, 실험실과 평소에는 그러한 기술을 사용할 여유가 없었을 사람들에게 유전공학의 세계를 개방한 것은 지금까지 우리 세기의 위대한 과학적 발전으로 여겨진다. 이제 개별적인 유전적 변경이 쉬워짐에 따라, 과학자들은 이제 놀랍도록 복잡한 방식으로 세포를 재프로그래밍하기 위해 많은 유전적 변화들을 함께 축적할 수 있다. 자연에서 발견되는 유전자의 무수히 많은 기능들은 전기 회로판의 구성 요소들처럼 결합되어 새롭고 흥미로운 생물학적 시스템을 형성할 수 있는데, 이 분야는 합성 생물학이라고 알려져 있다.

대부분의 생물학자들은 크리스퍼가 결국 사람들로 하여금 그들 자신의 유전자를 바꾸게 하고, 그 다음에는 그들의 자녀의 유전자를 바꾸게 하는 것이 불가피하다고 믿는다. 처음에는 유전병을 근절하는 데 도움을 주는 방식으로 그리고 그 다음에는 인류를 더 근본적으로 변화시킬 방식으로.

과학자들은 이미 질병을 유발하는 유전자를 제거하기 위해 과학계의 승인이 있건 없건 아랑곳하지 않고 인간 배아를 편집하는 것의 안전성과 효율성을 시험하기 시작했고,[81] 아마추어 과학자들은 '크리스퍼' 시행을 무절제하고 때로는 위험한 방법으로 직접 실험하기 시작했다. 그 중 하나인 죠시아 자이너는 근육 성장을 제한하는 유전자들을 차단하기 위해 수정한 크리스퍼 화합물을 주입하는 걸 마블 만화의 페이지에서 곧바로 나온 스턴트처럼 생방송으로 보여 주었다(그것은 효과가 없는 것처럼 보였고, 자이너는 이제 자신을 인크레더블 헐크로 만들기 위해 노력한 것을 후회한다고 말했다).[82] 러시아 대통령 블라디미르 푸틴은 고통을 느끼지 못하는 유전자 편집 군인들을 만들 수 있는 가능성에 대해 말했다.[83]

실험실의 유전자 변형이 야생 개체군들에 빠르게 퍼지도록 돕는 특별한 조정인 소위 '유전자 구동'의 개발은 유전 공학이 의도하지 않고, 통제되지 않아 잠재적 재앙을 초래할 위험성을 증가시킨다. 이 기술은 이미 질병을 옮기는 모기의 많은 야생 개체군을 불임으로 만드는데 사용되어 왔으며, 이는 모기의 수를 감소시키고 그 지역에서 감염되는 수를 줄이는데 도움을 준다. 물론, 이 자가 증식 기술의 더 사악한 사용으로는 국가의 농작물과 식량 자원을 파괴하는 것을 돕는 유전자 자체 확산에서부터 잠재적으로 집단 학살을 일으킬 수 있는 인간 유전자 구동에 이르기까지 상상하기 어렵지 않다.

그 가능성은 너무나 무궁무진해서 아찔하다. 크리스퍼는 현대 생명공학의 힘이 갖는 일종의 축약어가 되어서, 그것이 어디에서 왔는지를 잊기 쉽다. 그것은 그 자체로 과학자들에 의해 발명된 것이 아니라, 파지로부터 그들 자신을 보호하기 위한 특별히 정교한 방법으로 수십억 년 동안 미생물 내부에서 천천히 진화해오고 있었다.

크리스퍼의 발견은 또한 박테리아 감염에 대항하는 파지 요법의 사용에 큰 영향을 미친다. 크리스퍼와 같은 방어 체계가 발견되기 전 수십 년 동안, 과학자들과 의사들은 많은 박테리아가 파지의 DNA를 추적하고 잘게 부수는 매우 정교한 파지 방지 무기를 가지고 있다는 것을 알지 못한 채 파지 요법을 사용하고 있었다. 파지 요법이 수년간 일관성이 없었던 것은 당연하다. 그러나 우리가 그 박테리아의 크리스퍼 시스템을 꺼 버릴 수 있다면 어떨까?

실뱅 모이노(Sylvain Moineau) 교수는 크리스퍼가 혁명적인 기술로 폭발하여 최첨단 유전 공학의 약칭이 되기 전, 화려하지 않은 초기 시절부터 연구해 온 또 다른 파지 과학자이다. 이 약간 붉은 색이 도는 금발의 미생물학자는 현재 퀘벡 시에 있는 라발(Laval)대학의 펠릭스 드허렐르 박테리아 바이러스 참고 센터(Felix d'Herelle Reference Center for Bacterial Virus)의 큐레이터로, 세계에서 가장 독특하고 역사적인 파지 목록을 냉동 보관하고 있다.

모이노 또한 식품 산업에서 파지들을 통제하려고 노력하는 동안 크리스퍼를 처음 알게 됐다. 그는 파지가 무엇인지 모르는 사람들을 흔히 접하지만, 뉴스에서 널리 보도됐듯이 매일 우리 주변에서 일어나는 자연스러운 과정에서 비롯된 이 놀라운 기술을 사람들이 알기를 원한다. 그는 안락의자에 앉아 다소 사랑스럽게 들리는 프랑스계 캐나다인식의 영어로 그의 경력을 회상하면서 다음과 같이 말한다. "저는 사람들에게 아침에 요거트를 먹을 때 '당신은 크리스퍼 Cas-9을 먹고 있습니다'라고 말해줍니다."

모이노는 펠릭스 드허렐르 컬렉션에서 전 세계 과학자들로부터 받은 흥미롭거나 독특한 파지들의 '마스터 카피'를 관리하는 것을 도울 뿐만 아니라, 현재 박테리아를 감염시킬 때 파지들이 크리스퍼를 피할 수 있는 영리한 방법들이 뭔지 연구하고 있다. 그것의 목표는 연구자들이 잡았던 크리스퍼 연구의 초기 방향을 거의 완전히 뒤집는 것이다: 초기 연구는 박테리아가 파지들을 어떻게 막는지를 알고 싶어 했는데, 이제는 파지들이 어떻게 박테리아를 이길 수 있는 지로 전환되고 있다. "만약 당신이 치료에서 박테리아를 죽이는 데 효과적인 파지를 원한다면, 안티 크리스퍼 시스템을 갖춘 파지를 사용하는 것이 현명할 것입니다"라고 모이노는 말한다.

예를 들어, 파지는 박테리아 크리스퍼의 주요 요소를 억제하기 위해 특별한 단백질을 배치하거나, 크리스퍼에 의해 들켜서 분해된 그들의 DNA 조각을 즉시 복구할 수 있다;[84] 어떤 연구들은 심지어 다른 종류의 파지들이 크리스퍼 면역을 가진 박테리아를 극복하기 위해 협력할 수 있다는 것을 발견했다. 한 파지는 크리스퍼 시스템을 차단하는 반면 다른 파지는 복제한다.[85] 2021년, 파리, 베를린, 루벤 그리고 피츠버그에 있는 연구소에 근거지를 둔 일단의 연구자들은 다음과 같은 사실을 발견하였다: 일부 파지들은 자기들 DNA의 생화학적 기본 구성 요소 중 하나를 새로운 화학적 소단위로 바꿔치기하여 전혀 다른 유전자 코드를 만들어 여생 내내 사용한다. 그렇게 함으로써 파지 자신을 숙주의 방어 대상으로 인식할 수 없도록 한다는 것이다. 이 파지들의 유전자 코드는 A, G, C, T의 거대한 서열로서 읽는 것이 아니라, G, T, C 그리고 Z 글자들로 이루어져 있다.[86]

크리스퍼의 DNA 잘라내기 능력을 능가하거나 억제하는 시스템은 다른 맥락에서도 매우 유용할 수 있다. 그 맥락의 예를 들자면, 만약 과학자들이 몸의 특정한 세포에서 질병을 일으키는 유전자를 편집하기를 원한다든가, 또는 유전자 편집의 효과를 갑자기 억제해야 하거나 혹은 켜거나 끌 필요가 생기는 것 등이 있다. 과학자들은 적어도 90개의 제각기 다른 항-크리스퍼 화합물들을 발견했는데, 이것들 중 많은 것들은 크리스퍼 실험에 자연적인 '제동 장치'로 쓰이거나, 혹은 실전에서 약물에 내성이 있거나 파지에 내성이 있는 감염과의 싸움에 파지들이 사용한다.

크리스퍼가 유전자 편집 기술로서 거둔 믿어지지 않을 정도의 놀라운 성공은 사람들이 파지를 연구하는 방식을 바꾸고 있다고 모이노는 말한다. 그는 약 40%의 박테리아만이 파지 DNA로부터 자신들을 방어하기 위해 크리스퍼를 사용한다고 하는데, '그렇다면 이것 외에 박테리아가 파지 공격으로부터 방어하는 또 다른 흥미로운 방어 시스템이 있을 것이다.' 라고 매우 논리적으로 설명한다. 한때는 작은 규모로 여러 학자들이 서로 협력하며 연구하는 분야였던 파지 생물학은 이제 흥미로운 분자들과 '차세대 크리스퍼'를 찾는 수십 개의 상업적인 회사들로 넘쳐나고 있다.

파지 방어 시스템과 관련된 유전자들은 종종 박테리아의 유전체 내에서 '방어 섬'이라고 불리는 곳에 모여있다. 방어 유전자들이 모두 유전체에 함께 위치한다는 것을 고려할 때, 과학자들은 이 지역들 내에서 발견되는 많은 불가사의한 서열들이 새롭고 알려지지 않은 방어 시스템이라고 추측할 수 있다. 이는 크리스퍼 같은 새로운 생명공학 기술에 언젠가 동력을 공급할 지도 모르는 분자들을 생산하는 것뿐만 아니라, 이러한 방어 시스템들 중 많은 것들이 식물, 동물 그리고 심지어 인간과 같은 다세포 유기체들이 바이러스로부터 자신들을 방어하는 방식에 관련이 있다. 사실 최근 연구들에 의하면, 바이러스 공격으로부터 우리 세포가 자신을 방어하는 핵심요소들은 박테리아가 파지로부터 자신들을 방어하는 방식에 진화적 뿌리를 두고 있다는 것을 보여주었다.[87]

따라서 이러한 시스템들에 대해 파악하고, 그리고 이러한 시스템들이 어떻게 작동하는지를 더 잘 이해하는 것은 코로나19와 같은 질병들과 미래의 대유행 바이러스 치료에 시급히 필요한 새 항바이러스제들을 개발하는 데 있어서 매우 중요할 수 있다. 예를 들어, '바이페린(viperins)'으로 알려진 다양한 항바이러스 분자들의 집단은 박테리아, 고세균 그리고 인간에 걸쳐 발견되며, 여러 연구들에서 인체의 바이페린은 파지가 박테리아에 침투하는 걸 차단할 수 있다는 것을 발견했다.[88] 만약 인간에서 박테리아에게로만 아니라 박테리아에서 인간으로 가는 반대 방향의 방어도 그렇다면, 즉 박테리아의 항바이러스 물질로 인간 세포가 바이러스에 감염되는 걸 막을 수 있다면, 우리는 아마도 박테리아의 파지 방어를 잠재적인 항바이러스제들이 나올 수 있는 거대한 저장소로 생각하기 시작해야 할 것이다. 연구되지 않거나 알려지지 않은 수많은 바이러스들이 존재하고, 새로운 혁신들과 이에 대한 저항이 끊임없이 이어지는 상황을 고려할 때, 우리의 유전체 또는 적이 되는 미생물들의 유전체를 마스터하기 위해 사용할 수 있는 다른 분자 수준의 경이로운 것들이 자연의 '암흑 물질'에 거의 틀림없이 있을 것이다.

박테리아와 이들을 잡는 바이러스의 복잡한 삶 속에서, 초기의 파지 과학자들이 상상할 수 없었던 복잡성과 미스터리 층이 계속 발견되고 있다. 제니퍼 다우드나와 임매뉴얼 샤펜티어가 크리스퍼 박테리아 면역 체계로 세계를 변화시키는 유전자 편집 도구를 만들었다고 처음 발표하기 바로 직전인 2012년, 버클리의 킴 시드(Kim Seed)라는 이름의 또 다른 연구자는 콜레라를 일으키는 박테리아인 비브리오 콜레라를 연구하고 있었다. 비브리오 콜레라와 파지 사이의 상호작용은 특히 흥미롭다: 비브리오 콜레라의 많은 종류들은 흔한 해양 미생물이고 인간에게 전혀 위험하지 않다; 그것들이 특정 파지에 감염되었을 때에만 그것들은 고약한 병원균이 된다.

　시드는 콜레라 환자들의 내장 속에 있는 파지와 숙주 사이의 역학관계를 더 잘 이해할 수 있기를 바라면서 이 파지들의 유전체를 조사하고 있었다. 모히카가 그렇게 수년 전에 했던 것과 같이 온라인 데이터베이스에 몇 가지 DNA 염기서열을 집어 넣고 검색하고 나서, 그녀는 뭔가 이상하다는 것을 발견했다: 바로, 이 파지들도 박테리아 숙주와 마찬가지로 크리스퍼와 유사한 DNA 염기서열을 가지고 있는 것처럼 보였다.

"저는 마치 '오케이, 저건 파지 유전체에 속하지 않아요, 저건 말이 안 돼요.'라는 심정이었죠." 라고 커다란 직사각형 안경을 쓰고 사업자 같은 영민한 인상의 젊은 부교수인 시드가 인정한다. 이 파지의 크리스퍼 DNA 염기서열은 박테리아 세포나 고세균의 것들보다 더 짧고 간단했지만, '진짜배기 크리스퍼 시스템' 이었으며, 지난 전투들에 대한 일종의 기억으로서 파지의 유전체에 잘게 쪼개진 DNA 조각들로 첨가되어 있었다고 시드는 말한다. 시드는 파지가 왜 독자적인 '반 파지' 면역체계를 갖게 되는지 전혀 알지 못했다.

그 이후 연구에 따르면 몇몇 파지들은 같은 세포를 감염시킨 경쟁 파지들의 DNA를 잘라내기 위해 크리스퍼를 사용한다고 했다. 그들은 그들의 경쟁자 바이러스들을 제거하는 것을 돕기 위해 안티 파지 시스템을 용도 변경하여 사용해 왔다. 그러나 시드가 발견한 파지들이 그들의 크리스퍼 시스템으로 저지르던 일은 훨씬 더 놀라운 것이었다. 그 파지들은 심지어 같은 숙주 세포에 살고 있는 더 단순한 기생체로부터 자신을 보호하고 있었다. '염색체 섬(chromosomal island)'이라고 알려진 이 작은 유전자 무리들은 숙주 안에서 복제할 때 파지에 무임승차하여 세포에서 세포로 점프하면서 이기적으로 자기들을 증식하도록 진화해 왔다. 다시 말해서, 그들은 바이러스의 바이러스처럼 행동한다.

그 기생체들은 어떻게든 새로 만들어진 파지의 머리 속에 그 파지의 DNA 대신에 자신들을 집어넣어서, 새로운 파지 입자들이 다른 세포들을 감염시키려 할 때, 그저 염색체 섬을 새로운 숙주에게 주입하는 것이다. 물론 이것은 파지들이 복제할 가능성을 없애는데, 그 대신에 이제 더 많은 염색체 섬이 감염시킨 박테리아 주위로 떠 돌 뿐이다. (바이러스의 바이러스의 바이러스도 있다는 것이 밝혀지면, 나는 포기한닷!)

하나의 박테리아 세포 안에서 맹위를 떨치고 있는, 복제 권한을 놓고 싸우는 이 흥미롭고 복잡한 쟁탈전은, 인간 규모로 올라와서 보면 놀라울 정도로 큰 의미를 가진다. 이 파지는 크리스퍼 시스템이 없다면, 염색체 섬이라는 기생체 때문에, 비브리오 콜레라 내에서 복제될 수 없을 것이다. 이 파지가 복제되지 않는다면, 독성 병원균으로 변하는 비브리오 콜레라의 수가 더 적어질 것이다. 이는 콜레라로 인간을 심하게 앓게 만드는 병원성 박테리아가 더 적어질 것이라는 것을 의미한다. 바이러스, 바이러스의 숙주, 그리고 바이러스의 바이러스 사이의 역동적인 싸움은 매년 전 세계적으로 신종 독성 콜레라로의 진화를 이끌고 있다.

더욱 흥미로운 것은 그러한 크리스퍼로 무장한 파지들이 우리에게 어떤 도움을 줄 수 있는지 상상해 보는 것이다. 첫째, 바이러스성 기생체를 극복할 수 있는 파지들을 보유하는 것은 파지 기반 치료법들을 개발할 때 유용하다. '이 기생체들은 파지들을 차단할 수 있고, 따라서 우리가 과녁으로 삼고 있는 박테리아가 이러한 기생체 중 하나를 가지고 있다는 것을 안다면, 파지들로 하여금 그 기생충체들을 극복할 수 있도록 무장시킬 수 있을 것이다.' 라고 시드 교수는 말한다.

크리스퍼 시스템으로 무장한 파지들은 심지어 항균제에 대한 내성을 주는 박테리아 내의 유전자들을 잘라내는데 사용될 수도 있다. 예를 들어, 내성 박테리아를 감염시키고 죽일 뿐만 아니라, 박테리아의 약제 내성 유전자들도 잘라내는 파지를 사용하면 약제 내성이 있는 감염 환자가 치료될 것이다. 이제 항생제는 다시 한번 효과적이 되어서, 남아 있는 박테리아가 무엇이든 간에 마지막 곡사포로서 환자에게 전달된다. 기가 막히게 똑똑한 21세기 의료 기술이다.

'물론, 자연이 이미 갖고 있던 아이디어가 우리에게 나타난 것이죠.' 시드는 미소를 지으며 상기시켜 준다.

크리스퍼의 사용에 대한 더 놀라운 뉴스가 거의 매일 과학 출판계에 등장하는 가운데, 모히카는 여전히 알리칸테에 있고, 주변의 덥고 아름다운 환경에서 퍼낸 이상하고 모호한 미생물들을 여전히 관찰하고 있다. 예전엔 안 그랬지만 요즘에 그는 바이러스도 찾고 있다. 그의 팀은 그물을 넓게 던져서 많은 양의 물, 흙, 또는 그들이 손에 넣을 수 있는 모든 것을 가져다가, 그 안에서 발견될 수 있는 모든 종류의 DNA 늪에 대한 분석을 실행한다. 크리스퍼 구조처럼 보이지만 조금 다른 배열을 발견하면, 확대하고 조사한다. '우리는 이미 기술된 것과 다른 특이한 것들, 또는 이미 규명된 것과는 다른 크리스퍼 시스템을 찾고 있습니다.'라고 그는 설명한다.

크리스퍼는 분자생물학에서 파지에 대한 관심의 부활을 촉발시켰고, 미생물이 파지 공격으로부터 어떻게 자신을 방어하는지를 연구하고자 하는 새로운 세대의 과학자들에게 영감을 주었다고 모히카는 말한다. 그는 파지들이 정교한 생물체가 아닌 단지 '유전적 요소'로 간주되기 때문에, 미생물학의 역사에서 파지들이 너무 자주 간과되어 왔다고 믿는다. 그는 이러한 관점이 바뀌기 시작하고, 사람들이 파지와 바이러스가 일반적으로 우리를 포함한 생명체 퍼즐의 기본적인 요소라는 것을 이해하기 시작하기를 희망한다.

'파지들은 확실히 인정을 덜 받았어요. 하지만 상황은 바뀌었죠. 제 연구실 사람들과 제 부서 사람들은 미생물 생태학을 이해하고 있습니다. 우리는 바이러스 분야로 나아가고 있고; 사람들은 바이러스를 방어하는 시스템에 관심이 있습니다. 2005년까지만 해도 항 바이러스 방어 시스템은 소수만이 알려져 있었지만, 이제 우리는 적어도 50개는 될 수 있을 것으로 생각하고 있습니다. 사람들은 이에 관심을 보이고 있으며, 숙주의 진화에 있어서 일반적인 바이러스의 관련성에 대해서도 전해 듣고 있습니다. 바이러스 방어 시스템은 진화의 주된 원동력입니다.'

바이러스가 죽음과 질병을 초래한다는 평판에도 불구하고, 살아있는 모든 종류의 세포들은 정말로 바이러스를 필요로 한다고 모히카는 내게 말한다. '맞아요, 때때로 바이러스가 세포를 죽이죠. 하지만 세포들도 바이러스로부터 많은 정보, 매우 중요한 정보를 얻습니다. 나는 사람들이 이제 그것을 인식하고 있다고 생각해요.'

크리스퍼 유전자 편집의 발견과 발전에 대한 수십 년 간에 걸친 이 이야기는 파지를 연구하고 이해하는 것의 중요성과 더불어, 처음에는 모호하고 난해해 보였던 연구가 어떻게 가장 극적인 발전에 이르게 할 수 있는지를 보여주는 바로 또 하나의 예이다. 우리는 이미 자연에 존재하는 파지의 극히 일부만을 연구함으로써 많은 이해와 기술을 얻었다. 이제 다음과 같은 의문이 제기된다 - 이것 외에 저 너머에 무엇이 있으며, 어떻게 찾을까?

15

네 고유의
파지를
찾아라

2020년 봄, 10살인 아이작 템퍼턴(Isaac Temperton)은 영국 남부 데본에 있는 시골 집에서 아빠와 함께 산책을 떠났다. 그 해 봄, SARS-CoV-2 바이러스가 영국 국민들 사이에서 너무 왕성하게 퍼져서, 정부는 한때는 생각도 못했던 국가적 봉쇄를 강제할 수 밖에 없었다. 정부의 긴급 코로나바이러스 규정에 따라, 이따금 지역 숲이나 공원 산책을 되풀이하는 것이 그나마 봉쇄 기간 동안 할 수 있는 주된 야외 활동이 되었다. 그러나 오늘 아이작은 특별한 임무를 부여 받았다: 마을 뒤의 삼림을 흐르는 작은 레몬 강에서 물의 샘플을 얻는 것. 전 세계에서 이 새로운 바이러스 병원체에 대한 걱정스러운 뉴스들이 쏟아지는 와중에도, 아이작의 아버지인 강 근처 엑세터 대학의 미생물학자 벤 템퍼턴(Ben Temperton) 박사는 아들이 착한 바이러스 하나를 찾아 그에게 도움이 되길 바라고 있었다.

얼룩덜룩한 여름 나뭇잎 아래에서, 아이작은 자신이 작업할 자리를 택했다. 그는 아버지와 함께 맑고 살얼음으로 바삭대는 아주 차가운 물 속에 몇 개의 작은 항아리를 조심스럽게 담갔다가 들어 올려서, 뚜껑을 나사로 고정시킨 후, 흙투성이의 둑으로 돌아갔다. 그리고 귀가해서 강에서 가져온 모든 것을 가족 냉장고에 보관하였다. 그 다음 월요일, 그의 아버지는 물 샘플을 대학 캠퍼스의 가파른 언덕들에서 솟아오른 큰 콘크리트 탑의 꼭대기 층에 자리잡고 있는 그의 미생물학 실험실로 가져갔다. 원심분리기에서 샘플을 돌려 흙이나 초목의 덩어리를 제거한 다음, 바이러스보다 더 큰 것을 제거하기 위해 점점 더 작은 필터들로 통과시켰다. 그는 여과된 물을 다른 종류의 박테리아로 덮인 다양한 페트리 접시 위에 부어 하룻밤 동안 배양하도록 했다. 만약 아침에 접시 위의 균일한 박테리아 잔디에 반점이나 구멍이 있다면, 템퍼턴은 아들이 어느 특정한 박테리아 품종을 감염시키고 죽일 수 있는 바이러스를 발견했음을 알 수 있을 것이다.

원래 생물 정보학자였고, 그 후 해양 미생물학자였던 템퍼턴의 관심은 서서히 파지와 항생제 내성에 대항하는 그들의 잠재적인 역할로 향했다. 전 세계 병원에 혼란을 야기하는 가장 흔한 약물 내성 박테리아를 죽일 수 있는 바이러스를 찾고자, 그는 일반 시민들, 심지어 10살짜리 아이들도 자기들이 사는 지역의 환경에서 파지를 찾는 걸 도와줄 수 있도록 모색하고 있었다.

그 다음 날, 한 무더기의 접시들을 검사하던 중, 그는 아들이 채취한 샘플 중 하나에 정말로 플라크가 있는 것을 발견했다. 그 플라크들은 신문이나 긴급 보도 방송들에 헤드라인 뉴스로서 뿌려지는 붉고 삐죽삐죽한 잉크 방울 같은 것과는 다른 류였고, 동네 시냇물에서 물결을 타고 깐닥거리며 나오는 착한 바이러스를 그와 그의 아들은 발견한 것이었다. 그리고 아이작이 발견한 바이러스는 특히 '카바페넴 내성(carbapenem-resistant) *Acinetobacter baumannii*', 즉 'CRAB' 이라는 박테리아를 찾아 파괴하도록 진화해 온 것이었다. 이 박테리아는, 세계보건기구에 의해, 지구상에서 내성 박테리아로 가장 우려되는 것 1위로 등재되어 있다.

영국 보건경제국의 2017년 연구에 따르면, 새로운 항생제를 개발하는데 드는 비용이 약 15억 달러가 될 것으로 추산되었다.[89] 게다가, 이 항생제의 효능과 안전성이 임상시험에서 검증되기 전에, 이 연구를 모색하는 단계들만 해도 평균 4년에서 5년이 걸릴 수 있으며, 그 약이 시험되고 시판되기까지 다시 5년이 걸릴 수도 있다.

데본에서는 이 열 살짜리 소년이 겨우 유리병 하나 정도만 사용하여 세계에서 가장 위험한 박테리아를 게걸스럽게 죽이는 놈을 찾아냈다. 게다가, 우리가 매일 음식과 음료 그리고 다른 일상 활동들에서 수십억 개의 바이러스를 섭취하고 있기에, 이 바이러스들은 미국 FDA와 같은 규제 당국에 의해 일반적으로 무독성으로 간주된다. 하지만 이러한 잠재적으로 강력한 파지들을 임상에 사용하려면 여전히 복잡한 과정을 거쳐야 한다.

템퍼턴은 의학에서 파지를 사용한다는 발상이 영국에서는 아직도 너무나 생소한 일이어서, 그와 그의 동료들은 가능한 한 많은 바이러스를 계속해서 찾아내고 수집하는 것 외에 어디서부터 시작해야 할지 잘 몰랐다고 인정한다. 그가 아들과 함께 데본 시골에서 파지를 사냥하는 여정은 '시민 파지 도서관'이라는 프로젝트로 성장하였는데, 이 프로젝트는 학생들과 대중들에게 밖에 나가 그들이 사는 지역 환경에서 파지를 찾을 수 있도록 요청하는 것이다. 간단한 키트로 물 샘플을 모은 후, 시민 파지 사냥꾼들은 프로젝트의 웹사이트에 각각의 날짜와 지리적 위치를 기록하고 그것들을 엑세터에 있는 템퍼튼의 실험실에 보내 처리하게만 하면 된다.[90] 그 샘플들은 현재 인간의 건강에 가장 큰 위험을 제기하고 있는 내성 박테리아 패널과 대조하여 선별된다. 일단 템퍼튼의 실험실이 물 샘플에서 파지가 발견되었다는 것을 확인하면, 그 파지를 보낸 사람은 그들의 파지(또는 파지들)의 이름을 짓고 그것의 전자 현미경 이미지를 받게 된다. 그들은 이미 이런 방식으로 잠재적으로 매우 중요한 수백 개의 파지들을 발견했다.

엄격히 보면, 각 파지를 분리하고 처리하는 비용은 많지 않으며 - 일 이백 파운드 정도 - 몇 주밖에 걸리지 않는다. 지역적으로 또는 전국적으로 유용하게 사용될 수 있는 파지 은행을 축적하는 것뿐만 아니라, 템퍼튼의 더 넓은 목표는 자원이 제한된 국가에서 복제될 수 있는 오픈 소스 및 저가의 파지 라이브러리를 위한 템플릿을 만드는 것이다. 그것은 윈-윈(win-win)이다: 지역 사람들은 파지의 중요성에 대해 배우고 과학 분야에 자신만의 작은 기여를 하면서 뿌듯함을 느낄 수 있고, 지역 과학자들은 그들의 성장하는 파지 은행에 추가할 잠재적으로 유용한 바이러스의 꾸준한 공급을 얻는다. 또는 적어도 이론상으로는 그렇다.

나는 열렬히 시민 파지 도서관에 참여하고 바이러스를 찾는 자원봉사를 하면서, 지구상에서 가장 풍부한 생물학적 실체가 놀랍게도 찾기 힘들다는 것을 알게 된다.

나는 아홉 개의 꽤 더러운 물이 담긴 항아리를 가지고 벤 템퍼턴의 연구실에 도착한다. 방문에 앞선 준비 과정으로 나는 샘플을 모으기 위한 작은 유리병들 한 팩을 연구실로부터 배달받았고, 괴상하고 더러운 다양한 장소에서 물을 퍼오는데 일주일을 보냈다.

나는 내가 추출한 더러운 장소들이 바이러스 생명체로 가득 차 있을 것이라고 확신한다. 특히 런던의 킹스 크로스 역 뒤에 있는 탁한 수로와 몇 달 동안 내 정원에 방치된 고양이 그릇의 녹색 감도는 고인 물.

내가 템퍼턴의 연구실을 둘러보고 소개받았을 때, 그와 그의 동료들은 지역 학생들에 의해 최근에 새로운 파지들을 50여 종이나 발견한 대풍작으로 고무되어 계속 시끄럽게 떠들고 있었다. 그의 박사과정 학생들 중 한 명은 '치킨 콜렉티브'로 알려진 지역 양계장에서 특히 더럽게 보이는 시료를 처리하고 있다. 계속되는 웨스트 컨트리의 비가 갑자기 우레와 같은 폭우로 쏟아지면, 연구실 기술자 중 한 명이 뛰쳐나와 밖의 도로를 가로질러 흐르는 진흙투성이의 지류들을 시료로 채취한다. 파지 발견물은 채취하는 모든 곳에 있다는 느낌이 든다.

파지를 '분리'하는 과정, 즉 바이러스가 숙주 박테리아 평판 위에서 파괴하고 복제되는 것을 관찰하고 바이러스를 밝히고 포획하는 과정은, 현 시대에선 유리가 아닌 겁나게 엄청난 양*의 1회용 플라스틱을 사용하지만, 100년도 더 된 옛날인 1910년대에 개발된 드허렐르의 방법과 사실상 바뀐 게 없다. 이 방법의 간단함은 개발도상국의 파지 과학의 전망을 의식하면 참으로 기분 좋은 일이다 - 정말로 누구나 가장 기본적인 미생물 공급품으로도 이를 해 낼 수 있다.

★ 내가 '겁나게 많다'고 하는 의도는 - 과학계는 일회용 플라스틱 남용이 문제가 된다고 들어 왔지만, 실제로 내가 해 보니 피펫 팁들, 주사기들, 마개를 비틀어 여는 시험관들, 그리고 다른 두꺼운 일회용 플라스틱 제품들을 얼마나 많이 일회 사용 직후 버려왔는지 그 양을 따져보면 맘이 참 안좋다는 것이다. - 이 모든 제품들은 하나하나 플라스틱 포장되어 온다.

오늘은, 간단히 말해, 내 샘플에 대장균에서 자라는 파지가 들어 있는지 확인하고자 테스트하고 있다. 널리 퍼져있는 달콤한 치즈 향의 박테리아 배지의 냄새는 나를 학사 학위 시절로 돌아가게 하는데(저자는 생물학과를 졸업했다. - 역자 주), 너무 오랜 옛날이라 지금은 굳이 이런 테스트 작업을 하지 않아도 되었겠지만, 일단 해 보니 나는 미생물학이란 능숙함이 요구되는 일이라는 것을 곧 깨닫게 된다. 가까이에 있는 다양한 용기들이 각각 무엇인지 파악하는 것뿐만 아니라 - 내 물 샘플, 완충액, 박테리아 육수, 그리고 순수한 물 모두 사실상 똑같아 보이긴 하지만 - 살균되지 않은 표면에 내 신체 부위가 닿아서 샘플과 장비를 오염시키는 것을 끊임없이 피해야 한다. 이 물리적인 능숙함과 집중력의 쉽지 않은 조화는 '무균 기술'로 알려져 있다: 항아리 뚜껑은 일 초라도 멸균 벤치에 놓을 수 없으므로, 한 손으로 피펫을 잡고 액체를 빨아들이는 동안 나머지 한 손으로는 항아리를 잡고 열어야 한다. 모든 샘플마다 신선한 장비를 사용해야 하며, 플라스틱 포장지에서 풀면 아무것도 만지지 않고 바로 사용해야 한다.

일회용 플라스틱의 편리함 없이 이렇게 일한다는 생각은 내 머리를 혼란스럽게 만들지만, 드허렐르는 그를 비롯한 옛날의 미생물학자들이 그랬던 것처럼 특정한 일을 할 때 유리 플라스크를 자유자재로 다룰 수 있었던 진짜 실험의 달인이었다. 나야 뭐 이 초현대적인 연구실에서는 상대적으로 구식의 느낌을 주는 분젠 버너의 깜빡이는 불꽃 옆에서 반쯤 살균된 공기의 후광을 받으며 일하고 있다.

내 샘플들은 먼지와 박테리아 입자들을 제거하기 위해 원심분리되고 여과된다. 우리가 기다리는 동안, 나는 자외선으로부터 파지를 보호하는 데 도움이 되는 짙은 오렌지색 호박 유리병 여러 개에 라벨을 붙였다. 아이러니하게도, 연구실의 유일한 작가로서, 동일한 많은 병들에 작은 글씨로 핵심 정보를 끄적대는 것은 나에게는 거의 무리한 일이다. 나는 곧 절망적일 정도로 혼란스러워져 어떤 면에선 대학 시절의 유사한 안 좋은 기억이 생생하게 되살아난다.

나의 원심 분리되고 여과된 각각의 물 샘플은 건강하고 행복하게 살고 있는 대장균 박테리아 용액과 섞이고 사각형 플라스틱 접시 위의 영양 젤에 조심스럽게 부어진다. 이것은 흐릿한 박테리아 층으로 자랄 것이고, 대장균에 대해 활성화된 파지가 존재한다면 24시간 이내에 각각 파지 감염과 박테리아가 죽었음을 알려주는 흐릿한 구멍이나 플라크가 나올 것이다.

내 접시 더미는 테이프로 붙여져 있고, 실험실의 다른 수십 개와 함께 섭씨 37도에서 하룻밤 동안 배양할 수 있도록 놓여 있다. 나는 접시 위 어딘가에 미세한 수준으로 모든 지옥이 폭발하기를 바라면서, 내일 해변에 있는 침대에서 아침 식사를 하려는 계획 하에 오늘 하루 일과를 마치고 떠난다.

일반적으로, 파지들은 보관된 환경이 그들이 자연적으로 서식하는 곳과 적대적이지 않거나 현저하게 다르지 않다면 꽤 안정적으로 유지되기에, 연구자들은 파지들의 농도나 활동이 저하되지 않게 40년 이상 냉장고에 보관하는 것으로 알려져 있다. 그러나, 파지들은 플라스틱에 달라붙는 경향이 있고, 차갑게 보관하지 않으면 시간이 지남에 따라 분해될 수 있다. 그것들은 자외선에서 분해되거나, 마모되거나 또는 화학 물질에 노출되어 손상될 수도 있다. 나는 런던에서 샘플링을 하며 보낸 한가했던 하루가 걱정되기 시작한다. 데본까지 가는 장시간의 차 운전과 등에 맨 가방에 물 화분들을 넣고 한가로이 다녔던 시간들. 내가 내 작은 파지들을 제대로 돌보긴 했나?

다음 날, 템퍼턴은 나쁜 소식을 전하는 의사처럼 저자세로 나를 맞이한다. '분명한 플라크를 얻은 것 같지는 않아요,' 라고 그가 말하는데, 이는 내가 너무시무룩해 할까 봐 그러는 것이었다. '하지만 우리는 조명 아래에서 더 자세히 볼 거예요.' 우리는 사각형의 플라스틱 접시들을 가장 희미한 플라크도 강조해 보여 줄 밝은 LED 불빛 앞에서 각각 들고 있다. 각각의 접시는 완벽하게 균일하게 우윳빛을 띠고 있는데, 단지 행복하게 자라는 대장균일 뿐.

마지막 것에 있는 무언가가 템퍼턴의 눈을 사로잡는다. 작고, 원형이며, 속이 다 비치는…

거품이다.

우리 둘 다 몸을 기울여, 잘 보려고 눈을 찌푸리며 거품을 보고 있다.

어쩌면 내가 제대로 빨리 냉장고에 넣지 못했던 걸까? 어쩌면 데본까지 운전하며 내려오는 것이 내 파지들에게는 무리였을 수도? 아니면 내가 연구실 작업을 어쩌면 근본적으로 망쳐놓았을 수도? 누가 알겠는가? 어쩌면 나는 영국에서 대장균 파지가 전혀 없는 단 여섯 군데 장소를 딱 발견한 것인지도 모른다. 하지만 연구실 내의 내 주변은 들떠 있는 분위기다: '치킨 콜렉티브'의 협동조합들 중 한 곳에서 분리된 이 파지가 낭포성 섬유증 환자들로부터 분리된 광범위한 녹농균 균주를 죽이는 것으로 밝혀졌기 때문이다. 게다가 농부들은 생명을 구할 수도 있는 이 파지를 '카일리 미네그(KylieMinegg)'라고 부르기로 결정했는데, 모두들 이 파지가 아직은 최고의 걸작 이름 중 하나라는 데 동의하고 있다. 하지만 나는 처참한 기분이다. 내가 직접 부를 수 있는 파지에 대한 내 탐색은 계속되고 있다. (KylieMinegg라는 이름은 눈치 채신 분들이 많겠지만, 호주 출신의 댄스 팝 가수 Kylie Minogue를 패러디한 이름이다. 닭과 관계가 있기에 -ogue를

-egg로 바꾼 말 장난. 우리나라로 따지자면 김완선 씨로 비유하면 되겠다. – 역자 주)

엑서터의 시민 파지 도서관은 학생들과 대중들이 새롭고 잠재적으로 유용한 파지들을 찾을 수 있게 도우며 전 세계적으로 탄력을 받고 있는 여러 '파지 사냥' 프로젝트들 중 하나다. 가장 큰 것은 아마도 피츠버그 대학의 파지 전문가인 그레이엄 햇풀(Graham Hatfull) 교수가 고안한 SEA-PHAGES 프로그램[91]일 것이다. 이 프로그램을 통해, 전 세계 170개 이상의 대학에서 5,500명 이상의 학생들에게 그들 자신의 파지를 찾고, 격리하고, 배열하고, 이름을 짓는 방법을 보여주었다. 이 프로그램은 20,000개의 파지를 세계의 개방형 바이러스 데이터베이스에 추가하는 데 도움을 주었는데, 이들 중 절반 이상은 치명적인 질병인 결핵(TB)의 배후에 있는 박테리아 그룹인 햇풀의 특별한 관심사인 마이코박테리움과 나병을 포함한 다른 끔찍한 감염들과 관련이 있다.

다시 말하지만, 이 프로그램은 관련된 모든 사람들에게 윈-윈이다: 햇풀은 세계의 여러 구석구석에 있는 마이코박테리움 파지의 다양성과 풍부함에 대해 더 많이 알게 된다; 다양한 배경을 가진 어린 학생들은 실제 실험실 일을 해보고, 보통은 대부분 과학자들이 커리어를 오래 쌓아야 경험하는 과학적 발견의 짜릿함을 이른 나이에 경험하게 된다. 그리고 이 프로젝트 전체는 가장 일상적인 장소에서 찾아낼 수 있는 놀라운 바이러스에 대한 흥미와 관심을 함양시켜준다.

"흙과 퇴비가 마이코박테리움 파지를 분리하는 데 가장 성공적일 것 같은 장소이지만, 저는 학생들이 아마 상상할 수 있는 거의 모든 곳을 찾아봤을 거라고 생각합니다."라고 햇풀은 피츠버그에 있는 커다란 책이 줄지어 꽂혀있는 연구실에서 내게 말한다. "학생들은 꽤 창의적일 수 있어요. 그들은 눈과 호수, 그리고 시궁창에서 나온 쓰레기들과 그 밖의 모든 종류의 장소들을 살펴보았지요."

남아프리카 공화국의 대학생 릴리 홀스트(Lilli Holst)가 부모님이 포도나무 아래쪽에 쌓아놓은 썩어가는 퇴비 더미에서 '머디'라는 파지를 찾도록 해준 것이 바로 SEA-PHAGES 프로그램이다. 독자가 기억하신다면, '머디'는 두 번의 폐 이식 수술을 받은 후, 17세 영국 소녀의 몸 전체에 퍼졌던 심각한 내성 마이코박테리움 감염의 실험적 치료에 사용된 세 가지 파지 중 하나가 되었다. 햇풀은 환자의 어머니로부터 연락을 받아, 자신이 수집한 수천 개의 파지들로부터 이 어린 소녀의 특정한 박테리아 균주에 궁합이 맞는 파지를 선별하는 작업을 시작하였다. 단지 세 개의 파지만이 이 균주를 감염시켰는데, 그 중에는 거의 10년 전에 더반에서 발견된 파지인 '머디'도 포함되어 있었다. ZoeJ라고 불리는 또 다른 파지는 로드 아일랜드의 이스트 코스트에 있는 프로비던스 대학의 과학 실험실 밖 흙에서 학생에 의해 발견되었고, BPs라고 불리는 세 번째 파지는 피츠버그 대학의 학부생에 의해 발견되었다. ZoeJ가 유전적으로 더 강력하게 변형된 후 - 그것은 박테리아를 터뜨리기 보다는 박테리아 내부에 잠복하는 경향이 있었다 - 세 개의 파지는 대서양을 가로질러 런던의 그레이트 오몬드 가 병원(Great Ormond Street Hospital)으로 보내졌다.

현재 통신회사에 근무하는 홀스트씨는 "10년 후에 정말 특이한 박테리아 품종에 이 파지가 사용되었다는 소식을 들으니 정말 신기할 따름이었습니다"라 말한다. "흥미롭고 신기하네요. 부모님은 자신들이 만든 퇴비 더미에서 이게 나온 것을 매우 자랑스러워하십니다."

이제 햇풀은 머디를 '아마도 내가 치료용으로 사용하기 가장 좋아하는 파지'라 표현한다. 더반에 있는 썩은 가지에서 나온 바이러스는 그 이후로 십여 차례에 걸쳐 응급 파지 치료 사례에 배치되었으며, 이 중에는 면역력이 심각하게 손상되는 바람에 끔찍한 내성 균주인 *Mycobacterium chelonae*에 의해 팔이 부분적으로 녹아버린 환자도 포함되어 있다.[92]

모든 학생들이 홀스트처럼 머디 같은 파지를 발견할 만큼 운이 좋은 것은 아니다. 사냥꾼들이 발견한 대부분의 파지들은 단순히 냉장고에 보관되어 연구자들이 공유하며 점점 더 확장되고 있는 개방형 디지털 바이러스 데이터베이스에 추가될 것이다. 이 파지들과 그들의 유전체는 서로 다른 바이러스들과 숙주들 사이의 관계를 분석하는데 사용될 수 있어, 그들이 어떻게 상호작용하고 어떤 유전자가 무엇을 하는지를 우리가 더 잘 이해하도록 도움을 준다. "학생들은 자신들이 무엇을 얻게 될지 알지 못합니다."고 햇풀은 말한다. "학생들은 자신들이 발견한 것이 유용한지 아닌지를 알지 못합니다. 하지만 가능성은 거기에 있습니다. 그리고 단지 가능성만으로도 학생들에게 어느 정도의 몰입도와 흥미를 더해줍니다. 여러분이 발견한 특정 파지가 치료적으로 사용되지 않더라도, 여러분은 매우 큰 벽에 작지만 중요한 벽돌 하나를 추가한 것입니다."

전문가들과 아마추어들 모두가 매일 새로운 파지를 발견하고 있고, 범유전체학(metagenomic) 표본 추출을 통해 수천 종의 새로운 종들이 한꺼번에 발견됨에 따라, 바이러스 분류법이라고 알려진 이 모든 바이러스들을 분류하고 구분 짓는 중요한 일은 당연히 어려워졌다. 그들이 유전자를 교환하고 매우 빠르게 진화하는 성향을 감안할 때, '종', '유형', '집단'과 같은 고전적인 생물학 개념이 심지어 이러한 생명체에도 적용되는지에 대한 논의가 있었다. 그들은 아마도 특정한 조합들에서 순식간에 나타나는 역동적이고 끊임없이 변화하는 기생체 유전자 집단으로 생각되는 것이 더 나을 것이다. 그러나 이렇게 빠르게 진화하고 극도로 다양한 유기체에서도 분류 체계는 중요하다. 분류법은 연구자들이 바이러스를 설명하고 비교하고 연구할 수 있는 언어를 공유할 수 있도록 도와준다.

벨기에의 바이러스학자 에벨리엔 아드리아엔센스(Evelien Adriaenssens) 박사는 내게 이메일을 통해 자신을 '파지 분류법이 더 이상 설명하기 어려워지게 된 데에 부분적인 책임이 있는 사람'이라고 소개하고, 뒤이어 윙크하는 이모티콘을 보내며 자기는 단지 언변이 좋은 사람일 뿐이라고 시사했다. 하지만 그녀는 말만 잘하는 것이 아니라 정말로 그런 분류를 하는 사람이 맞다. 2020년부터 그녀는 세계적인 바이러스 분류 위원회인 국제 바이러스 분류 위원회(the International Committee on Taxonomy of Viruses; ICTV)의 박테리아 바이러스 소위원회(the Bacterial Viruses Subcommittee)의 위원장을 맡고 있는데, 이 위원회는 바이러스의 이름을 짓고 종, 그룹, 과로 분류하는 일을 맡고 있다.

아드리아엔센스는 남아프리카의 나미브 사막에서 온 바이러스들을 연구하던 중, 파지들을 분류하고 명명하는 시스템이 목적에 적합하지 않다는 것을 깨달았다. 이 사막은 2,000 km 이상 뻗어 있으며, 이곳의 바위와 모래흙은 5천만년이 넘는 기간 동안 비가 규칙적으로 내리지 않고 태양에 의해 달구어지고 있는, 세계에서 가장 오래된 사막이다. 대서양에서 이곳을 가로질러 흘러오는 습기의 조각들은, 이 사막이 공식적으로 지구에서 가장 건조한 곳인 남아메리카의 아타카마 사막만큼 건조하지는 않지만, 사람들이 살기 힘든 곳이라는 것을 의미한다: 사막의 이름은, 대략 현지의 나마 언어로 하면 '아무것도 없는 지역'으로 번역된다. 하지만, 이곳은 아주 적은 양의 수분만으로도 놀랍도록 다양한 생명체를 먹여 살리고 있다. 가장 흥미로운 것은 바위 밑 공동체(hypo-liths)로, 유리질로 된 작은 돌과 바위의 밑면에 형성된 녹색 생명체의 작은 공동체다. 이 광물들은 빛을 충분히 통과시켜 작은 층으로 된 광합성 미생물이 아래에 존재할 수 있도록 하고, 혹독한 바람과 자외선으로부터 보호하며, 이곳에 갇힐 수도 있는 아주 적은 양의 물을 사용한다.

비록 이러한 강인한 미생물들이 광범위하게 연구되어 왔지만, 아드리아엔센스가 과학적 목적의 모험을 추구하러 박사후 과정 학생으로 나미브에 오기 전까지, 그 누구도 그 미생물들 중 바이러스를 찾아볼 생각을 해보지 못했다. 그녀가 유리질로 된 뜨거운 암석들 중 일부를 가져가 남아프리카의 프레토리아 대학에서 분석을 한 결과 수십 종의 다른 파지들을 발견했고, 근처의 개방되고 달궈진 토양에서 더 많은 파지들을 발견했다. 그녀는 이곳에 있는 파지들의 대부분이 숙주 안에 들어가 평화롭게 박테리아의 유전체에 통합되어 있으며, 때로는 수년 동안 지속된다고 믿고 있다. 마침내 비가 오면, 이 작은 생태계들에 새로운 생명과 성장으로 활기를 불어넣으면서 파지들은 더욱 격렬한 용해 전략으로 전환되어, 갑자기 증식하고 숙주를 터뜨리고 나와 새로운 숙주를 찾기 위해 담금질 된 토양으로 흘러 들어간다.

아드리아엔센스가 사막에 어떤 종류의 파지가 존재하는지 분석하러 갔을 때, 그녀는 자신의 시료에 들어있는 거의 모든 바이러스들이 분류 체계에 없거나 과학계에 알려진 것들이 아님을 알아차렸다. '그때 저는 정말로 해야 할 일이 많다는 것을 깨달았죠. 거기에 실제로 무엇이 있는지 설명할 수 있는 단어와 용어가 없다면, 우리가 어떻게 토양이나 당신의 내장에서 무슨 일이 일어나고 있는지를 이해할 수 있을까요?'

범유전체학(metagenomics) 같은 DNA 기반 기술의 발명으로 과학자들이 한 번에 수만 개의 바이러스를 '발견'하고 DNA 염기서열을 비교할 수 있게 되기 직전 시대에, 파지들은 현미경으로 보이는 시각적 외모의 유사성이나 차이점을 가지고 분류되었다. 파지 분류학의 대부인 한스 액커만(Hans Ackermann)은 현존하는 가장 큰 박테리오파지 컬렉션일 수도 있는 것*을 모아 파지 및 다른 바이러스들의 모양과 크기, 특징들을 기술한 230편이 넘는 논문과 5권의 책을 출판했고, 직접 거의 2,000개에 달하는 다른 파지들을 조사했다고 추정했다.

그는 2012년 자신의 과학 경력 회고록에 이렇게 쓰고 있다. "저는 우표, 파지, 공항 경유지 목록을 수집하는 걸 좋아합니다. 1,700개에서 1,800개 이상의 박테리오파지를 조사했고 전자 현미경에서 박테리오파지를 가장 많이 본 사람이 되고 싶습니다." 그가 열정을 가지고 몰두하는 또 다른 대상은 아이티의 부두교 좀비였다.

파지 영웅들이 역사의 뒤안길로 퇴장했을 때쯤 해서, 액커만은 빌린 여권을 사용하여 동독을 탈출해서(이때가 1961년이었다. - 역자 주) 프랑스 파스퇴르 연구소로 가 경력을 쌓은 후 캐나다 퀘벡에 정착하였다. 그는 전자 현미경에 대한 비범한 기술로 유명해졌고, 그의 동료 중 한 명이 나에게 말했듯이, 다른 사람들의 촬영 이미지 품질에 대해 '매우, 지나치게 화를 내는' 것으로 유명해

★ 그 컬렉션은 현재 라발 대학교의 펠릭스 드허렐르 박테리아 바이러스 참고 센터를 통해 구할 수 있다.

졌다. 그는 각각의 파지를 수만 또는 수십만 배로 확대하여, 그들의 미세한 구조(밑판의 모양, 꼬리에 난 줄무늬의 수, 작은 꼬리 섬유의 구성)를 아주 자세히 묘사하면서 비슷한 특성을 가진 파지들을 그룹지었다. 액커만이 물리적 구조와 외모에 따라 파지를 분류한 것은 수십 년 동안 미생물학자들에 의해 사용되었다. 그는 심지어 자신의 이름을 딴 바이러스 그룹인 액커만 비리디 과(Ackermannviridae)가 명명되는 명예도 안았다.

하지만 2000년대 초반, 포레스트 로워나 마이아 브릿바트와 같은 바이러스학자들은 한 번에 수천 개의 바이러스를 포함하고 있는 샘플을 수집하고, 파지들의 유전자 염기서열이 얼마나 다르거나 유사한 지를 탐구하는 새로운 접근법을 취하기 시작했다. 유전자 염기서열을 읽는 것이 더 쉬워지고, 비용이 저렴해졌으며, 지구상의 생명체를 파악하기에 믿을만한 기술이 되면서, 바이러스학자들은 액커만이 고안한 분류들이 이러한 파지들의 진정한 진화적 관계를 정확하게 반영하지 못한다는 사실을 깨닫기 시작했다. 겉보기에 비슷해 보이는 일부 파지들은 근본적으로 다른 유전자를 가지고 있었고, 외모가 상당히 달라 보이는 일부 파지들은 보유하고 있는 유전자 측면에서 놀라울 정도로 밀접한 관련이 있는 것으로 밝혀졌다.[*] 따라서 액커만이 수천 시간의 전자현미경 연구를 통해 개발한 시스템은 완전히 재고되어야 할 운명이 된다. 그리하여 아드리아엔센스와 전 세계에서 온 공동 연구자들은 수년 동안 유전자에 기반을 둔 분류를 선호하여 형태에 기반을 둔 구식 파지 그룹 분류 체계를 해체하는

---

[*] 우리의 외모만을 기준으로 인간들을 여러 광범위한 '인종'으로 체계화하는 방법을 연상해 보면, 이는 전 세계 다른 사람들의 다양성과 유전적 관련성을 이해하는 측면에서는 실제로 전혀 도움이 되지 않음을 알 수 있다.

길고도 어려운 과정들을 수행해 오고 있다.

아드리아엔센스는 불같은 액커만을 딱 한 번 만났는데, 그는 자신의 인생을 바꿀 계획들이 구체화되기 시작할 즈음 병을 앓고 있었다. 그녀는 그가 사랑하는 파지들을 분류하는 시스템을 바꾸려는 노력에 대해 '비판적이지만 그래도 지지하는' 인물로 그를 묘사하고 있다. "그리고 그는 거리낌 없이 비판했죠."라고 아드리아엔센스는 말한다. "가끔 저는 그에게 전자 현미경 사진을 보내곤 했는데, 그는 '그건 쓰레기이고 그것을 촬영한 놈이 누구든 총을 맞아야 해.'라 말하곤 했어요."

2021년까지 아드리아엔센스와 나머지 박테리아 바이러스 소위원회가 여러 그룹의 파지를 포함하여 파지의 유전적 관련성에 기초한 새로운 집단에 대한 제안서를 발표했을 때,[93] 일종의 해피 엔딩이 있었다. 새로 확인된 유전적으로 유사한 파지 집단들 중 하나는, 시각적으로 유사한 구식 집단들 중 하나와 상당히 잘 일치하는 것 같았고, 따라서 대체로 개정 없이 유지될 수 있었다. 그것은 바로 액커만 비리디 과(Ackermannviridae)였다. "이 경우, 한스는 실제로 단지 전자 현미경 사진만으로 유전적으로 관련된 계열을 정확하게 정의 내린 셈입니다." 라고 아드리아엔센스는 말한다.

수천 개, 어쩌면 수백만 개의 파지들을 여러 분야의 모든 사람들이 동의하는 논리적이고 의미 있는 그룹으로 분류하는 어려움을 굳이 하지 않고서도, 점점 더 많은 사람들이 자신의 파지를 찾아서 이름을 짓는 짜릿함을 즐기고 있다. 서로 95% 이상 유사한 DNA 서열을 가진 파지들은 같은 종으로 분류되며, 종의 이름을 짓는 것은 여전히 박테리오파지 분과위원회의 일이다. 하지만 개별 파지들에게 이름을 지어주는 것, 즉 독특한 DNA 서열을 가진 특정 위치에서 발견된 파지는 훨씬 더 무정부적이고 재미있다. 그리고 그것은 전혀 과학적이거나 진지하지 않다.

예를 들어, 파지 데이터베이스(PhagesDB.org)에서 파지의 이름을 짓는 첫 번째 규칙은 '니콜라스 케이지의 이름을 따서 당신의 파지 이름을 짓지 마시오' 이다. 너무 많은 이들이 할리우드의 전설적 배우들 이름을 기반으로 해서 각 운이 맞는 말장난으로 만든 장난스러운 이름들 말이다. 이 규정은 계속해서 파 지 사냥꾼들에게 충고하기를 '자식이나 반려 동물의 이름을 고를 때와 비슷하 게 파지의 이름을 고를 것'과 '정치적이거나 논란이 있거나 폭력적인 이름은 멀 리할 것'이라 충고한다. 그리고 그게 다이다.

그래서 이제 세상에는 온갖 종류의 재미있는 이름들이 등장하고 있으 며, 이런 이름들은 지구상에 존재하는 파지들의 다양성뿐만 아니라, 사람들 이 그러한 이름들을 발견하는 다양성을 반영하고 있는데, 예를 들어 분별 있 고 질서정연한 것에서부터 이상하고 엉뚱한 것들에 이르기까지, 유아와 어 린이에 이르기까지 다양하다.[94] 박테리오파지 박사후 과정 학생인 프랭크 산 토리엘로(Frank Santoriello)가 트위터에 밝힌 바와 같이, '박테리오파지는 phiKF892-1 같은 것으로 명명되거나, 키드니빈(KidneyBean; 강낭콩) 같은 것으로 명명됩니다. 중간 지대는 존재하지 않습니다.'[95]

학생들과 시민들이 주도하는 파지 사냥이 늘어나면서, 우리는 정원 바닥이 나 진흙투성이의 개울 같이 도저히 파지가 나올 것 같지 않거나 너무나 평범 한 장소에서 우리 생명을 구해줄 바이러스를 발견하는 놀라운 이야기들을 기 대할 수 있게 되었다. 잼 항아리와 스마트폰 정도로만 무장한 사람들에 의해 발견되기를 기다리고 있는 문자 그대로 수조 가지의 강력한 항균제들이 있다 는 것을 생각하면 정말 흥분된다. 그리고 앞으로 있을 항생제 치료법과 심각한 임상 시험 보고서들이 '프랭켄위니', '원디렉션', '김종필'과 같은 이름을 가진 바이러스들에 집중되어 있을 수도 있다는 것을 생각하면 얼마나 멋진 일인가. 아니면 내가 가장 좋아하는 파지로, 십대들에 의해 발견된, 의심할 여지 없이 '무엇이든(Whatever)'이라는 파지라던가.

(프랑켄위니는 팀 버튼 감독의 애니메이션으로 주인공이 죽은 애견을 되살리고 나서 벌어진 소동을 그린 작품; 원디렉션은 영국과 아일랜드인으로 구성된 4인조 보이 밴드; 그리고 '김종필'은 독자 분들이 알고 있는 그 분이 아니다. 공식 명칭은 *Streptomyces phage Kim-JongPhil*인데, 2020년에 미국 볼티모어 매릴랜드 대학의 필립 롱이 발견하고 명명했다. 그런데, 약간의 장난기가 작동했는지 뜬금 없이 북한의 김정일 이름을 따서 명명하면서 끝에 자기 이름 '필'을 붙여 '김종 + 필'로 지었다고 밝혔다. 그러니까 정확한 발음은 '김정필'로 해 줘야 할 것이다. 출처는 https://phagesdb.org/phages/KimJongPhill/ 그냥 웃어 넘기시면 된다. - 역자 주)

THE GOOD

제 5 부

미래의 파지

VIRUS

THE AMAZING STORY AND FORGOTTEN PROMISE OF THE PHAGE

16

파지 치료법
버전 2.0

100년에 걸친 최정점과 바닥을 겪고 난 현재, 파지의 힘과 잠재력에 대해 다시 한번 흥분이 감돌고 있다. 파지 연구에만 초점을 맞춘 새로운 학술지들과 과학 학술대회들이 등장하고 있다. 기초 연구에 대해서는 블록버스터급 연구 지원금들이 주어지고 있다. 앞으로 몇 년 동안 그 결과를 보고할 예정인 파지 요법의 획기적인 임상 시험들이 마침내 진행되고 있으며, 매주 성공적인 실험적 치료들에 대한 소식이 새로운 헤드라인을 장식하고 있는 것으로 보인다. 세계 파지 치료 시장은 현재 10억 달러 이상의 가치가 있는 것으로 추정되고 있으며, 한때 괴짜들과 빨갱이들을 위한 아이디어로 조롱 당했던 파지 기반의 의학은 갑자기 많은 다양한 접근법들이 탐구되고, 수십 개의 회사들이 등장하며, 공공 및 민간 소스들로부터 돈이 쏟아져 들어오는 등, 상당히 경쟁이 치열한 공간처럼 보이고 있다.

그러나 그러한 치료법이 과연 저렴하고 널리 이용될 수 있는지에 대해서는 여전히 대답하기 어려운 상태다.

1930년대로 돌아가 보자. 복잡한 행정과 사회 기반 시설이 필요하고, 수익성있는 제품을 반드시 창출하는 것도 아닌 파지 요법이 이윤을 추구하는 회사들이나 빠른 해결책을 찾는 의료 기관들에게는 얼마나 적합하지 못했는가를 펠릭스 드허렐르는 똑똑히 봤다. 오늘날도 여전히 똑같은 문제들이 지속되고 있다. 환자들의 품에 파지를 안겨주는 일은 여전히 너무 많은 실험 작업과, 너무 많은 즉흥 작업과, 너무 많은 추측 작업을 수반한다. 파지 요법을 상업화하는 일은 여전히 기술적, 안전적, 물류적, 규제적 과제들에 시달리고 있으며, 현재의 긴급 면제 제도와 소규모 실험 프로젝트들 하에서는, 소수의 내성 감염자들만 파지로 치료받게 될 것이다. 항생제가 무력해질 미래에 대한 공포는 지금 이미 현실로 번져 들고 있기에, 근본적인 새로운 접근 방법들이 필요하다.

고맙게도, 새로운 세대의 파지 혁신가들은 이제 과거의 교훈을 첨단 기술과 결합하여 이 100년 된 의학의 형태를 21세기로 끌고 가고 있다. 그들은 파지가 무엇이고 그것이 무엇을 할 수 있는지에 대한 가장 기본적인 생각들 중 일부에 의문을 제기하고 있다. 이것이 파지 치료법 버전 2.0이다.

예를 들어, 모든 환자들에게 적합한 파지를 찾기 위해 힘들고, 시간이 많이 걸리고, 때로는 대륙간에 걸친 탐색을 시작하는 대신에, 의사들이 기계를 이용해서 단순히 그 일에 필요한 정확한 파지를 병원이나 진료소에서 만들어낼 수 있다면 어떨까? 이러한 생각은 말처럼 터무니 없는 것은 아니다. 사실, 내가 글을 쓰는 동안에도 환자를 완전히 '합성'된 파지로 치료하는 최초의 집단이 되기 위한 경쟁은 계속되고 있다. 즉, 박테리아 세포 내부에서 복제되는 바이러스 물질이 아니라 화학물질이나 기계, 피펫으로부터 직접 만들어진 바이러스인 것이다.

그 집단들 중 하나는 브뤼셀에 있는 퀸 아스트리드 군사 병원의 연구원인 장 폴 피르네이(Jean-Paul Pirnay)가 이끈다. 지난 2020년, 피르네이는 과학 학술지 Frontiers in Microbiology에 '2035년의 파지 치료'라는 제목의 매우 창의적인 글 한 편을 게재하는 이례적인 행보를 취했는데, 이 글에서 그는 21세기 기술이 어떻게 파지 치료가 역사적 짐을 덜게 할 수 있는지에 대한 그의 첨단 기술 비전을 제시하였다.[1] 현재 수만 번 조회된 이 기사는 은퇴한 미생물학자 존 이베리안(John Iverian)의 가상 이야기를 따라가는데, 그는 앤트워프의 아파트에서 목욕을 하다가 벌레에 물린다. 이베리안은 이 벌레에 물린 상처가 살을 파먹는 위험한 박테리아에 감염된 것을 깨달은 후, '파지 빔(BEAM) 장치'라고 알려진 초현대적인 블랙박스를 꺼낸다. 이 장치에서 마르시아라고 불리는 홀로그램이 튀어나와 감염된 상처에서 샘플을 채취하는 과정을 안내해 주고, 그 박테리아의 DNA 염기 서열을 판독하고서 이를 죽일 수 있는 가장 좋은 파지를 결정한 다음, 그 파지를 그의 욕실에서 합성해 낸다.

엄청나게 미래지향적으로 들리지만, 파지 빔 장치에 있는 모든 과학 기술은 이미 존재한다 - 사람들의 욕실 찬장에 있는 편리한 블랙박스로 축소될 수 있는 형태는 아니지만. 샘플로부터 DNA를 추출하고 염기 서열을 판독하는 것은 이제 너무나 흔해서 정글 한가운데서도 배낭에 들어갈 수 있는 크기의 휴대용 키트로 수행할 수 있다. 몇몇 연구 그룹들은 며칠 또는 몇 주가 아닌 몇 분 안에 가능성 있는 일치물을 찾으면서, 오로지 DNA에 기초하여 어떤 파지가 어떤 숙주를 감염시킬지 예측할 수 있는 인공지능과 딥러닝 플랫폼을 개발했다.[2]

그리고 실험실에서 화학적으로 합성된 DNA로 만들어진 최초의 파지는 20년도 더 전에 만들어졌다.[3] 피르네이의 미래관에서 가장 그럴듯하지 않은 부분은 아마도 마르시아라고 불리는 홀로그램일 것이다.

피르네이는 연구 자금 제공자들이 자신의 첫 번째 제안을 거절하며 'SF'라 비꼬았던 2000년대 초반에 파지 치료에 착수하기 시작했다. 피르네이는 이 책을 읽는 독자가 상상하였을 듯한 박테리오파지 팬 픽션을 쓰는 인물 같은 외모를 하고 있다. 자주색 둥근 테의 안경, 거의 줄무늬로 보이게 섞인 검은색과 회색 수염, 비디오게임 캐릭터들과 버섯들 그리고 때로는 물론 바이러스들로 장식된 요란한 사이키델릭 셔츠 등 말이다. 피르네이의 집에는 그가 수술에 파지를 처음 사용하기 전 행운을 빌기 위해 멕시코의 한 예술가로부터 기증 받은 크고 밝은 색깔의 레타블로 - 봉헌 목적으로 그린 가톨릭 전통 성화 - 가 걸려 있다. 이 레타블로의 그림 내용을 보면, 엎어놓은 환자를 수술하는 외과의사들 중 한 명의 마음 속에서 파지들로 가득 찬 커다란 오렌지색의 생각 풍선이 머리 위로 떠오르고 있으며 수술용 등에는 동정녀 성모 마리아가 떠 있다.

그는 이 일을 의뢰받은 이후 100명이 넘는 환자들의 파지 치료를 도왔고, 그와 그의 동료들의 도움으로 환자들에게 맞게 만든 파지들은 미국에서 중국, 스코틀랜드, 튀니지에 이르기까지 12개국 35개 병원에서 사용됐다. 그는 벨기에에서 전쟁에서나 입을 만한 수준의 상처를 입은 군인과 민간인을 위한 파지 치료를 약 10년간 조율해 왔는데, 그 중에는 수많은 피부 이식을 받았으나 파편에 의한 상처가 가망 없는 수준으로 감염된 2016년 브뤼셀 공항 자살폭탄 테러로 인한 피해자와 감염된 총상을 입고 도착한 아프리카 정치인도 포함되어 있다. 피르네이는 벨기에 보건당국이 유럽 연합 전역에서 다른 의약품을 규제하는 방식과는 다르게 파지를 통제하도록 설득하는 데도 중요한 역할을 해왔으며, 전격적으로 벨기에를 흥미로운 파지 치료 증례, 임상 시험들 및 연구의 온상으로 만들고, 다른 나라에게 파지가 어떻게 규제될 수 있는지에 대한 모델로 만들었다.

그가 거둔 성공에도 불구하고, 현재 형태의 파지 치료로 무엇을 할 수 있고 무엇을 할 수 없는지에 대해 그는 현실적인 입장이다. 딱 맞는 파지를 매칭하기 위해 전 세계에 있는 실험실로 환자 검체를 보내는 현재의 과정은(일단 매치가 되면, 환자의 상태가 경각에 달려 있는 동안, 독성을 없애고 약제 수준으로 정제해야 한다) 의료계 주류 업무로 삼기에는 너무나 시간이 많이 걸리고 너무나 노동력이 많이 든다.

그는 "많은 사람들이 훌륭한 바이오 뱅크를 만들고, 산업 파트너들을 데려와 파지를 생산하는 것에 대해 이야기하고 있죠"라 말한다. '그러나 여러분은 여전히 병목현상을 겪게 될 걸요. 꼭 모든 사람들이 자신들의 파지를 공공 바이오 뱅크에 제공하는 것을 원하지는 않을 것이고, 산업 파트너들도 개인별로 각기 다르게 접근방식이 필요한 경우 각각에 일일이 비능률적으로 투자하도록 하는 것 또한 어려운 일입니다. 저는 당신이 원하거나 필요로 하는 파지라면 그 어떤 것이건 USB 스틱에 떡 하니 있는(파지 실물이 아니라 그 파지 유전자의 염기 서열이 적혀 있는. - 역자 주) 그런 접근 방식에 투자하고 싶습니다.'

합성 파지의 가능성은 분명하다. 단지, 디지털 DNA 염기서열로부터 언제, 어디에서 필요로 하는지 파악하고 제조될 뿐만 아니라, 당면한 정확한 요구사항들에 맞도록 설계될 수도 있다. 그것들은 지구 반대편에 이미 존재하는 것들과 동일하게 만들어지거나, 유용한 특성들의 혼합으로서 처음부터 직접 설계될 수 있다. 보통 우리가 거의 알지 못하는 수십 개의 유전자를 포함하는 자연적으로 발생하는 파지와는 대조적으로, 합성 바이러스는 박테리아를 죽일 수 있는 데 필요한 최소한의 유전자들로만 즉각 만들 수 있다. 각 파지 당 어떤 유전자들이 있는지, 그 유전자들은 정확히 무슨 작용을 하는지 명확하게 안다면, 이를 통해 이론적으로 파지들을 더 예측 가능하고 안전하게 사용할 수 있게 해줄 수 있으며, 결정적으로 치료제로서의 사용 허가도 더 쉬워진다.

박테리아의 방어를 무산시키도록 해 주는 유전자들, 또는 내성의 출현에 대항하도록 해 주는 유전자들, 즉 박테리아 세포 주위에서 자라고 보호하는 강력한 '바이오필름'들을 분해하도록 해 주는 것, 또는 박테리아가 내성이 생긴 항생제에 다시 잘 듣게 하도록 하는 유전자들 같이, 추가적인 특징들을 제공하는 유전자들로 파지를 채울 수도 있다. 파지들은 또한 신체의 특정한 부분들에서 더 오래 생존하도록 설계될 수도 있고, 더 빨리 제거되게 할 수도 있고, 특정한 형태의 치료나 감염에 가장 유용한 방식으로 복제될 수도 있다. 물론, 생존 가능한 생물체를 만드는 것은 당신이 원하는 유전자들의 목록을 딱 작성하는 것보다 더 복잡하며, '설계된' 파지에 있는 유전자들의 조합이 숙주에서 감염하고 복제하는 능력에 어떻게 영향을 미칠지는 불분명하다.

현재로선, 피르네이는 상황을 단순하게 유지하고 있으며, 자연에서 발견되는 파지 균주와 동일한 합성 파지를 만들어내고 있다. 홀로그램을 방출하고 파지를 합성하는 블랙박스에 대한 그의 비전은 몇 년 정도나 지나야 실현될지 요원하지만, 그는 T7 대장균 파지의 합성 버전으로 첫 환자를 치료할 날이 가까워졌다고 말하고 있으며, 이는 파지 치료법을 다시 한번 헤드라인에 올릴 대담한 도약이라고 할 수 있다.

피르네이는 어떤 파지가 진짜 '합성'된 것으로 분류되기 위해서는 생산 과정의 어떤 단계에도 박테리아가 관련되어 있지 않아야 한다는 점을 분명히 한다. 그렇게 함으로써 생산 과정 중에 박테리아 독소에 오염되거나 위험한 유전자 교환이 일어날 우려를 떨쳐버릴 수 있다. 이전에는, 어떤 바이러스들은 그들의 DNA 염기서열이 실험실에서 합성되었기 때문에 '합성'이라고 불려왔지만, 그 바이러스들은 여전히 합성 DNA로 '감염된' 박테리아에 의해 생산되었다. 대신, 피르네이와 동료들은 Phactory*라고 알려진, 세포가 완전히 없는 시스템을 사용하여 합성 파지를 생산할 수 있다.

뮌헨 공과대학의 연구자들에 의해 개발된 이 놀라운 과정은 파지 DNA 염기서열을 화학적으로 합성하는 것을 포함하며, 그 다음 일련의 복잡한 화학적 단계로, 바이러스의 단백질 부분을 생성하고 조립함으로써 감염된 박테리아 세포 안에서 일어날 수 있는 일을 그대로 재현한다. 피르네이는 이것을 바이러스를 위한 '프린터 혹은 에스프레소 제조기'와 같다고 말하지만, 실제로는 분자생물학의 많은 부분처럼 일상적인 관찰자에게 그것은 일련의 깨끗한 액체들이 다른 병 안으로 옮겨지는 것처럼 보인다.

화학물질에 불과한 것으로부터 마법을 부린 듯이 새로운 생명체를 만들어낸다는 것은 결코 사악한 재주가 아니다. T7 유전체의 일부 매우 반복적인 부분들은 다른 것들보다 합성하기가 더 까다롭다는 것이 입증되어 프로젝트가

★ Phactory는 국제 유전공학 기계 대회(the International Genetically Engineered Machine competition), 즉 iGEM에 참가하면서 삶을 시작했다. 이 주목할 만한 생물학 모임은 '바이오 벽돌'로 알려진, 세포, 유전자 그리고 단백질의 표준 재고로부터 가장 혁신적인 생물학적 시스템을 만들기 위해 수백 개의 그룹의 학생들이 경쟁하는 것을 포함한다. 그것은 거대한 레고 대회와 같지만 새로운 생명 형태를 만들기 위한 것이다.

지연되고 있다. (특히 palindromic sequence, 즉 '다시 합창합시다'식의 회문 염기 서열의 경우는 얌전히 있지 않고 자기들끼리 국소적으로 결합하여 고리를 만드는 식으로 엉켜버려서 합성 과정의 진행이 방해된다. 그래서 반복 서열이 있으면 합성하기가 까다로운 것이다. - 역자 주) 그러나 피르네이는 환자에게 사용할 수 있는 합성 파지 집단을 만드는 것에 거의 근접해 있어서, 이미 벨기에의 관련 보건 당국 및 규제 당국과 논의를 시작하고 있다. 그는 이것들이 사실상 실험실에서 만든 바이러스(이는 코로나19가 실제로 어디에서 왔는지에 대한 루머들이 넘쳐나는 세상에서는 무시무시한 용어다)라는 사실에 당국이 당황해 하지 않을 거라고 자신한다. "우리가 사용하는 파지들이 천연 파지인지 합성 파지인지를 구별하지 못할 경우라 해도 규제 당국은 신경쓰지 않을 것이라고 저는 생각합니다."라고 그는 아무렇지도 않게 말한다. "그들에게 그것들은 동일한 제품입니다."

자연계에서 매우 풍부하게 자라는 무언가를 공들여 재현하는 것은, 인류의 어리석음을 보여주는 또 다른 사례일 수도 있고, 아니면 지구 생명체가 내부적으로 어떻게 돌아가고 있는지를 우리가 점점 더 잘 이해하고 있음을 보여주는 최근의 사례일 수도 있다. 어느 쪽이든, 합성 바이러스가 첫 환자에게 주입되면, 그것은 짜릿한 세계 최초의 사례가 될 것이다. 파지들이 현장에서 '인쇄'되고 나서 마침내 파지 치료법을 편리하고 가성비 좋은 형태의 치료제로 바꿀수 있을까? 피르네이는 자신이 속한 단체의 파지 제작 기술이 곧 세계의 거대한 의료기기 제조업체들의 관심을 끌 것이라고 믿고 있다. 파지 병원들이 구독신청을 하면, DNA 염기서열 데이터베이스에서 어떤 파지를 '인쇄' 할 소프트웨어 접근권을 제공하는 유형의 제품이 잠재적인 투자자들에게 훨씬 더 매력적인 제품이 될 수 있다고 그는 말한다. 현재로서는, 그건 피르네이의 미래 전망들 중에 또 다른 하나로 남아 있다. 그러나 곧, 그의 SF가 과학적 사실이 되기 시작할 것으로 보인다.

피르네이만 파지를 합성하는 유일한 인물이 아니다. 서해안의 광범위한 지역을 차지하고 있는 샌프란시스코 베이 에어리어는 수백 개의 기술 스타트업으로 유명한 지역인데, 거기서 펠릭스 바이오테크는 사무실과 상자 모양의 연구실들로 구성된 스위트 룸에서 운영되고 있다. 연구실들은 작아 보여도, 큰 아이디어를 위해 그들은 여기서 일하고 있다: 즉 많은 종류의 다양한 박테리아를 한 번에 감염시킬 수 있는 파지를 처음부터 설계하고 구축하는 것이다.

이 회사의 설립자인 롭 맥브라이드(Rob McBride)씨는 전화 한 통으로 나를 맞이하는데, 독자들께서 베이 에어리어 바이오테크 스타트업의 설립자라면 어떤 외모일지 상상하듯이, 캐주얼한 옷을 입고 하얀 에어팟을 귀에 꽂은 채 사무실과 실험실, 그리고 고급스러운 공동 작업 구역들을 돌아다니며, 다른 화상 회의들 사이사이에 나와의 화상 통화를 한꺼번에 처리한다. 남아프리카 태생의 이 바이오테크 기업가는 펠릭스(맞다, 드허렐르의 이름을 따서)를 설립했는데, 이는 이 회사가 과거에 파지 요법이 주류가 되는 것을 막아온 주된 도전 과제를 극복해야 한다는 원칙하에 설립된 것이다. 주된 도전 과제란, 대부분의 파지는 매우 특정한 종류의 세균만을 감염시킨다는 것이다.

이러한 문제들에 대응하기 위해, 펠릭스는, 다시금 박테리아 세포를 사용할 필요 없이 파지들을 설계하고 제조하기 위한 인공지능과 로봇 지원 키트의 일종인 '디지털 파지 플랫폼'을 개발하고 있다. 이 회사는 기존의 파지들과 그들의 특징들에 대한 수많은 정보를 수집하고 그들이 원하는 특징들로 가상의 새로운 파지들을 생성하기 위해 머신 러닝을 사용한다. 예를 들어, 파지들의 숙주 범위를 넓힐 뿐만 아니라, 일부 파지들에게 박테리아 생물막을 분해하는 능력을 주는 유전자들을 포함할 수도 있다.

연구팀은 또한 박테리아가 저항하는 방식에 대처하여 파지가 덤비거나, 지연시키거나 혹은 반격함으로써 박테리아 저항성의 발현을 방지하기 위해 파지에 추가될 수 있는 유전자의 조합을 확인하고 있다.

지금까지 그들의 가장 유망한 '자산'에 대한 임상 시험이 진행 중이며, 그들은 이 작고 고비용의 연구들을 조금씩 진행하는 동안, 그 플랫폼의 알고리즘에 입력할 더 많은 데이터를 생성하기 위해 다양한 동물 및 비의료 시나리오에 그들의 파지를 배치하고 있다.

매우 광범위한 숙주를 가진 파지를 만드는 것 - 환자의 정확한 균주와 파지를 일치시켜야 하는 필요성을 종결시키는 것 - 은 각각 단지 소수의 환자들에게만 효과가 있을 수 있는 파지를 제작하는 것보다 더 확장성이 높고, 결정적으로 수익성이 높은 모델이라고 맥브라이드는 말한다. 예를 들어, 펠릭스가 낭포성 섬유증, 만성 폐쇄성 폐질환(COPD) 및 수술 상처와 관련된 광범위한 감염의 원인인 사실상 모든 종류의 녹농균을 치료할 수 있는 파지를 개발할 수 있다면, 수십억 달러의 가치가 될 수 있다. 이 스타트업은 지금까지 낭포성 섬유증 재단과 같은 자선단체로부터 자금을 지원받았지만, 세계의 주요 제약사들이 대부분 항생제 시장을 포기하면서, 더 많은 의미있는 투자가 후속으로 제공되기는 어렵다는 것이 드러나고 있다.

파지 요법을 21세기의 의학으로 발전시키기 위해 합성 또는 유전자 조작된 바이러스가 필요하다는 사실에 모두가 동의하는 것은 아니다. 워싱턴 DC 외곽의 넓고 평평한 교외 지역인 메릴랜드의 가이터스버그에서 오랫동안 파지 요법을 옹호해 온 칼 메릴과 그의 아들 그레그(Greg)는 앞으로 파지요법이 어뜨게 작동될지에 대한 또 다른 비전을 구축하고 있다. 가이터스버그의 업무 지구에 있는 넓고 나무가 줄지어 있는 거리에는, '적응적인 파지 치료법'(APT; Adaptive Phage Therapeutics)의 본사가 위치해 있으며, 이 건물에는 이 회사의 이름과 파지처럼 생긴 로고가 장식되어 있는, 3층짜리 벽돌 건물이 있다. 이제 80대가 된 아버지 메릴의 말에 따르면, 실험실에는 사람들보다 로봇들이 더 많은 것 같다고 하지만, 거의 100명의 사람들이 일하고 있다. 그는 이 작업 장이 너무나 크기 때문에, 자기가 방문할 때는 세그웨이(2륜 구동 전기 스쿠터. - 역자 주)가 필요하다고 농담을 한다.

APT는 파지 유전체들을 어줍잖게 만지작거리거나 인공적으로 생산하기 보다는, 자연에서 찾을 수 있는 사실상 무한 공급되는 파지들을 사용하는 보다 전통적인 접근법에 첨단 자동화를 적용할 계획이다. APT는 전 세계의 더러운 장소들과 병원들에서 공급되는 일반적인 박테리아 균주들을 감염시키는 거대한 파지 은행을 건설하고 있으며, 위험한 유전자들이 있는지 선별한 다음, 사용할 준비가 되어 있는 파지들을 정제하고 있다. 하지만 필요할 때마다 FDA에게 각각의 개별 파지 제품들을 승인해 달라고 요청하기보다는, 파지들을 분리하고 선별하여 제조공정과 처리과정에 맞추어 처리하는 방식에 이르기까지의 전체 운영에 대해 FDA 승인을 받기 위해 노력하고 있다. 만일 승인을 받는다면, 이는 본질적으로, 자사 바이오뱅크에 있는 수만 개의 파지들 모두가 치료용으로 일괄 사전 승인을 받고 사용할 준비가 된다는 것을 의미한다.

메릴은 환자들을 위해 완벽한 파지를 유전적으로 조작하거나 합성하려는 사람들을 경멸하고 있다. '왜 그러길 원하는 거요?' 그가 투덜거린다. '40억 년의 진화 기간 동안 자연이 아직 엄두도 내지 않은 무언가를 당신은 마련해 낼 거라고 생각하나요? 저는 그렇게 생각하지 않아요.'

APT의 본사는 워싱턴 DC와 메릴랜드에 있는 몇몇 주요 병원들로부터 50마일 이내에 전략적으로 위치해 있으며, 이 회사는 미국 전역에 파지들을 더 멀리 발송하고 있다. 하지만 이 회사는 이제, 자사의 제품들을 얼음 포장하여 택배나 헬리콥터를 통해 운송하는 일에서 벗어나길 원하고 있다. 머리를 시원하게 밀어버린 전직 경주용 자동차 운전자이자 CEO인 메릴 주니어는, 사전에 승인된 수천 개의 파지들 정보를 APT가 보내면, 이를 받은 미국 전역의 병원들이 자체적으로 생산하고 보관하여 사용하기를 희망하는, 본질적으로 거대한 자판기의 개발을 지원하고 있다. 가이터스버그에 있는 연구실들이 파지 라이브러리에서 환자와 맞는 코드를 찾아서, 간단히 그 환자를 치료하는 병원으로 코드를 보내면, FDA 승인을 받은 해당 파지들이 자판기에서 튀어나올 것이다. 만약 혹은 실제로 이 파지에 대한 내성이 생긴다면, APT는 자기들이 새로운 파지를 찾을 수 있을 것이라고 말하고 있다.

"항생제를 사용하면, 내성이 있을 때 기껏해야 열 몇 개의 다른 약들을 시도해 볼 수 있을 겁니다." 라고 메릴은 말한다. "파지를 사용하면, 당신은 10의 31승개의 대안을 갖고 있지요(말도 안 될 정도로 엄청난 수의 파지들이 세상에 존재합니다). 실질적으로 공급은 무한대입니다."

프로세스를 잘 다듬어 능률적으로 간소화하기 위해 환자의 샘플에 어떤 파지가 맞는지를 확인하는 초기 테스트부터 최종 의약품의 정제 및 포장까지 자동화 될 수 있는 모든 것이 자동화되었다. 최첨단 로봇은 즉시 투여할 수 있는 파지로 완전히 멸균된 병 수천 개를 채울 수 있다. 그리고 나서 다른 파지로 다시 일을 하기 전에 스스로를 살균하여, 수작업으로 며칠이 걸릴 수도 있는 힘든 청정실 과정을 대체한다. APT는 환자 세균 균주 샘플을 받은 후 24시간 이내에 정확히 일치하는 약제 등급의 제품을 제공할 수 있다고 말한다.

이 산업화된 접근방식으로 APT는 미국과 미국 이외의 나라들에서 널리 퍼지고 있는 어떤 위험한 박테리아라도 해결하는 데 필요한 파지를 가지고 있다고 점점 더 자신있어 하고 있다. 사실 2022년 말에 회사는 감염병 전문가 커뮤니티에 도전을 시작했는데, APT 라이브러리에 있는 파지로 죽일 수 없는 박테리아(CDC의 가장 위험한 박테리아 종 6개, 이른바 ESKAPE 병원균)를 가지고 있는 연구자가 있다면 누구에게나 1,000 달러를 지불할 것이라 한다. (ESKAPE란 *Enterococcus, Staphylococcus, Klebsiella, Acinetobacter, Pseudomonas, Enterbacter*의 약자이다. - 역자 주) CEO 그렉은 '진화를 통해 항생제 내성을 지닌 박테리아에 의해 야기된 문제를 APT가 해결했다고 확신한다'라고 눈길을 끄는 발언으로 발표를 했다. 꽤 대단한 주장이다.

하지만 이 모든 혁신과 자동화에는 대가가 따르기 마련이기에, APT사의 맞춤형 의약품이 저렴할 것 같지는 않다. 이에 대해 아버지 메릴이 펼치는 반론에 의하면, 특히 수술 후에 발생하는 뼈나 관절 감염과 같은 문제들의 경우, 약물에 내성이 있는 감염증을 치료하는 데 드는 엄청난 비용에 비해 대부분의 경우 치료비가 덜 들 것이라고 한다. '고관절 치환술을 받는다 칩시다'라고 그는 내게 말한다. '그러니까, 환자들에게 엄청난 비용의 치료비를 청구합니다. 게다가 환자들이 (환자의) 팔이나 다리를 절단해야 한다면, 이 비용은 훨씬 더 많이 듭니다. 그래서 우리는, 아시다시피, 파지를 이용한 치료에 대해 2만 달러 같은 비용을 청구할 수 있을지라도, 이 비용은 환자들이 달리 직면하게 될 금액에 비하면 아주 싼 것입니다.'

하지만 아직도 내게는 항생제를 주면 해결될 편리함과 비용을 대체할 대안이라는 느낌은 주지 않는다.

현재 전 세계에서 나타나고 있는 파지 치료에 대한 다양한 접근법은 여러 축에서 볼 때 다양한 위치에 있는 것으로 볼 수 있다: 자연적으로 발생하는 바이러스를 사용하는 사람부터 새로운 바이러스를 만드는 사람, 유사한 감염을 가진 많은 사람들에게 효과가 있을 수 있는 치료법부터 매우 개인화된 환자 맞춤형 치료법, 공공 자금 및 협력 프로젝트, 특허를 받은 민간 기업 및 고가의 상업 벤처에 이르기까지 말이다.

자주 인용되는 통계로는, 2050년까지 해마다 적어도 천만 명의 사람들이 항생제 내성 감염으로 사망할 것이라 한다. 하지만 잘 알려지지 않은 사실은, 이러한 사망자들 중 90퍼센트에 이르는 사람들이, 항생제 사용이 급증하고 있고 대안에 대한 접근성도 열악한 아프리카와 아시아 지역에서 발생할 것으로 예측된다는 점이다. 따라서, 지금 화려한 서해안 스타트업들과 휘황찬란한 유럽의 교육병원들을 통한 '파지 치료 2.0'에 투자가 쏟아지고 있지만, 치명적인 박테리아와의 전쟁에서 우리가 기울이는 노력의 초점은, 지구 남반부의 자원 빈국들에게 파지를 얼마나 잘 공급해 줄 수 있는지에 맞추어야 할 것이 분명하다.

파지 전문 지식 대다수는 유럽, 구 소련 또는 북미에 편재하고 있기에, 전 세계 선도적인 파지 과학자들 중 일부를 아프리카와 아시아 국가들에 보내는 프로젝트 - 전 세계 보건을 위한 파지(Phages for Global Health)라고 알려진 - 가 이 광대한 대륙에 걸쳐 있는 신세대 파지 연구자들에게 영감을 주려는 목적으로 설립되었다. 때로는 2주 정도로 짧은 강도 높은 실습 과정에서, 현지 학생들과 과학자들은 파지 발견과 정제의 기초를 배운다. 2017년부터 이 프로그램은 우간다, 케냐, 르완다, 나이지리아, 탄자니아, 가나, 감비아, 말레이시아 및 인도네시아에 파지 사냥꾼 그룹을 만들어 왔다. 이 과정의 졸업생들은 현재 다른 사람들에게 파지 찾기에 대한 열정과 기술을 전수하기 위해 매년 훈련 세션을 개최하고 있다.

총 1,200명이 넘는 과학자들이 기초 파지 생물학 교육을 받았고, 수백 개의 새로운 파지가 발견되었으며, 50개의 파지 프로젝트가 진행 중이다. 케냐에서는 파지 연구원들이 분주히 돌아가는 나이로비의 닭 농장과 길거리 정육점에 파지를 제공하여 캄필로박터(Campylobacter)균 식중독을 줄이는 데 도움을 주고 있다. 콩고민주공화국에서는 광범위한 콜레라균에 작용할 수 있는 파지 모음이 그 질병을 앓는 환자들의 밀접 접촉자들에게 배포될 뿐만 아니라, 변소와 다른 수원지의 오염을 제거하는 데 사용되고 있다.

각 환자들에게 맞는, 그리고 최첨단 장비를 필요로 하는 파지 치료법들은 저소득 국가들에서는 결코 경제적으로나 논리적으로 실행 가능하지 않을 수도 있다. 하지만 케냐나 콩고 민주 공화국에서 조사되고 있는 것과 같이 공중보건에 중점을 둔 보다 평등주의에 입각한 접근법들이 될 수도 있을 것이다. 우간다의 파지 연구자 데우스 카미야(Deus Kamya)가 내게 말했듯이, '우리는 서방세계가 개발해온 백신과 항생제에 대한 제조법들을 항상 얻어오고 있었습니다. 하지만 이제 파지 기술이 등장하게 되었고, 우리는 파지의 힘을 이용할 수 있는 구조를 마련할 기회를 맞이하게 되었어요. 우리의 하수도, 우리의 물, 바다도 모두 이들 파지들의 풍부한 원천이라서, 알다시피 이러한 파지들을 수확하는 일은 그리 어렵지 않습니다.'

결핵이나 콜레라와 같은 질병에 대한 파지 치료법은 특히 남반구 지역에서 유망하다. 결핵 파지는 어쨌든 숙주 범위가 넓은 경향이 있고, 다양한 변종에 작용하고 있으며, 콜레라균의 종류는 유전적으로 전 세계적으로 매우 유사하기 때문에, 많은 환자들에게 그리고 심지어 전 대륙에 걸쳐 작용할 가능성이 있는 이러한 질병들에 대해 파지 칵테일이 개발될 가능성이 증가하고 있다. 다른 장내 세균총을 보존하면서 질병을 유발하는 종만을 대상으로 하는 파지의 작용 특이성은 영양 실조나 면역력이 손상된 집단을 치료할 때 특히 유용한 특성이기도 하다.[4]

현재 항생제 내성 위기를 퇴치하기 위해 쏟아붓고 있는 수십억 달러가 진정으로 필요한 곳으로 향할 수 있다면, 그리고 파지의 위력에 대한 인식이 아프리카에 계속 뿌리내린다면, 10년이나 20년 안에 다카르에서 하라레에 이르는 파지 클리닉의 지역 과학자들이 그들 자신의 독특하고 강력한 항균제를 강, 하수구, 그리고 그 주변의 토양으로부터 수확할 수 있을 것이라고 상상하는 것은 지나친 일이 아니다.

어쩌면, 항생제가 효과 없어질 미래에 대한 공포가 현실로 번져 들고 있기에, 몇몇 국가들은 임상 시험에 몇 년씩 써 가며 모든 파지 요법을 시행할 시간 여유가 없다고 할지도 모른다. 세계 여러 지역에서 파지 요법의 미래는, 유럽과 북미 지역처럼 파지 요법을 꿈꾸는 첨단 기술 비전보다는 작은 의원이나 떠돌이 미생물학자들에 의해 - 심지어는 아마도 환자들 자신이 - 더욱더 '각자가 직접 만들기(DIY)'가 될 수 있다. 드허렐르와 엘리아바가 개척한 기본적인 기술을 이용하여 자기 집 뒷마당에서 얻은 파지로 박테리아 감염을 저렴하게 치료하는 방법을 찾아내는 식으로 말이다.

심지어 내성 박테리아와의 싸움에서 파지를 사용할 수 있는 가장 유망한 방법은 파지를 전혀 사용하지 않는 방법일 수도 있다. 많은 연구 단체들이 바이러스의 가장 파괴적인 항균 분자 무기를 가져다가 액체로 농축하고 나머지를 버리는 것이 가능한지 탐구하고 있다. 예를 들어, 라이신(lysin)은 파지가 세균 숙주를 터뜨리기 위해 사용하는 효소이다(더 정확하게는 그 박테리아 숙주가 스스로 터지도록 강요하는 효소). 몇몇 단체들은 분리하여 사용되는 이 화합물들이 바이러스 본체를 동원하지 않고도 박테리아를 죽이는 데 사용될 수 있는지를 조사하고 있다. 그 물질들이 유래한 파지들처럼, 이 화합물들은 매우 특이적일 수 있는데, 이는 신체의 '좋은 박테리아'는 다치지 않은 채로 다른 라이신들이 특정한 박테리아 종을 죽이는 데 사용될 수 있다는 것을 의미한다. 그리고 파지들과 마찬가지로, 한 가지 종류의 라이신에 내성이 생기면 대안으로 쓰일 다른 많은 유형의 라이신들이 발견되기를 기다리며 세상에 존재한다. 환자 근처 어디에서도 자가 복제 및 전염성이 없으니, 이러한 생물학적 산물들 또한 통상적인 약처럼 생산되고 조절될 수 있다.

다른 그룹들은 파지의 꼬리가 박테리아 세포의 단단한 겉 껍질에 붙어서 구멍을 낼 수 있는 놀라운 방법을 이용하기를 바라고 있다. 분자 그룹을 움직이는 부분으로 바꾸도록 짜깁기 한 단백질과 동기화된 화학적 변화로 형성된 이 놀라운 나노 스케일 구조물은 효과적으로 구멍을 내고 세포에 내용물을 주입할 수 있는 미생물 주사기이다. 과학자들은 이미 바이러스 머리를 제외한 순수한 파지 꼬리의 용액을 성공적으로 만들어 내었으며, 박테리아 세포에 독을 주입할 용도의 나노 주사기로 사용하는 아이디어를 연구했다. 박테리아 자체도 똑같이 한다는 것이 발견되었기 때문에 - 일부 박테리아 종들은 근처의 경쟁 박테리아에 독소를 주입하는 방법으로서 공통적으로 파지 꼬리를 선택했다[5] - 이러한 아이디어는 분명히 가능성이 있다.

이 모든 가능성들 중에, 이들 중 그 어느 것도 항생제의 대체제로서 우리를 암흑시대로 돌아가지 않게 구해줄 수 있는 마법의 총알이 될 만한 게 있을 것 같지는 않다. 세계 여러 지역에서 발생하는 여러 의료기관들의 여러 감염은 첨단 기술과 비용이 덜 드는 해결책들 사이에서 다양한 균형을 요구할 것이다. 파지 생물학자들, 임상의들, 규제 당국과 의료 위원들 사이의 협업을 개발하고, 진단에서부터 치료에 이르기까지의 여정을 다듬고 표준화하는 어렵고도 별로 화려하지 않은 작업은, 세계 여러 지역에서 파지 치료법이란 치료법을 닥치는대로 확보하는 것만큼이나 중요할 것이다.

게다가, 파지의 현명한 사용은 실제로 항생제의 수명을 연장시키는데 도움을 줄 수도 있다. 연구들은 파지 요법과 항생제의 조합이 각각의 단독 요법 자체보다 더 효과적이라는 것을 시사한다.[6] 파지 요법은 미생물이 그들이 보유한 역량을 파지를 물리치는 데 집중함에 따라 종종 내성균이 갖고 있던 항생제 내성을 일부 잃게 한다.[7] 이는 파지 요법이 완전히 효과적이지 않더라도 치료 옵션 측면에서 한동안 소용 없었던 항생제가 전격적으로 다시 사용될 수 있음을 의미한다. 일부 그룹들은 심지어 자연의 치명적인 박테리아 암살자들과 인류 최고의 화학 무기를 한꺼번에 결합하여 항생제의 분자를 머리에 달도록 조작한 파지 연구도 하고 있다.

효과가 입증되고 대규모로 배송 가능한 살아 있는 파지 기반 약을 경제적으로 만들 수 있다고 하더라도, 이 약을 복용하기 위해서는 환자들의 동의가 필요하다. 만약, 그리고 실제로 파지 치료제가 가까운 병원이나 약국에 오면, 사람들은 어떻게 반응할까?

이 치료법을 연구하고 조직하는 정보를 풍부하게 갖고 있는 과학자들 그리고 환자들부터 시작해서 어깨를 으쓱하고 있는 프랑스 트럭 운전사 B씨에 이르기까지, 파지 치료를 받아온 수십 명의 사람들과 이야기를 해본 결과, 대부분의 환자들의 주된 염려는 거의 항상 이게 과연 효과가 있느냐는 것이었다. 하지만, 파지 치료법이나 예방약이 대규모로 출시되는 것은 더 큰 도전 과제를 가져올 수도 있다.

많은 지역에서, '바이러스'라는 단어는 HIV/에이즈와 동의어로 남아있으며, 세계는 오래지 않아 치명적인 바이러스 팬데믹을 종식시킬 것이다. 코로나 음모론 또는 홍역, 유행성 이하선염, 풍진(MMR) 백신에 대한 수십 년 간의 논란에서 입증되듯이, 바이러스와 의약품에 대한 잘못된 정보와 괴담들은 빠르게 퍼지며, 대응하기 매우 어려울 수 있다. 그러한 음모론은 우리가 종말론적 질병 발생, 광기 어린 과학자들 및 좀비들을 다룬 책, TV 및 영화 – 속으로는 바이러스가 유출되었다고 종종 단정한다 – 등으로 이미 다 퍼지고 난 후에야 뒤늦게 이의 영향력을 생각해 보기 시작한다. 인류에게 이상한 바이러스를 풀어놓는 어둠의 세력에 대한 음모론이 광범위하게 퍼진다면 정말 악몽이다.

그러나 확신이 필요한 것은 환자들뿐만이 아니다: 과거 파지 치료의 가장 큰 회의론자들은 종종 다른 과학자들과 의사들이었다. 펠릭스 드허렐르에서부터 칼 메릴에 이르기까지 파지 치료의 옹호자들은 때때로 그들의 동료들로부터 편견과 조롱에 직면하기도 하였다. 조지아에서 치료에 접근하는 것을 돕고 있는 인도 회사 비탈리스의 프라나브와 아푸르바 조흐리는 가장 최근 2019년경에도 의사들은 파지 치료에 대한 발표장에서 '공격적인 반응'을 보이거나 그냥 걸어 나갔다고 말한다. 아프리카 파지 포럼의 멤버들은 그들의 기관에서 파지 과학을 발전시키고자 하는 바람을 선임 교수들이 '바보 같은 생각'이라고 일축하고 있다고 보고하였다. 내가 인터뷰를 했던 거의 모든 파지 치료 환자들은, 구글에서 몇 번의 클릭만으로 이 주제에 대해 수백 개의 논문이 있는데도 불구하고, 원래 자신들을 치료하던 의사들은 파지 치료에 대해 들어본 적이 없고, 어떻게 접근하거나 사용할 수 있는지에 대해서도 알지 못한다고 말했다. 파지 치료는 오래되고 이상하며 논란의 여지가 있는 역사를 가지고 있는데, 나를 포함해서 이에 대해 글을 쓰는 사람들은 그 어둡고 흥미로운 과거에 대해 언급하고픈 충동을 참지 못하는 것 같다. 그래서 그것을 현대화하려는 노력과는 무관하게 이러한 스탈린과의 부정적 연관성, 철의 장막 뒤에 숨겨진 과학과 더불어 경제적 어려움은 계속되고 있다.

반대로, 과대 광고의 위험성도 고려해 볼 가치가 있다. 아직도, 어떤 주요 임상 시험에서도 파지 요법이 많은 수의 환자들에게 효과적일 수 있다는 것을 보여주지는 못했다. 하지만 파지를 둘러싼 입소문이 퍼지면서, 이미 우리는 파지를 함유하고 있다고 주장하지만 사실은 없거나, 듣기 좋아 보인다는 것 외엔 다른 이유 없이 파지를 함유하고 있는 것처럼 보이는 프로바이오틱스, 화장품, 식이 보충제들을 목격하고 있다.* 1930년대와 1940년대에 파지 요법에 대한 열광이 사라진 이유 중 일부는, 자신들이 할 수 있다고 주장했던 것의 절반도 하지 못한 파지 제품들의 대량 마케팅 때문이었다는 사실을 기억할 필요가 있다.

★ 아마존 사이트에서, 여러분은 이제 '수명 연장' 혹은 '파지 기술'을 포함하고 있다고 주장하는 다양한 보충제들을 찾을 수 있는데, 이것이 실제로 무엇을 의미하는지에 대한 설명은 거의 혹은 전혀 없다. 그리고 파지 커뮤니티의 많은 사람들은 라임병을 치료하기 위해 '전자파 주파수'를 사용하여 신체의 자연 파지를 '활성화'하는 것을 포함하는 매우 수상쩍게 들리는 의학 기술이 2022년 한 존중받는 학회에서 발표되었을 때 우려를 표명했다.

다행히도, 파지에 대한 모든 잘못된 개념이나 오해는 이미 지난 100년에 걸쳐 다 도태되었다. 바이러스학자이자 파지 전문가인 마사 클로키(Martha Clokie) 교수와 같은 과학자들은 작은 하얀 항생제 알약이 바이러스가 든 병으로 대체되는 것에 대해 사회가 어떻게 반응할 지에 대해 이미 생각하기 시작했다. 그녀는 우리가 향후 100년 동안 파지 치료에 대한 생각을 성공적으로 발전시키려면, 파지 치료의 역사를 통틀어 방해해온 다양한 사회적, 인간적 요소들이 '충분히 탐구되고 이해되어야 한다'고 말한다. 그리고 과학계가 파지를 기반으로 한 이 용감한 새로운 세계가 도래하는 것에 대해 대중에게 어떻게 알리고 준비시킬 수 있는지에 대해 '선제적인 성찰' 기간을 가질 것을 충고했다. 호주 모나시 대학의 파지 전문가인 제레미 바는 파지 치료에 대한 대중의 인식을 개선하고 그 가능성과 한계에 대해 명확하고 정직한 정보를 제공하기 위해, 필요한 경우 '박물관 전시회, 서사 서적, 영화 제작 및 음악'을 통해 파지 기반 치료의 광범위한 도입 이전에 잘 협업이 된 세계적인 교육 프로그램이 필요하다고 썼다.

앞으로 100년 동안 파지에 대한 우리의 관계가 어떻게 바뀔지 정확히 아는 것은 불가능하다. 어쩌면 파지는 우리가 미생물 세계를 통제하고 조종하는 데 도움을 주는 기술과 의학으로 다음 세대에 알려지게 될지도 모른다. 혹은 일이 잘 풀리지 않아서 항생제가 무용지물이 된 지옥 같은 미래에 처할 수도 있고, 그런 환경에서 생존한 우리들은 파지가 우리를 어떻게 구할 수 있는지에 대해 여전히 이야기하고 있을 것이다, 몇 가지 임상시험만 더 진행할 수 있다면 말이다.

새로운 종류의 화학 합성 항생제가 내성 위기의 전면에서 제때에 구해주거나, 아니면 파지 요법을 원래 가치보다 다시금 더 하찮아 보이게 만드는 다른 항균 전략들이 개발되어 아마도 파지들은 다시 한번 유행에 뒤떨어질지도 모른다. 아니면 의약품, 농업, 소독제에 파지를 사용하는 것이 너무 광범위해지고 마구 남용되어 우리는 또 다른 내성 문제를 다시 만들어낼 지도 모른다.

더 가능성이 있는 것은, 파지가 세균 위협에 대비한 확장된 도구들의 필수 요소가 될 수 있다는 것이다. 그렇다면 이는 기존 항생제, 새로운 항생제, 그리고 감염을 예방하기 위한 새로운 방법들과 함께 우선적으로 사용될 수 있을 것이다. 그래서 바라건대 파지들은 불가피하게 대두하는 새로운 내성을 최소화하거나 불식시키면서 효과를 극대화하기 위해 계산된 방식으로 배치될 것이다.

분명한 것은 많은 사람들이 이제 앞으로 몇 년 안에 파지 과학과 기술의 부흥에 도박을 걸고 있다는 것이다. 2022년에는 세계에서 가장 큰 파지 생산 공장을 짓는 공사가 시작되었는데, 이 공장은 엘리아바 연구소의 전성기 이후 볼 수 없었던 산업적인 규모의 양으로 파지를 생산할 것이다. 날렵하고 낮고 강철과 유리로 된 이 공장은 북부 노르웨이에 있는 아름다운 로포텐 섬들에서 착착 올라오고 있으며, 그 배후에 있는 ACD Pharma는 분명히 파지가 곧 스칸디나비아의 이 지역에서 대량으로 필요할 것이라고 믿고 있다. 이 지역의 많은 물고기 양식장들이 항생제에 대한 의존도를 줄이기 위해 파지 사용으로 전환하기 때문에 이것은 아마도 원래는 이 지역의 많은 양식장들을 위한 것일 것이다.* 그러나 결국 파지들은 파지를 기반으로 한 의약품들을 포함한 다른 많은 용도로 여기에서 생산될 수 있을 것이다. 그러나 먼 미래를 내다보면 파지들이 우리에게 도움이 될 수 있는 것은 물고기와 사람들의 감염뿐만이 아니다. 이 기적적인 미니 기계들에게는 전 세계에서 그저 적용을 개시해 보기만을 기다리고 있는 다른 많은 용도들이 있는 것이다.

★ 양식업은 세계에서 가장 빠르게 성장하는 산업 중 하나이며, 어류 자원 중 질병을 예방하거나 치료하기 위해 종종 항생제가 물이나 사료에 무분별하게 첨가된다. 항생제에 내성이 있는 박테리아는 곧 육상 동물과 인간의 박테리아에 내성 유전자를 전달한다. 노르웨이는 양식장에서 항생제 사용을 규제하고 줄이려는 노력의 선두주자로 여겨지고, 파지는 점점 더 이러한 화학물질에 대한 가장 유망한 대안으로 여겨지고 있다.

17

회색구
(grey goo)

2003년 당시 영국 왕위 계승자였던 황태자 찰스 3세(이제는 킹 찰스 3세)는 세계에서 가장 오래된 과학 기관인 왕립 학회(Royal Society)에 소위 '나노 기술', 즉 나노미터, 다시 말해 수십억 분의 1미터로 측정될 정도로 매우 작은 재료와 기계 공학의 위험성에 대한 조사를 요청했다. 이 분야의 궁극적인 목적은 기기를 매우 작게 만들어서 그것들이 인간의 혈관을 통해 이동하고, 질병과 싸우고, 재료와 환경에 원활하게 통합되어, 근본적이지만 대부분 눈에 띄지 않는 규모로 유용한 일들을 할 수 있도록 하는 것이다.

당시 환경문제에 대한 지지자로 유명했던 웨일즈의 왕자(찰스)는, 보이지 않

고, 통제 불능이며, 자기복제를 하는 나노봇들이 너무나도 탐욕스럽게 증식하여 지구 전체를 장악하게 되는, 이른바 '회색구(grey goo)' 현상이 일어날 위험성에 대해 특히 걱정했었다. 그가 두려워하게 된 원인은 선견지명이 있는 미국의 공학자 에릭 드렉슬러(Eric Drexler)가 쓴 책인데, 이 책은 애당초 '나노기술'이라는 용어를 처음으로 대중화시킨 것으로 알려져 있다. 드렉슬러는, 이론적으로, 사람의 머리카락 한 가닥보다 1,000분의 1만큼 얇은 나노 기계가 1,000초(대략 15분) 안에 스스로를 복제 증식할 수 있게 된다면, 어떤 일이 일어날지에 대해 경고했다. 드렉슬러는, 10시간 안에, 그러한 나노 기계들이 680억 개가 될 것이라 계산했다. '하루도 안 되어, 그러한 나노 로봇들의 무게가 1톤이 될 것이고, 이틀도 안 되어 지구보다 더 커질 것이고, 또다시 4시간 안

에, 그러한 나노 로봇들은 태양과 모든 행성들을 합친 질량을 초과하게 될 것이다'.[8]

물론, 드렉슬러의 자기 증식하는 나노봇이 지구와 태양계 전체를 다 초토화시키려면 무한한 원료와 에너지를 필요로 할 것이니, 사실 말도 안 되는 기우다. 하지만 우리가 앞에서 보았듯이, 눈에 안 보이는 무한정 자기 복제 증식 능력을 가진 나노 머신에 대한 생각은 전혀 멍청한 것이 아니다. 어떤 파지들은 각기 딱 하나만 복제하는 게 아니라, 15분 안에 수백 개의 자기 복제품들을 만들 수 있다. 적절한 조건이라면, 몇 개 소수의 파지들도 하룻밤 사이에 수조 개로 플라스크를 채울 수 있다. 우리 세상에 존재하는 대단히 풍부한 박테리아들을 마음껏 먹으며, 그것들은 엄청난 수로 우리가 사는 곳 어디나 다 차지하는 걸로 종결된다. 다시 말해서, 보이지 않고 끝없이 증식하는 나노봇들의 군대는 이미 지구를 점령하고 있다. '회색의 구'는 이미 100억 년도 전에 이 행성을 접수한 것이다.

소량의 특정 분자들을 복잡한 형태로 혹은 때로는 개별 원자들로 구성하여 조작하려는 수십 년간의 노력 끝에, 나노 기술 분야의 많은 이들은 그들이 조립할 수 있는 것보다 훨씬 더 나은 나노 기계들이 이미 존재하고 있다는 사실을 깨닫게 되었다. 파지들은 자가 조립, 자가 복제, 변형이 가능하고, DNA 주입, 환경 감지 및 박테리아를 죽이는 나노봇을 풍부하게 보급받고 있으며, 40억년 이상의 시행착오를 거쳐서 완성되어 있어서, 전적으로 유기 물질이며 사람에게 독성이 없다.

실리콘과 탄소 나노 튜브로 공들여 만든 나노 기기는 잊어버리시라. 우리는 나노 유효 범위의 생물학적 기술을 우리 주변에 가지고 있다. 바이러스 유전자를 세포 안으로 주입하는 나노 주사기에서부터 처음부터 유전 물질을 세포 안에 포장하는 데 도움을 주는 단백질 기반의 '나노 펌프'에 이르기까지, 기적적인 분자 기계들로 꽉 들어차 있다. 너무나 많은 DNA를 세포의 머리에 박아 넣을 수 있어서 내부 압력은 자동차 타이어보다 30배나 더 큰 것으로 추정된다.[9] 파지는 심지어 고대 나노 기술자로 묘사될 수도 있는데, 박테리아를 작업장처럼 사용하여 세포에서 찾을 수 있는 영양분과 에너지가 풍부한 복잡한 화학적 수프로부터 온갖 뛰어난 구조물을 만들어냈다. ('파라오'라고 알려진 한 파지는 숙주의 외부에 작지만 완벽하게 형성된 피라미드를 만들고, 그로부터 새로운 바이러스가 생겨난다.)[10]

따라서 질문은 이렇다: 계속 증가하는 파지에 대한 우리의 이해가 나노 기술, 유전 공학, 합성 생물학의 발전과 만나면, 작고 프로그램 가능한 나노 기계들로 구성된 자연의 군대로 우리는 또 무엇을 할 수 있을까?

혈액 뇌 장벽은 뇌의 모든 혈관을 덮는 피복과 같은 막이다. VIP를 제외한 그 누구도 들어가지 못하게 출입구에 늘어선 기도들처럼 경비를 서서, 혈액의 어떤 오래된 물질도 정신과 육체를 다스리는 섬세하고 겁 많은 신경 세포에 무단으로 확산되지 않도록 막아준다. 이 놀라운 장벽은 뇌가 필요로 하는 모든 영양소는 공급되게 하지만, 작은 분자의 98% 그리고 모든 큰 분자가 통과하는 것은 저지한다. 불행하게도, 저지 대상엔 대부분의 약물이 포함된다. 뇌의 엄격한 진입 정책은 뇌의 장애와 질병에 대한 치료법 개발에 있어 주로 해결해야 할 과제이다.

놀랍게도, 몇몇 연구 그룹들은 적어도 동물실험에서는 이 악명높은 장벽을 지나 동물들의 뇌로 약물이 밀반입되도록 파지를 작은 운송수단으로 사용해

왔다. 디트로이트와 뉴욕에 있는 연구소에서 일하는 연구자 팀에 의한 한 연구에서, MS2로 알려진 구형의 대장균 파지는 뇌의 보안을 속여서 통과하도록 해 주는 단백질로 코팅되어 있었다. 그 파지들은 혈액-뇌 장벽을 통과할 수 있었고 뇌의 조직 깊숙이 축적되었다.[11] 연구원들은 이 파지들이 중뇌의 장애를 진단하거나 치료하는 데 도움이 되는 약제 화합물로 쉽게 채워질 수 있다고 말한다.

또 다른 예로, 살모넬라균 파지(같은 걸로 기억될 이름은 P22)의 머리는 뇌 장벽을 점프해서 넘어 들어가는 '나노 캡슐'로 바뀌었는데, 이 안에는 진통제 지코노타이드로 채워져있다.[12] 원추 달팽이로 알려진 이상한 독이 있는 해양 생물로부터 유래하고 모르핀보다 1,000배나 더 강력한 이 초강력 진통제는 현재까지는 척추관이나 두개골과 뇌 사이의 공간에 직접 끔찍한 주사를 놓아야만 극심한 통증을 치료하는 데 사용될 수 있다.

아주 작은 입자들, 캡슐들, 또는 어떤 장치들이 혈류를 타고 몸 전체에 치료제를 전달하기 위해 사용되는 '나노 의학'은 흥미로운 분야인데, 약물이 혈액 뇌 장벽을 통과할 수 있도록 하는 것은 이 분야에서 탐구되고 있는 주목할 만한 많은 용도들 중 바로 하나인 것이다. 많은 연구 그룹들이 탄소 나노 튜브들과 금속 나노 입자들과 같은 멋진 인공 재료들을 사용하여 나노 의학을 개발하려고 노력해왔지만, 박테리오파지들은 매우 특별한 목표물에 물질을 보호하고 운반하고 주입하기 위해 수십억 년 넘게 자연에 의해 완성되어 왔고, 이미 인간의 시스템에 거의 독성이 없다고 입증된 당장 쓸 수 있는 이상적인 나노 약제이다.[13]

1960년대 컬트 영화 'Fantastic Voyage(국내 개봉 제목은 마이크로 결사대. - 역자 주)'에서 소형화된 잠수함들이 한 사람의 체내를 쭉 여행하는 것과 달리,

이 아이디어는 파지들이 한 더미의 약을 혈류를 통해 운반하여, 치료가 필요한 몸 안의 특정한 세포들에 도달하는 것이다. 스스로를 더 증식하기 위해 필요한 유전자를 운반하는 파지의 원래 DNA 적하물은 항암제나 복잡한 유전자 편집 화합물로 대체되며, 이는 유전적인 질병을 고치는 걸 돕는다; 파지의 결합 부위에 있는 수용체들은 예를 들어 줄기 세포나 종양 세포와 같은 몸의 특정한 세포들을 목표로 하는 분자들로 대체된다. 짜잔!: 당신은 나노 범위의 자가 유도 약물 전달 수단을 가지고 있는 겁니다.

이 접근법은 암을 치료하기 위해 사용되는 종종 독성이 있는 화합물들이 전신을 씻고 지나가는 것이 아니라 정확히 필요한 곳으로만 향한다는 것을 의미한다. 텔-아비브 대학의 과학자들은 한 연구에서, 항암제들로 채워져 있고 암세포들에만 결합하도록 변형된 벌레 모양의 파지들을 설계하였다. 실험실에 기반을 둔 암세포 모델들을 사용하여 이 파지들을 사용한 결과, 암세포 주변의 약 농도는 만일 그 약이 그 벌레 모양의 샤프롱 없이 단순히 혈류로 방출되었다면 측정 됐을 약 농도보다 1,000배 이상 높았다는 것을 발견했다.[14] (샤프롱, chaperones; 보디가드 같은 단백질 보호 물질. 여기서는 앞서 언급한 벌레 모양의 파지들을 지칭한다. - 역자 주)

변형 인간 바이러스를 포함한 다른 종류의 바이러스들은 과거에 약물을 전달하는 수단으로서 탐구되어 왔다. 그러나 파지들이 한 번에 수조 개를 생성하고 유전적으로 조작이 용이하다는 점, 그들의 더 큰 '화물' 공간, 그리고 인간 세포 내에서 복제될 수 없는 점 등이 파지들을 특히 유용하게 만든다. 연구자들은 파지들이 각 세포 내부마다 있는 세포핵(사람의 DNA가 있는) 안 으로 의료 탑재물을 전달하는 것을 돕기 위해 심지어 파지들과 포유류 바이러스의 혼성체를 만들어냈다.[15]

나노 유효 범위 의료 도구로서의 파지를 잠재적으로 사용하는 것은 여기서 그치지 않는다. 파지는 또한 겉 껍질에 특정 단백질을 표시하도록 조작되어, 효과적으로 우리 면역 체계의 주의를 끌기 위한 여행 광고판으로 바뀔 수 있다. 몇몇 백신들은 병원체에 대항하도록 면역 체계를 조장하는 분자들로 '장식'된 파지들을 기반으로 개발되었다(비록 가장 널리 사용되는 코로나19 백신의 핵심인 훨씬 더 간단한 mRNA 기술의 성공으로 인해, 파지들이 이런 용도로는 결코 필요하지 않을 수도 있음을 시사하긴 하지만).

파지의 독특한 자가 조립 특성은 피부, 연골, 뼈 또는 심장과 신경 조직과 같은 손상된 인체 조직을 재생시키려는 시도로 의학의 전혀 다른 분야에서 가능성을 보여주고 있다. 여러 연구에서 길고 얇은 필라멘트 파지가 작은 섬유처럼 서로 나란히 자라도록 변형되어 인체 세포가 자랄 수 있는 3D 단백질 지지체를 형성했다.[16, 17] 다시 말해서, 그 파지들은 한 번에 수조 개씩 자랄 수 있고 도움이 되는 분자를 세포 표면에 표시하도록 쉽게 변형될 수 있는데, 이 경우 도움이 되는 분자란 인간 세포가 자연적인 구조와 조직으로 성장하도록 유도하고 조직화하는 것을 돕는 단백질을 말한다. 중국에 있는 절강대학교의 한 연구팀은 심지어 뇌 깊숙이 파지를 주입하여, 뇌졸중으로 인한 뇌 손상 후 뇌가 스스로 재건되는 걸 도와주도록 하고 있다.[18] 줄기세포를 탑재한 파지 기반의 '나노 섬유'는 쥐의 뇌 속에 있는, 뇌졸중으로 인해 생긴 공동에 직접 주입됐다. 이 섬유는 줄기세포가 새로운 뉴런으로 성장하고 손상된 조직을 복구하는 데 이상적인 발판을 제공했다.

많은 기업들이 이제 의학을 넘어 파지 기반 나노 소자와 나노 물질의 흥미로운 사용법을 바라보고 있다. 일부 추정에 따르면, '달갑지 않은' 박테리아는 사회와 환경의 많은 다양한 측면에 영향을 미치는 5,500억불 짜리의 세계적인 문제이다.[19] 그 천문학적인 수치에는 420억 달러에 달하는 항생제 시장뿐만 아니라, 우리의 농작물과 음식물에 병을 일으키거나 썩게 하고, 식수를 오염시키며, 입 냄새나 체취를 유발하고, 파이프와 기계를 막히게 하며, 애완동물의 건강에 영향을 미치는 박테리아를 차단하는 제품과 서비스의 가치도 포함된다. 게다가, 종종 동물의 내장에 있는 많은 다른 종류의 박테리아에 의해, 강력한 온실가스인 메탄이 방출되는 것으로 인한 사회경제적인 비용도 있다. 박테리아가 심지어 에탄올과 같은 필수 위생제와 소독제에 내성을 갖게 된다는 걱정스러운 보고들이 나오면서, 많은 연구기관들과 회사들은 살아있는 항균 나노 입자로서 파지를 사용하기 시작하고 있다.[20]

스코틀랜드 글래스고에 있는 과학 공원의 평평하고 낮은 팔각형 건물에서 제이슨 클라크(Jason Clark) 박사는 자칭 "내가 여태까지 연구한 것 중 가장 'SF 기술을 이용한'" 기기에 대해 흥분된 어조로 말한다. 만화책에 열광하는 과학자들이 사용할 법한 전기 플라스마의 파란 번개가 고압 전극에서 공기 중으로 폭발하고 기계는 섬뜩한 자주색 섬광을 내며 고동친다. 발생하는 고에너지 플라스마는 '코로나 방전'으로 알려져 있으며, 일시적으로 거의 모든 물질의 표면을 화학적으로 활성화시킨다. 이 기술은 제조업자들이 예를 들어 잉크 로고를 플라스틱 식품 포장지에 붙이거나 플라스틱 자동차 부품에 미세한 크롬 마감을 하듯이 또 다른 물질의 표면에 초미세층의 물질을 붙인다. 클라크는 자신의 놀라운 플라스마 번개 기계에 모든 종류의 물질을 넣지만, 그 물질에 잉크나 크롬을 붙이는 게 아니라 한 층의 파지를 붙인다. 클라크는 다양한 용도로 바이러스 코팅된 나노 물질을 만들기 위해 이 기술을 사용하기를 바라는 회사 Fixed Phage의 최고 과학 책임자이다. 표면에 파지를 고정시키면 파지는 안정화되는데, 이것은 파지들이 일정한 온도에서 보관될 필요가 없다는 것을 의미하기에, 잠재적으로 항균 활동을 몇 시간에서 며칠로 증가시킨다. Fixed Phage는 그 접근법이 음식 포장과 심지어 음식 자체뿐만 아니라 박테리아가 없는 것이 필수인 모든 종류의 표면, 예를 들어 의료기기, 인공 기관 및 붕대에 파지를 넣는 데 사용될 수 있다고 믿는다. 그 회사가 만든 것들 중 시장 판매에 가장 가까워진 제품들 중 하나는 미리 만들어 놓은 샐러드 봉지를 위해 쓰는 얇은 플라스틱 포장이다. 나노 크기로, 플라스틱 표면은 파지로 덮여 있고, 우연히 꼬리를 내민 파지들은 그 파지들과 마주칠 수 있는 모든 세균 세포에 DNA를 주입할 준비가 되어 있다. 이렇게 되면, 바이러스 복제가 널리 작동하기 시작하고, 봉지에 들어있는 세균의 파괴도 시작된다. '좋은 점은, 샐러드 포장 봉지엔 일단 아무것도 첨가되지 않은 상태라는 겁니다.'라고 클라크가 내게 말한다. '우리는 그저 파지들을 양조해 내서 안정화시킨 다음 포장 봉지에 붙이고 나서 다시 반납하면 됩니다.'

식품 포장, 양식장, 농업 및 의료기기를 위한 파지 제품뿐만 아니라, 이제 항균 구강 세정제, 탈취제, 치약 및 화장품을 위한 파지 기반 나노 입자도 개발 중에 있다. 과학자들과 의료 팀들이 가장 깨끗한 병원에서도 발생하는 미생물 군집을 이해하고, 그것들을 덜 위험하게 만들 수 있는 방법을 찾기 위해 점점 더 노력하고 있기 때문에, 파지를 먹인 건축 자재들까지 연구되고 있다. 인간에게 파지 치료법이 효과를 발휘하도록 하려는 시도들이 진행되고 있지만, 우리는 곧 우리의 음식, 화장품, 가정 및 병원 곳곳에 변형되거나 고정된 파지들이 들어 있는 제품들을 곧 만날 수 있을 것이다.

하지만 파지를 기반으로 하는 나노 기술의 가능성은 단언컨대 훨씬 더 놀랍다. 물질에 바이러스를 심어 놓는 기술과 여러분의 혈류를 타고 약물을 전달할 수 있는 작은 입자들 정도로 그치는 게 아닌 이보다 더한 것도 가능하다. 만약 파지가 생물학과 기술의 새로운 혼합의 핵심 요소가 될 수 있다면 어떨까?

예를 들어, 금, 은 그리고 백금 입자들, 크리스탈, 나노 수준의 탄소 튜브들, 나노 자석들로 장식된 정신 사나운 크리스마스 트리 파지들을 상상해보라. 혹은 작은 전자 장치 역할을 하는 전도성 물질들로 만들어진 파지들. 이것은 사물들이 아주 작은 것만큼이나 이상한 '나노바이오 테크놀로지'의 세계에서 이제 흔한 일이 된다.

점점 더 복잡한 나노 크기의 장치를 만들기 위한 일종의 틀로 파지들이 사용되고 있다. 그것들은 이미 자석이나 아주 작은 공명 결정체를 사용하여 아주 적은 양의 위험한 박테리아가 환경에 존재함을 알리거나 암과 다른 질병의 특징적인 분자 표지를 감지하는 나노 유효 범위의 '센서'를 만드는데 사용되어 왔다. 파지들은 작은 주형으로 사용되어 금속 같이 다른 물질로 만들어진 파지 유사 구조물을 자라게 해 왔다. (예를 들어, '나노 와이어'들은 구리로 덮인 긴 필라멘트 파지들로 만들어져서, 바이러스가 소각되고 나면 반짝이고, 속이 비어있는 파지 모양의 외부 코팅만 남는데, 이는 사람의 염색체보다 더 작은 초소형 전자장치에 사용될 수 있다.)

남윤성 교수와 한국과학기술원 '나노-바이오 인터페이스 연구소'는 미세한 대전 입자 저장이 가능한 파지 기반 '마이크로 배터리'와 태양광과 물에서 수소가스를 발생시킬 수 있는 소형 자가 조립 장치까지 만드는 주목할 만한 연구 성과를 올렸다. 이러한 아이디어는 아직 상용화 제품으로 개발되기에는 효율적이 아닐지 모르지만, 파지 기반 기술에 드는 재료비가 적고, 환경에 끼치는 영향도 적다는 점은 이것이 장차 점점 더 매력적인 기술이 될 것이라는 것을 의미한다.

전직 웨일스 왕자(찰스)가 그토록 악몽으로 우려했던 '회색구' 개념으로 되돌아가 보자. 우리는 언젠가 변형된 파지들이나, 자기 복제를 하는 파지 기반의 나노 장치들을 환경에 방출함으로써, 이게 대규모로 증식하여 일종의 확실한 형태가 없는 생활 기술을 형성하게 될 수도 있을까? 한 무리의 파지들을 방류하여 광활한 지역에서 발생한 위험한 박테리아들을 진압하고, 수로와 생태계에서 약물 내성 유전자를 제거하거나, 또는 심지어 우리가 야기한 환경 파괴를 되돌릴 수 있을까?

생태계 규모의 생물 시스템을 조작하여 환경을 개선하려는 대부분의 노력(소위 생명공학이라고 알려진)은 과거에는 너무 위험하다고 여겨져 왔다. 과학자들은 일반적으로 그러한 프로젝트가 이미 엄청난 압력을 받고 있는 서식지와 종들에게 예측 불허의 강력한 결과를 가져올 수 있다고 결론을 내리고 있다. 그러나, 과학자들은 변형된 파지를 대지에 광범위하게 배치하여 환경을 유용하게 바꿀 수 있는지를 탐구하기 시작했다.

2022년, 파지랜드 프로젝트(the PhageLand project)는[21] 이러한 종류의 프로젝트 중 최초로 스페인과 몰도바의 광대한 습지에서 파지가 약물 내성 유전자를 제거하는 데 사용될 수 있는지를 연구하기 위한 자금 지원을 승인 받았다. 특정 습지의 갈대밭은 박테리아와 유출된 항생제가 모두 축적되는 폐수와 하수를 주로 여과하는 곳이기 때문에 항균 내성의 핫스팟이 되며, 파지랜드 프로젝트는 특별히 개발된 파지가 이러한 장소에서 항균 내성 유전자를 가진 박테리아를 골라서 죽이는 데 도움이 될지 테스트할 것이다. 이는 전 세계에 특별히 제작된 파지를 배치하는 걸 목표로 하는 많은 프로젝트 중, 약간 걱정되지만 처음 시도하는 것일 수 있으며, 더 복잡하고 비용이 많이 드는 처리 공장을 설립하기는 힘든 저소득 국가의 환경에서 오는 항생제 내성을 줄이는 데 특히 유용할 수 있다.

파지랜드 프로젝트뿐만 아니라, 생태학과 진화 학술지(Journal of Ecology and Evolution)에 기고한 델리 대학의 연구원들은, 특정 토양들이 가뭄에 더 저항력이 있거나 오염 물질을 분해할 수 있도록 토양 미생물 군집(microbiome)의 조종자로서의 역할을 포함하여 다양한 환경 개선에 사용되는 특별히 프로그램 된 파지들이 '생태계 복원을 위한 기술적 전환'을 대표할 수 있다고 제안했다.[22] 파지들은 또한 전 세계적인 메탄 배출을 줄이기 위해 농장 동물의 내장에 있는 박테리아를 바꾸는 방법으로서 연구되고 있다. 더 고민해 보는 아이디어들로, 해양 생태계들이 붙드는 탄소의 양을 증가시키기 위해 파지들을 사용하거나, 플라스틱을 소화할 해양 박테리아들 사이에 유전자를 퍼뜨리는 아이디어들이 있다.

연구 결과에 따르면 일부 유전자 조작된 파지는 자연 파지보다 경쟁력이 있거나 숙주에게 1,000배 이상의 효능으로 감염시킬 수 있으며, 이는 방출될 경우 환경 전체에 빠르게 퍼질 수 있음을 이미 시사한 바 있다.[23] 우리는 언젠가 환경 바이러스의 보편적인 힘을 활용하여 우리 시대의 거대한 생태학적 위기를 해결할 수 있을까? 오염, 생물 다양성의 상실, 심지어 기후 변화까지도? 파지가 우리의 몸과 자연 세계에 서식하며 융화되는 훨씬 더 낯설고, 아직은 상상도 못할 기술의 핵심을 형성할 수 있을까?

현재로서는, 그러한 프로젝트들은 논란의 여지가 있을 뿐만 아니라, 확실히 이론적인 상태로 머물러 있다. 우리가 현재의 환경적 위기를 '기술로 해결'할 수 있다는 생각은, 대다수가 낙관적인 환상이라 간주한다. 그렇게 간주한다면 지구상에 존재하기 위해 진정으로 지속 가능한 방법들의 개발에 집중을 못하게 될 수 있다. 사실, 해양 생명체들이 흡수하는 탄소의 양을 증진시키는 데 목적을 둔 프로젝트 같이 대규모의 생명 지리 엔지니어링 프로젝트는 이것이 초래할 의도치 않은 결과들에 대한 우려로 유엔의 유예조치 대상이 될 수 있다.[24] 하지만 만약 언젠가 우리의 신체나 우리가 살고 있는 세상을 밑바닥에서부터 대폭적으로 바꾸기 위해 자기 복제 나노봇들의 무리가 필요하게 된다면, 그 회색 구들은 저기 밖에서 기다리고 있을 것이다.

THE GOOD

에필로그

VIRUS

THE AMAZING STORY AND FORGOTTEN PROMISE OF THE PHAGE

생명에 대한
새로운 시각

내가 이 이상하고도 놀라운 파지 과학의 세계를 탐구한 지 거의 2년이 다 되어가는 시점에, 나는 호주의 선샤인 코스트 대학에서 개발 중인, 물을 정화하는 혁신적이고 새로운 방법에 대한 뉴스 기사를 접하게 된다. 이 방법에는 달갑지 않은 박테리아를 제거하기 위해 물 처리 작업에 투입되는 박테리오파지가 포함되어 있다. 이 '새로운' 아이디어는 이 책의 첫 장에 나왔던 이야기, 즉 콧수염을 기른 어니스트 핸버리 행킨이 갠지스 강의 물을 정화할 수 있는 물질을 처음으로 관찰했던 1890년대의 발견으로 거슬러 올라간다.

우리가 수로에서 이 자연 정화 자원을 이용하는 데 130년이 넘게 걸렸다는 것은 그 세월 동안 이 과학 분야가 이상하고도 뒤틀린 운명을 수없이 겪어

왔음을 말해주고 있다. 지난 세기 파지 과학의 부침을 보면 과학자들이 발견한 파지를 세상이 인정해 주는 데에는 그 과학자들이 살아온 시대상과 더불어 그들의 인성이 얼마나 큰 영향을 줄 수 있는지를 알 수 있다. 우리는 과학이란 경험적이고 객관적인 과정이라고 생각하기를 좋아하지만, 과학은 결국 인간에 의해 행해지고 조직되는 것이다 - 그리고 인간은 여전히 온갖 종류의 기벽, 맹점, 편견과 비뚤어진 성향을 가지고 있다. 과학자들은 오해를 받고, 과학적 작업의 중요성은 놓치게 되며, 과학적 지식에 대한 추구는 당대의 지정학적 바람에 의해 궤도를 이탈하게 된다. 우리에게 해를 끼칠 수 있는 바이러스들때문에 우리는 우리를 치료해 줄 수도 있었고 그냥 무해할 수도 있는 바이러스들을 주목하지 않게 되었다. 그리고 바이러스를 '살아 있'지 않다고 보는 우리의 시각은 파지 세계에 대한 탐구를 더욱 방해하고 있다.

이 책에서 자주 설명한 바와 같이 종종 어버버 대듯이 힘겹게 진보하며 나아갔지만, 우리는 이제 의심할 여지 없이 진정 흥분되는 파지 과학의 시대에 접어들고 있다. 수많은 헛발질과 오해, 실수와 불행을 겪고 나면, 우리는 마침내 파지 치료법이 구 소련권 이외 나라들의 의원과 병원에서 주류가 되는 것을, 파지의 발견과 분류를 가속화할 새로운 플랫폼이 되는 것을, 우리의 삶과 환경을 흥미로운 방법으로 개선할 수 있는 새로운 파지 기반 기술이 나오는 것을, 그리고 연구할 가치가 부여된다면 이 지구상에 있는 다양한 파지들을 보게 될 수 있을지도 모르겠다.

이 책은 파지가 지구상에서 가장 중요하면서도 간과되고 있는 생명체 중 하나일 수도 있다는 제안에서 시작되었다. 물론 우리가 무시하거나 신경 안 쓰는 중요한 유기체들도 많이 있지만, 나는 파지가 특별한 경우라고 생각한다. 우리는 지구상에서 가장 많은 생물체, 생물학에서 알려지지 않고 연구되지 않은 유전 정보의 가장 큰 집합체, 질병과 부패와의 싸움에서 우리와 함께 할 우리의 끝없는 잠재적 동맹, 그리고 지구상 생명체의 다양성을 견인해 온 생물권의 기초 층에 대해 이야기하고 있다.

이 책에 대한 나의 또 다른 희망은 바이러스가 무엇인지에 대한 사람들의 인식을 재조정하는 것이었다. 너무나 근심스럽게, 너무나 이질적으로 보이는 구조물이 사실은 지구상 생명체들의 창립 멤버이자 세상과 우리의 삶을 상상할 수 없을 정도로 복잡하고 서사적인 방식으로 매일 증강하고 상호 작용하는 구조물이라는 건 얼마나 놀라운 일인가? 지난 100년 동안 파지들이 우리에게 해준 것들의 총합을 보라 - 기초 연구, 의학, 법의학 및 유전 공학에서 매일 사용되는 분자 생물학에 대한 기여; 언젠가 유전병을 퇴치할지도 모르는 강력한 기술의 핵심에 있는 그들의 위치; 대체 항균제로서의 역할. 또한 우리의 면역 체계에서 그들이 하는 역할을 보라 - 그러면 그대들은 알려지지 않은, 사랑받지 못한 바이러스들이 매년 구해주는 생명의 수가 실제로 우리가 알고 있고 두려워하는 바이러스들에 의해 빼앗긴 생명의 수보다 더 많아지기 시작할 수도 있다는 것을 알게 될 것이다. 거기에다 진화, 생태계, 다른 생명체들 간의 유전적 혁신을 공유하는 데 있어서 그 거대한 부분을 파지가 맡아 역할을 해오고 있다는 것을 더해보면, 바이러스는 오늘날 우리가 자연계에서 보는 모든 아름다움을 유지하고 추진하는 데 도움을 줄 수 있는 착한 녀석임이 분명해진다.

나는 독자들이 이 책을 읽고 파지에 대한 이해가 달라졌으면, 세상에 대한 독자들의 이해도 달라졌기를 바란다. 우리 사회는 문화적, 과학적 사상누각을 기반으로 한 취약한 의료 시스템으로 지탱되고 있으며, 언제나 끊임없이 변신하는 미생물들과 싸워야 한다는 건 말할 필요도 없다. 바닷속, 흙 속, 심지어 인간의 몸 속에서도, 다른 생명체들과 살고 있는 복잡한 미시적, 혹은 미시적 수준 미만의 공동체들은 우리가 생각했던 것보다 더 다양한 것으로 드러나고 있다. (밀밭의 잎에서만 해도 848종인 파지들을 기억하라.) 지구상의 생명체들을 묘사한 아름다운 색깔의 광경들은 지구의 10^{31}가지 종류 바이러스들의 배경 잡음에서 나왔다.

이 방대한 미지의 것들은 앞으로 더 많은 흥미로운 발견들이 있을 것임을 확실하게 보장해 준다. 혹은, 한 연구 논문이 언급했듯이, 셰익스피어를 장난스럽게 인용하겠다: '모든 세상은 하나의 파지다.'[25]

(셰익스피어의 원래 문장은 "All the world's a stage, and all the men and women merely players." 즉 "이 모든 세상은 하나의 무대이며 모든 남녀는 단지 배우일 뿐"이라는 뜻이다. 출처는 셰익스피어의 희곡 "As You Like It, 뜻대로 하세요"이다. - 역자 주)

파지 과학이 추구할 다음 최전선은 전 세계 미개척 지역에 있을 아직 알려지지 않은 수많은 조 단위의 파지들을 알아내는 것뿐만 아니라, 주변의 가까운 곳에 있는 파지들도 파악하는 것이다. 우리 인간의 소화 기관과 더불어 폐처럼 감염되기 쉬운 장기 내 파지들에 대한 지식은 아직도 유아 단계라서,* 파지들이 우리 면역 체계 및 개별 세포들과 어떻게 상호 작용하는지는 오랫동안 간과되어 왔다. 파지들과 숙주들이 단지 페트리 접시들에서가 아니라 복잡한 환경에서 어떻게 상호작용하는지를 이해하는 것은 파지들을 더 정확하게 사용하는 데 중요할 것이다. 파지가 어떻게 플라크(초창기 파지 사냥꾼들이 관찰했던 파지 존재를 증명하는 가장 원초적인 시각적 소견)를 형성하는지에 대한 면밀한 연구는 더욱 발전하여 오늘날에는 파지들이 어떻게 바이오필름을 파고 들

★ 인체에서 가장 풍부한 미생물일 것으로 추정되는 초 과잉 위장 파지인 CrAs-Phage01은 2014년에야 확인되었다.

어가는지 더 잘 이해하고, 강력한 내성 박테리아와의 대결에서 또 다른 핵심을 제공해 주고 있다. 심지어 그 파지들 안에서도 풀어야 할 많은 비밀들이 있다. 과학자들은 잘 연구된 종들에서조차 대부분의 파지들의 유전자가 실제로 무엇을 하는지에 대한 명확한 정보를 가지고 있지 않다. 그리고 거대 바이러스를 잡는 바이러스인 '바이로파지(virophages)'와 같이 탐구해야 할 훨씬 더 작은 종류의 기생체들이 나오는 감질나는 찰나의 발견도 있다.[26]

다른 규모로 볼 때, 우리는 우리 바다에 있는 수조 개의 바이러스들이 기후 변화의 규모를 악화시킬지 혹은 약화시킬지 아직 예측할 수 없지만, 우리는 그 것들이 이 행성의 거대한 화학적 순환과 에너지 순환의 핵심 요소이며, 더 잘 이해되어야 한다는 것을 알고 있다.

이 모든 분야에서의 진보는 우리 삶의 많은 분야의 이익을 위해 파지의 근본적인 힘과 풍부함을 활용할 수 있는 새로운 시대로 이어질 수 있다.

나는 과거의 실수를 되풀이하지 말고, 박테리오파지들을 모호하고 무관한 것으로 보지 말아 달라는 간청으로 이 책의 끝을 맺는다. 이 바이러스들은 2020년에 우리 세상을 바꾼 천산갑이나 박쥐 속에 숨어있던 바이러스나, 미생물들로 하여금 크리스퍼 - Cas9 분자 시스템을 진화시키도록 강요했던 바이러스들 같은 그런 류가 결코 아니다. '내 적의 적은 내 편이다'라는 고대 산스크리트어 속담이 있는데, 박테리아와 싸우기 위한 방법에 대한 탐색이 고조되면서, 이제는 이 특별하고, 어디에나 있고, 보이지 않는 동맹들을 완전히 포용할 때이다.

내가 이 책의 마지막 초안을 마무리하는 순간, 기다렸던 나의 두 번째 파지 찾기 작업이 성공적이었다는 이메일을 받는다. 엑세터 대학에서 첫 번째 파지 분리 시도가 실패한 후, 그 곳 팀은 내게 두 번째 기회를 주었고, 그들은 내가 살고 있는 동네에 소재한, 아이들이 동물을 만질 수 있는 동물원 옆 개울에서 가져온 샘플 몇 개에서 파지 여럿을 발견했다. 둘은 대장균에 작용하였고, 셋은 녹농균을 감염시켰는데, 이 놈은 지금 전 세계에서 특히 우려스러운 내성 감염을 일으키는 'ESKAPE' 병원균 여섯 개 중 하나이다. 적어도 세 개는 과학계에 새로이 나온 특이한 DNA 염기서열을 가지고 있고, 심지어 몇 주 후에 나는 사진들도 받게 된다. 나는 그들에게 여러 가지 바보 같은 이름들을 붙여주지만, 그 중에서도 내가 둑에서 주사기로 물을 채취할 때 옆에서 옹알거리며 나를 격려해준 우리 딸래미의 이름을 따서 명명한 '에미22 (Emmi22)'가 가장 좋아하는 이름이다.

헤아릴 수 없을 정도로 거대한 지구 바이러스체(virome)를 인류가 종합적으로 이해하는 데에 내가 작게나마 기여를 했다는 것, 그리고 영국에서도 아주 구석에 있는 내 동네에서 채취한 파지들 몇 개를 목록에 등재했다는 건 무척 기분 좋은 일이다. 누가 아나? 어쩌면 언젠가 에미22나 나의 다른 파지들 중 하나에서, 그들의 유전자가 방대한 파지 치료 버전 2.0용 데이터에 추가되는 것만으로도, 누군가의 생명을 구하는 데 도움이 될지도 모른다.

그래서, 나는 이제 파지와 그것들이 왜 중요한지에 대해 내가 할 수 있는 모든 것을 썼다고 생각한다. 그리고 심지어 밖에 나가서 내 자신의 파지를 발견하기도 했다.

이제는 당신 차례다.

파지에 대한
현장 지침서

Escherichia virus T4
HTVC010P
CTX φ
φX174
Bicaudaviridae
Enterobacteria phage λ
Jumbo phages

The Good Virus:
The Amazing Story and Forgotten Promise of the Phage

파지를 물색하는 이를 위한 이 안내서는 우리가 알고 있는 세계의 수백만, 어쩌면 수십억 종류의 가장 중요하고 흥미로운 정보들 중 몇 안 되는 것들을 보여준다.* 이 구조들의 크기가 1마이크로미터도 훨씬 안 된다는 점을 감안할 때, 전자 현미경을 소유하지 않는 한, 여러분이 이 구조들 중 어떤 것도 실제로 발견할 수는 없을 것 같다. 아직도 나는 여러분이 이 이상하고 때로는 사악해 보이는 구조들이 여러분 주변에 모두, 여러분 위에 모두, 그리고 심지어 지금 당장 여러분 내부에, 박테리아 세포를 납치하거나, 그들의 유전체를 히치하이킹하거나, 여러분이 여기서 이어지는 12~13페이지 정도 읽는 데 걸리는 시간 내에 스스로를 백 배 이상 복제한다는 사실을 아는 데서 경이로움을 느끼길 바란다.

★ 이 책이 출간되면서 바이러스학자들이 파지를 분류하는 방식이 바뀌었고, 이 가이드에 등장한 포도바이러스(Podovirus), 시포바이러스(Siphovirus), 마이오바이러(Myovirus)등 고전적 파지 '가족' 중 상당수가 갑자기 폐지됐다. 그러나 이 이름들은 비슷한 모양과 크기의 파지를 비공식적으로 설명하는 데 여전히 사용될 것이다.

Escherichia virus T4

크　　기: 길이 약 200 나노미터
유 전 체: 유전자 수는 약 300개
유　　형: 마이오바이러스(*Myovirus*)
숙　　주: *E.coli*

박테리오파지 세계의 유명인사인 'Escherichia 바이러스 T4'의 상징적이고 사악한 윤곽은 포스터나 티셔츠, 심지어는 문신이나 보석류에서도 볼 수 있다. 이 바이러스는 사실상 *E. coli*를 제외한 어떤 것도 감염시킬 수 없는데도, 모든 바이러스, 심지어 인간 바이러스를 대표하는 모습으로 일종의 상징처럼 되어 버렸다.

마이오바이러스로 알려진 꼬리가 큰 파지들의 집단에 속하며, T4는 비교적 큰 DNA 유전체를 이십면체(20개의 면을 가진) 머리 속에 포장해 집어 넣고, 적절한 숙주를 감지하기 위해 긴 거미 같은 다리(꼬리 섬유로 알려진)를 사용한다. 파지가 숙주에 결합하며 외벽을 뚫을 때, T4의 단단한 꼬리는 수축하여 주사기처럼 숙주에 DNA를 주입하도록 한다. 지금까지 가장 잘 연구된 생명체 중 하나이며, 그 구조는 거의 단일 원자 수준까지 이해되었다.

HTVC010P

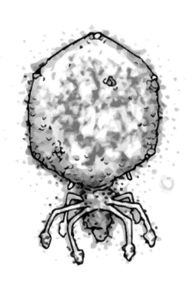

크　　기: 전장 약 50 나노미터
유 전 체: 유전자 수 약 60개
유　　형: 포도바이러스(*Podovirus*)
숙　　주: *Pelagibacter ubique*

HTVC010P는 아마도 지구상에서 가장 풍부한 생물체일 것이다. 그렇다, 그것은 더 그럴싸하게 좋은 이름이 필요하다.

2013년에 서야 겨우 발견된 이 파지는 세계에서 가장 풍부한 해양 박테리아인 *Pelagibacter ubique*를 감염시키도록 진화해왔다. 이 박테리아는 바다에서 너무나 많은 수가 발견되어서 과학자들은 한때 파지에 의한 공격에 분명 면역력이 있을 것이라고 생각했었다. 그런데 그렇지 않다. 매일, 헤아릴 수 없을 정도로 많은 이 박테리아들이 HTVC010P에 의해 납치되어 다른 일을 거의 하지 않고 더 많은 HTVC010P를 생산하기 시작한다.

일년 중 특정한 시기에, *Pelagibacter ubique*는 바다에 있는 모든 미생물 세포의 절반만큼을 구성한다. 이들 광합성 박테리아는 바다와 대기에서 생명을 유지하는 방대한 양의 산소를 생산한다. 그러므로, 이 박테리아를 감염시키는 파지들은 행성 규모의 그러한 필수적인 영양분의 이용 가능성에 영향을 미칠 수 있다. 극도로 짧고 수축하지 않는 꼬리를 가져, 뭉툭하고 진드기와 유사한 인상을 줘서 *Podoviridae* 바이러스 과의 다소 특별할 게 없어 보이는 구성원이다.

CTXφ *

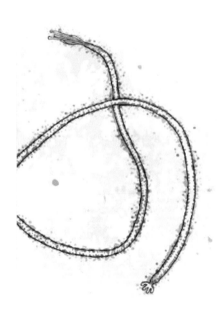

크　　기: 1,000+ 나노미터
유 전 체: 유전자 약 15개
유　　형: 실 모양(*Filamentous*)
숙　　주: *Vibrio cholerae*

또 다른 기억하기 쉬운 이름의 파지인 CTX φ는 역사를 통틀어 수백만 명의 사람들의 죽음에 책임이 있는 필라멘트(실과 같은) 형태의 파지다. 이 파지는 한때 무해했던 수인성 박테리아 비브리오 콜레라를 치명적인 설사병 콜레라를 일으키는 훨씬 더 치명적인 변종으로 초무장시킨 여러 유전자들을 갖고 있다.

CTX φ는 온대지방의 파지인데, 이것은 숙주 안에서 미친 듯이 복제하여 그것을 터트리는 것보다 조용히 숙주 안에 숨어있을 수 있다는 것을 의미한다. 이것은 CTX φ에 감염된 비브리오 콜레라균이 CTX φ의 유전자로부터 치명적인 독소를 마치 그것들이 원래 자신의 소유물이라는 착각 속에 생산하면서 계속해서 살고 복제한다는 것을 의미한다.

CTX φ는 우리에게 모든 파지가 '좋은' 것은 아니라는 중요한 교훈을 주었다: 파지들은 종종 숙주 박테리아에게 그들을 훨씬 더 위험한 놈으로 만드는 유전자를 제공할 수 있다는 것이다.

콜레라는 매년 최대 10만 명의 사람들을 죽인다. 그리고 이 모든 것은 이 마르고 작은 파지의 탓이다.

★ '파이'로 읽는다. - 역자 주

φX174

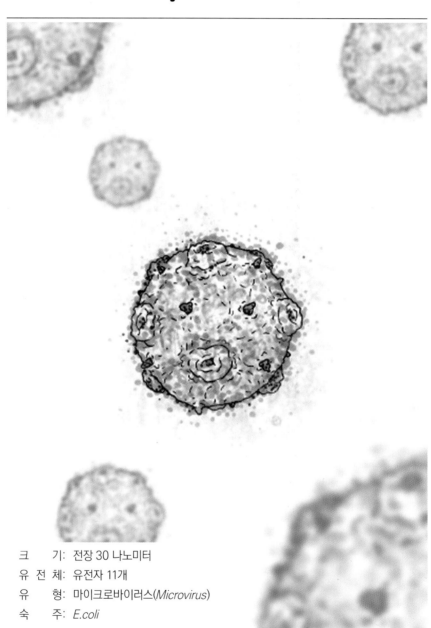

크　　기: 전장 30 나노미터
유 전 체: 유전자 11개
유　　형: 마이크로바이러스(*Microvirus*)
숙　　주: *E.coli*

단 11개의 유전자를 가진 φX174*는 지구상에서 가장 단순한 생명체 중 하나이다. 그것의 유전자는 박테리아 세포를 납치하고 재프로그램 할 능력을 지닌 단순하고 자기 복제적인 기생체를 함께 형성하는 11개의 다른 단백질에 대한 화학적 조리법을 포함한다.

그 바이러스 입자는 같은 단백질 분자 60개 복사본이 바둑판처럼 하나하나 모여서 이룬 보호막에 둘러싸인 원형의 DNA 가닥일 뿐이며, 그 DNA를 숙주에 결합하고 주입하는 것을 돕기 위한 12개의 단백질 스파이크를 가지고 있다. 바이러스가 *E. coli*를 감염시킬 때, 파지의 DNA는 스파이크의 중앙에서 분출되는 것으로 추정된다. 다른 단백질들은 바이러스 단백질이 올바른 모양으로 조립되는 것을 돕는 발판 역할을 한다.

φX174는 복잡한 화학이 생물학이 되는 매혹적인 경계에 존재하는데, 이 경계에서 무생물이던 분자들은 특정 배열을 하면서 복제와 진화가 가능해지고 따라서 우리가 '생명'이라고 부르는 것의 대열에 합류한다. 그 단순성 때문에 분자생물학자들에 의해 판독된 최초의 완전한 유전체(즉, 그 DNA를 구성하는 소단위체의 독특한 서열을 해독함)은 φX174였다. 실험실에서 화학적으로 합성된 DNA를 사용하여 만들어진 최초의 완전한 '합성 유기체'는 φX174의 초소형 유전체를 기반으로 했다.

★ '역시 파이'로 읽는다. 이는 대문자이다. - 역자 주

Bicaudaviridae

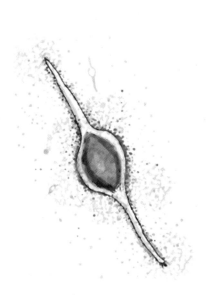

크　　　기: 꼬리 두 개 합쳐서 길이 400 나노미터
유 전 체: 유전자 약 70개
유　　　형: 정의 안 됨
숙　　　주: *Acidianus (archaea)*

'꼬리가 두 개인 바이러스'라고도 알려진 Bicaudaviridae는 고세균이라고 알려진 단세포 미생물을 감염시키는 매우 이상한 파지들 중 하나이다. 고세균은, 박테리아 같은 외모와 행동을 하지만, 사실 수십억 년 전 모든 미생물의 공통된 조상으로부터 갈라진 꽤 뚜렷한 생명의 계통이다. 고세균의 바이러스들은 편의상 박테리오파지들과 함께 모여 있지만, 그것들은 잘 연구되지 않았거나 별로 알려진 바가 없으며, 그동안 규명된 것들은 심지어 박테리아용 바이러스보다 더 이상한 것으로 밝혀졌고, 종종 방추형, 레몬 또는 병 모양의 바이러스를 형성한다. 그것들은 종종 염분, 열 또는 pH 수치가 극단인 환경에서 발견된다.

Bicaudaviridae는 온천, 열수구, 갯벌 또는 화산 분화구와 같은 극도로 덥고 산성이 높은 환경에서 생존할 수 있도록 진화해 왔으며, 이곳에서 잘 자라도록 진화해온 '극한성 생물(extremophile)'인 고세균에 감염된다. 특이하게도, 감염된 세포에서 새로운 바이러스가 나오면, 레몬 모양으로 시작하여 세상에 방출된 후 꼬리가 더 길어진다.

Enterobacteria phage λ

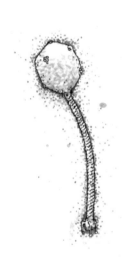

크　　기: 캡시드(capsid) 전장 50-60 나노미터
유 전 체: 유전자 약 80개
유　　형: *Siphovirus*
숙　　주: *Escherichia coli*

이전에 프린스라고 알려진 예술가처럼, 이 파지는 매우 중요해져서 그리스 알파벳의 열한 번째 글자인 lambda라고 알려진 상징물인 λ로 알려져 있다.★ 1950년 Esther Lederberg에 의해 발견된 이후, 분자생물학에서 가장 유용한 생물체 중 하나가 되었는데, 이는 세포가 유전자에 포함된 정보를 읽고 작용하는 데 사용되는 기본적인 과정을 연구하고 유전자 조작된 생물체를 만드는 것을 돕기 위해 사용되었다.

미생물학 실험실의 일 많이 하는 말이라 할 수 있는 대장균을 감염시키는 파지인 람다는 연구원들이 DNA를 박테리아 세포로 넣어 박테리아의 유전자에 통합하는 것을 돕는다. 초기 유전공학에서 이 바이러스는 박테리아에 유용한 새로운 기능을 부여하기 위해 관심있는 부위의 DNA 가닥을 대장균 세포로 은밀히 넣는 데 사용되었으며, 이 파지가 주목을 끌지 못하던 '매복' 모드와 더 폭력적인 세포 터짐 모드 사이를 어떻게 그리고 왜 전환하는지에 대한 연구에서 유용했다.

Virology 저널에 따르면, λ의 아름다움은 '잠재적으로 완전히 이해할 수 있을 만큼 충분히 간단하지만 여러 방면에서 흥미롭고 유익할 만큼 충분히 복잡하다'는 것이다.

★ 저자가 멋지게 쓴 비유인데, 여기서 프린스는 1980-90년대 마이클 잭슨과 쌍벽을 이루었던 아티스트 프린스다. 그가 1994년 소속사의 불화로 프린스라는 이름을 버리고 남성과 여성의 성 기호를 조합하여 만든 기호 하나로 자신의 이름을 대신한다. 어떻게 읽어야 하는지도 표명을 안 했기에 팬들은 TAFKAP (The Artist Formerly Known As Prince), 즉 '한 때 프린스라고 알려졌던 아티스트'라고 불렀다. 이를 λ라는 글자 하나로 상징된 이 바이러스에 비유한 것이다. - 역자 주

Jumbo phages

크   기: 길이가 600 나노미터에 달한다.
유 전 체: 다양함
유   형: 다양함
숙   주: 다양함

최근 몇 년간 생물학자들이 바이러스와 더 복잡한 세포 생명 사이의 경계를 모호하게 만드는 몇 가지 파지들을 발견했다. 대부분의 바이러스는 화려한 단백질로 포장된 일련의 유전자 설명서에 지나지 않으며, 복제를 위해서는 숙주 세포의 복잡성을 필요로 한다. 하지만 소위 점보 파지들은 대부분의 파지들보다 크기가 훨씬 크고 훨씬 복잡해 보인다.

이 비정상적으로 큰 파지들은 일반 파지보다 최대 15배나 더 긴 유전체를 가질 수 있는데, 이것은 한때 제대로 된 살아있는 세포에서만 발견되는 것으로 여겨졌던 더 복잡한 생화학적 체계의 일부를 생산하는 것을 도와준다. 예를 들어, 점보 파지는 DNA 주위에 핵과 같은 보호 구조를 형성할 수 있고, 다른 바이러스를 공격하기 위해 박테리아 방어 효소를 사용한다.

지금까지 발견된 가장 큰 파지 중 하나인 Bacillus megaterium 파지 G는 T4보다 약 3배 더 크고(그 자체는 꽤 큰 파지), 알려진 가장 큰 세균 세포 중 하나인 *Bacillus megaterium*을 감염시킨다.

많은 다른 환경에서 수백 개의 다른 점보 파지들(그리고 더 최근에는 심지어 더 큰 유전체를 가지고 있는 '메가파지')이 발견되면서, 우리는 파지가 무엇인지에 대한 이해와 바이러스와 세포 사이의 진화적 관계에 대한 이해가 바뀌게 되었다. 점보 파지는 바이러스가 세포로 진화했다는 것, 바이러스가 세포에서 진화했다는 것, 또는 바이러스와 세포가 고대의 어떤 혼합물로부터 진화했다는 것을 보여주는 사라진 연결고리일까?

감사의 글

아이러니하게도 이 책의 상당 부분은 오랜 기간 동안 여행과 도서관 및 기록 보관소의 접근이 불가능했던 코로나19 팬데믹 기간에 쓰여졌다. 따라서 윌리엄 서머스, 앨런 더블란쳇, 에른스트 피셔, 에밀리아노 프루치아노, 안나 쿠치멘트, 토마스 하우슬러, 드미트리 마이엘니코프, 니나 차니쉬빌리가 수행한 훌륭한 기록 보관소 발굴과 인터뷰에 감사한다. 파지 과학의 역사에 관한 그들의 업적은 훌륭하며 이 책의 문헌 출처 페이지에서 찾을 수 있다.

또한 파지 커뮤니티를 위해 수많은 비공식적이고 공개적인 온라인 미팅을 마련해 주시고, 파지 과학에서 흥미로운 일들에 대해 트윗해 주신 제스 새처 박사님과 사브리나 그린 박사님께도 감사드린다. 대면 미팅이 절대로 금지될 때 이런 온라인미팅들은 연락을 주고받을 수 있는 매우 귀중한 수단이 되었다.

마사 클로키 교수님을 비롯한 제 원고의 일부를 검토해주신 모든 분들께 감사드리며, 저처럼 바보 같은 노인도 내 소유의 파지를 찾을 수 있도록 도와주신 엑세터 대학의 벤 템퍼턴 박사님과 줄리 플레처 박사님, 그리고 안토니아 사고나 박사님, 트리스탄 페리 박사님, 젬피라 알라비제 박사님, 니나와 마사 박사님께 다시 한번 여러분과 여러분의 동료들(그리고 때로는 여러분의 환자들)과 함께 시간을 보낼 수 있게 해주신 것에 감사드린다. 그리고 지난 2년 동안 시간을 내어 저와 대화를 나눠주신 모든 파지 과학자들과 환자분들께도 감사드린다. 비록 이 분들이 직접 책에 인용되지는 않았지만, 나눠주신 전문지식은 매우 유용했고, 제가 이해하는데 도움이 되었다.

저의 첫 책 거래를 성사시킨 이 제안서에 설익은 아이디어를 개발하는 데 도움을 준 큐리어스 마인즈(이전 사이언스 팩토리)의 피터 탈랙 대리인과, 첫 작가를 대상으로 한 자일스 세인트 오빈 상을 통해 이 책을 완성할 수 있도록 자금을 지원해 준 왕립 문학 협회에 감사드린다. 호더의 안나 바티와 이지 에 버링턴, 노턴의 제시카 야오 편집장에게도, 민첩한 워드프로세서뿐만 아니라 이 프로젝트를 위해 열정을 보내주신 분들께도 감사드린다. 훌륭한 편집을 해 주신 아루나 바수데반씨에게도 감사드린다.

항상 저를 지원하고 제가 'Biologist*' 잡지 업무 외에도 집필에 전념할 수 있도록 지원해 주신 영국왕립생물학회의 로라 벨린건 박사님과 마크 다운스 박사님께 감사드린다. 게다가 저 없이도 의사들의 계약서가 복잡하게 얽혀있는 것에 대해 글을 쓰고 있을지도 모르는 '엘리지' 박사님께도 말이죠.

가장 중요한 것은, 팬데믹 기간에 부모가 되는 법을 배우는 동안 변함없는 지지와 이해, 도움, 아이디어와 사랑을 보내주신 제 사랑하는 아내 재키에게 감사드린다. "이제 파지에 대해서는 그만 이야기하겠어, 약속할게."

그리고 40년 가까이 은유를 쓰거나 직설적으로 옆에서 저를 응원해 주신 저희 부모님 스티브와 도리에게 감사드린다.

★ Biologist는 저자가 운영하는 과학 잡지이다. - 역자 주

참고 문헌들

이 책의 집필을 언제 어느 선까지 하고 종결해야 할지 정하기가 참 어려웠다. 매주 흥미로운 새로운 실험용 파지 요법 사례와 근본적인 파지 연구를 위한 블록버스터급 보조금에 대한 새로운 헤드라인이 나오는 것 같으며, 앞으로 몇 년 동안 그 결과를 보고해야 할 파지 요법의 중요한 임상 시험들이 속속 나오기 때문이었다. 또한 내가 무리해서 모조리 다 이 책에 담아 넣으면 도저히 다 읽을 수 없을 만큼 방대해질 수도 있었을 정도로 흥미로운 증례 연구들과 파지에 대한 새로운 아이디어들이 셀 수도 없이 많은 것이다.

다른 나라에서 파지 요법의 개발 또는 출시에 대한 더 많은 정보를 알고 싶은 사람들을 위해, 웹사이트 bacteriophage.news는 유용한 업데이트와 뉴스 기사를 제공하며, 민간 및 공공 자금 지원 임상 연구의 대규모 데이터베이스는 clinicaltrials.gov(또는 귀하의 나라에서 이에 상응하는 동등한 웹사이트)에서 찾을 수 있다. 그리고 network phage.directory는 의사의 진료 의뢰서 또는 증빙 서류를 가지고 있는 환자에게 파지 요법에 접근하는 것에 대한 더 많은 정보를 제공하는 데 도움이 될 수 있다.

파지 과학의 여러 측면을 다루는 학문적 문헌으로는, David Harper, Stephen Abedon 그리고 Benjamin Burrowes가 편집한 *Bacteriophages: Biology, Technology, Therapy* (Springer, 2021)이 모든 박테리오파지에 관한 가장 포괄적인 최근 교과서이다.

1. Koonin, E. V., Martin W. 'On the Origin of Genomes and Cells within Inorganic Compartments.' Trends in Genetics 21(12), 647-54 (2005).

2. Yong, E. I Contain Multitudes: The Microbes Within Us and a Grander View of Life. HarperCollins 2016.

3. Reche, I., D'Orta, G., Mladenov, N. et al. 'Deposition Rates of Viruses and Bacteria above the Atmospheric Boundary Layer.' The ISME Journal 12, 1154-62 (2018).

4. 'Phages Attack: A History of Bacteriophage Production and Therapeutic Use in Russia.' Science First Hand, May 2017, 인용은: Pokrovskaya M. P., et al. 'Lechenie ran bakteriofagom (Treatment of Wounds with Bacteriophage).' Moscow: USSR People's Commissariat of Public Health (Narkomzdrav), Medgiz (1941).

5. 빵은 분명히 스탈린그라드 주민들이 '파지 요법'을 한 후에야 주어졌다. Chanishvili, N. & Alavidze, Z. Early Therapeutic and Prophylactic Uses of Bacteriophages. In Harper, D. R, Abedon, S. T., Burrowes B. H., & McConville, M. L. (eds) Bacteriophages: Biology, Technology, Therapy (Springer Reference, 2021).

6. Suttle C. A. 'Viruses in the Sea.' Nature 437(7057), 356-61 (2005).

7. Murray C., Ikuta K. S., Sharara F. et al. 'Global Burden of Bacterial Antimicrobial Resistance in 2019: A Systematic Analysis.' The Lancet 399(10325), 629-55 (2022).

8. 'The Top 10 Causes of Death.' World Health Organization. 9 December 2020. www.who.int/news-room/fact-sheets/detail/the-top-10-causes-of-death.

9. 'The Ganges Brims with Dangerous Bacteria.' The New York Times. 23 December 2019.

10. Hankin M. E. 'L'action bactéricide des eaux de la Jumna et du Gange sur

le vibrion du choléra.' Annals of the Institut Pasteur (Paris) 10, 511-23 (1896).

11. Faruque, S. M., Islam, M. J., Ahmad, Q. S. et al. 'Self-limiting Nature of Seasonal Cholera Epidemics: Role of Host-Mediated Amplification of Phage.' Proceedings of the National Academy of Sciences USA 102(17), 6119-24 (2005).

12. Khairnar, K. 'Ganges: Special at its Origin.' Journal of Biological Research (Thessaloniki) 23, 16. (2016).

13. Kochhar, R. 'The Virus in the Rivers: Histories and Antibiotic Afterlives of the Bacteriophage at the Sangam in Allahabad.' Notes & Records - The Royal Society Journal of the History of Science 74(4), 625-651 (2020).

14. Abedon, S. T., Thomas-Abedon, C., Thomas, A. et al. 'Bacteriophage Prehistory: Is or Is Not Hankin, 1896, a Phage Reference?' Bacteriophage 1(3), 174-8 (2011).

15. Gamaleya, N. F. 'Bacteriolysins - Ferments Destroying Bacteria.' Russian Archives of Pathology Clinical Medicine and Bacteriology 6, 607-13 (1898).

16. From Nathan Bailey's Dictionary 1770, with various other definitions sourced from the Online Etymology Dictionary, etymonline.com.

17. Twort, A. In Focus, Out of Step: A Biography of Frederick William Twort F.R.S. 1877-1950 (Alan Sutton Publishing, 1993).

18. Duckworth, D., 'Who Discovered Bacteriophage?' Bacteriological Reviews (1976), citing Twort, F. W. 'The Discovery of the Bacteriophage.' Penguin Sci. News 14, 33-4 (1949).

19. Summers, W. C. 'Félix Hubert d'Herelle (1873-1949): History of a Scientific Mind.' Bacteriophage 6(4), (2016).

20. Felix d'Herelle'의 미발간된 회고록 Les pérégrinations d'un microbiologiste ('the wanderings of a microbiologist') 는 1940년에서 1946년 사이에 쓰여졌고 현재는 파리의 파스퇴르 연구소에 보관되어 있다. 대부분의 문장들이 인용된 출

처는 다음 번역본에서다: Summers, W. C. Félix d'Herelle and the Origins of Molecular Biology (New Haven and London: Yale University Press, 1999), 혹은 Summers (2016), 바로 앞 19번 문헌.

21. Summers, W. C. Félix d'Herelle and the Origins of Molecular Biology (New Haven and London: Yale University Press, 1999).

22. 참조: Summers (1999).

23. 참조: Summers (1999).

24. Thomas, G. H. 'William Twort: Not Just Bacteriophage.' Microbiologysociety.org. Accessed 29 May 2014.

25. 참조: Summers (2016).

26. Correspondence with Nina Chanishvili of the Eliava Institute of Bacteriophages, Tbilisi, January 2021.

27. 참조: Summers (2016).

28. 참조: Twort (1993).

29. Fruciano, E. Bacteriophage research: the causes and the effects of the conflict between Felix d'Herelle and the Pasteur Institute (1917-1949). [Citations 104 and 105]. This draft manuscript is based on a collection of unpublished documents and letters from d'Herelle and colleagues at the institute.

30. 참조: Summers (1999).

31. From the assorted d'Herelle family diaries, cited in Thomas Häusler, Viruses vs Superbugs (London: Macmillan, 2006).

32. Twort, F. W. 'An Investigation on the Nature of Ultra-Microscopic Viruses.' The Lancet 186(4814), 1241-3 (1915).

33. 참조: Thomas (2014).

34. 참조: Twort (1915).

35. 'Find Way to Rid World of Locusts; French Doctor's Campaign of Extermination in Argentina a Complete Success.' The New York Times, 11 July

1912.

36. 참조: Summers (1999).

37. 참조: Summers (2016).

38. Cruz, B. et al. 'Quantitative Study of the Chiral Organization of the Phage Genome Induced by the Packaging Motor.' Biophysical Journal 118, 2103-16 (2020).

39. Dublanchet, A. 'The Epic of Phage Therapy.' Canadian Journal of Infectious Diseases and Medical Microbiology 18(1), 15-18 (2007).

40. D'Herelle, F. 'On an Invisible Microbe Antagonistic to Dysentery Bacilli.' Note by Mr F. d'Herelle presented by M. Roux. Comptes rendus Academie des Sciences 165, 373-5 (1917).

41. Dublanchet, A. 'The Epic of Phage Therapy.' Canadian Journal of Infectious Diseases and Medical Microbiology 18(1), 15-18 (2007).

42. Fruciano, E. (unpublished).

43. Häusler, T. Viruses vs Superbugs: A Solution to the Antibiotics Crisis? (Macmillan, 2006), 96.

44. 참조: Dublanchet (2007).

45. 플레밍은 그 물질을 '리소자임'이라고 이름 지었다. 그것은 세포벽의 탄수화물 공정에 개입하고 단지 가벼운 소독 효과만 보인다. Fleming, A. & Allison, V. D. 'Observations on a Bacteriolytic Substance ("Lysozyme") Found in Secretions and Tissues.' British Journal of Experimental Pathology 3(5), 252-60.

46. From d'Herelle's unpublished memoirs, in Summers (1999).

47. 참조: Häusler (2006), 68.

48. 참조: Häusler (2006), 49.

49. 참조: Häusler (2006), 49.

50. Bruynoghe R., Maisin J. 'Essais de thérapeutique au moyen du bacteriophage.' C R Soc Biol. 85, 1120-1 (1921). The paper citing it as the first is Sulakvelidze, A. et al. 'Bacteriophage Therapy.' Antimicrobial Agents and

Chemotherapy 45(3), 649-59 (2001).

51. 참조: Fruciano, E. (2007).

52. 참조: Fruciano, E. (2007).

53. From the assorted d'Herelle family diaries, cited in Häusler (2006).

54. 참조: Fruciano, E. (2007).

55. 참조: Summers (1999).

56. 참조: Fruciano, E. (2007).

57. 참조: Fruciano, E. (2007).

58. 참조: Summers (1999).

59. 참조: Fruciano, E. (2007).

60. 숫자들은 1934년에 나온 종설인 Eaton & Bayne-Jones. 'Bacteriophage Therapy: Review of the Principles and Results of the Use of Bacteriophage in the Treatment of Infections.' JAMA 23, 1769-76 (1934)에 기반하였다.

61. 참조: Fruciano, E. (2007).

62. Letarov, A. V. 'History of Early Bacteriophage Research and Emergence of Key Concepts in Virology.' Biochemistry Moscow 85 (9), 1093-1112 (2020).

63. 참조: Fruciano, E. (2007).

64. Fruciano, E. (unpublished) - letters between Gracia and Calmette from 1930, notes 136-7.

65. Fruciano, E. (unpublished) and www.nobel.se.

66. Dublanchet A., Fruciano, E. 'Félix d'Herelle et les pasteuriens.' Association des anciens élèves de l'Institut Pasteur 193, 170-4 (2007).

67. Chanishvili, N. & Goderdzishvili, M. 'Commercial Products for Human Phage Therapy.' Chapter 5 in Coffey, A. & Buttimer, C. (eds). Bacterial Viruses: Exploitation for Biocontrol and Therapeutics (Caister Academic Press, 2019).

68. 참조: Summers (1999).

69. Report of Colonel Anderson to the Cholera Committee of the Indian Research Fund Association. In Häusler (2006), 103.

70. 'The Use of Bacteriophage.' Science 70(1817), x–xii (1929).

71. 참조: Häusler (2006), 92.

제2부

1. Chanishvili, N. & Goderdzishvili, M. 'Commercial Products for Human Phage Therapy.' Chapter 5 in Coffey, A. & Buttimer, C. (eds). Bacterial Viruses: Exploitation for Biocontrol and Therapeutics (Caister Academic Press, 2019).

2. 전기 면에서의 자세한 사항은 Chanishvili, N. 'Phage Therapy – History from Twort and d'Herelle through Soviet Experience to Current Approaches.' Advances in Virus Research 83, 3–40 (2012).

3. Kuchment, A. The Forgotten Cure (Springer, 2012), 51.

4. 참조: Summers (1999), 152.

5. 참조: Summers (1999), 153.

6. Myelnikov D. 'An Alternative Cure: The Adoption and Survival of Bacteriophage Therapy in the USSR, 1922-1955.' Journal of the History of Medicine and Allied Sciences 73(4), 385–411 (2018). Quoting: 'V SSSR vtorichno priezzhaet professor d'Errel.' Pravda 298, no.6184 (28 October 1934).

7. D'Herelle, F. Le Phénomène de la Guérison dans les Maladies Infectieuses (Masson et cie, Paris, 1938).

8. 번역된 인용은 Summers (1999).

9. 인터뷰 대상: Dr Nina Chanishvili, January 2021.

10. Shrayer D. P. 'Felix d'Herelle in Russia.' Bulletin De L'Institut Pasteur 94,

91-6 (1996).

11. Field, Mark G. Soviet Socialized Medicine: An Introduction (New York: Free Press; London: Collier-Macmillan, 1967) 51-2.

12. 참조: Field (1967).

13. 참조: Field (1967).

14. 참조: Field (1967).

15. 참조: Chanishvili, N. (2012).

16. Myelnikov, D. 'Creature Features: The Lively Narratives of Bacteriophages in Soviet Biology and Medicine.' Notes and Records of the Royal Society of London 74(4), 579-97 (2020).

17. Myelnikov, D. 'An Alternative Cure: The Adoption and Survival of Bacteriophage Therapy in the USSR, 1922-1955.' Journal of the History of Medicine and Allied Sciences 73(4), 385-411 (2018).

18. 인터뷰 대상: Nina Chanishvili at the Eliava Institute, Tbilisi, May 2022.

19. 참조: Chanishvili (2012).

20. 참조: Chanishvili (2012).

21. 참조: Myelnikov (2018).

22. 참조: Myelnikov (2018).

23. 참조: Myelnikov (2018).

24. 참조: Myelnikov (2018).

25. 참조: Myelnikov (2020).

26. Krueger, A. P., and Scribner, E. J. 'Bacteriophage Therapy. II. The Bacteriophage: Its Nature and its Therapeutic Use.' JAMA 19, 2160-277 (1941).

27. 인터뷰 대상: Carl Merril, September 2020.

28. 참조: Häusler (2006), 108.

29. 참조: Häusler (2006), 109.

30. 참조: Kuchment (2012), 98.

31. 'Phages Attack: A History of Bacteriophage Production and Therapeutic Use in Russia.' Science First Hand 46(1), (2017) https://scfh.ru/en/papers/phages-attack/.

32. 참조: Myelnikov, 2018.

33. 참조: Myelnikov, 2018.

34. 참조: Myelnikov, 2018.

35. 참조: Kuchment (2012), 99.

36. Chanishvili, N. & Alavidze, Z. 'Early Therapeutic and Prophylactic Uses of Bacteriophages. In Harper, D. R., Abedon, S. T., Burrowes, B. H., & McConville, M. L. (eds) Bacteriophages: Biology, Technology, Therapy (Springer Reference, 2021)

37. De Freitas Almeida, G. M., & Sundberg, L. 'The Forgotten Tale of Brazilian Phage Therapy.' Historical Review 20(5), 90-101 (2020).

38. Ry Young, as quoted in Strathdee, S. The Perfect Predator: A Scientist's Race to Save Her Husband from a Deadly Superbug: A Memoir (Hachette, 2019).

39. Ventola C. L. 'The Antibiotic Resistance Crisis: Part 1: Causes and Threats.' Pharmacy and Therapeutics 40(4), 277-83 (2015).

40. Sir Alexander Fleming - Nobel Lecture. NobelPrize.org. https://www.nobelprize.org/prizes/medicine/1945/fleming/lecture/

41. Baker, K. S., Mather, A. E., McGregor, H. et al. 'The Extant World War 1 Dysentery Bacillus NCTC1: A Genomic Analysis.' The Lancet 384(9955), 1691-7 (2014).

42. Paun, V. I., Lavin, P., Chifiriuc, M. C. et al. 'First Report on Antibiotic Resistance and Antimicrobial Activity of Bacterial Isolates from 13,000-Year-Old Cave Ice Core.' Scientific Reports 11(514), (2021).

43. 참조: Kuchment (2012), 99.

44. Hoyle, N., Fish, R., Nakaidze, N. et al. 'An Overview of Current Phage Therapy: Challenges for Implementation.' Chapter 1 in Coffey, A. & Buttimer, C. (eds). Bacterial Viruses: Exploitation for Biocontrol and Therapeutics (Caister Academic Press, 2019).

제3부

1. 참조: Häusler (2006), 176.

2. Parfitt, T. 'Georgia: An Unlikely Stronghold for Bacteriophage Therapy.' The Lancet 365(9478), 2166-7, (2005).

3. 참조: Häusler (2006), 190.

4. Osborne L. 'A Stalinist Antibiotic Alternative'. The New York Times Magazine, 6 February 2000.

5. Betty Kutter interview by Martha Clokie in PHAGE: Therapy, Applications and Research 1(1), (2020).

6. 참조: Kuchment (2012), 136.

7. Radetsky, P. 'The Good Virus'. Discover Magazine. 1 November 1996. www.discovermagazine.com/technology/the-good-virus

8. 참조: Kuchment (2012), 139

9. 참조: Kuchment (2012), 139.

10. 참조: Häusler (2006), 10.

11. 'Our First Adventure With Phage Therapy: Alfred's Story'. (Betty Kutter, Evergreen Bacteriophage Lab blog - date unknown.) https://sites.evergreen.edu/phagelab/about/alfreds-story.

12. 참조: Häusler (2006), 8-9.

13. 참조: Kuchment (2012), 5.

14. 참조: Osborne (2000).

15. 참조: Häusler (2006), 10.

16. 참조: Häusler (2006), 12.

17. 참조: Häusler (2006), 13.

18. 인터뷰 대상: Zemphira Alavidze, July 2021.

19. Parfitt, T., 'Georgia: An Unlikely Stronghold for Bacteriophage Therapy.' The Lancet 365(9478), 2166-7, (2005).

20. 참조: Parfitt (2005).

21. The Sopranos, Series 6 Episode 19: 'The Second Coming.'

22. 참조: Kuchment (2012), 136.

23. Chanishvili, N. A Literature Review of the Practical Application of Bacteriophage Research (Nova Biomedical, 2012).

24. Chanishvili, N. & Goderdzishvili, M. 'Commercial Products for Human Phage Therapy.' Chapter 5 in Coffey, A. & Buttimer, C. (eds). Bacterial Viruses: Exploitation for Biocontrol and Therapeutics (Caister Academic Press, 2019).

25. 인터뷰 대상: Dr Randy Fish by Jess Sacher on successfully treating diabetic foot wounds with phages. Phage Directory, 14 April 2021. www.youtube.com/watch?v=tOdoEVY0cq0.

26. Fish, R., Kutter, E., Wheat, G., et al. 'Bacteriophage Treatment of Intransigent Diabetic Toe Ulcers: A Case Series.' Journal of Wound Care 25(7), S27-S33 (2016).

27. Merril, C. R., Geier, M. R. & Petricciani, J. C. 'Bacterial Virus Gene Expression in Human Cells.' Nature 233, 398-400, (1971); Merril, C. R., Geier, M. R. & Petricciani, J. C. 'Bacterial Gene Expression in Mammalian Cells.' In G. Raspe (ed.), Advances in the Biosciences 8, 329-42, (1972).

28. Merril, C. R. et al. 'Isolation of Bacteriophages from Commercial Sera.' In Vitro 8, 91-3, (1972).

29. Kolata, G. B. 'Phage in Live Virus Vaccines: Are They Harmful to People?' Science 187(4176) 522-3 (1975).

30. 이 장에서 Merril의 개인적인 회술과 인용은 그와 필자가 2020년 9월 및 2022년 4월에 한 인터뷰가 출처다. 추가적인 정보는 2021년 12월에 한 Biswajit Biswas (소속: the Naval Medical Research Center, Frederic)와의 인터뷰다.

31. 'F.D.A. Finds Four Vaccines Contaminated With Probably Harmless Viruses.' The New York Times, 4 May 1973.

32. 'Food and Drug Administration Rules and Regulations.' Vol. 38, 1973. 11080e1 - 'Certain Viral Vaccines Containing Unavoidable Bacteriophage.' Federal Register.

33. Merril, C. R., Dunau, M. L. & Goldman, D. 'A Rapid Sensitive Silver Stain for Polypeptides in Polyacrylamide Gels.' Anal. Biochem. 110(1), 201-7, 1981.

34. Merril, C. R. et al. 'Long-Circulating Bacteriophage as Antibacterial Agents.' Proceedings of the National Academy of Sciences USA 93, 3188-92 (1996).

35. Merril, C. R., Scholl, D. & Adhya, S. L., 'The Prospect for Bacteriophage Therapy in Western Medicine.' Nature Reviews: Drug Discovery 2, 489-97 (2003).

36. 'How the Navy brought a once-derided scientist out of retirement — and into the virus-selling business.' STAT News, 16 October, 2018.

37. Tom Patterson의 질환과 파지 치료에 대해 자세한 사항들은 다음을 참조: Strathdee, S. The Perfect Predator: A Scientist's Race to Save Her Husband from a Deadly Superbug: A Memoir (Hachette, 2019), 그리고 이를 다룬 다양한 매체의 내용들과 2021년 1월에 행한 Steffanie Strathdee와의 인터뷰다.

38. Chan, B. K. et al, Phage treatment of an aortic graft infected with Pseudomonas aeruginosa. Evolution, Medicine, and Public Health 2018(1), 60-6 (2018). 또한: 'A virus, fished out of a lake, may have saved a man's life — and advanced science.' STAT News, 7 December 2016 참조.

39. 인터뷰 대상: Cara Fiore, Senior Regulatory Reviewer for the FDA, January 2022.

40. 인터뷰 대상: Steffanie Strathdee, UC San Diego, January 2021.

41. 참조: Strathdee (2019), 170.

42. Miller H. 'Phage Therapy: Legacy of CF Advocate Mallory Smith Endures.' Cystic Fibrosis News Today, 27 May 2021.

43. 인터뷰 대상: Pranav and Apurva, November 2021, and www.vitalisphagetherapy.com

44. Loponte R., Pagnini U., Iovane G., et al. 'Phage Therapy in Veterinary Medicine.' Antibiotics 10(4), 421 (2021).

45. Yost, D. G., Tsourkas P., & Amy P. S. Experimental bacteriophage treatment of honeybees (Apis mellifera) infected with Paenibacillus larvae, the causative agent of American Foulbrood Disease. Bacteriophage 6(1), e1122698 (2016).

46. Greene, W., Chan, B., Bromage, E. et al. 'The Use of Bacteriophages and Immunological Monitoring for the Treatment of a Case of Chronic Septicemic Cutaneous Ulcerative Disease in a Loggerhead Sea Turtle Caretta caretta.' Journal of Aquatic Animal Health 33(3) 139-54 (2021).

47. Ferriol-González C., & Domingo-Calap P. 'Phage Therapy in Livestock and Companion Animals.' Antibiotics (Basel) 10(5), 559 (2021).

48. 'University of Leicester research aims to "save silk trade in India".' BBC News Online, 10 January 2016.

49. Wright A., Hawkins C. H., Anggård E. E., et al. 'A Controlled Clinical Trial of a Therapeutic Bacteriophage Preparation in Chronic Otitis Due to Antibiotic-resistant Pseudomonas Aruginosa; a Preliminary Report of Efficacy.' Clinical Otolaryngology 34(4), 349-57 (2009).

50. Rhoads, D. D., Wolcott, R. D., Kuskowski, M. A. et al. 'Bacteriophage Therapy of Venous Leg Ulcers in Humans: Results of a Phase I Safety Trial.' Journal of Wound Care 18(6), 237-8 (2009).

51. Sarker S. A., Sultana S., Reuteler G. et al. 'Oral Phage Therapy of Acute Bacterial Diarrhea with Two Coliphage Preparations: A Randomized Trial in Children from Bangladesh.' EBioMedicine. 4, 124-37 (2016).

52. Jault P., Leclerc T., Jennes S. et al. Efficacy and Tolerability of a Cocktail of Bacteriophages to Treat Burn Wounds Infected by Pseudomonas Aeruginosa (PhagoBurn): A Randomised, Controlled, Double-Blind Phase 1/2 Trial. The Lancet Infectious Diseases 19, 35-45 (2019).

53. Leitner, L., Ujmajuridze, A., Chanishvili, N. et al. 'Intravesical bacteriophages for treating urinary tract infections in patients undergoing transurethral resection of the prostate: a randomised, placebo-controlled, double-blind clinical trial.' The Lancet Infectious Diseases 21(3), 427-6 (2021).

54. Chanishvili, N., Nadareishvili, L., Zaldastanishvili, E. et al. 'Application of Bacteriophages in Human Therapy: Recent Advances at the George Eliava Institute.' Chapter 6 in Coffey, A. & Buttimer, C. (eds). Bacterial Viruses: Exploitation for Biocontrol and Therapeutics (Caister Academic Press, 2019).

55. Eskenazi, A., Lood, C., Wubbolts, J. et al. 'Combination of Pre-Adapted Bacteriophage Therapy and Antibiotics for Treatment of Fracture-related Infection Due to Pandrug-resistant Klebsiella pneumoniae.' Nature Communications 13, 302 (2022).

56. Little, J. S., Dedrick, R. M., Freeman, K. G. et al. 'Bacteriophage Treatment of Disseminated Cutaneous Mycobacterium chelonae Infection.' Nature Communications 13, 2313 (2022).

57. Dedrick R. M., Guerrero-Bustamante C. A., Garlena R. A. et al. 'Engineered Bacteriophages for Treatment of a Patient with a Disseminated drug-resistant Mycobacterium abscessus.' Nature Medicine 25(5), 730-3 (2019).

58. Sacher, J. C., Zheng J., & Lin R. C. Y. 'Data to Power Precision Phage Therapy: A Look at the Phage Directory-Phage Australia Partnership.'

PHAGE 3(2), 112-15 (2022).

제4부

1. Cairns, J., Stent G. S., Watson J. D. (eds). Phage and the Origins of Molecular Biology (Cold Spring Harbor Laboratory, Cold Spring Harbor, New York, 1966), 57

2. Cobb, M. Life's Greatest Secret: The Race to Crack the Genetic Code (Profile Books, 2015), 16.

3. Hayes, W. Biographical Memoir of Max Delbrück (Washington D.C. National Academy of Science, 1993).

4. Fischer, E. P. & Lipson, C. Thinking About Science: Max Delbrück and the Origins of Molecular Biology (New York, Norton, 1988). Family numbering, 17, Quote, 20.

5. Harding, C. 'Max Delbrück (1906-1981)' Interviewed by Carolyn Harding. California Institute of Technology Archives and Special Collections (1978).

6. 참조: Fischer (1988), 25.

7. 참조: Harding (1978), 29.

8. 참조: Harding (1978), 30 & Fischer (1988), 50.

9. 참조: Fischer (1988), 82-3.

10. Schrödinger, E. What is Life? The Physical Aspect of the Living Cell (Cambridge University Press, 1944).

11. 참조: Harding (1978), 57-8.

12. 참조: Harding (1978), 58.

13. 참조: Harding (1978), 109.

14. 참조: Harding (1978), 60.

15. 참조: Harding (1978), 63.

16. 참조: Harding (1978), 117.

17. 참조: Fischer (1988), 114.

18. Luria, S. E. A Slot Machine, a Broken Test Tube: An Autobiography (HarperCollins, 1984).

19. 참조: Fischer (1988), 146.

20. 참조: Fischer (1988), 148.

21. 참조: Fischer (1988), 150.

22. 참조: Fischer (1988), 148.

23. Stahl, F. Alfred Day Hershey: A Biographical Memoir (The National Academy Press, 2001).

24. Albert Hershey. The Max Delbrück Laboratory Dedication Ceremony (New York: Cold Spring Harbor, 1981).

25. 'Alfred D. Hershey, Nobel Laureate for DNA Work, Dies at 88.' The New York Times, 24 May 1997.

26. Ackermann H.W. 'The First Phage Electron Micrographs.' Bacteriophage 1(4), 225-7 (2011).

27. Ellis, E. & Delbrück, M. 'The Growth of Bacteriophage.' Journal of General Physiology 22(3), 365-84 (1939).

28. Luria, S. E., Anderson, T. F. 'The Identification and Characterization of Bacteriophages with the Electron Microscope.' Proceedings of the National Academy of Sciences USA 28, 127-30 (1942).

29. 참조: Ackermann (2011).

30. 참조: Fischer (1988), 134.

31. 참조: Cairns (1966), 68.

32. Judson, H. F. The Eighth Day of Creation (Cold Spring Harbor Press, 1996).

33. 참조: Cairns (1966), 302.

34. Fischer (1988), 158.

35. Fischer (1988), 179.

36. 참조: Cairns (1966), 63.

37. Morange, M. 'What History Tells Us III. André Lwoff: From Protozoology to Molecular Definition of Viruses.' J. Biosci. 30, 591-4 (2005).

38. Lwoff, A. (1966) 'The Prophage and I.' in: Phage and the Origins of Molecular Biology (Cold Spring Harbor Laboratory Press, New York) 88-99.

39. Abedon, S. T. 'The Murky Origin of Snow White and her T-even Dwarfs.' Genetics 155(2), 481-6 (2000).

40. 인터뷰 대상: E. P. Fischer, November 2020.

41. Avery, O. T., MacLeod, C. M., et al. 'Studies on the Chemical Nature of the Substance Inducing Transformation of Pneumococcal Types: Induction of Transformation by a Deoxyribonucleic Acid Fraction Isolated from Pneumococcus Type III.' Journal of Experimental Medicine 79(2), 137-58 (1944).

42. Hershey, A., & Chase, M. 'Independent Functions of Viral Protein and Nucleic Acid in Growth of Bacteriophage.' Journal of General Physiology 36(1), 39-56 (1952).

43. 참조: Judson (1996).

44. 참조: Judson (1996), 40.

45. Watson, J. D. The Double Helix (Signet Books, 1969), 345.

46. 참조: Fischer (1988), 198.

47. 참조: Watson (1969), 1226.

48. 참조: Fischer (1988), 200.

49. 필자 본인의 분석에 기반을 두고 있으며 출처는 nobelprize.org, 이는 상에 대한 정보와 수상자의 전기, 그리고 그들이 쓴 에세이를 포함한다.

50. Roux, S., Brum, J., Dutilh, B. et al. 'Ecogenomics and Potential Biogeochemical Impacts of Globally Abundant Ocean Viruses.' Nature 537, 689-93 (2016).

51. Staley, J. T. & Konopka, A. 'Measurement of In Situ Activities of Nonphotosynthetic Microorganisms in Aquatic and Terrestrial Habitats.' Annual Review of Microbiology 39, 321-46 (1985).

52. Bergh, O., Børsheim, K. Y., Bratbak, G. et al. 'High Abundance of Viruses Found in Aquatic Environments.' Nature 340, 467-8 (1989).

53. Proctor, L. M. & Fuhrman, J. A. 'Viral Mortality of Marine Bacteria and Cyanobacteria.' Nature 343, 60-2 (1990).

54. Suttle, C. A., Chan, A. M., Cottrell, M. T. 'Infection of Phytoplankton by Viruses and Reduction of Primary Productivity.' Nature 347, 467-9 (1990).

55. Breitbart, M., Bonnain, C., Malki, K. et al. 'Phage Puppet Masters of the Marine Microbial Realm.' Nature Microbiology 3, 754-66 (2018).

56. 참조: Suttle (2005).

57. Weinbauer, M. G. & Rassoulzadegan. F. 'Are Viruses Driving Microbial Diversification and Diversity?' Environmental Microbiology. 6(1), 1-11 (2004).

58. 참조: Breitbart (2018).

59. 참조: Breitbart (2018).

60. Warwick-Dugdale, J., Buchholz, H. H., Allen, M. J. et al. 'Host-hijacking and Planktonic Piracy: How Phages Command the Microbial High Seas.' Virology Journal 16, 15 (2019).

61. Zimmer, C. Planet of Viruses (University of Chicago Press, 2011), 59.

62. Dion, M. B., Oechslin, F. & Moineau, S. 'Phage Diversity, Genomics and Phylogeny.' Nature Reviews Microbiology 18, 125-38 (2020).

63. Dennehy J. J. & Abedon, S. T. 'Bacteriophage Ecology.' Chapter in Harper, D. R, Abedon, S. T, Burrowes B. H, & McConville, M. L. (eds) Bacteriophages: Biology, Technology, Therapy (Springer Reference, 2021), 268.

64. Reche, I. et al. 'Deposition Rates of Viruses and Bacteria above the Atmospheric Boundary Layer.' The ISME Journal 12(4), 1154-62 (2018).

65. Forero-Junco L. M., Alanin K. W. S., Djurhuus A. M. et al. 'Bacteriophages Roam the Wheat Phyllosphere.' Viruses 14(2), 244 (2022).

66. Działak, P., Syczewski, M. D., Kornaus, K. 'Do Bacterial Viruses Affect Framboid-like Mineral Formation?' Biogeosciences, 19 4533-50 (2022).

67. Suttle, C. 'Marine Viruses — Major Players in the Global Ecosystem.' Nature Reviews Microbiology 5, 801-12 (2007).

68. Breitbart M. 'Marine Viruses: Truth or Dare.' Annual Review of Marine Science 4, 425-48 (2012).

69. Chibani-Chennoufi, S., Bruttin, A., Dillmann, M. et al. 'Phage-host interaction: An Ecological Perspective.' Journal of Bacteriology. 186(12), 3677-86 (2004).

70. Groman, N. B. 'Conversion by Corynephages and Its Role in the Natural History of Diphtheria.' Journal of Hygiene, Cambridge 93, 405-17 (1984).

71. Rosenwasser, S., Ziv, C. et al. 'Virocell Metabolism: Metabolic Innovations During Host-Virus Interactions in the Ocean.' Trends in Microbiology 10, 821-32 (2016).

72. Zhao, Y., et al. 'Abundant SAR11 Viruses in the Ocean.' Nature 494(7437), 357-60 (2013).

73. Mann, N., Cook, A., Millard, A. et al. 'Bacterial Photosynthesis Genes in a Virus.' Nature 424, 741 (2003).

74. 참조: Breitbart (2012).

75. Weinmaier, T. et al. 'A Viability-Linked Metagenomic Analysis of Cleanroom Environments: Eukarya, Prokaryotes, and Viruses.' Microbiome 3 (2015). (Weinmaier and co-workers detected signatures of two phages,

a Phi29-like virus and an unclassified Siphoviridae, and several viruses associated with humans and other animals, including a dragonfly virus.)

76. Yokoo, H. & Oshima, T. 'Is bacteriophage φX174 DNA a message from an extraterrestrial intelligence?' Icarus 38(1), 148-53 (1979).

77. Mojica, F. J. M., Juez, G., Rodriguez-Valera, F. 'Transcription at Different Salinities of Haloferax Mediterranei Sequences Adjacent to Partially Modified PstI Sites.' Molecular Microbiology 9, 613-21 (1993).

78. 'Francis Mojica: The Modest Microbiologist.' Profile and interview with Technology Networks (2019).

79. Lander, E. S. 'The Heroes of CRISPR.' Cell 164(1-2), 18-28 (2016).

80. Doudna, J. A Crack in Creation: Gene Editing and the Unthinkable Power to Control Evolution (Houghton Mifflin, 2017).

81. 지금까지 CRISPR의 가장 주목할 만한 남용은 He Jiankui의 연구인데, 그는 그가 CRISPR와 함께 편집한 배아들로부터 쌍둥이 여아들이 태어난 후 해고되어 투옥되었다. 이 과정은 더 넓은 과학계로부터 적절한 감독이나 승인 없이 이루어졌으며, 배아들은 그가 목표로 하고 있다고 주장한 정확한 HIV 내성 유전자 편집물을 포함하지도 않고 있었다.

82. Ireland, T. 'I Want To Help Humans Genetically Modify Themselves.' Josiah Zayner interviewed in The Guardian, 24 December 2017.

83. Ireland, T. Review of Human Nature (2015). The Biologist online January 2020.

84. Xiaorong, Wu et al. 'Bacteriophage T4 Escapes CRISPR Attack by Mini-homology Recombination and Repair.' mBio 12(3) e0136121 (2021).

85. Landsberger, M., et al. 'Anti-CRISPR Phages Cooperate to Overcome CRISPR-Cas Immunity.' Cell 174(4), 908-16.e12 (2018).

86. Pezo, V., Jaziri, F., Bourguignon, P. Y. et al. 'Noncanonical DNA Polymerization by Aminoadenine-Based Siphoviruses.' Science 372(6541) 520-4 (2021).

87. Wein, T., & Sorek, R. 'Bacterial Origins of Human Cell-Autonomous In-

nate Immune Mechanisms.' Nature Reviews Immunology (2022).

88. Talk by Aude Bernheim at the VEGA (Viral Eco Genomics & Applications) 2021 virtual conference on 'Virus-host Molecular Warfare'. https://www. youtube.com/watch?v=T9xI6wsdgtM.

89. Towse A., Hoyle C. K., Goodall J. et al. 'Time for a Change in How New Antibiotics Are Reimbursed: Development of an Insurance Framework for Funding New Antibiotics Based on a Policy of Risk Mitigation.' Health Policy 121(10), 1025-30 (2017).

90. www.citizenphage.com/.

91. https://seaphages.org/.

92. Little, J. S., Dedrick, R. M., Freeman, K. G. et al. 'Bacteriophage Treatment of Disseminated Cutaneous Mycobacterium chelonae Infection.' Nature Communications 13, 2313 (2022).

93. Turner, D., Kropinski, A. M., Adriaenssens, E. M. 'A Roadmap for Genome-Based Phage Taxonomy.' Viruses 13(3), 506 (2021).

94. The Actinobacteriophages Database https://phagesdb.org/phages/.

95. https://twitter.com/fsantoriello/staus/1466501234139938816?s=20&t=u7GZ-TynHoxE7EbJWfmijHw#.

제5부

1. Pirnay, J. P. 'Phage Therapy in the Year 2035.' Frontiers in Microbiology 3 June 2020.

2. 파지에 대한 분석, 분류 및 예측을 수행하는 매우 뛰어난 소프트웨어를 사용하는다양한 도구와 플랫폼에 대해서는 다음을 참조: iPHoP (the integrated Phage-host prediction tool); HoPhage (Host of Phage tool), MetaPhage, and Phage.ai.

3. Smith H. O., Hutchison III, C. A., Pfannkoch, C. et al. 'Generating a Syn-

thetic Genome By Whole Genome Assembly: φX174 Bacteriophage from Synthetic Oligonucleotides.' Proceedings of the National Academy of Sciences USA 100, 15440-5 (2003).

4. Fauconnier, A., Nagel, T. E., Fauconnier, C. et al. 'The Unique Role That WHO Could Play in Implementing Phage Therapy to Combat the Global Antibiotic Resistance Crisis.' Frontiers in Microbiology 11 (2020).

5. Patz S., Becker Y., Richert-Pöggeler, K. R. et al. 'Phage Tail-Like Particles Are Versatile Bacterial Nanomachines - A Mini-Review.' Journal of Advanced Research 19, 75-84 (2019).

6. Gordillo Altamirano, F. L., Kostoulias, X., Subedi, D. et al. 'Phage-antibiotic Combination Is a Superior Treatment against Acinetobacter Baumannii in a Preclinical Study.' eBioMedicine 80, 104045 (2022).

7. Gordillo Altamirano, F. L. Forsyth, J. H., Patwa, R. et al. 'Bacteriophage-resistant Acinetobacter Baumannii Are Resensitized to Antimicrobials.' Nature Microbiology 6, 157-61 (2021), and Chan, B., et al. 'Phage Selection Restores Antibiotic Sensitivity in MDR Pseudomonas aeruginosa.' Scientific Reports 6, 26717 (2016).

8. Drexler, K. E. Engines of Creation: The Coming Era of Nanotechnology (Doubleday, 1986).

9. 이 놀라운 단백질 펌프 또는 '나노모터'는 다른 형태의 생명체에서는 드문 일이 아니다 - 그것들은 박테리아 꼬리를 휘둘러 세포 안에서 약간의 움직임과 봅슬레이를 운행하게 만들기도 하지만, 파지들이 그들 자신을 포장하는데 사용하는 것들은 모든 자연계에서 가장 강력한 것들 중 하나로 여겨진다. 압력에 대한 그림의 출처는 Cruz, B., Zhu, Z., Calderer, C. et al. Quantitative Study of the Chiral Organization of the Phage Genome Induced by the Packaging Motor. Biophysical Journal 118(9), 2103-16 (2020).

10. Youle, M. Thinking Like a Phage: The Genius of the Viruses That Infect Bacteria and Archaea (2017).

11. Apawu, A. K., Curley, S. M., Dixon, A. R. et al. 'MRI Compatible MS2 Nanoparticles Designed to Cross the Blood-Brain-Barrier: Providing a

Path Towards Tinnitus Treatment.' Nanomedicine 14(7) e-published April 2018.

12. Anand, P., O'Neil, A., Lin, E. et al. 'Tailored Delivery of Analgesic Ziconotide Across a Blood Brain Barrier Model Using Viral Nanocontainers.' Scientific Reports 5, 12497 (2015).

13. Gibb, B., Hyman, P., Schneider, C. L. 'The Many Applications of Engineered Bacteriophages - An Overview.' Pharmaceuticals 14, 634 (2021).

14. Bar H., Yacoby I., & Benhar, I. 'Killing Cancer Cells By Targeted Drug-Carrying Phage Nanomedicines.' BMC Biotechnology 8, 37 (2008).

15. Karimi, M., Mirshekari, H., Moosavi Basri, S. M. et al. 'Bacteriophages and Phage-Inspired Nanocarriers for Targeted Delivery of Therapeutic Cargos.' Advance Drug Delivery Reviews 106(Pt A), 45-62 (2016).

16. Cao, B., Li, Y., Yang, T. et al. 'Bacteriophage-based Biomaterials for Tissue Regeneration.' Advanced Drug Delivery Reviews 145, 73-95, (2019).

17. Merzlyak, A., Indrakanti, S., Lee, S. W. et al. 'Genetically Engineered Nanofiber-Like Viruses for Tissue Regenerating Materials.' Nano Letters 9(2), 846-52.

18. Liu, X., Yang, M., Lei, F. et al. 'Highly Effective Stroke Therapy Enabled by Genetically Engineered Viral Nanofibers.' Advanced Materials 34, 2201210 (2022).

19. Felix Biotech investor presentation, 2022.

20. McCarlie, S. 'A New Front'. The Biologist 68(3), 18-21 (2021).

21. 'The PhageLand Project. The Joint Programming Initiative on Antimicrobial Resistance' (JPIAMR). https://www.jpiamr.eu/projects/phageland/.

22. Sharma, R. S., Karmakar, S., Kumar, P. et al. 'Application of filamentous Phages in Environment: A Tectonic Shift in the Science and Practice of Ecorestoration.' Ecology and Evolution 9(4), 2263-304 (2019).

23. Huss, P., & Raman, S. 'Engineered Bacteriophages as Programmable Biocontrol Agents.' Current Opinion in Biotechnology 61, 116-21 (2020).

24. https://www.cbd.int/climate/geoengineering/

25. Hendrix, R. W., Smith, M. C. M., Burns, R. N. et al. 'Evolutionary Relationships among Diverse Bacteriophages and Prophages: All the World's a Phage.' Proceedings of the National Academy of Sciences USA 96(5), 2192-7 (1999).

26. Paez-Espino, D., Zhou, J., Roux, S. et al. 'Diversity, Evolution, and Classification of Virophages Uncovered through Global Metagenomics.' Microbiome 7, 157 (2019).

저자의 당부

이 책 곳곳에 흩어져 있는 내용들은 사람들이 바이러스를 가지고 실험적인 치료를 받거나 찾는 극적인 사례들이다. 이런 사례들은 이런 치료법들의 효과를 입증하는 증거들을 보여주기 위한 것도 아니고, 또 그렇게 읽혀서도 안 된다. 이런 사례들은 기존 항생제들이 실패했을 때 환자와 의사들이 최후로 의지할 수단으로 무엇을 사용해야 하는지, 그리고 이상하고 논란이 많은 치료법들을 현대적이고 안전하며 임상적으로 입증된 버전으로 개발하는 것이 왜 절실히 필요한지를 입증하는 데 도움이 되도록 하자는 의도로 수록되었다.

역자 후기

재미있게들 읽으셨습니까?

제 개인적으로는 여섯 번째 저서를 준비하느라 여러 논문들과 문헌들을 섭렵하다가 아마존 킨들로 이 책을 접한 것이 번역의 계기가 되었습니다. 감염학계에서 가장 핫 이슈인 다제 내성균과의 싸움에 쓸 신 무기가 부족한 상황에서 파지가 괜찮은 동맹군이 될 수 있다는 얘기에 솔깃하던 차에, 이 파지에 대해 자세히 기술한 책은 정말로 반가운 만남이었습니다.

초반부를 읽다 보니, '어럽쇼? 의외로 흥미진진 하네.'하는 생각이 들었고, 이 첫 인상은 그대로 '번역해야 하겠다.'는 생각으로 이어집니다.

이야기는 파지의 우연한 발견에서 파지 치료법으로의 응용, 거기서 필연적으로 발생하는 반론과 재 반론, 그리고 힘든 시련들로 이어지다가 하마터면 유사 과학으로 빠질 뻔했던 위기를 극복하고 진정한 정통 과학으로 가는 파란만장한 역정을 자세히, 그리고 박진감 있게 보여줍니다.

다 읽고 나니, 파지에 대해 어떤 생각들이 드시나요?

"아, 현대 의학으로 치료 못하는 다제 내성 감염을 한 방에 해결해 주는구나" 하고 생각하신다면 잠깐 재고의 시간을 가지시는 게 좋겠습니다.

이 세상에 만병통치약이라는 건 없습니다. 기적도 없어요.

진실은 항상 거북하고 슬픈 겁니다.

파지는 그냥 바이러스입니다.

다행히 인간에게는 무해하지만, 오로지 박테리아 한 놈만 패는 그런 바이러스입니다.

그 이상도, 이하도 아닙니다.

그렇다고 해서 이걸 박테리아에게 투여하면 반드시 죽이느냐?

하면 그것도 아닙니다.

죽일 수도 있지만, 박테리아가 저항할 수도 있고, 아무 일도 안 일어날 수도 있습니다.

이 또한 현실입니다.

화제를 잠시 돌리겠습니다.

감염 질환의 분야에서는 내성이 너무 심하거나, 아니면 이번 코로나19 팬데믹처럼 듣지도 보지도 못한 새로운 질환이 나타나면, 초반에는 적절한 치료제가 없어서 크게 고전합니다.

이를 해결하기 위해서는 어떻게 대처할까요?

일단 먼저 생각해 낼 방법은 새로운 문제니까 새로운 약을 개발하는 방향일 겁니다. 물론, 이게 가장 확실한 해결법이죠. 하지만 신약을 개발한다는 게 말만큼 쉬울까요? 인체에 안전하다는 보장을 확실히 받아야 하고, 임상 시험을 통해 정말로 효과가 있음을 증명해야 합니다. 제대로 하면 몇 년씩 걸리는 건 필연입니다.

결국 시간과의 싸움이죠.

그래서 신약 개발 외에 대안을 찾는 건 당연합니다.

어떤 대안이 있을까요?

구관이 명관, 먼지가 쌓인 오래 된 찬장을 뒤져서, 옛날에 쓰다가 처 박아 놓았던 옛 약을 찾습니다. 그렇게 해서 꺼낸 약들을 이리 저리 실험해 봅니다. 다행히 이번 새로운 사태에 나름 만족스러운 성적을 얻으면 그것이 바로 새로운 치료제 구실을 하게 됩니다. 메티실린 내성 황색 포도알균에 듣는 반코마이신이나 카바페넴 내성균에 쓰는 콜리스틴이 전형적인 예이고 최근 코로나19에 소위 용도 변경제로 다양하게 시도되었던 약제들도 이에 해당합니다.

그리고 또 다른 대안이 바로 파지입니다.

인간이 인위적으로 만든 화학 물질이 아니고, 자연에서 얻은 걸로 내성 감염을 제압한다.

소위 이이제이의 원칙으로 치료를 시도한다면 인간에게 해가 끼칠 염려 없이 해결이 가능하다.

(앞서 예를 든 반코마이신이나 콜리스틴은 부작용이 장난 아닙니다. 세상엔 공짜란 없어요.)

이 얼마나 이상적입니까.

파지는 바로 그런 의미에서 다시 주목을 받는 것입니다.

그런데 말입니다. 이렇게나 이상적으로 보이는데, 왜 파지 치료는 변방으로 밀려 났을까요?

스타급 항생제인 페니실린이 등장해서 그랬습니다.

항생제와 비교해 봅시다.

파지는 원인 세균이 알려져야만 그 때부터 쓸 수 있습니다.

항생제는 꼭 안 그래도 씁니다. 이게 항생제 남용의 원인이 될 수도 있지만, 무엇보다 현실은, 감염 질환은 원인 병원체가 끝내 밝혀지지 않은 채로 진행되고 종결되는 일이 허다합니다. 그럼 원인이 밝혀지기 전까지 손을 놓고 있어야 할까요? 그렇게 하면 환자는 죽습니다.

그래서 이렇게 항생제를 쓰는 것을 경험적 치료라고 합니다.

그리고 어떤 균인지가 밝혀져도, 그 균에 작용하는 파지를 그때부터 찾아야 합니다. 하지만 항생제는 그냥 집어 들고 쓰면 됩니다.

게다가 대개의 파지는 자기와 궁합이 딱 맞는 박테리아만 죽입니다.

예를 들어 같은 녹농균이라 해도 파지 A는 녹농균 A만 죽이지, 녹농균 B부터 Z까지는 거들떠보지도 않습니다. 반면에 녹농균을 죽이는 항생제는 그 녹농균이 A이건 Z이건 상관하지 않고 감수성만 있다면 다 죽일 수 있습니다.

이렇게 찾는 수고도 덜하고 작용 범위도 넓다면 과연 어느 것을 선호하는 게 합리적일까요?

또 한 가지 문제점은 이겁니다.

임상 시험 등의 객관적인 과학적 검증을 원천적으로 제대로 수행할 수가 없습니다.

치료 과정에서 수시로 변이가 일어나서 수시로 바이러스를 바꿔야 하고, 임상 시험이라면 마땅히 준수해야 할 표준 요구 사항들을 거의 다 위배할 수 밖에 없기 때문입니다(이는 제 10장에 자세히 기술되어 있습니다).

역사적인 문제도 있었습니다.

변방으로 밀려 난 상황에다가 소련의 공산주의와 서구 자본주의 사이의 냉전과 이데올로기가 떡칠이 되니 점점 제대로 된 과학의 성격이 손상되었습니다.

앞서 언급했듯이 동구 공산 진영은 반드시 거쳐야 할 엄격한 과학의 기준을 피하며 마이 웨이로 가니 윤리 준수도 엉망이 되고 객관적 진리는 뒷전이고 점차 독선으로 가는 수순이 필연이었습니다.

자연스럽게 음지로 들어가고 심하면 자연 치료라는 미명 하에 유사 과학으로 악용되기까지 했습니다.

안 그래도 이 책의 초 중반까지는 파지 연구와 치료의 흐름이 점점 유사 과학 쪽으로 흘러가는 추세였기에 읽는 중간중간 하차할까 하는 갈등도 솔직히 살짝 있었습니다. 하지만 12장부터 세 명의 정통 기초 과학자들이 등장하고, 전자 현미경이라는 혁신적인 발명품이 세상에 나오면서 파지는 비로소 진정한 과학의 영역으로 들어오게 되지요.

이 후의 전개는 오늘날의 분자 생물학과 생명 공학의 기반을 탄탄히 다지는 데 큰 역할을 하는 과정들입니다.

그리고 파지 연구의 선구자와 기존 과학계와의 심한 갈등도 한 몫을 했습니다.

여기서 독자분들이 주의할 것은 저자가 본의 아니게 기존 과학계를 빌런처럼 묘사했다는 사실입니다.

과학계에서 어느 이론에 대해 서로 반론을 제기하고 격렬한 논쟁을 하는 일은 흔합니다.

이걸 겉으로 보면 자칫 갈등, 모략, 중상을 하는 걸로 오해하기 딱 좋습니다.

물론 사람 사는 곳인데 그런 악행이 없을 리가 없지요.

하지만 전체적으로는 진리를 향하여 필연적으로 거치는 갈등일 뿐입니다.

사실 이 책의 이 대목을 잘 읽어 보면 반론을 펴던 학자들의 주장은 분명히 일리가 있습니다.

물증이 없이 단정적으로 주장하는 것은 매우 위험합니다. 그래서 이에 대해 엄격하게 반론을 펴는 것은 정당한 것입니다. 이런 검증 과정을 거치지 않고 실용화되면 위험한 결과를 낳는 일이 과학사에선 비일비재 했습니다. 그러니까 이 대목은 과학계의 이면에 있었던 더러운 흑 역사로 보지 마시고, 격렬했던 자정 작용의 한 예로 보시는 게 좋겠습니다.

그런 점에서 이 저서를 읽으면서 좀 유의하시라는 겁니다.

저자는 성공 사례를 중점적으로 소개하고 있지요.

전형적인 선택 편향(selection bias) 입니다.

실패 사례보다 성공 사례를 부각시키는 것은 이런 대중 과학서로서 쓰는 것에 문제가 되진 않습니다. 쓰는 저자의 자유니까 우리가 비판할 이유가 없지요.

하지만 이게 만약에 공식적으로 철저하게 검증되어야 할 글 - 전형적인 예가 논문 - 이라면 이야기가 달라집니다.

그래서 이 책 내용에 숱하게 나오는 파지 치료 성공 사례만을 보고 성급하게 좋고 나쁘고를 판단하지는 말아야 하는 것입니다.

저자는 기적적인 치료 사례들을 여럿 소개하고 있지만, 이로 인해 파지가 현대 의학의 모든 치료법들을 무색하게 만드는 최강의 치료 방법이라는 성급한 오해를 독자들에게 심어 줄까 봐 상당히 우려하고 있으며, 이 책의 말미에도 '저자의 당부'란 글도 실어서 경고를 하고 있습니다.

그렇다고 해서 파지 치료가 변방으로 밀려나 있으니 역시 쓸모 없는 것이라고 단정해서도 안 될 겁니다.

결국 재평가를 받게 된 파지 치료는 어떤 형태이든 결국 의료계의 주류 중 말석이라도 분명히 차지하는 명예 회복을 할 것이라 개인적으로 확신하고 있습니다. 박테리아를 잡는 바이러스가 '존재' 한다는 것은 분명한 '사실'이니까.

그렇다면 진정한 쓰임새는 어디에 있을까요?

아마도 last resort, 최후의 수단으로서 일 것입니다.

맞춤형 치료로서 말이죠.

지금도 조지아나 러시아에서는 약국에서 파지 혼합물을 마치 박카스 드링크처럼 구입할 수 있다고 하지만, 진정한 파지 치료는 가망없는 수준까지 내몰린 다제 내성균 감염이나 만성 감염 등의 환자들을 다루는 곳, 아마도 종합 병원이 주 무대일 것입니다.

또 하나 좋은 소식은 파지에 대해 박테리아가 저항을 하게 되면 그 대가로 항생제에 대한 저항이 소실된다는 것이지요. 따라서 항생제와 파지는 서로 치료 주도권을 가지고 배타적으로 굴 것이 아니라 환상의 콤비로 박테리아에게 협공을 하는 배트맨과 로빈 같은 관계가 될 가능성이 높다고 전망합니다.

이래저래, 파지 치료법의 정립에는 아직 갈 길이 멉니다. 그래도 시도하긴 해야 할 또 다른 대안법임에는 틀림없다고 생각합니다.

비록 과거에는 오지로 밀려 났었고 이제 다시 조금씩 눈치를 보며 돌아오고 있는 파지 치료법이지만, 유사 과학으로 빠지지 않고 진정한 검증된 의학으로서 당당히 복귀할 수 있도록 할 당위성은 충분합니다.

내성 감염이라는 난제에 대한 해결법은 한 가지만 있을 리가 없습니다. 그 내성을 극복하는 새 항생제의 개발도 좋지만, 이렇게 이이제이로 제압하는 방법도 가능한 대안으로서 진지하게 연구되고 끝내는 훌륭한 해결법들 중의 하나로 합류할 수 있기를 진심으로 기원합니다.

엘니뇨의 해에 원미산 기슭에서

가톨릭대학교 의과대학 내과학 교실 감염내과 교수 **유진홍**

인명, 지명, 그 밖의 명칭에 대해

지명은 널리 알려진 곳은 현행 국어 표기법 그대로 기술하였고, 생소한 곳은 구글 검색 및 How to pronounce 사이트에 가서 확인하여 가급적 원래 발음 대로 표기하였습니다.

사실 인명이 꽤 까다로웠어요.

인명 또한 구글, 유튜브, How to pronounce 사이트를 뒤져서 원래 발음에 가깝게 표기했습니다.

발음을 결정하는 데 가장 애먹은 인물은 하필이면 이 저서의 핵심 인물이었던 Felix d'Herelle였습니다. 영어권에서는 '드헤렐'이나 '데럴'에 가까운 발음이었던 반면, 프랑스어 권에서는 '데흐렐르'나 '드헬르'로 들리는 등, 천차만별이었기 때문이었죠. 많이 고민하다가 결국은 그가 프랑스계 캐나다인(혹은 벨기에인?)이라는 점을 존중하여 프랑스어 발음으로 들리는(적어도 본 번역자의 귀에는) '드허렐르'로 표기하기로 결정했습니다. 물론 동의하지 않을 이들도 있겠지만, 그의 이름이 d'Herelle이라는 사실엔 변함이 없고, 그래도 지구는 돌고 있으니, 독자 제현들의 양해를 구합니다.

파지라는 명칭도 많이 고민했습니다. 원래 영어 발음으로는 [féidʒ], 풰이쥐 또는 훼이쥐, 페이지로 해야 맞겠죠. 프랑스어로는 퐈즈. 하지만 현행 국어 표기법을 준수하여 최종적으로는 '파지'로 통일했습니다. 사실 대부분의 독자분들께서는 '파지'가 더 익숙할 것이라는 생각에서라도 그렇게 결정했습니다.

'역자 주'에 대해

이 저서는 자연과학이나 의과학 쪽의 학술 서적이 아닌 대중을 위한 과학 교양서입니다. 그래서 저자의 문장들도 종종 대중 지향적인 표현이 많았고, 특히 서양 대중 문화를 이해하지 못하면 무슨 뜻인지 모를 대목들도 꽤 나옵니다. 그냥 문장들을 정직하게 옮기기만 할 수도 있었지만, 국내 독자의 입장에서 '이게 무슨 소리여?'할 만한 대목들을 그냥 지나치는 것은 번역자로서의 도리가 아니라는 생각이 들어, 결국 개입하여 '역자 주'라는 꼬리말을 달면서 일일이 설명을 해드렸습니다. 책을 읽는 데 있어서 가끔씩의 개입이 거슬릴 수도 있겠다는 노파심이 들기도 하지만, 그만큼 독자들을 배려한 번역자의 세심함이라고 양해해 주시면 감사하겠습니다.